Technische Hydrodynamik

Von

Dr. Franz Prášil

Professor an der Eidgenössischen Technischen Hochschule
in Zürich

Zweite
umgearbeitete und vermehrte Auflage

Mit 109 Abbildungen im Text

Springer-Verlag Berlin Heidelberg GmbH
1926

ISBN 978-3-662-35428-5   ISBN 978-3-662-36256-3 (eBook)
DOI 10.1007/978-3-662-36256-3

Vorwort zur ersten Auflage.

Der gewaltige Aufschwung der Hydrotechnik hat sich, soweit die Benützung theoretischer Hilfsmittel in Frage kommt, auf Grundlage der Ergebnisse der praktischen Hydraulik vollzogen und dies mit durchschlagendem Erfolg; die Nutzbarmachung der uns von der Natur in den Wasserläufen dargebotenen Energie erfolgt sowohl hinsichtlich Abgrenzung und Ordnung der benützten Gebiete als auch hinsichtlich des Energieumsatzes in den Wassermotoren mit einer kaum mehr wesentlich zu steigernden Vollkommenheit.

Die klassische Hydrodynamik hat trotz ihrer ebenfalls fortschreitenden Entwicklung noch wenig direkten Einfluß auf diese Errungenschaften genommen; es liegt dies wohl daran, daß die Methoden, mit denen die Lösung der einzelnen Probleme durchgeführt ist, für die technische Handhabung zu umständlich sind, und zwar insbesondere bei der für die praktischen Bedürfnisse notwendigen Berücksichtigung der Bewegungswiderstände der Reibung und Turbulenz.

Gerade hierin besteht der große Vorsprung, den die Hydraulik vor der Hydrodynamik besitzt: die Theorien und Berechnungsmethoden der ersteren ermöglichen in relativ einfacher Weise die Berücksichtigung dieser Widerstände; sie benötigt hierzu allerdings in großem Umfang die Führung durch den Versuch, der sie direkt mit dem realen Geschehen vertraut macht. Aber die Beschäftigung mit dem Versuche regt je länger je mehr dazu an, die Folge der beobachteten Erscheinungen nicht bloß zu konstatieren und statistisch zu ordnen, sondern dieselben auch zu analysieren und deren Zusammenhang so weit zu klären, daß die Schlußfolgerungen richtend für die Beurteilung der Zweckdienlichkeit der Formen und Dimensionen hydrotechnischer Okjekte werden können; da nun die Hydrodynamik ihrem Wesen nach die detaillierte Beschreibung der Strömungsvorgänge ermöglicht, so erscheint das Bestreben nach Schaffung solcher Methoden berechtigt, die die gewünschten Beschreibungen unter Anwendung von Hilfsmitteln liefern, die dem Ingenieur geläufig sind und dann ihren Zweck erfüllen werden, wenn die Genauigkeit der erzielten Resultate innerhalb technisch zulässiger Grenzen bleibt.

Im vorliegenden Buch ist versucht, einerseits diejenigen Ergebnisse der klassischen Hydrodynamik zusammenzufassen, die für die Hydrotechnik wertvoll sind und andererseits auf Grundlage der analytischen Geometrie, der darstellenden Geometrie und der konformen Abbildung, graphische Methoden vorzulegen zur Darstellung von Strömungsvorgängen, und zwar mit Berücksichtigung der Reibungswiderstände und der Turbulenz.

Die Beweisführung für die Richtigkeit der Methoden und die Zulässigkeit der Verallgemeinerung einzelner Versuchsergebnisse erfordert immerhin eine weitgehende Verwendung der Mathematik; die Ausbildung der graphischen Methoden zur Vollkommenheit einer möglichst mühelosen Verwendbarkeit läßt auch noch die Lösung einiger Probleme der darstellenden Geometrie wünschenswert erscheinen; im Prinzip dürften jedoch die vorgeschlagenen Methoden einen solchen Grad von Durchsichtigkeit besitzen, daß eine weitere Ausbildung lohnend erscheint.

Die Verwendbarkeit der vorgeschlagenen Methoden zur Darstellung von Strömungsformen und zur Analyse der Erscheinungen ist an einer Reihe von Beispielen und durch Vergleiche mit Versuchsresultaten veranschaulicht und bei Auswahl derselben möglichst auf deren praktischen Wert geachtet.

In Abteilung II sind einige Probleme der Hydrostatik behandelt.

Von einer Wiedergabe der Ableitungen bereits bestehender und bekannter Gleichungen wurde in den meisten Fällen abgesehen; die Hinweise auf einschlägige Literatur sind im Text oder als Fußnoten eingesetzt.

Meinem ehemaligen Assisten, Herrn dipl. Masch.-Ing. A. Schirger, sowie dem Studierenden an der Abteilung für Maschineningenieure der Eidg. techn. Hochschule in Zürich, Herrn Oskar Weber, sage ich für die Mithilfe bei der Anfertigung der Zeichnungen, Skizzen und der Reinschrift meinen besten Dank.

Zürich, im Februar 1913.

F. Prášil.

Vorwort zur zweiten Auflage.

Im letzten Jahrzehnt hat die Hydrodynamik in reichlichem Maße
Verwendung in der Hydro- und Aerotechnik gefunden, es wurden
durch theoretische und experimentelle Studien wertvolle Erkennt-
nisse zutage gefördert und die Grundlagen für eine Reihe von Arbeiten geschaffen, die über die Grenzen der rein wissenschaftlichen
Forschung hinaus, sowohl von dem in Laboratorien arbeitenden, als
auch vom konstruierenden Ingenieur erfolgreich benützt werden
können.

Unter diesem ermunternden Eindruck habe ich der Anregung
der Verlagsbuchhandlung gern Folge geleistet und die Ausarbeitung
einer zweiten Auflage der „Technischen Hydrodynamik" übernom-
men, nachdem ich aus den Besprechungen der ersten Auflage erkennen konnte, daß meine Bestrebungen richtig erkannt und das
Buch nicht als ein Lehr- oder Sammelbuch, sondern als eine meine
eigenen Studien und Arbeiten auf dem Gebiete der Hydrodynamik
verbindende Monographie betrachtet wurde.

Der führende Grundsatz ist bei Ausarbeitung der neuen Auflage
unverändert geblieben; durch den Titel „Ausgewählte Probleme der
technischen Hydrodynamik" würde derselbe vielleicht besser gekennzeichnet sein.

Der Inhalt hat bei sonst ähnlichem Aufbau wesentliche Änderungen
und Ergänzungen erhalten, die eben die seither gepflogenen Studien
und Forschungen zum Ausdruck bringen sollen. Da in der „Einleitung"
hierüber orientierend berichtet wird, kann ich bereits an dieser Stelle
denjenigen Lesern, die in Besprechungen und in Briefen ihr Urteil
über meine Arbeit der ersten Auflage zum Ausdruck gebracht haben
und dann allen denjenigen, die mich auf die zahlreichen Zeichen
meines Mangels an Übung im Buchschreiben aufmerksam machten,
für ihre Mühewaltung und ihr Wohlwollen verbindlichst danken.
Herzlichen Dank spreche ich auch gerne meinen früheren und jetzi-
gen Herren Assistenten für das Interesse aus, mit dem dieselben
meine Arbeiten verfolgten, durch ihre Mitarbeit unterstützten und
schließlich selbst neue Anregungen zutage förderten, wie dies im
Buch mehrfach zum Ausdruck kommt.

Der Verlagsbuchhandlung sage ich besten Dank für die große Ge-
duld, mit der sie die durch persönliche Verhältnisse veranlaßten
Hemmungen im Fortschritt der Arbeit beurteilte und ebenso für die
Sorgfalt in der Ausstattung des Buches.

Zürich, im September 1926.

F. Prášil.

Inhaltsverzeichnis.

Seite

Einleitung 1

I. Grundlagen.

1. Physikalische Eigenschaften des Wassers 6
    Raumgestalt. Diskontinuitätsflächen 6
    Spezifisches Gewicht, Zusammendrückbarkeit, Dichte 8
    Absorption von Gasen 9
    Eisbildung, Dampfbildung 11
    Reibung, Viskosität 11
        Hypothese von Newton 12. — Formel von Poisseuille 13.
        Formel von Lang 14.
    Turbulenz 15
        Versuche von Osborne Reynolds 15. — Kritische Ge-
        schwindigkeit 16. — Formeln von Biel 17. — Weitere Ver-
        suche 18. — Literatur über Turbulenz 18.
2. Die Grundgleichungen 19
        Grundsätze 20.
   I. Fundamentalgleichungen von Euler für widerstandslose Bewegung 21
    a) Die Kontinuitätsgleichung 22
        Ableitung in kartesischen Koordinaten 22. — Vektoranalyti-
        sche Ableitung 22.
    b) Die Bewegungsgleichungen 23
        Grundgleichungen stationärer Bewegungen 25.
    c) Gleichungen von Helmholtz 27
        Einführung von Winkelgeschwindigkeiten nach Helmholtz
        27. — Koordinatenfreie Bewegungsgleichungen 29. — Ge-
        schwindigkeitspotential, Potentialströmungen 29. — Wirbel-
        sätze von Helmholtz 30.
  II. Allgemeine Form der Grundgleichungen 30
    a) Grundgleichungen bei innerer Reibung 31
    b) Grundgleichungen bei innerer Reibung und Turbulenz . . . 31

II. Hydrostatik.

Relative Ruhe 35
1. Allgemeine Untersuchung 36
2. Relative Ruhe in offenen Gefäßen mit freier Oberfläche 40
    Lotrechte Translation 40. — Geradlinige Translation gleich-
    förmig 41. — Geradlinige Translation gleichförmig beschleu-
    nigt 41. — Drehung mit konstanter Winkelgeschwindigkeit 42.
3. Relative Ruhe in geschlossenen Gefäßen ohne freie Oberfläche . . . 43
    Gleichförmige Drehung um eine horizontale Achse 44. —
    Gleichgewicht eines Schwimmkörpers in bewegtem Gefäß 46.

III. Hydrodynamik.

A. Stationäre Strömungen durch feststehende Räume 48

1. Geometrie der stationären Strömungen 48
Strömungsbild, Formfunktionen 50. — Bestimmungsgleichung
für die Formfunktionen 52. — Sonderfälle 54. — Raumteilung, Grundlage für die graphische Netzkonstruktion 56. —

2. Graphische Netzkonstruktion 56

3. Bestimmung von Formfunktionen 59
   I. Rein zweidimensionale Formen 59
Netze mit konstantem Diagonalenwinkel 60. — Netz mit ver-
änderlichem Diagonalenwinkel 64. — Graphische Beispiele 65.
   II. Achsen-symmetrisch zweidimensionale Formen 68
Hauptgleichungen der Formfunktionen 70. — Beispiel 71.
— Graphische Netzkonstruktion 73.
   III. Achsen-symmetrisch dreidimensionale Formen 75
Schraubenflächen als Stromflächen 75. — Konforme Ab-
bildung eines Strömungsnetzes in der Schraubenfläche 80.
— Strömung in Schraubenlinien 81.

4. Kinematik stationärer Strömungen 83
Geschwindigkeitsgleichung 84. — Isotachenflächen 85. —
Potentialströmungen 85. — Formelle Potentialströmungen
86. — Schichtströmung, Fadenströmung 86.
   I. Zeitflächen 86
Deformation von Flächen im Stromfeld 87. — Deformation
einer Kugelfläche im Hyperbelfeld 88. — Deformation einer
Kugelfläche im Parabelfeld 91. — Deformation einer un-
endlich kleinen Kugelfläche im Hyperbelfeld bei Schicht-
strömung 96.
   II. Die Hauptsätze der infinitesimalen Deformationen 96
Vergleich mit den Beispielen 99. — Photographische Aufnahme von Zeitkurven 102.

5. Dynamik stationärer Strömungen 103
   I. Umformung der hydrodynamischen Grundgleichung 104
   II. Die hydraulische Grundgleichung 105
   III. Widerstandsfreie Strömung 106
      a) Vollkommene Potentialströmung 106
      b) Widerstandsfreie Wirbelströmungen 108
Die Strömungen zwischen Schraubenflächen 110.
   IV. Strömungen mit Widerständen 113
      a) Oberflächenkräfte, Dissipation 114
Mittelwertsbedingung für die Pressungen. Pressung- und
Spannungsverteilung 116. — Oberflächenkräfte am kartesi-
schen Raumelement 117. — Arbeit der Oberflächenkräfte
118. — Gleichung der Dissipation 119.
      b) Bestimmung der Widerstandskomponenten 119

B. Strömungen in geraden Rohren 121
   I. Bestimmung der Formfunktionen 122
Beispiele: 1. Das Kreisprofil 124. — 2. Das elliptische Profil
124. — 3. Stollenprofile 125. — 4. Das rechteckige Profil 127.
   II. Die Oberflächenkräfte am Raumelement 130
Die allgemeine Dissipationsformel 134.

Seite
Strömung im geraden Rohr mit Kreisprofil 135
  Einführung der Newtonschen Hypothese 137.
Untersuchung der günstigsten Geschwindigkeitsverteilung, Einfüh-
  rung der Hypothese des Minimums der Dissipation 138
    Einfachster Ansatz für die Geschwindigkeitsverteilung 141. —
    Allgemeiner Ansatz für die Geschwindigkeitsverteilung 142.
Ansatz für allgemeinere Profile 145
Das elliptische Profil 148
    Vergleich mit der Formel von Lamb 149. — Vergleich
    mit den Formeln für das Kreisprofil 150. — Vergleich
    mit der Formel von Blasius 151.

C. Meridionale Strömungen in Rotationshohlräumen 151
  I. Bestimmung der Formfunktionen 152
  II. Strömungen ohne Widerstände 153
  Beispiel 155
  III. Strömungen mit Widerständen 156
  Die Grundgleichungen 156
  Bestimmung der Oberflächenkräfte 157
  Bestimmung der Dissipation 161
  Erzwungene Strömungen 163

D. Rein zweidimensionale Strömungen 164
  1. Strömungen ohne Widerstände 165
  2. Strömungen mit Widerständen 165
  Geradlinige Parallelströmung 166
  Allgemeine Bewegung 166
  Dissipationsgleichung 168

E. Geometrie ebener konformer Netze 168
  1. Allgemeines 168
  2. Einfache Netze 170
    I. Das kartesische Netz 170
    II. Das polare Netz (einfache Quelle) 171
    III. Das Netz der reziproken Radien (Doppelquelle) 172
    IV. Das konfokale Netz 173
  3. Umformung durch Argumentvertauschung 175
    V. Das quersymmetrische Streifennetz 175
    VI. Das längs- und quersymmetrische Streifennetz 176
  4. Polare Vervielfältigung 177
    Die Hyperbelnetze 178.
  5. Umformung durch Verschiebung und Verdrehung 179
    Abbildung des Kreises auf der Halbebene 180.
  6. Zusammengesetzte Netze 182
    VII. Überlagerung des kartesischen und des polaren Netzes . . . 182
    VIII. Additive Überlagerung zweier gleichstarker polarer Netze . . 182
    IX. Subtraktive Überlagerung zweier gleichstarker polarer Netze,
      das Netz der apolonischen Kreise 184
    X. Überlagerung des kartesischen und des reziproken Netzes,
      Doppelquelle im geradlinigen Strom 185
  7. Netzabbildungen in Streifen 187
    XI. Abbildung von Netz VIII in Streifen VI 187
  8. Besondere Eigenschaften des Netzes X. Tragflächenprofile . . . 189
    XII. Überlagerung des Netzes X mit dem polaren Zirkulationsnetz 191

Seite

   9. Netzaufzeichnung 192
  10. Das ζ-Feld 193

F. **Das Problem der freien Oberfläche.** Beschreibung 194
  1. Allgemeine theoretische Grundlagen 195
    I. Freie Oberfläche schwerer Flüssigkeiten 197
    II. Freie Oberfläche schwereloser Flüssigkeiten 200
  2. Methoden zur Bestimmung der Funktion $f(\chi)$ 201
    a) Direkte Annahmen. Beispiele 201
    b) Systematische Lösungen mittels Netztransformationen . . . 211
   III. Der Überfall ohne Seitenkontraktion. Beschreibung 217
    Darstellung des Hilfsnetzes 219
    Einführung des Strömungsnetzes in das Hilfsnetz 224
    Analytische Untersuchung der Bedingungstüchtigkeit 226
    Allgemeine Bestimmung bedingungstüchtiger Funktionsformen 229
    Schlußfolgerung 236

G. **Stationäre Strömungen um einen ruhenden Körper** 237
   I. Strömung um einen beliebig geformten Zylinder 237
   II. Bestimmung des zirkulatorischen Koordinatennetzes 239
   III. Auftriebsbestimmung 242

H. **Stationäre Strömung zwischen mehreren ruhenden Körpern** 245
    Beschreibung der Darstellung durch Netztransformation . . . 245

J. **Stationäre Strömung in bewegten Räumen** 246
  1. Geometrie der Strömung 246
    1. Fall: Eingeschlossene Flüssigkeit 247
    2. Fall: Durchströmende Flüssigkeit 248
   I. Die Relativbewegung einer reibungsfreien Flüssigkeit in einem
    rotierenden Kreiszylinder. Verallgemeinerung 251
   II. Die Relativbewegung einer reibungsfreien, durch rotierende Ka-
    näle strömenden Flüssigkeit 256
  2. Kinematik der stationären Relativbewegung 257
  3. Dynamik der Relativbewegung bei gleichförmiger Rotation der durch-
   strömten Hohlräume 257
    Darstellung der zweidimensionalen Strömung durch rein radiale
    Kreiselräder 262

IV. Hydrodynamische Versuche.

Beschreibung der Versuche 265
Tafel verschiedener Strömungsdarstellungen 270

V. Anhang.

   I. Theorie der Krümmung ebener orthogonaler Trajektorien 279
   II. Koordinatentransformation 284
  III. Zusammenstellung der Hauptformeln der Hyperbelfunktionen . . . 286
  IV. Zur Geometrie der konformen Abbildungen von Schaufelrissen. — Aus-
    zug aus dem Artikel des Verfassers i. d. Schweiz. Bauzg. Bd. 52, Nr. 7 u. 8 287

Einleitung.

Im Vorwort zur ersten Auflage ist das Buch als Versuch einer Zusammenfassung der für die Technik wertvollen Ergebnisse der klassischen Hydrodynamik und der Ausbildung von graphischen Methoden für die Darstellung von Strömungsvorgängen, und zwar mit Berücksichtigung der Bewegungswiderstände gekennzeichnet; unter Annahme stationärer Strömung werden für ein Strömungsbild, das durch ein von drei Kurvenscharen gebildetes Netzsystem dargestellt ist, in welchem eine Schar den Stromlinien der Bewegung entspricht, die Kinematik und die Dynamik der Strömungsvorgänge auf Grundlage der Fundamentalgleichungen der Hydrodynamik untersucht; es ergeben sich hierbei eine Reihe von Methoden für die Analyse der Vorgänge und ihrer Begleiterscheinungen, die eben bei Verwendung des angenommenen Strömungsbildes zweckentsprechend und leicht anwendbar erscheinen.

Die Auffassung der Netzlinien als Schnittlinien dreier Flächenscharen führt auf deren analytische Beschreibung mit Hilfe der Koordinaten eines passend gewählten Koordinatensystems; die drei Funktionsausdrücke für die Flächenscharen sind als „Formfunktionen" bezeichnet; jeder Punkt im Gebiet des Netzsystems ist somit durch die Funktionswerte der ihn enthaltenden drei Flächen bestimmt; es kann daher das Netzsystem auch als ein Koordinatennetz, die Funktionswerte der Flächen als Koordinaten desselben angesehen und verwendet werden; Koordinatennetz und Flächennetz stehen miteinander durch die Formfunktionen in Beziehung; die beiden die Stromlinien enthaltenden Flächenscharen sind Stromflächen; dieselben sind orthogonal zur dritten Flächenschar angenommen, müssen aber nicht untereinander orthogonal sein.

Bei durchaus gleicher Wertdifferenz für alle aufeinander folgenden Flächen der einzelnen Scharen erhält man Ausdrücke für die Bestimmung der Verhältniswerte der Längen der Netzelemente und hiermit das grundlegende Hilfsmittel für die graphische Netzkonstruktion.

Durch Einführung einer Geschwindigkeitseinheit und von Verteilungsfunktionen für die Geschwindigkeitsverteilung im Stromgebiet ist die Bestimmung von Flächen gleicher Geschwindigkeiten, durch Einführung der Pressungen und Tangentialspannungen an den durch das Netzsystem abgegrenzten Flüssigkeitselementen die Bestimmung der Pressungsverteilung und weiter der Dissipation ermöglicht und hiemit auch die geplante Darstellungsmethode der Strömungsvorgänge erreicht.

Im Rahmen dieser Methodik werden nun im 3. Abschnitt „Hydrodynamik" zuerst allgemein die Bestimmung der Formfunktionen und deren Darstellung, der kinematischen Erscheinungen der Geschwindigkeitsverteilung, der Deformation mitschwimmender Flächen und Linien und der Bewegung von Wirbellinien, weiter der dynamischen Druckverteilung und der Dissipation durchgeführt, die Verwendung der Methoden an Beispielen erläutert und dann in gleicher Weise die Untersuchung auf feststehende Kanäle mit bestimmten Formen und schließlich auf bewegte Kanäle ausgedehnt.

Die Berücksichtigung der Widerstände erfolgt hierbei durch Einführung der Verteilungsfunktionen für die Beschreibung der unter dem Einfluß der Widerstände sich einstellenden Geschwindigkeitsverteilung; die Bestimmung dieser Funktionen erfolgt unter Benützung von bekannten Formeln für die Widerstände in geraden Rohren und Übertragung auf andere Formen durch Analogiebetrachtungen, also auf empirischer Grundlage. Außerhalb dieses Rahmens stehen: der 1. Abschnitt „Grundlagen", der 2. Abschnitt „Hydrostatik" und der 4. Abschnitt „Anhang".

In der neuen Auflage sind im 1. Abschnitt die Grundgleichungen durch Aufnahme vektoranalytischer Ansätze, Einführung der Helmholtzschen Wirbelfunktionen und Aufstellung der allgemeinen koordinatenfreien Bewegungsgleichung, die Angaben über die Gleichungen zur Bestimmung der Strömungswiderstände durch die Ergebnisse der neueren diesbezüglichen Forschungen unter Hinweis auf die einschlägige Literatur ergänzt; im 2. Abschnitt ist die Hydrostatik der „absoluten Ruhe" vollständig weggelassen. Der Inhalt des 3. Abschnittes „Hydrodynamik" hat folgende Ergänzungen und Änderungen erhalten.

Es wird gleich zu Beginn die Unterscheidung in Strömungen durch, um und in feststehenden oder bewegten Räumen eingeführt, dann mit dem Kapitel „Stationäre Strömungen durch feststehende Räume", und zwar mit der „Geometrie der stationären Strömungen" begonnen. Die Beispiele über die Bestimmung von Formfunktionen sind vermehrt. In der Kinematik stationärer Strömungen sind die Untersuchungen über die Deformation mitschwimmender Flächen unter dem Titel „Zeitflächen" vereint und neben den mathematischen Ergebnissen auch Versuchsergebnisse vorgeführt. Mit diesem Hilfsmittel der Zeitflächen ist in die sonst nur örtliche Darstellung der Stromlinien auch die Zeit eingeführt; es wird dies im Kapitel „Hydrodynamische Versuche" erläutert.

Das Kapitel „Dynamik stationärer Strömungen" erfährt eine weitgehende Änderung, indem einerseits die Untersuchung über die Bedingung des Bestandes widerstandsfreier Wirbelströmungen wesentlich vereinfacht werden kann und andererseits für die Einführung des Einflusses der Turbulenz die Methode der Anpassung an empirische Formeln verlassen hingegen versucht wird, dies unter Benützung der hypothetischen Annahme, daß sich die Geschwindigkeitsverteilung derart einstellt, daß bei jeder Strömungsform die Dissiptation zu einem Minimum wird, zu erreichen.

Es ergeben sich für die verschiedenen Strömungsformen bei gleichartiger Ableitung Ansätze für die Geschwindigkeitsverteilung, die nun tatsächlich für gerade Rohre mit kreisförmigem Querschnitt auch auf die bekannten Verteilungsformeln für Poisseuillesche und turbulente Strömung führen, die einerseits durch die Theorie, anderseits durch Versuche und Beobachtungen gefunden wurden.

Da der Inhalt der Ansätze nichts über die Mechanik der Turbulenz aussagt, so werden die Physiker durch dieselben nicht befriedigt werden; ob aber eine hypothesenfreie Einbeziehung dieser Mechanik bei der Mannigfaltigkeit der Ursachen der Turbulenz namentlich bei technischen Strömungserscheinungen überhaupt möglich ist, erscheint fraglich; aber auch bei der rein physikalischen Turbulenz dürfte dies mit Schwierigkeiten verbunden sein, mindestens wird im Gebiet des raschen Geschwindigkeitswechsels am Rand die Einführung von Molekularkräften nötig werden. Zum praktischen Gebrauch für Aufstellung von Widerstandsformeln können aber wegen der hierdurch erzielten Einheitlichkeit des Aufbaues bei genügender Anpassungsfähigkeit an Versuchsresultate die auf Grund der Minimumhypothese erhaltenen Ansätze dem Ingenieur doch dienlich sein.

Es ist natürlich, daß solche Ansätze nur für Strömungen durch geformte Räume aufgestellt werden können; für die hydrodynamische Beschreibung der Turbulenz z. B. eines natürlichen Wasserlaufes mit seinen ungeordneten Rauhigkeiten versagen die mathematischen Hilfsmittel.

Dasselbe gilt wohl auch für die Turbulenzen in geformten Räumen, in denen getrennte Stromgebiete zusammentreffen, oder eine Störung der Homogenität der Flüssigkeit stattfindet, wie z. B. im Strömungsgebiet von Kreiselrädern.

Die Netzmethode kann derzeit mathematisch am ausgiebigsten für rein zweidimensionale Strömungen durch das Hilfsmittel der konformen Abbildungen verwendet werden; es ist deshalb in der neuen Auflage ein besonderes Kapitel „Geometrie der konformen Netze" aufgenommen, in dem nach kurzem Hinweis auf die einschlägige Literatur und einer einleitenden Betrachtung über den Zusammenhang mit der Theorie der Funktionen komplexen Argumentes eine Reihe von solchen Netzen geometrisch, mit Beigabe der betreffenden Funktionsausdrücke, dargestellt ist; bei einigen Netzen konnte durch Abdrücke photographischer Strömungsaufnahmen der hydrodynamische Wert solcher Netzdarstellungen vorgeführt werden. Der Entschluß zur Aufnahme solcher Netzdarstellungen gründet sich auf die Erinnerung des Verfassers an die Klärung, die derselbe vor Jahren durch die Netzdarstellungen in Maxwell: „Elektrizität und Magnetismus" über das Wesen der konformen Abbildungen und deren Verwendbarkeit für Darstellungen kontinuierlicher Verteilungen erhalten hat; dieselben entsprechen eben dem Bedürfnis des Ingenieurs nach Anschaulichkeit der von ihm verwendeten Hilfsmittel.

Weiter sind als neue Kapitel aufgenommen: „Das Problem der freien Oberflächen" eine Studie, die am Schluß zu einer Differenzialgleichung für die Bestimmung der freien Grenze bei schwerer Flüssigkeit führt. „Stationäre Strömungen um einen ruhenden Körper", eine Verallgemeinerung der Methode von Lamb für Kreis- und Ellipsenzylinder auf andere Formen und die zugehörige Erweiterung: „Stationäre Strömung zwischen mehreren ruhenden Körpern". „Stationäre Strömungen in bewegten Räumen", mit einer einleitenden, durch die Versuche von Oertli veranlaßten, theoretischen Studie über die Bewegung der in einem zylindrischen Gefäß eingeschlossenen Flüssigkeit, das exzentrisch auf einer um eine lotrechte Achse rotierenden Scheibe gelagert ist, und dem Kapitel „die Relativ- und Absolutbewegung einer reibungsfreien durch rotierende Kanäle einer strömenden Flüssigkeit", mit Anlehnung an die Dissertation von Oertli[1]).

Das Bestreben, die hydrodynamischen Erscheinungen auch in objektiven, durch die Photographie erhaltenen Bildern zur Darstellung zu bringen, kommt im letzten Kapitel „Hydrodynamische Versuche" zum Ausdruck. Die Durchführung und Ausbildung solcher Versuche sind dem Interesse, dem Verständnis und der Ausdauer des ehemaligen Assistenten der hydraulischen Abteilung im Maschinenlabo-

---

[1]) Untersuchung der Wasserströmung durch ein rotierendes Zellen-Kreiselrad. Von der Eidgen. techn. Hochschule in Zürich genehmigte Promotionsarbeit von Heinrich Oertli. Zürich: Erschienen im Verlag von Rascher & Cie.

ratorium der Eidgenössischen technischen Hochschule in Zürich, Herrn Dipl.-Ing. Dr. H. Oertli, und seines Nachfolgers, Herrn Dipl.-Ing. O. Walter, zu verdanken.

Im Anhang sind aufgenommen:

Die in der ersten Auflage im 1. Kapitel des 3. Abschnittes enthaltenen rein mathematischen Absätze:

„Theorie der Krümmung ebener orthogonaler Trajektorien" und „Koordinaten-Transformation",

eine Zusammenstellung der Hauptformeln der bei Verwendung konformer Abbildungen häufig gebrauchten „Hyperbelfunktionen" und der Anhang der ersten Auflage:

„Zur Geometrie der konformen Abbildungen von Schaufelrissen auf Rotationsflächen".

I. Grundlagen.

Für die Theorien der Hydrotechnik kommt hauptsächlich der flüssige Aggregatzustand des Wassers in Betracht, die praktische Hydrotechnik hat sich mit dem festen Aggregatzustand insofern abzugeben, als durch die Eisbildung (Treibeis, Grundeis) in natürlichen Gewässern Störungen in den Zu- und Abflußkanälen verursacht werden, für deren Abschwächung oder Beseitigung durch geeignete bauliche, eventuell auch mechanische Einrichtungen Sorge getragen werden muß; der gasförmige Aggregatzustand kommt in solchen Fällen in Betracht, wo flüssiges Wasser innerhalb des Strömungsgebiets in Räume gelangt, in denen, sei es durch verminderten Druck, sei es vermöge des großen Wärmeinhaltes der Flüssigkeit, Dampfbildung oder Abtrennung absorbierter Gase verursacht und möglich ist (z. B. in Warmwasserpumpen).

1. Physikalische Eigenschaften des Wassers.
Experimentelle Ergebnisse.

Raumgestalt, Diskontinuitätsflächen. Wasser hat im flüssigen Zustande keine selbständige Gestalt; seine Raumgestalt ist durch die Form der Hohlräume der festen Körper bestimmt, in denen es sich befindet; sind die Hohlräume geschlossen und vollständig mit Wasser (oder sonst einer homogenen Flüssigkeit) angefüllt, so ist deren Raumgestalt kongruent derjenigen der Hohlräume; sind dieselben nicht vollständig angefüllt, so wird die Raumgestalt des Wassers teils durch die Wände der Hohlräume, teils durch freie Oberflächen bestimmt, an denen das Wasser mit dem in den Hohlräumen befindlichen gasförmigen Medium in Berührung steht; die Gestalt dieser Flächen ist von den Bewegungszuständen abhängig; sind in den Hohlräumen Flüssigkeiten verschiedener Art in ungemischtem Zustand vorhanden, so grenzen die Flüssigkeiten ebenfalls an Flächen aneinander, deren Form von den Bewegungszuständen und vom Rauminhalt der Flüssigkeiten abhängig ist; man nennt dieselben Diskontinuitätsflächen; die freien Oberflächen sind dementsprechend Diskontinuitätsflächen, solche können auch innerhalb einer Flüssigkeit entstehen, und zwar bei Bewegungserscheinungen mit verschiedenen Bewegungsformen einzelner Teile der Flüssigkeit (Wirbel, Nebenströmungen).

Beispiel: Die freie Oberfläche einer ruhenden Flüssigkeit in einem ruhenden Gefäß ist eine horizontale Ebene; die freie Oberfläche einer Flüssigkeit in einem Rotations-Hohlraum, der sich um eine vertikal stehende geometrische Achse mit konstanter

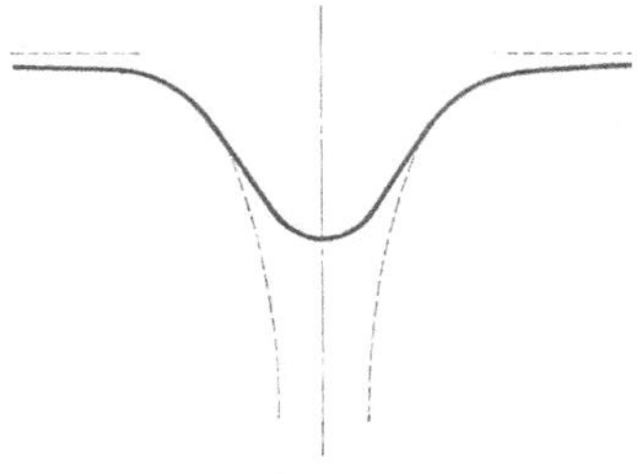

Abb. 1.

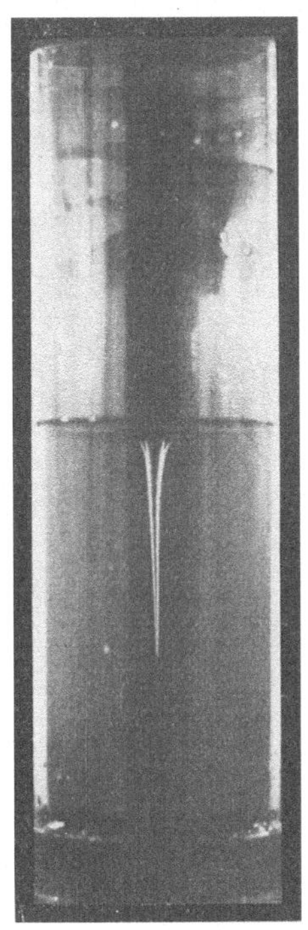

Abb. 2.

Winkelgeschwindigkeit dreht, ist bei relativer Ruhe der Flüssigkeit gegenüber dem Gefäß ein Rotationsparaboloid; ist das Gefäß in Ruhe, so ist in demselben eine kreisende Bewegung der Flüssigkeit möglich, die vom Rande ab bis zu einer bestimmten Entfernung von der Achse derart erfolgt, daß dort die freie Oberfläche eine Art hyperbolischer Rotationsflächen, hingegen in der Nähe der Achse eine parabolische Rotationsfläche wird (Rankines kombinierter Wirbel). Siehe Lamb, Lehrbuch der Hydrodynamik, S. 33.

Das theoretisch konstruierte Bild Abb. 1 findet in der photographischen Aufnahme, Abb. 2, seine Bestätigung, die das Ergebnis eines Versuches zeigt, bei welchem in einem zylindrischen Glasgefäß die kreisende Bewegung durch Einbau einer Schraubenfläche erzeugt wurde, an der das Wasser beim Auffüllen des Gefäßes und seiner nachherigen Entleerung herunter fließen muß; bei dauerndem Bodenabfluß vertieft sich der Trichter.

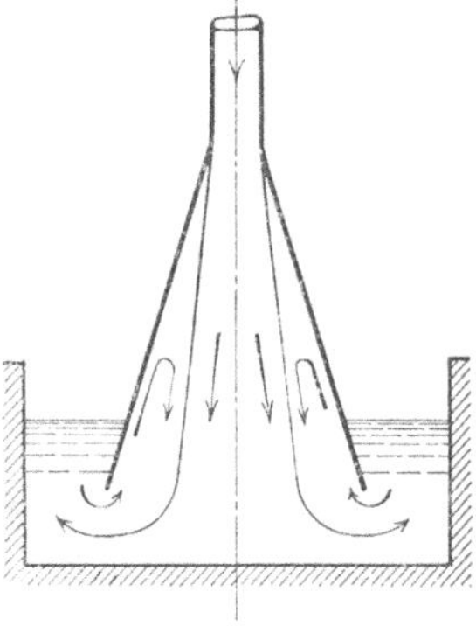

Läßt man durch die kleine Öffnung eines stark trichterförmig geformten Gefäßes mit vertikal stehender Achse Wasser einströmen und findet die Ausströmung unter Wasser in ein Sammelgefäß statt, so zeigen Schwimmkörperchen, die

Abb. 3.

der Flüssigkeit beigemengt sind, daß im Trichter zwei Strömungsformen (Abb. 3) auftreten: eine Hauptströmung des durch die kleine Öffnung einströmenden Wassers, die sich innerhalb des Trichters in der Nähe der geometrischen

Achse vollzieht, eine Nebenströmung, die die Hauptströmung bis zur Trichterwand umgibt und dadurch entsteht, daß ein Teil der bereits aus dem Trichter ins Sammelgefäß längs und in der Nähe der Trichterwand wieder gegen die Einströmungsöffnung geführt und dann längs und in der Nähe der Grenzfläche der Hauptströmung wieder ins Sammelgefäß zurückgeführt wird; diese Grenzfläche ist eine Diskontinuitätsfläche. Abb. 4 zeigt eine solche bei rein zweidimensionaler Strömungsform infolge Störung eines geradlinigen Stromes durch die Strömung aus einer Quelle.

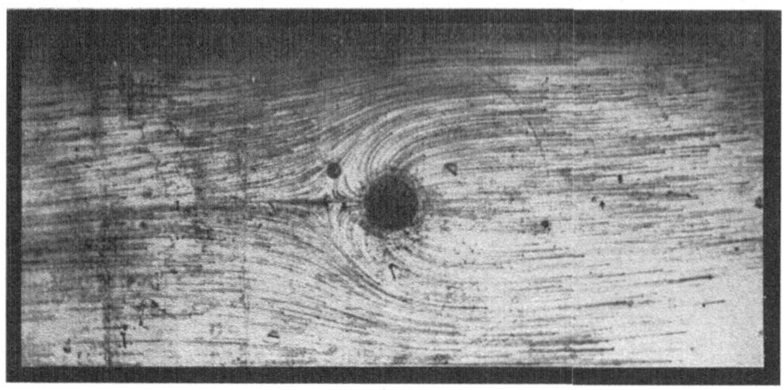

Abb. 4.

Spezifisches Gewicht, Zusammendrückbarkeit, Dichte, spezifisches Volumen. Das spezifische Gewicht des Wassers ist veränderlich mit der Temperatur desselben und dem Druck, die Veränderlichkeit ist jedoch innerhalb der Grenzen, die den Anwendungsgebieten der Hydrotechnik entsprechen, so gering, daß im allgemeinen von deren Einfluß abstrahiert wird; es wird demgemäß zumeist das Gewicht des Wassers pro Kubikmeter = 1000 Kilogramm angenommen und Unzusammendrückbarkeit desselben vorausgesetzt.

Bei manchen Untersuchungen, z. B. denjenigen der ungleichförmigen Bewegung in langen Leitungen, führt jedoch diese Abstraktion zu unvollständigen Resultaten, es ist hierbei der elastische Zustand des Wassers und des Wandmaterials zu berücksichtigen[1]).

Die Zusammendrückbarkeit des Wassers in Millionenteilen des ursprünglichen Volumens pro 1 Atmosphäre (= 1,033 kg/qcm) beträgt für luftfreies Wasser

nach Colladon-Sturm . 49,65

„ Oersted 46,65

„ Grassi bei 0° C . . 50,00

„ „ „ 53° C . . 44,00

---

[1]) Siehe Allgemeine Theorie über die veränderliche Bewegung des Wassers in Rohrleitungen von Lorenzo Allievi; ins Deutsche übersetzt von Robert Dubs und V. Bataillard. Berlin: Julius Springer 1909.

Die Fortpflanzungsgeschwindigkeit des Schalles im Wasser beträgt nach Versuchen von Colladon-Sturm 1435 m/sek und läßt sich berechnen aus der Formel a m/sek $= \sqrt{\dfrac{g}{s}}$, worin $g = 9{,}81$ m/sek² die Beschleunigung der Schwerkraft, s die Längenänderung einer Schicht von der Länge l und dem Querschnitt 1, unter einem dem Gewichte ihrer eigenen Masse gleichen Totaldruck bedeutet; hieraus ergibt sich $s = \dfrac{9{,}81}{1435^2} = 4{,}77 \cdot 10^{-6}$ als Längenänderung per 1 m Wassersäule und hiermit per 1 alte Atm. $= 10{,}33$ m die Zusammendrückbarkeit des Wassers mit 49,17 in guter Übereinstimmung mit obigen Werten.

Das luftfreie Wasser besitzt seine größte Dichte bei 4° C (nach Versuchen an der Physik.-techn. Reichsanstalt bei 3,98°).

Die aus Versuchen verschiedener Experimentatoren von Roselli abgeleitete Formel für das spezifische Volumen bei Atmosphärendruck, d. i.:

$$V_t = 1 + A(t-4)^2 - B(t-4)^{2,6} + C(t-4)^3$$
$$A = 0{,}000\,008\,379\,91$$
$$B = 0{,}000\,000\,378\,702$$
$$C = 0{,}000\,000\,022\,432\,9$$

ergibt innerhalb der Temperaturdifferenzen $-5°$ und $+100°$ Werte, die in der Nähe des Dichtemaximums bis auf die sechste Dezimale, bei höheren Temperaturen bis auf $\pm 0{,}00003$ mit den Versuchsresultaten übereinstimmen.

Nach derselben ergibt sich folgende Tabelle[1]):

Temperatur	Dichte bei 4° C = 1 gesetzt	Volumen
$-10°$	0,998145	1,001858
$-\ 5°$	9298	0702
$-\ 0°$	9871	0129
$+\ 4°$	1,000000	1,000000
$+10°$	0,999747	0253
$+20°$	8259	1744
$+30°$	5765	4253
$+40°$	2350	7700

Absorption von Gasen. Wasser besitzt die Eigenschaft aus der umgebenden Luft Gase zu absorbieren. Für Sauerstoff und Stickstoff ist die Absorption eine eigentliche oder physikalische, d. h. es entstehen hierbei keine chemischen Bindungen, während andere Gase, wie z. B. Ammoniakgas, chemisch gebunden werden; Kohlensäure wird teils chemisch, teils rein physikalisch absorbiert.

---

[1]) Auszug aus der Tabelle auf S. 92 von Müller-Pouillets Lehrbuch der Physik, Bd. II₂.

Von besonderer Bedeutung für die Hydrotechnik ist der genannte Fall: **Absorption von Sauerstoff und Stickstoff aus der atmosphärischen Luft.** Wird nach **Bunsen** mit α der Absorptionskoeffizient, d. i. das auf 0^0 reduzierte Gasvolumen, das von Volumeneinheit Flüssigkeit bei einem Druck von 760 mm Quecksilbersäule absorbiert wird, bezeichnet, so gilt

für Stickstoff $\alpha_N = 0{,}020346 - 0{,}00053887\,t + 0{,}000011156\,t^2$

für Sauerstoff $\alpha_O = 0{,}04115 \quad - 0{,}00109\,t \quad + 0{,}00002256\,t^2$

und ferner das Gesetz der Teildrücke: „**Wenn zwei oder mehrere Gase miteinander gemischt sind, so erfolgt die Absorption proportional dem Drucke, denen jeder der Gemengteile ausüben würde, wenn er sich allein in dem vom Gasgemenge erfüllten Raum befände.**" Atmosphärische Luft besteht aus 0,2096 Volumteilen Sauerstoff und 0,7904 Volumteilen Stickstoff, hiermit ist der Partialdruck

$$\text{für Sauerstoff } p_0 = 0{,}2096\,p_L,$$
$$\text{„ Stickstoff } p_n = 0{,}7904\,p_L,$$

wenn p_L den Luftdruck bezeichnet; es ergibt sich mit den Absorptionskoeffizienten α_0 und α_N, die für den Druck von 760 mm Quecksilbersäule gelten, der Absorptionskoeffizient für Luft bei demselben Druck

$$\alpha_L = 0{,}2096\,\alpha_0 + 0{,}7904\,\alpha_N$$

und demnach für $t = 0^0$ C mit: $\alpha_0 = 0{,}04115$; $\alpha_N = 0{,}020346$

$$\alpha_L = 0{,}008635 + 0{,}01651 = 0{,}024726,$$

d. h. die im **Wasser von 0^0 absorbierte Luft enthält $34^0/_0$ Sauerstoff und $66^0/_0$ Stickstoff, während die atmosphärische Luft $21^0/_0$ Sauerstoff und $79^0/_0$ Stickstoff enthält.**

Wenn Wasser, das absorbierte Luft enthält, im Laufe eines Strömungsvorganges in den Zustand kleinerer als atmosphärischer Pressung gelangt, so entweicht die absorbierte Luft; es entsteht ein Gemisch von Wasser und Luft, wodurch einerseits die Strömungsvorgänge beeinflußt werden, andererseits kann der größere Sauerstoffgehalt des wieder freigelassenen Gemisches zerstörend auf die Wandungen der Gefäßwände einwirken, wie sich dies an den Lauf- und Leiträdern von Turbinen und Zentrifugalpumpen in störendem Maße bemerkbar macht.

Das Freiwerden absorbierter Luft ist auch eine der Ursachen, die die praktische Saughöhe an Wasserhebemaschinen beschränkt.

In erhöhtem Maße gilt das Obige für kohlensäurehaltiges Wasser, der Absorptionskoeffizient für dieses Gas ist nämlich nach **Bunsen**

$$\alpha_K = 1{,}7967 - 0{,}07761\,t + 0{,}0016424\,t^2,$$

also relativ sehr groß. Das absorbierte Gasgemenge kann durch Erwärmen reduziert resp. ganz entfernt werden, da das Absorptionsvermögen mit höherer Temperatur abnimmt.

Eisbildung. Chemisch reines luftfreies Wasser erstarrt bei Atmosphärendruck unter gewöhnlichen Umständen bei 0^0, unreines Wasser, z. B. Flußwasser, bei der etwas niedrigen Temperatur von $— 0,0017^0$, Seewasser bei $— 2,5^0$ zu Eis; unter besonderen Umständen kann die Erstarrung bis zu einer Unterkühlung auf $— 13^0$ verzögert werden, worauf sie dann plötzlich unter Erhöhung auf die normale Erstarrungstemperatur eintritt. Der Schmelzpunkt des Eises wird durch hohen Druck erniedrigt, und zwar pro 1 Atmosphäre Druckzunahme um $0,0075^0$, die bei der Eisbildung frei werdende Wärmemenge beträgt 79,25 Kalorien; die spezifische Wärme des festen Eises ist $= 0,5$, des geschmolzenen Eises $= 1,0$ Kalorie.

In ruhendem Wasser findet die Eisbildung von der Oberfläche ausgehend nach unten statt, es bildet sich eine Eisdecke, unterhalb derselben ist die Temperatur des Wassers höher als 0^0 bis zu 4^0; am fließenden Wasser entwickelt sich Eis auch an der Sohle als sogenanntes Grundeis; dasselbe hat seinen Ursprung auch in der Oberflächen-Eisbildung sowie in gefallenem Schnee. Die Temperatur ist in verschiedenen Tiefen nahezu dieselbe.

Über die Bildung des Grundeises und dessen Eigenschaften liegt eine Monographie vor: Das Grundeis und daherige Störungen in Wasserläufen und Wasserwerken von Dr. phil. C. Lüscher, Ingenieur in Aarau, Druck und Verlag von Emil Wirz-Aarau.

Dampfbildung. Gelangt strömendes Wasser innerhalb seiner Bahn durch Hohlräume, die teilweise mit Luft angefüllt sind, — so ist Gelegenheit zur Bildung von Dampf vorhanden, der mit der Luft in Mischung tritt; die Erscheinung wird aber nur dann praktisch fühlbar, wenn entweder die Temperatur des Wassers eine anhaltend hohe (z. B. Warmwasserpumpe) ist oder wenn der Druck im Hohlraum klein ist (Saugwindkessel); in diesen Fällen kann sich die Verdampfungserscheinung mit der Erscheinung der Abgabe absorbierter Gase vereinigen.

Ist der Druck des Gemisches $= p$, so sind die Raumteile von Luft und Wasserdampf

$$r_L = \frac{p — \varphi\, p'}{p}, \qquad r_D = \frac{\varphi\, p'}{p}, \quad \text{worin} \quad \varphi = \frac{p_D}{p'}$$

die relative Feuchtigkeit, p_D den wirklichen Teildruck des Wasserdampfes, p' den der Temperatur des Gemisches entsprechenden Sättigungsdruck desselben bedeuten; für gesättigte Luft ist $\varphi = 1$.

Bezügliche Tabellen gibt die Hütte.

Reibung, Viskosität. Die zu oberst angeführte Eigenschaft, die Unselbständigkeit der Raumgestalt, hängt zusammen mit der Eigenschaft der leichten Beweglichkeit des Wassers; dieselbe ist jedoch keine vollkommene, da der Verschiebung der Flüssigkeitsteile gegen feste, wenn auch an sich glatte Wände und untereinander molekulare Kräfte entgegenwirken; die Wirkung dieser Kräfte wird als Reibung, und zwar diejenige zwischen Wand und Flüssigkeit als äußere Reibung, diejenige zwischen Flüssigkeitsteilchen untereinander als innere Reibung oder Viskosität bezeichnet; es wird im allgemeinen angenommen, daß die äußere Reibung so groß ist, daß die Erscheinung der Benetzung, d. i. das Haftenbleiben von Flüssigkeit an den Wänden eintritt selbst bei größter Bewegungsgeschwindigkeit der übrigen Flüssigkeitsteile. Durch die innere Reibung tritt eine Wechselwirkung zwischen den einzelnen Schichten strömender Flüssigkeit auf, die einflußnehmend auf die Bewegung der einzelnen Teile wird.

Die der inneren Reibung entsprechende Kraft ist, nach der bezüglichen Hypothese von Newton, durch die Gleichung

$$K = \eta\, f\, \frac{v' - v}{\delta}$$

in dem Sinne bestimmt, daß, wenn eine Flüssigkeitsschicht von der unendlich kleinen Dicke δ in Flächen von der Größe f mit benachbarten Schichten in Berührung steht, die die parallel gerichteten Geschwindigkeiten v' resp. v besitzen, K die Kraft in der Richtung von v' ist, durch die die sich mit der Geschwindigkeit v bewegende Schicht beschleunigt wird; auf die andere Schicht wirkt K in entgegengesetzter Richtung verzögernd; vorausgesetzt ist hierbei, daß $v' > v$; $v' - v$ ist hiermit die Relativgeschwindigkeit der beiden Schichten; liegt die Dicke δ in der Richtung der Komponente z eines kartesischen Koordinatensystems, so kann $v' = v + \frac{\partial v}{\partial z}\, \delta z$ gesetzt werden; es folgt aus obiger Gleichung

$$K = \eta\, f\, \frac{\partial v}{\partial z}$$

und hiermit für $\lim \delta = 0$ der Ausdruck für die Reibungskraft zwischen zwei Flüssigkeitsschichten, die sich in der Fläche f berühren, verzögernd auf diejenige Schicht wirkend, die sich gegen die andere relativ rascher bewegt.

η ist der Koeffizient der inneren Reibung; derselbe hat die Dimension; Kraft $\times$ Zeit dividiert (Länge)^2, sein Wert ist experimentell zu bestimmen. Poiseuille hat durch Ausflußversuche an Kapillarröhren und Vergleich der Resultate mit theoretischen auf die Newtonsche Hypothese gegründeten Untersuchungen die Gültigkeit derselben für Strömungen durch solche Röhren erwiesen, hierbei

die heute gebräuchlichste Methode für die Bestimmung der Werte
von η begründet und für Wasser bei verschiedenen Temperaturen t
in Celsiusgraden im mm/mg/sek-System (auch gültig im kg/m/sek-
System)

$$\eta = \frac{0,000\,1817}{(1 + 0,0336\,t + 0,000\,221\,t^2} \quad \cdots\cdots\cdots \text{ I}$$

bestimmt (Comptes rendus 11412 [1840—51], Recherches expérimen-
tales sur les liquides dans les tubes de très petits diamètres).

Statt den Wert η benutzt man derzeit den Wert $(\eta) = \dfrac{g}{\gamma}\,\eta$ als
Maß der Zähflüssigkeit; es ergibt sich für Wasser im cm/g/sek-System
aus obigem Wert von η

$$(\eta)\,\text{cm}^2/\text{sek} = \eta\,9{,}81 = \frac{0,0178}{1 + 0,0336\,t + 0,000\,221\,t^2}\,.$$

Die Druckdifferenz $\varDelta\,p$, die zur Überwindung der Reibung zwischen
zwei in der Entfernung L befindlichen Querschnitten eines horizon-
talen kreiszylindrischen Rohres vom Durchmesser D bei geradliniger,
gleichförmiger Bewegung des Wassers mit der mittleren Geschwindigkeit v_m nötig ist, läßt sich aus folgender vorgreiflich zitierter
Formel berechnen:

$$\varDelta\,p = \frac{32\,\eta\,L\,v_m}{D^2}\,. \quad \cdots\cdots\cdots \text{ II}$$

Hiermit ist in einem Rohr von bestimmten Dimensionen und bei
konstanter Temperatur (wobei η konstant bleibt) $\varDelta\,p$ proportional
der Geschwindigkeit v_m.

Hingegen folgt aus Versuchen an Röhren mit größerem Durchmesser, daß $\varDelta\,p$ im allgemeinen nicht proportional v_m, sondern in
anderer Art mit v_m in Zusammenhang steht, der in erster Linie
durch die Formel zum Ausdruck gebracht wurde:

$$\varDelta\,p = \gamma\,\lambda\,\frac{L}{D}\cdot\frac{v_m^2}{2\,g}, \quad \cdots\cdots\cdots \text{ III}$$

in der γ das Gewicht des Wassers pro Volumseinheit, g die Beschleunigung der Schwere und λ einen dimensionslosen Wert bedeuten,
für dessen Bestimmung nach den Zusammenstellungen in der Hydraulik von Forchheimer (Verlag von B. G. Teubner) S. 35 u. f. eine
große Anzahl (ca. 50) Berechnungsformeln mit empirisch bestimmten
Widerstandszahlen vorliegen, die selbst wieder v_m und D als Veränderliche enthalten; z. B. nach den Untersuchungen von Lang,
unter Berücksichtigung aller bis 1907 veröffentlichten und etwa 300

eigenen Versuchen zwischen den Geschwindigkeitsgrenzen $v_m = 0{,}004$ m/sek bis $v_m = 53$ m/sek gilt die Formel:

$$\lambda = \left(a + \frac{b}{\sqrt{v_m \cdot D}}\right) C \ldots \ldots \ldots \ldots \text{IV}$$

a und C sind die Zahlenwerte, die vom Zustand des Rohres abhängig sind. Man kann setzen: $a = 0{,}012$; $C = 1$ für neue Rohre mit ganz glatter Innenfläche ohne erkennbare Verschiebung der Querschnitte an den Verbindungsstellen.

$a = 0{,}020$ und $C = 1$ für neue oder sehr gut gereinigte Rohre mit ganz geringen Unebenheiten an der Innenfläche und an den Verbindungsstellen.

$a = 0{,}020$ und $C = \left(\dfrac{d}{d_1}\right)^5$ für Rohre mit ersichtlichen Unebenheiten, worin d den normalen, d_1 den von den Unebenheiten verursachten freibleibenden Durchmesser bedeuten. Der Wert des Zählers b ist von der Temperatur abhängig und beträgt $0{,}0018$ bei etwa 20^0 C, wächst bis zu $0{,}0022$ bei 3^0 C und nimmt ab bis zu $0{,}0004$ bei 100^0 C.

Berechnet man für z. B. $L = 100$ m; $D = 0{,}5$ m; $v_m = 2{,}0$ m/sek $t = 20^0$ die Werte von $\varDelta p$, so ergibt sich aus der Formel I:

$$\eta = 0{,}000\,103$$

und hiermit aus Formel II:

$$\varDelta p = 2{,}6368 \ \text{kg/qm};$$

mit $a = 0{,}020$, $C = 1$; $b = 0{,}0018$ aus Formel IV:

$$\lambda = 0{,}020 + 0{,}0018 = 0{,}0218$$

und mit $\gamma = 1000$ kg/cbm, $g = 9{,}81$ m/sek^2 aus Formel III

$$\varDelta p = 816 + 73 = 889 \ \text{kg/qm}.$$

Hieraus erkennt man, daß die Bewegungswiderstände nur in relativ geringem Maße von der Reibung selbst abhängen, daß vielmehr der Zustand des Rohres, dessen Einfluß in der Formel IV durch den Zahlenwert a und den Koeffizienten C zum Ausdruck kommt, in überwiegendem Maße bestimmend für dieselben ist.

Die Erklärung hierfür ist nun durch die grundlegenden Versuche von Osborne Reynolds gegeben, die in Papers on Mechanical and Physical Subjects, Cambridge, at the University Press, 1901, Vol. II, pag. 51 u. f. veröffentlicht sind; aus denselben geht hervor, daß neben der fließenden Bewegung noch unregelmäßige wirbelnde Bewegungen vorhanden sind, die die für das Fließen nötige Druckdifferenz erhöhen; es ist dies die Erscheinung der

Turbulenz. Durch Beobachtung der Strömungserscheinungen in geraden Glasrohren von kreisförmigen Querschnitt, in denen die Form der Bewegung durch entsprechende Zuführung gefärbter Flüssigkeitsbänder (Abb. 5a, b, c) ersichtlich gemacht wurde, ergaben sich folgende qualitative Resultate:

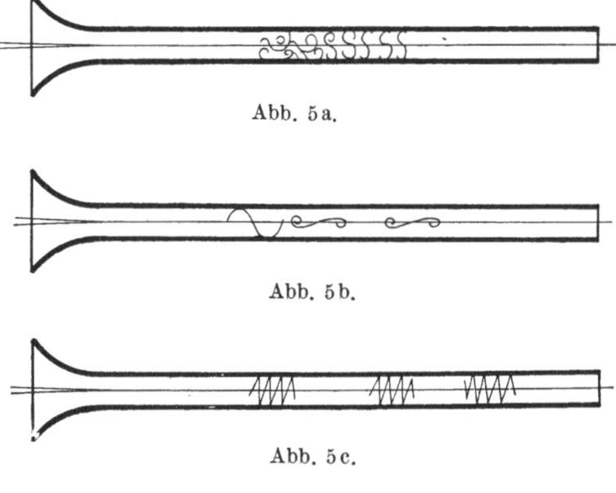

Abb. 5a.

Abb. 5b.

Abb. 5c.

1. Bei genügend kleinen Geschwindigkeiten bildete der die Strömung zeigende Farbstreifen eine schöne stabile gerade Linie längs des Rohres.

2. Bei vergrößerten Geschwindigkeiten tritt immer in beträchtlicher Entfernung von der Einmündung, dort aber plötzlich eine Mischung des Farbbandes mit dem umgebenden Wasser ein, die dann im weiteren Teil des Rohres erhalten bleibt; bei Momentbeleuchtung erweist sich die gefärbte Masse in mehr oder weniger regelmäßige Wirbel aufgelöst, die Bewegung ist nur im ersten Teil des Rohres stabil.

3. Die Geschwindigkeit, bei der dieser plötzliche Übergang vom stabilen in den wirbelnden Zustand stattfindet, ist in bestimmter Weise abhängig vom Durchmesser und der Temperatur der Flüssigkeit; sie hat den Charakter einer kritischen Geschwindigkeit.

4. Wird in die Röhre eine sich an die Rohrwand anschmiegende Drahtspirale eingelegt, so treten an derselben Störungen der Bewegung bereits bei kleineren Geschwindigkeiten als sub 3 auf.

5. Ist der Zustand im Zuflußgefäß ein sehr unruhiger, so löst sich bei ganz kleinen Durchflußgeschwindigkeiten das Farbband schon bald in unregelmäßige Wirbel auf; bei etwas vergrößerter Geschwindigkeit werden die Wirbel regelmäßig und verschwinden dieselben bei weiterer Vergrößerung der Geschwindigkeit so, daß die Bewegung eine stabile, das Farbband geradlinig wird, welcher Zustand bestehen bleibt, bis die dem Rohrdurchmesser und der Temperatur entsprechende kritische Geschwindigkeit erreicht wird, bei der die normale Erscheinung eintritt.

6. In relativ engen Röhren treten abwechselnd in periodischer Längenausdehnung unstabile und stabile Bewegungen auf.

7. Die Unstabilität beginnt unter allen Umständen in einer Entfernung von der Eintrittsmündung des Rohres, > 30 fache des Rohrdurchmessers.

Das wesentlichste quantitative Resultat besteht in der Formel:

$$\frac{v_k \cdot D \cdot \varrho}{\eta} = C \quad \text{mit} \quad C = 1900 \text{ bis } 2000,$$

wobei v_k die kritische Geschwindigkeit, D den Rohrdurchmesser, ϱ die spezifische Masse, η den Koeffizienten der inneren Reibung und C eine Konstante bedeuten, deren Werte Reynolds aus seinen eigenen Versuchen und denjenigen von Poisseuille und von Darci abgeleitet hat; C ist ein reiner Zahlenwert. Mit den Dimensionen des obigen Beispiels mit $\gamma = 998{,}26$ kg/cbm entsprechend $t = 20^0$ und $g = 9{,}81$ m/sek^2, also $\varrho = 101{,}7$ wird

$$v_k = 2000 \cdot \frac{0{,}000103}{101{,}7 \cdot 0{,}5} = 0{,}004 \text{ m/sek.}$$

Man erkennt, daß die kritische Geschwindigkeit sehr kleine Werte annimmt und daher in Rohrleitungen im allgemeinen unstabile oder nach gebräuchlicher Bezeichnung turbulente Bewegungen vorhanden sind.

Aus den aufgezählten Versuchserscheinungen, die durch andere Experimentatoren bestätigt und erweitert wurden, ferner aus dem Umstande, daß der Widerstand durch innere Reibung allein ein geringer und daß der Wert der kritischen Geschwindigkeit mit abnehmender Zähigkeit der Flüssigkeit, d. i. abnehmendem η, sinkt, ist zu schließen, daß die Quantität des Widerstandes der turbulenten Bewegung durch Ungleichmäßigkeiten der Strömung bestimmt ist, die einerseits durch Störungen der Bewegungen am Zu- und Abfluß, sowie durch die Rauhigkeit der Rohrwandung verursacht, andererseits eben durch die Eigenschaft der leichten Beweglichkeit gefördert sind. Die innere Reibung spielt hierbei eine ausschlaggebende Rolle in der Nähe der Wände, indem dieselbe dort Wirbel verursacht, die in die übrige Flüssigkeit hineinwandern. Siehe Prandtl, Verhandl. d. intern. math. Kongr. 1904.

Die Turbulenz ist natürlich nicht an Röhren mit Kreisquerschnitt gebunden, sondern ist im allgemeinen bei Strömungsvorgängen zu finden; ihr Einfluß ist vorhanden beim Strömen in Röhren, Flüssen und Kanälen; ein Beispiel hierfür geben nebenstehende Abb. 6a, b, welche photographischen Aufnahmen von Strömungen in einem geraden Versuchskanal wiedergeben und die sachliche Übereinstimmung mit den klassischen Figuren zeigen[1]).

Im Heft 44 der Forsch.-Arb. des V. d. Ing. und im Bd. 52 der Z. V. d. I. 1907 hat Biel die Ergebnisse bezüglicher Untersuchungen

---

[1]) Weitere Beispiele sind in den Abb. 33, Abb. 91a, b, 92a, b dargestellt.

in folgende zwei Formeln nebst Tabelle zusammengefaßt

$$h_w = \frac{k\,L\,v_m^2}{R}, \quad \ldots \ldots \ldots \ldots \quad \text{A}$$

worin R den hydraulischen (Profils-) Radius, d. h. $R = \dfrac{\text{Querschnitt in qm}}{\text{benetzter Umfang m}}$ und L die Rohrlänge in Kilometern bezeichnet;

Abb. 6a.

Abb. 6b.

$$k = a + \frac{f}{\sqrt{R}} + \frac{b}{v_m \cdot \sqrt{R}} \cdot \frac{(\eta)}{\gamma} \quad \ldots \ldots \ldots \quad \text{B}$$

a ist ein Grundfaktor, f der Rauhigkeitsfaktor, b der Zähigkeitsfaktor und (η) der Reibungskoeffizient (nach Biel absoluter Zähigkeitskoeffizient) in C. G. S.-Einheiten, also $(\eta) = 98{,}1\,\eta$, wenn η, wie oben, in, dem praktischen Maßsystem entsprechenden Ziffernwerten gegeben ist.

Biel unterscheidet 6 Rauhigkeitsgrade, charakterisiert dieselben wie folgt:

Rauhigkeitsgrad	I	blankgezogene Rohre,
„	II	Blechrohre,
„	III	gußeiserne Rohre und ebene Wandungen aus Zement,
„	IV	rauhe Bretter,
„	V	Backsteinwandungen,
„	VI	rauhe Wandungen,

und stellt folgende Tabelle auf

Rauhigkeitsgrad	I	II	III	IV	V	VI
Grundfaktor a	0,12	0,12	0,12	0,12	0,12	
Rauhigkeitsfaktor für Rohre, f	0,0064	0,018	0,036	0,054	0,072	
für Bruchsteinmauerwerk:						0,18
„ rauhes „						0,27
„ Kanäle in Erde, regelmäßige Bäche, Flüsse, Ströme						0,50
„ Gerölle, Wasserpflanzen und Hindernisse . . .						0,75
do., bis						1,06
Zähigkeitskoeffiz. b . . .	0,95	0,71	0,46	0,27	0,27	
$b \cdot \dfrac{(\eta)}{\gamma}$ für $t = 12^0$, Wasser:	0,0118	0,0088	0,0057	0,0032	0,0032	
„ $t = 100^0$, Wasser:	0,00294	0,0022	0,00142	0,00083	0,00024	

und zeigt an Diagrammen die gute Übereinstimmung mit den Ergebnissen früherer Formeln.

Seither sind eingehende Studien über die durch Turbulenz verursachten Widerstände durchgeführt und veröffentlicht worden; in jüngster Zeit in Nr. 16 Mitt. d. Eidgen. Amt. f. Wasserw. „Beiträge zur Frage der Geschwindigkeitsformel und der Rauhigkeitszahlen für Ströme, Kanäle und geschlossene Leitungen" von Dr. A. Strickler; in der Z. ang. Mech. Bd. 3, S. 329 bis 339, 1923: Die Messung der hydraulischen Rauhigkeit von Ludwig Hopf in Aachen und: Strömungswiderstand in rauhen Röhren von K. Fromm in Düren (Rhld.); es werden in denselben die Abhängigkeit der Widerstandshöhe und

der Widerstandszahl von der Reynoldschen Zahl $R = \dfrac{v \cdot r}{\nu}$ theoretisch beleuchtet und die Resultate diesbezüglicher Versuche graphisch und tabellarisch vorgeführt und in ausführlichen Quellenangaben auf die vorbereitenden und grundlegenden Veröffentlichungen von Prandtl, Karmàn, Mises, Blasius, Schiller u. a. m. hingewiesen.

Bei der Verschiedenheit der Umstände, die die Turbulenz verursachen, ist es naturgemäß unmöglich, eindeutige Hypothesen für deren Quantität aufzustellen; es ist jedoch von verschiedenen Physikern gezeigt worden, daß der allgemeine Aufbau obiger empirischer Formeln auch auf theoretischem Wege begründet werden kann, und sind diesbezüglich namentlich die Untersuchungen von Osborne-Reynolds an oben angegebener Stelle und diejenigen von Boussinesq in seiner Theorie de l'écoulement tourbillonant et tumulteux ... anzuführen.

Beide Autoren und ferner H. A. Lorentz-Leiden haben Theorien der turbulenten Bewegung auf Grundlage der Hydrodynamik aufgestellt, um die dynamischen Verhältnisse der Turbulenz zu klären und den Einfluß der Zähigkeit auf die Störung oder Wiederherstellung der Stabilität zu bestimmen. (Siehe Abhandlungen über theoretische Physik von H. A. Lorentz, Leipzig: B. G. Teubner, S. 43 u. f.)

2. Die Grundgleichungen.

Der Bewegungszustand einer Flüssigkeit ist dann durch Gleichungen vollständig beschrieben, wenn mittels derselben für jeden Punkt des von der Flüssigkeit erfüllten Raumes und für jede Zeit die Strömungsgeschwindigkeit und die, an das den Punkt umgebende Massenelement angreifenden, Kräfte der Größe und Richtung nach bestimmt werden können.

Die mathematische Beschreibung erfordert die Wahl zweckmäßiger Koordinatensysteme, auf die die Bewegungen zur Ortsbestimmung und Orientierung der Geschwindigkeiten und Kräfte bezogen werden und die Festlegung des Anfangszustandes, von dem aus die Zeitmessung erfolgt.

Die Ableitung der beschreibenden Formeln kann entweder unmittelbar mit Bezug auf ein Koordinatensystem oder aber auf Grund vektoranalytischer koordinatenfreier Ansätze durch Umformung derselben auf geeignete Koordinatensysteme erfolgen; hierbei kann entweder nach Euler von der Aufgabe ausgegangen werden, die Bewegung derjenigen Flüssigkeitsteilchen zu beschreiben, die im Laufe der Zeit in ein bestimmtes Raumelement gelangen; oder aber man sucht nach Lagrange die Bewegungszustände eines Flüssigkeitsteilchens zu beschreiben, die dasselbe längs seiner Bahn annimmt. Handelt es sich um die Beschreibung einer Strömung in einem gegen die Erde feststehenden Hohlraum, so genügt die Annahme eines mit der Erde fest verbunden gedachten Koordinatensystems; handelt es sich um die Beschreibung einer Strömung gegen einen in der strömenden Flüssigkeit bewegten Körper, so ist ein, mit dem sich bewegenden Körper fest verbundenes Koordinatensystem anzunehmen und dessen Bewegung gegenüber dem zur Erde feststehenden Koordinatensystem zu berücksichtigen; es finden hierbei die Grundsätze der Relativbewegung Anwendung.

Die auf ein Massenelement der Flüssigkeit wirkenden Kräfte sind teils Massenkräfte, teils Oberflächenkräfte. Als Massenkraft kommt vom rein physikalischen Standpunkt aus bei Beschreibung der Bewegung der Flüssigkeit im feststehenden Koordinatensystem nur die Schwerkraft in Betracht; bei Beschreibung in bezug auf das bewegliche Koordinatensystem sind nach dem Satz von Coriolis die Ergänzungskräfte der Relativbewegung als Massenkräfte hinzuzufügen; hierdurch wird bekanntlich erreicht, daß bei angenommener Ruhe dieses Koordinatensystems, unter dem Einfluß der Schwerkraft und der Ergänzungskräfte die Flüssigkeit dieselbe Bewegung als absolute Bewegung annehmen würde, die sie dem bewegten Körper gegenüber als Relativbewegung ausführt; man hat also bei Aufstellung der Gleichungen in diesem Falle von einer Bewegung des (Körper-) Koordinatensystems abzusehen; dieselbe ist bereits in den Ausdrücken für die Ergänzungskräfte berücksichtigt.

Der bewegte Körper kann hierbei selbst von Flüssigkeit durchströmt werden; wie z. B. in Turbinen und in Kreiselpumpen.

An den Berührungsflächen der einzelnen Massenelemente untereinander sowie gegen andere Medien (Luft an den freien Oberflächen, festes Material an den Berührungsflächen mit festen Körpern usw.) treten Oberflächenkräfte auf, die im allgemeinen schräg, in der widerstandsfreien Flüssigkeit jedoch nur senkrecht gegen die Elemente der Oberfläche gerichtet sind; der Druck einer Flüssigkeit auf den von ihr benetzten Körper wird vermittelt durch die an der benetzten Berührungsfläche auftretenden Oberflächenkräfte.

In einem bestimmten Punkte der widerstandsfreien Flüssigkeit ist der Betrag der Oberflächenkraft pro Flächeneinheit für alle Richtungen oder, was dasselbe, für alle den Punkt enthaltenden Flächenelemente derselbe, heißt die Pressung im Punkte x, y, z und ist als Druck an allen Begrenzungsflächen eines Elementes gegen das Innere desselben gerichtet; Komponenten, die in die Fläche fallen, sind bei der widerstandsfreien Flüssigkeit nicht vorhanden; in der widerstandsbehafteten Flüssigkeit sind solche (kurz benannt) Tangentialkomponenten wirksam und besteht im Gegensatz zur widerstandsfreien Flüssigkeit nicht Gleichheit der Pressung, d. i. der Normaldrücke pro Flächeneinheit nach allen Richtungen, sondern es hat nur das arithmetische Mittel aus den Pressungen in je drei zueinander senkrechten Richtungen für einen bestimmten Punkt des Raumes denselben Wert, der als Mittelwert in die Gleichungen eintritt[1]).

I. Fundamentalgleichungen von Euler für widerstandslose Bewegung.

Die Grundgesetze für die Aufstellung der Gleichungen sind folgende:

1. Der Satz von der Konstanz der Masse, wonach bei Änderung der Dichte der Flüssigkeit entweder das Volumen eines bestimmten

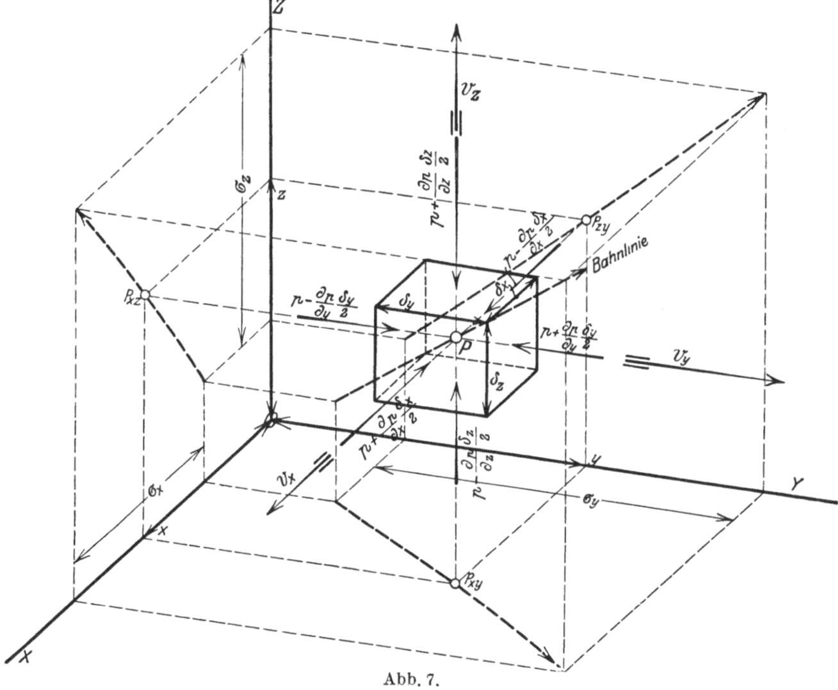

Abb. 7.

Massenteilchens sich entsprechend ändern muß oder bei konstantem Volumen die Änderung des Massenwertes in der Zeiteinheit der in demselben enthaltenen Flüssigkeit gleich der Masse des Durchflußüberschusses in der Zeiteinheit ist; die mathematische Formulierung der zweiten Folgerung führt zur Kontinuitätsgleichung.

2. Das Newtonsche Gesetz: Masse $\times$ Beschleunigung $=$ wirksame Kraft; dessen Anwendung die Bewegungsgleichungen ergibt.

Um einen Punkt mit den Koordinaten x, y, z eines kartesischen Koordinatensystems, Abb. 7, sei ein parallelepipedisches Raumelement

---

[1]) Siehe S. 115 u. f. und Lamb, Hydrodynamik, S. 658.

mit den zu den Achsen parallelen unendlich kleinen Seitenlängen δ_x, δ_y, δ_z abgegrenzt; es liegt die Aufgabe vor, den Bewegungszustand derjenigen Flüssigkeitsteilchen zu beschreiben, die zur Zeit t durch dieses Raumelement fließen.

Der Massenmittelpunkt dieser Flüssigkeitsteilchen befindet sich zur Zeit t auf dem Element σ seiner Bahn, dessen Projektionen auf die Koordinatenachsen mit σ_x, σ_y, σ_z bezeichnet seien, und besitzt eine Geschwindigkeit v, deren Richtung mit jener von σ identisch ist; die Komponenten von v sind v_x, v_y, v_z.

a) Die Kontinuitätsgleichung.

Ableitung in kartesischen Koordinaten. Im abgegrenzten Raumelement $\delta_x \delta_y \delta_z$ befindet sich zur Zeit t die Flüssigkeitsmasse $\varrho\, \delta_x \delta_y \delta_z$, wobei ϱ die spezifische Masse der Flüssigkeit bedeutet, die Änderung der Gesamtmasse in der Zeiteinheit beträgt somit $\frac{\partial \varrho}{\partial t} \delta_x \delta_y \delta_z$; die Flüssigkeit strömt mit der Geschwindigkeit v_x durch die Fläche $\delta_y \delta_z$ des Punktes x, y, z; es ist daher $\left(\varrho v_x - \frac{\partial \varrho v_x}{\partial x} \frac{\delta_x}{2}\right) \delta_y \cdot \delta_z$ die pro Zeiteinheit in der x-Richtung in das Element eintretende, $\left(\varrho v_x + \frac{\partial \varrho v_x}{\partial x} \frac{\delta_x}{2}\right) \delta_y \delta_z$ die pro Zeiteinheit in derselben Richtung auftretende Masse; mithin ist: $-\frac{\partial \varrho v_x}{\partial x} \delta_x \delta_y \delta_z$ die durch die Strömungskomponente in der x-Richtung verursachte Änderung des Masseninhaltes; ebenso erhält man $-\frac{\partial \varrho v_y}{\partial y} \delta_x \delta_y \delta_z$ und $-\frac{\partial \varrho v_z}{\partial z} \delta_x \delta_y \delta_z$ für die anderen Richtungen.

Entsprechend der obigen zweiten Folgerung ist daher zu setzen:

$$\frac{\partial \varrho}{\partial t} \delta_x \delta_y \delta_z = -\left[\frac{\partial \varrho v_x}{\partial x} + \frac{\partial \varrho v_y}{\partial y} + \frac{\partial \varrho v_z}{\partial z}\right] \delta_x \delta_y \delta_z;$$

es folgt hieraus die Kontinuitätsgleichung

$$\frac{\partial \varrho}{\partial t} + \frac{\partial \varrho v_x}{\partial x} + \frac{\partial \varrho v_y}{\partial y} + \frac{\partial \varrho v_z}{\partial z} \quad \ldots \ldots \ldots \text{A}$$

Vektoranalytische Ableitung. Mit $\mathfrak{v}$ als Geschwindigkeitsvektor, ϱ als Skalar, $d\tau$ als Raum, do als Oberflächenelement eines innerhalb der Flüssigkeit in beliebiger Form abgegrenzten Raumteiles gibt mit $\mathfrak{v}_n$ als Vektorkomponente normal zu do die zweite Folgerung den Ansatz: $\int \frac{\partial \varrho}{\partial t} d\tau = -\int \varrho \mathfrak{v}_n do$, die Integrale sind über den ganzen Raumteil bzw. dessen Oberfläche zu erstrecken.

Nach dem Gaußschen Integralsatz ist $\int \varrho v_n \, do = \int div \, \varrho v \, d\tau$ und daher $\int \left(\dfrac{\partial \varrho}{\partial t} + div \, \varrho v \right) d\tau = 0$; da die Abgrenzung beliebig ist, so folgt die vektoranalytische Form der Kontinuitätsgleichung:

$$\frac{\partial \varrho}{\partial t} + div \, \varrho v = 0, \quad \ldots \ldots \ldots \ldots \quad \text{A}'$$

die bei Umformung auf kartesische Koordinaten die Gleichung A ergibt.

b) Die Bewegungsgleichungen.

Fundamentalgleichungen von Euler für widerstandsfreie Bewegung. Nach dem Newtonschen Gesetz und mit den Bezeichnungen X, Y, Z für die wirksamen Kraftkomponenten parallel zu den Koordinatenachsen ergeben sich die drei Gleichungen

$$\varrho \, \delta_x \delta_y \delta_z \cdot \frac{dv_x}{dt} = X, \qquad \varrho \, \delta_x \delta_y \delta_z \cdot \frac{dv_y}{dt} = Y, \qquad \varrho \, \delta_x \delta_y \delta_z \cdot \frac{dv_z}{dt} = Z,$$

wobei ϱ den Betrag der spezifischen Masse der Flüssigkeit bedeutet. Die Komponenten X, Y, Z setzen sich je aus zwei Hauptteilen zusammen, d. s. erstens der den Massenkräften zukommende, zweitens der den Oberflächenkräften zukommende Teil; mit K_x, K_y, K_z als Beschleunigungswerte der Massenkraftkomponenten ergeben sich die Beträge der ersten Teile

$$K_x \cdot \varrho \, \delta_x \delta_y \delta_z, \qquad K_y \cdot \varrho \, \delta_x \delta_y \delta_z, \qquad K_z \cdot \varrho \, \delta_x \delta_y \delta_z.$$

Bezeichnet ferner p die Pressung im Punkt xyz zur Zeit t und sind $\dfrac{\partial p}{\partial x}; \dfrac{\partial p}{\partial y}; \dfrac{\partial p}{\partial z}$ die Beträge der Pressungsänderung pro Längeneinheit in Richtung der Koordinaten, so folgt für den Teilbetrag der Oberflächenkräfte

in der X-Richtung: $\left(p - \dfrac{\partial p}{\partial x} \dfrac{\delta x}{2} \right) \delta_y \delta_z - \left(p + \dfrac{\partial p}{\partial x} \dfrac{\delta x}{2} \right) \delta_y \delta_z = - \dfrac{\partial p}{\partial x} \delta_x \delta_y \delta_z$

„ „ Y- „ $\left. \rule{0pt}{40pt} \right\}$ in analoger Ableitung $\left. \rule{0pt}{40pt} \right\{$ $= - \dfrac{\partial p}{\partial y} \delta_x \delta_y \delta_z$

„ „ Z- „ $= - \dfrac{\partial p}{\partial z} \delta_x \delta_y \delta_z$

somit werden

$$X = \left(\varrho K_x - \frac{\partial p}{\partial x} \right) \delta_x \delta_y \delta_z = \varrho \, \frac{dv_x}{dt} \cdot \delta_x \delta_y \delta_z,$$

$$Y = \left(\varrho K_y - \frac{\partial p}{\partial y} \right) \delta_x \delta_y \delta_z = \varrho \, \frac{dv_y}{dt} \cdot \delta_x \delta_y \delta_z,$$

$$Z = \left(\varrho K_z - \frac{\partial p}{\partial z} \right) \delta_x \delta_y \delta_z = \varrho \, \frac{dv_z}{dt} \cdot \delta_x \delta_y \delta_z.$$

Die Beschleunigungskomponenten sind die Grenzwerte von

$$\frac{v_{x2}-v_{x1}}{\tau}, \qquad \frac{v_{y2}-v_{y1}}{\tau}, \qquad \frac{v_{z2}-v_{z1}}{\tau}$$

für $\lim \tau = 0$, wenn v_{x2}, v_{y2}, v_{z2} resp. v_{x1}, v_{y1}, v_{z1}, die Werte der Geschwindigkeitskomponenten in den Endpunkten des Bahnelementes σ bedeuten, das im Zeitelement τ vom Massenmittelpunkt des Flüssigkeitselementes zurückgelegt wird; die Größen der Geschwindigkeitskomponenten in einem Punkte sind im allgemeinen durch Werte von Funktionen der Koordinaten des Punktes bestimmt und an demselben Punkt mit der Zeit veränderlich; dementsprechend ergibt sich

$$v_{x2} = v_x + \frac{\partial v_x}{\partial x} \cdot \frac{\sigma_x}{2} + \frac{\partial v_x}{\partial y}\frac{\sigma_y}{2} + \frac{\partial v_x}{\partial z}\frac{\sigma_z}{2} + \frac{\partial v_x}{\partial t} \cdot \frac{\tau}{2},$$

$$v_{x1} = v_x - \frac{\partial v_x}{\partial x} \cdot \frac{\sigma_x}{2} - \frac{\partial v_x}{\partial y}\frac{\sigma_y}{2} - \frac{\partial v_x}{\partial z}\frac{\sigma_z}{2} - \frac{\partial v_x}{\partial t} \cdot \frac{\tau}{2},$$

hiermit

$$\frac{v_{x2}-v_{x1}}{\tau} = \frac{\partial v_x}{\partial x} \cdot \frac{\sigma_x}{\tau} + \frac{\partial v_x}{\partial y}\frac{\sigma_y}{\tau} + \frac{\partial v_x}{\partial z}\frac{\sigma_z}{\tau} + \frac{\partial v_x}{\partial t}$$

und da die Grenzwerte von

$$\frac{\sigma_x}{\tau} = v_x, \qquad \frac{\sigma_y}{\tau} = v_y, \qquad \frac{\sigma_z}{\tau} = v_z$$

sind, so folgt

$$\frac{dv_x}{dt} = \frac{\partial v_x}{\partial t} + v_x \frac{\partial v_x}{\partial x} + v_y \frac{\partial v_y}{\partial y} + v_z \frac{\partial v_z}{\partial z}$$

und in analoger Ableitung
$$\begin{cases} \dfrac{dv_y}{dt} = \dfrac{\partial v_y}{\partial t} + v_x \dfrac{\partial v_y}{\partial x} + v_y \dfrac{\partial v_y}{\partial y} + v_z \dfrac{\partial v_y}{\partial z} \\[2ex] \dfrac{dv_z}{dt} = \dfrac{\partial v_z}{\partial t} + v_x \dfrac{\partial v_z}{\partial x} + v_y \dfrac{\partial v_z}{\partial y} + v_z \dfrac{\partial v_z}{\partial z}. \end{cases}$$

Durch Einsetzen dieser Beschleunigungswerte und der Werte für X, Y, Z in die ursprünglichen Gleichungen und Division durch $\varrho\, \delta_x \delta_y \delta_z$ erhält man folgende drei Bewegungsgleichungen:

$$K_x - \frac{1}{\varrho} \cdot \frac{\partial p}{\partial x} = \frac{\partial v_x}{\partial t} + v_x \frac{\partial v_x}{\partial x} + v_y \frac{\partial v_x}{\partial y} + v_z \cdot \frac{\partial v_x}{\partial z} \quad \ldots \quad \text{I}$$

$$K_y - \frac{1}{\varrho} \cdot \frac{\partial p}{\partial y} = \frac{\partial v_y}{\partial t} + v_x \frac{\partial v_y}{\partial x} + v_y \frac{\partial v_y}{\partial y} + v_z \cdot \frac{\partial v_y}{\partial z} \quad \ldots \quad \text{II}$$

$$K_z - \frac{1}{\varrho} \cdot \frac{\partial p}{\partial z} = \frac{\partial v_z}{\partial t} + v_x \frac{\partial v_z}{\partial x} + v_y \frac{\partial v_z}{\partial y} + v_z \cdot \frac{\partial v_z}{\partial z} \quad \ldots \quad \text{III}$$

Die Gleichungen A, I, II, III sind die **Eulerschen Fundamentalgleichungen der Hydrodynamik.** Für inkompressible reibungsfreie, also ideale Flüssigkeiten, als deren nächster Repräsentant das Wasser angenommen wird, ändern sich die Gleichungen I, II, III der Form nach nicht, es nimmt lediglich ϱ einen konstanten Wert und hiermit die Gleichung A die Form an:

$$\frac{\partial v_x}{\partial x} + \frac{\partial v_y}{\partial y} + \frac{\partial v_z}{\partial z} = 0 \quad \ldots \ldots \ldots \quad \mathrm{A}_a$$

Diese Summe der drei partiellen Differentialquotienten heißt die räumliche Dilatation. Entsprechend Gleichung A_a ist bei Bewegung einer idealen Flüssigkeit die räumliche Dilatation konstant gleich Null.

In den Gleichungen A, I, II, III entfallen die Glieder mit den partiellen Ableitungen nach der Zeit t, wenn die Bewegung eine derartige ist, daß Geschwindigkeits- und Pressungszustand sich im allgemeinen wohl von Ort zu Ort ändert, aber an jedem Ort zeitlich unveränderlich ist. Eine solche Bewegung wird als stationär oder nach Grashof als permanent bezeichnet. Deren Fundamentalgleichungen sind:

$$K_x - \frac{1}{\varrho}\frac{\partial p}{\partial x} = v_x \frac{\partial v_x}{\partial x} + v_y \frac{\partial v_x}{\partial y} + v_z \frac{\partial v_x}{\partial z} \quad \ldots \ldots \quad \mathrm{I}_p$$

$$K_y - \frac{1}{\varrho}\frac{\partial p}{\partial y} = v_x \frac{\partial v_y}{\partial x} + v_y \frac{\partial v_y}{\partial y} + v_z \frac{\partial v_y}{\partial z} \quad \ldots \ldots \quad \mathrm{II}_p$$

$$K_z - \frac{1}{\varrho}\frac{\partial p}{\partial z} = v_x \frac{\partial v_z}{\partial x} + v_y \frac{\partial v_z}{\partial y} + v_z \frac{\partial v_z}{\partial z} \quad \ldots \ldots \quad \mathrm{III}_p$$

$$\frac{\partial(v_x \cdot \varrho)}{\partial x} + \frac{\partial(v_y \cdot \varrho)}{\partial y} + \frac{\partial(v_z \cdot \varrho)}{\partial z} = 0 \quad \ldots \ldots \quad \mathrm{A}_p$$

A_p gilt dann, wenn ϱ von der Pressung p beeinflußt wird.

Für den Fall der inkompressiblen Flüssigkeit, d. i. $\varrho = \mathrm{konstant}$, wird $A_p = A_a$.

Mit den Grundgleichungen und den Bedingungsgleichungen des jeweiligen Problems können im Prinzip die Geschwindigkeitskomponenten und die Pressungen als Funktionen der Koordinaten x, y, z und der Zeit t bestimmt werden.

Ist der Bewegungszustand ein stationärer, so entfällt die Abhängigkeit von t; v_x, v_y, v_z und p erscheinen nur als Funktionen von x, y, z und lassen sich aus den Funktionswerten der Geschwindigkeitskomponenten die Gleichungen der Bahnlinien ableiten: da nämlich für jeden Punkt einer Strombahn

$$v_x = \lim \frac{\sigma_r}{\tau} = \frac{dx}{dt}, \qquad v_y = \lim \frac{\sigma_y}{\tau} = \frac{dy}{dt}, \qquad v_z = \lim \frac{\sigma_z}{\tau} = \frac{dz}{dt}$$

ist, so ergeben sich aus

$$\frac{v_y}{v_x} = \frac{dy}{dx}, \qquad \frac{v_z}{v_y} = \frac{dz}{dy}, \qquad \frac{v_x}{v_z} = \frac{dx}{dz}$$

die totalen Differentialgleichungen der Projektionen der Strombahnen
auf die Koordinatenebenen

$$\left.\begin{array}{l}(+\,v_y)\,dx + (-\,v_x)\,dy = dF_{xy}\\(+\,v_z)\,dy + (-\,v_y)\,dz = dF_{yz}\\(+\,v_x)\,dz + (-\,v_z)\,dx = dF_{zx}\end{array}\right\} \quad \dots\dots\text{IV}$$

worin F_{xy}, F_{yz}, F_{zx} einerseits die Bedeutung von Funktionszeichen
und andererseits, sofern et sich um Feststellung der einzelnen Strombahnen handelt, die Bedeutung von Parametern haben.

Wenn der Bewegungszustand **zeitlich veränderlich** ist, so
haben die Strombahnen **keine dauernde Gestalt**; denn die Gleichungen für v_x, v_y und v_z enthalten auch die Zeit als Variable.

Benutzt man trotzdem die gleichen Ansätze V, indem man t
ebenfalls als Parameter betrachtet, so erhält man durch V die
Gleichungen für momentane Strombahnen, und zwar ist der Zeitmoment durch den jeweiligen Parameterwert t bestimmt; diese
momentanen Strombahnen oder in kürzerer Bezeichnung „**Stromlinien**" sind **nicht identisch** mit den wirklichen Strombahnen der
einzelnen Flüssigkeitselemente, sondern dieselben charakterisieren die
Aufeinanderfolge der Flüssigkeitselemente in deren Bewegungsrichtung im Zeitmoment.

Beispiel: In einer an sich ruhenden Flüssigkeit wird durch einen Körper,
Abb. 8, der irgendeine (der Einfachheit halber z. B. geradlinige und gleichförmig
angenommene) Translationsbewegung besitzt, eine Strömung erzeugt, indem
der Körper einerseits Flüssigkeitsteilchen vor sich
herschiebt, anderseits demselben solche folgen,
hierbei geraten nicht nur die in unmittelbarer
Nähe des Körpers befindlichen, sondern auch
andere Teile der Flüssigkeitsmasse in Bewegung;
jedes Flüssigkeitsteilchen wird zu einer bestimmten Zeit eine bestimmte Bewegungsrichtung besitzen, wobei sich eine derartige Aufeinanderfolge von Flüssigkeitsteilchen ergibt, daß Kurven als Verbindungslinien von Massenmittel-
punkten gezogen werden können, deren Tangenten den momentanen Bewegungsrichtungen entsprechen; im nächsten Zeitmoment befindet sich

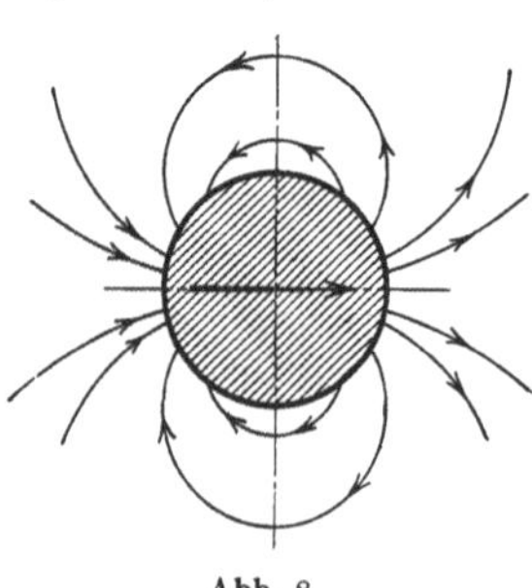

Abb. 8.

der Körper bereits an einem andern Ort; es kann unter Umständen die Grup-
pierung der bewegten Flüssigkeit um ihn und relativ zu ihm der Gestalt nach
kongruent der früheren sein, aber in den kongruenten Kurven um zwei Lagen
des Körpers befinden sich nicht mehr dieselben Flüssigkeitsteilchen, jedes derselben hat seinen Ort sowohl gegenüber dem bewegten Körper als auch gegenüber dem feststehenden Raum, in dem sich die Flüssigkeit befindet, verändert;
die Aufeinanderfolge der Orte eines Flüssigkeitsteilchens gegenüber dem bewegten Körper gibt in diesem Fall der Kongruenz der Stromlinien eine dauernde
relative Strombahn im bewegten Koordinatensystem; die Aufeinanderfolge der
Orte desselben Teilchens im feststehenden Raum gibt die wirkliche Strombahn
dieses, aber auch nur dieses Teilchens im feststehenden Koordinatensystem.

c) Gleichungen von Helmholtz.

Führt man nach Helmholtz in die Gleichungen I, II, III die folgendermaßen definierten Winkelgeschwindigkeiten ein:

$$2\,\Omega_x = \frac{\partial v_z}{\partial y} - \frac{\partial v_y}{\partial z}, \qquad 2\,\Omega_y = \frac{\partial v_x}{\partial z} - \frac{\partial v_z}{\partial x}, \qquad 2\,\Omega_z = \frac{\partial v_y}{\partial x} - \frac{\partial v_x}{\partial y},$$

so erhält man bei entsprechender Ordnung die Gleichungen

$$K_x - \frac{1}{\varrho}\frac{\partial p}{\partial x} = \frac{\partial v_x}{\partial t} + \left(v_x\frac{\partial v_x}{\partial x} + v_y\frac{\partial v_y}{\partial x} + v_z\frac{\partial v_z}{\partial x}\right) - 2\,(\Omega_z v_y - \Omega_x v_y)$$

oder wegen $v_x\dfrac{\partial v_x}{\partial x} + v_y\dfrac{\partial v_y}{\partial x} + v_z\dfrac{\partial v_z}{\partial x} = \dfrac{\partial}{\partial x}\left(\dfrac{v_x{}^2}{2} + \dfrac{v_y{}^2}{2} + \dfrac{v_z{}^2}{2}\right) = \dfrac{\partial}{\partial x}\dfrac{v^2}{2}$

$$K_x - \frac{1}{\varrho}\frac{\partial p}{\partial x} = \frac{\partial v_x}{\partial t} + \frac{\partial}{\partial x}\frac{v^2}{2} - 2\,(\Omega_z v_y - \Omega_y v_z) \ . \ . \ . \ . \ \text{I}'$$

$$K_y - \frac{1}{\varrho}\frac{\partial p}{\partial y} = \frac{\partial v_y}{\partial t} + \frac{\partial}{\partial y}\frac{v^2}{2} - 2\,(\Omega_x v_z - \Omega_z v_z) \ . \ . \ . \ . \ \text{II}'$$

$$K_z - \frac{1}{\varrho}\frac{\partial p}{\partial z} = \frac{\partial v_z}{\partial t} + \frac{\partial}{\partial z}\frac{v^2}{2} - 2\,(\Omega_y v_x - \Omega_x v_y) \ . \ . \ . \ . \ \text{III}'$$

Mit den Richtungswinkeln λ, μ, ν von K gegen die Koordinatenachsen werden: $K_x = K\cos\lambda$; $K_y = K\cos\mu$; $K_z = K\cos\nu$; sind l, m, n, die Richtungswinkel eines beliebig gerichteten Längenelementes da, also $dx = da\cos l$; $dy = da\cos m$; $dz = da\cos n$; ist ferner ϱ nur von der Pressung abhängig, so daß man $\dfrac{dp}{\varrho} = d\mathfrak{P}$ schreiben kann, so gibt die Zusammenfassung obiger drei Gleichungen nach dem Schema $\text{I}'\,dx + \text{II}'\,dy + \text{III}'\,dz = 0$ unter Berücksichtigung, daß gesetzt werden kann:

$$K_x\,dx + K_y\,dy + K_z\,dz = K\,(\cos\lambda\cos l + \cos\mu\cos m + \cos\nu\cos n)\,da$$
$$= K\cos(ka)\,da = K_a\,da,$$

$$\frac{1}{\varrho}\frac{\partial p}{\partial x}\,dx + \frac{1}{\varrho}\frac{\partial p}{\partial y}\,dy + \frac{1}{\varrho}\frac{\partial p}{\partial z}\,dz = \frac{\partial\mathfrak{P}}{\partial x}\,dx + \frac{\partial\mathfrak{P}}{\partial y}\,dy + \frac{\partial\mathfrak{P}}{\partial z}\,dz = d\mathfrak{P}.$$

Die Gleichung:

$$K_a\,da + d\mathfrak{P} + \left(\frac{\partial v_x}{\partial t}\,dx + \frac{\partial v_y}{\partial t}\,dy + \frac{\partial v_z}{\partial t}\,dz\right) + d\frac{v^2}{2} - 2\,\mathfrak{H} = 0$$

mit $\mathfrak{H}$ als Bezeichnung für den Ausdruck

$$[(\Omega_z v_x - \Omega_y v_z)\,dx + (\Omega_x v_z - \Omega_z v_x)\,dy + (\Omega_y v_x - \Omega_x v_y)\,dz].$$

Bei Anwendung der aus nebenstehender Skizze (Abb. 9) ersichtlichen Bezeichnungen für die Richtungswinkel von v und da gegeneinander und gegen die Koordinatenachsen, folgt bei festgehaltener Lage von da wegen $\cos\alpha\cos l + \cos\beta\cos m + \cos\gamma\cos n = \cos\chi$ und

$$-\left(\sin\alpha\cos l\,\frac{\partial\alpha}{\partial t} + \sin\beta\cos m\,\frac{\partial\beta}{\partial t} + \sin\gamma\cos n\,\frac{\partial\gamma}{\partial t}\right) = -\sin\chi\,\frac{\partial\chi}{\partial t}$$

$$\frac{\partial v_x}{\partial t}\frac{dx}{da} + \frac{\partial v_y}{\partial t}\frac{dy}{da} + \frac{\partial v_z}{\partial t}\frac{dz}{da} = \left(\frac{\partial v}{\partial t}\cos\chi - v\sin\chi\,\frac{\partial\chi}{\partial t}\right) = \frac{\partial v\cos\chi}{\partial t} = \frac{\partial v_a}{\partial t}.$$

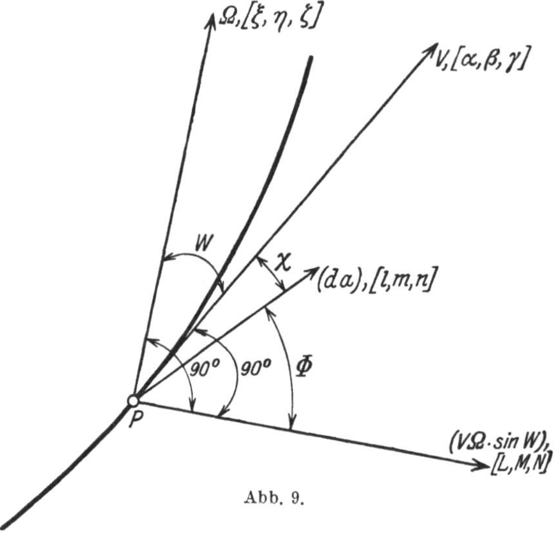

Abb. 9.

Bezeichnet man mit
$$\Omega = \sqrt{\Omega_x{}^2 + \Omega_y{}^2 + \Omega_z{}^2}$$
die resultierende Winkelgeschwindigkeit der Komponenten Ω_x, Ω_y, Ω_z; mit w, ξ, η, ζ deren Richtungswinkel gegen v, und die Koordinatenachsen, ferner mit Φ, L, M, N die Richtungswinkel der Normalen zur Ebene von v und Ω gegen da und die Koordinatenachsen, so kann $\mathfrak{H}$, wie folgt, umgeformt werden

$$\mathfrak{H} = v\,\Omega\,da\,[(\cos\beta\cos\zeta - \cos\gamma\cos\eta)\cos l$$
$$+ (\cos\gamma\cos\xi - \cos\alpha\cos\zeta)\cos m + (\cos\alpha\cos\eta - \cos\beta\cos\xi)\cos n]$$

nach den Regeln der analytischen Geometrie des Raumes bestehen die Beziehungen

$$\cos\beta\cos\zeta - \cos\gamma\cos\eta = \sin w\cos L,$$
$$\cos\gamma\cos\xi - \cos\alpha\cos\zeta = \sin w\cos M,$$
$$\cos\alpha\cos\eta - \cos\beta\cos\xi = \sin w\cos N,$$
$$\cos L\cos l + \cos M\cos m + \cos N\cos n = \cos\Phi;$$

es wird
$$\mathfrak{H} = v\cdot\Omega\cdot\sin w\cos\Phi\,da.$$

Wenn man in $\varrho = \dfrac{\gamma}{g}$ die Werte: $\gamma = 1000$ kg/m² und $g = 9,81$ m²/sek als konstant annehmen kann, so wird $d\mathfrak{P} = g\,d\dfrac{p}{\gamma}$, und man erhält hiermit die Grundgleichungen der Hydrodynamik:

$$- K_a\, da + g\, d\frac{p}{\gamma} + \frac{\partial v_a}{\partial t}\, da + d\,\frac{v^2}{2} - (v\, 2\,\Omega \sin w)\cos \Phi\, da = 0 \quad . \quad . \; \text{B}$$

in koordinatenfreier Form, die in vektoranalytischer Bezeichnungsweise geschrieben werden kann

$$\mathfrak{K} + g\, grad\,\frac{p}{\gamma} + \frac{\partial \mathfrak{v}}{\partial t} + grad\,\frac{v^2}{2} - [\mathfrak{v}\cdot rot\,\mathfrak{v}] = 0 \quad . \quad . \quad . \quad . \; \text{B}'$$

Besitzt die Kraft $\mathfrak{K}$ ein Potential $g\mathfrak{F}$, so wird $- K_a\, da = g d\,\mathfrak{F}$
resp. $\mathfrak{K} = g\, grad\,\mathfrak{F}$, und die Gleichungen B nehmen nach Division
durch g die Formen an

$$d\mathfrak{F} + d\,\frac{p}{\gamma} + \frac{1}{g}\,\frac{\partial v_a}{\partial t}\, da + d\,\frac{v^2}{2\,g} - \frac{1}{g}\,(v\, 2\,\Omega \sin w)\cos \Phi\, da = 0 \quad . \; \text{B}''$$

$$grad\left(\mathfrak{F} + \frac{p}{\gamma} + \frac{v^2}{2\,g}\right) + \frac{1}{g}\,\frac{\partial \mathfrak{v}}{\partial t} - \frac{1}{g}\,[\mathfrak{v}\, rot\,\mathfrak{v}] = 0 \quad . \quad . \quad . \; \text{B}'''$$

Die Grundgleichungen B werden besonders einfach für die Fälle,
in denen $\Omega = 0$ ist; es werden hierbei auch Ω_x, Ω_y, Ω_z gleich Null
und folgt aus deren Definitionsgleichungen, daß dies eintritt, wenn
eine Potentialfunktion φ der Koordinaten existiert, deren partielle
Ableitungen nach den Koordinaten die Geschwindigkeitskomponenten
bestimmen.

$$v_x = \frac{\partial \varphi}{\partial x}, \qquad v_y = \frac{\partial \varphi}{\partial y}, \qquad v_z = \frac{\partial \varphi}{\partial z},$$

es wird dann eben z. B.

$$\frac{\partial v_z}{\partial y} - \frac{\partial v_y}{\partial z} = \frac{\partial^2 \varphi}{\partial z\,\partial y} - \frac{\partial^2 \varphi}{\partial y\,\partial z} = \Omega_x = 0 \quad \text{usw.}$$

Eine solche Funktion Φ heißt dann nach Helmholtz das Geschwindigkeitspotential (in Analogie zum Kräftepotential). Strömungen, für
die ein Geschwindigkeitspotential existiert, heißen Potentialströmungen.

Flächen innerhalb der Flüssigkeit, auf denen das Geschwindigkeitspotential gleichen Wert hat, heißen Äquipotentialflächen; die Bewegungsrichtung der dieselben enthaltenen Flüssigkeitsteilchen fällt in
die Normalen zur Fläche.

Für inkompressible Flüssigkeiten ergibt sich aus der Koordinuitäts-
gleichung

$$\frac{\partial v_x}{\partial x} + \frac{\partial v_y}{\partial y} + \frac{\partial v_z}{\partial z} = div\,\mathfrak{v} = 0$$

die Gleichung

$$\frac{\partial^2 \varphi}{\partial x^2} + \frac{\partial^2 \varphi}{\partial y^2} + \frac{\partial^2 \varphi}{\partial z^2} = div\, grad\, \varphi = 0.$$

Flüssigkeitsbewegungen, für die ein Geschwindigkeitspotential nicht
existiert, heißen wirbelhafte Bewegungen; für dieselben existieren

Wirbelfäden, das sind Linien, deren Tangenten in die Richtung der Achse der totalen Winkelgeschwindigkelt Ω fallen und die wieder im Falle idealen Flüssigkeitszustandes immer aus denselben Flüssigkeitsteilchen zusammengesetzt sind und mit denselben fortschwimmen.

Die Wirbellinien bilden hiermit ein Vektorfeld; für eine aus Wirbellinien gebildete dünne Röhre, d. i. eine Wirbelröhre gilt daher eine der Kontinuitätsbedingung analoge Eigenschaft

$$2 \int \Omega \, do = \text{konst.};$$

d. h. die Intensität des Wirbels, d. i $2 f \Omega$, bleibt konstant.

Hieraus folgt, daß Wirbellinien in einem Punkte innerhalb der Flüssigkeit weder entstehen noch endigen können; sie müssen entweder geschlossene Kurven bilden oder an den Grenzflächen beginnen oder aufhören.

Von Wichtigkeit sind noch folgende Sätze:

Der Teil einer vollkommenen Flüssigkeit, dessen Bewegung anfänglich wirbelfrei, behält diese Eigenschaft immer bei, wenn die wirksamen Kräfte eindeutiges Potential besitzen; die Bewegung aus der Ruhe ist daher immer wirbelfrei.

Wirbellinien bewegen sich mit der Flüssigkeit.

Dies sind die von Helmholtz entdeckten und im Jahre 1858 veröffentlichten Wirbelsätze (siehe Ostwalds Klassiker der exakten Wissenschaften Nr. 79).

Das durch die Größe $\mathfrak{H}$ bestimmte Schlußglied in den Gleichungen B ist ein Vektor, der immer senkrecht auf die Ebene der Vektoren $\mathfrak{v}$ und $rot\,\mathfrak{v}$ steht; ist zudem dessen Wert so beschaffen, daß ganz allgemein $\dfrac{1}{g}[\mathfrak{v}\,rot\,\mathfrak{v}] = grad\,\mathfrak{S}$ gesetzt werden kann, so vereinfacht sich die Gleichung noch weiter in

$$grad\left(\mathfrak{F} + \frac{p}{\gamma} + \frac{v^2}{2\,g} - \mathfrak{S}\right) + \frac{1}{g}\frac{\partial \mathfrak{v}}{\partial t} = 0 \quad . \quad . \quad . \quad . \quad \mathrm{B^{IV}}$$

Im stationären Zustand sind dann die Werte von p und v durch Funktionen der Ortskoordinaten bestimmt.

II. Allgemeine Form der Grundgleichungen.

Die Gleichungen

$$K_x + W_x - \frac{1}{\varrho}\frac{\partial p}{\partial x} = \frac{\partial v_x}{\partial t} + v_x\frac{\partial v_x}{\partial x} + v_y\frac{\partial v_x}{\partial y} + v_z\frac{\partial v_x}{\partial z} \quad . \quad . \quad . \mathrm{I_w}$$

$$K_y + W_y - \frac{1}{\varrho}\frac{\partial p}{\partial y} = \frac{\partial v_y}{\partial t} + v_x\frac{\partial v_y}{\partial x} + v_y\frac{\partial v_y}{\partial y} + v_z\frac{\partial v_y}{\partial z} \quad . \quad . \; \mathrm{II_w}$$

$$K_z + W_z - \frac{1}{\varrho}\frac{\partial p}{\partial z} = \frac{\partial v_z}{\partial t} + v_x\frac{\partial v_z}{\partial x} + v_y\frac{\partial v_z}{\partial y} + v_z\frac{\partial v_z}{\partial z} \quad . \quad . \; \mathrm{III_w}$$

können als allgemeineres Resultat der Ableitung der Gleichungen I, II, III gelten, wenn mit W_x, W_y, W_z die Komponenten einer Beschleunigung eingeführt werden, in denen der Einfluß der Reibung resp. der Reibung und der Turbulenz zum Ausdruck kommt.

a) **Grundgleichungen bei innerer Reibung**[1]). Die Ergänzung der Eulerschen Fundamentalgleichungen mit Rücksicht auf innere Reibung wurde zuerst von Navier-Poisson, später von de Saint-Venant und Stokes durchgeführt.

Die Werte W_x, W_y, W_z werden in diesem Fall durch die Gleichungen bestimmt

$$\left.\begin{aligned} W_x &= \frac{1}{3}\frac{\eta}{\varrho}\frac{\partial\Theta}{\partial x} + \frac{\eta}{\varrho}\nabla^2 v_x \\[1ex] W_y &= \frac{1}{3}\frac{\eta}{\varrho}\frac{\partial\Theta}{\partial y} + \frac{\eta}{\varrho}\nabla^2 v_y \\[1ex] W_z &= \frac{1}{3}\frac{\eta}{\varrho}\frac{\partial\Theta}{\partial_z} + \frac{\eta}{\varrho}\nabla^2 v_z \end{aligned}\right\} \quad \cdots \cdots \cdots \ \text{IV}_{wr}$$

in demselben bedeuten η den Poisseuilleschen Reibungskoeffizienten, $\Theta = \dfrac{\partial v_x}{\partial x} + \dfrac{\partial v_y}{\partial y} + \dfrac{\partial v_z}{\partial z}$ und

$$\nabla^2 v_x = \frac{\partial^2 v_x}{\partial x^2} + \frac{\partial^2 v_x}{\partial y^2} + \frac{\partial^2 v_x}{\partial z^2}$$

$$\nabla^2 v_y = \frac{\partial^2 v_y}{\partial x^2} + \frac{\partial^2 v_y}{\partial y^2} + \frac{\partial^2 v_y}{\partial z^2}$$

$$\nabla^2 v_z = \frac{\partial^2 v_z}{\partial x^2} + \frac{\partial v_z}{\partial y^2} + \frac{\partial v_z}{\partial z^2}$$

Bei unzusammendrückbaren Flüssigkeiten ist $\varrho = \text{konstant}$, mithin $\Theta = 0$. Die Ausdrücke für die Komponenten W_x, W_y, W_z werden:

$$W_x = \frac{\eta}{\varrho}\nabla^2 v_x, \qquad W_y = \frac{\eta}{\varrho}\nabla^2 v_y, \qquad W_z = \frac{\eta}{\varrho}\nabla^2 v_z.$$

b) **Grundgleichungen bei innerer Reibung und Turbulenz**[2]). Die Untersuchung des Einflusses der Turbulenz wurde sowohl von Osborne Reynolds als auch von Lorentz ohne Berücksichtigung der Zusammendrückbarkeit, also unter der Annahme $\gamma = \text{konst.}$ und unter Ausschluß äußerer Massenkräfte, also

$$K_x = 0, \qquad K_y = 0, \qquad K_z = 0,$$

---

[1]) Bezüglich der Ableitungen wird auf die Literatur, namentlich Lamb: Hydrodynamik, § 319, S. 672, verwiesen.

[2]) Bezüglich der Ableitung wird auf die Abhandlung III von Lorentz: S. 43 bis 71, verwiesen: „Über die Entstehung turbulenter Flüssigkeitsbewegungen und den Einfluß dieser Bewegungen bei der Strömung durch Rohre".

durchgeführt; der leitende Grundgedanke dieser Untersuchungen besteht in der Teilung der Bewegung in die **Hauptbewegung** und in die **turbulente Bewegung** in dem Sinne, daß jener das Weiterfließen, dieser hingegen die unregelmäßigen wirbelnden Bewegungen zugeteilt wurden; diese Teilung wird zum Ausdruck gebracht durch die Relationen

$$v_x = \bar{v}_x + v_x', \qquad v_y = \bar{v}_y + v_y', \qquad v_z = \bar{v}_z + v_z',$$

worin $\bar{v}_x, \bar{v}_y, \bar{v}_z,$ und $\bar{p}$ Mittelwerte der Geschwindigkeitskomponenten der Hauptbewegung, v_x', v_y', v_z' und p' die, der turbulenten Bewegung entsprechenden, Geschwindigkeits- resp. Pressungsanteile bedeuten. Die Bildung der Mittelwerte ist hierbei in der Weise vorgenommen gedacht, daß die Bewegung $\bar{v}_x, \bar{v}_y, \bar{v}_z$ einfacher ist als die wirkliche, ohne daß alle Einzelheiten der Turbulenz verschwinden; dieselbe kann auf dreierlei Art erfolgen, und zwar in bezug auf:
entweder einen kleinen Zeitabschnitt (τ)

$$\bar{v}_x = \frac{1}{\tau} \int_{t-\frac{\tau}{2}}^{t+\frac{\tau}{2}} v_x \, dt$$

oder einen kleinen Längsabschnitt (s)

$$\bar{v}_x = \frac{1}{s} \int v_x \, ds$$

oder einen kleinen Raumteil (S)

$$\bar{v}_x = \frac{1}{S} \int v_x \, dS,$$

wobei in jedem Bewegungsfalle diejenige Art zu wählen ist, durch die die Turbulenz noch genügend zum Ausdruck kommt.

Für die Anteile v_x', v_y', v_x' wird die Eigenschaft angenommen, daß ihre Mittelwerte gleich Null sind.

In den allgemeinen Grundgleichungen I_w, II_w, III_w, IV_w sind die Geschwindigkeiten und die Pressung diejenigen der Hauptbewegung und wird

$$\left.\begin{aligned}
W_x &= \frac{\eta}{\varrho} \nabla^2 \bar{v}_x - \left[\frac{\partial}{\partial x} \overline{\bar{v}_x'^2} + \frac{\partial}{\partial y} \overline{v_x' v_y'} + \frac{\partial}{\partial z} \overline{v_x' v_z'} \right] \\
W_y &= \frac{\eta}{\varrho} \nabla^2 \bar{v}_y - \left[\frac{\partial}{\partial x} \overline{v_y' v_y'} + \frac{\partial}{\partial y} \overline{\bar{v}_y'^2} + \frac{\partial}{\partial z} \overline{v_y' v_z'} \right] \\
W_z &= \frac{\eta}{\varrho} \nabla^2 \bar{v}_z - \left[\frac{\partial}{\partial z} \overline{v_z' v_x'} + \frac{\partial}{\partial y} \overline{v_y' v_z'} + \frac{\partial}{\partial z} \overline{\bar{v}_z'^2} \right]
\end{aligned}\right\} \quad \cdots \quad IV_{wt}$$

Lorentz zeigt, daß die Glieder in den eckigen Klammern einem Transport von Bewegungsgröße infolge der turbulenten Bewegung entsprechen, wodurch Tangentialkomponenten der Oberflächenkräfte also gleichsam neue Reibungen entstehen.

In § 13 der Originalabhandlung von Lorentz werden diejenigen Gleichungen abgeleitet, mittels deren man bei gegebener Hauptbewegung die turbulente Bewegung bestimmen könnte; in den §§ 14 bis und mit 17 wird die bezügliche Untersuchung für die stationäre Strömung durch ein gerades Rohr mit kreisförmigem Querschnitt durchgeführt und die Resultate mit denjenigen der Poisseuilleschen Strömung verglichen.

Für die Geschwindigkeitsverteilung der geradlinigen, achsenparallelen Hauptströmung wird die Formel erhalten

$$\bar{v} = \frac{\gamma}{4\,\eta}\,(r_a{}^2 - r^2)\,J - \frac{1}{\eta}\int \varrho\cdot\overline{v_z{}'\,v_r{}'}\,dr\,,$$

aus derselben folgt die Ergiebigkeit in der Zeiteinheit

$$V = \int\limits_0^{r_a} v\cdot 2\,r\,\pi\,dr = \frac{\pi\,r_a{}^4}{8\,\eta}\cdot\gamma\cdot J - \frac{\pi}{\eta}\int\limits_0^{r_a} \varrho\cdot\overline{v_z{}'\,v_r{}'}\,r^2\,dr\,;$$

hierin bedeuten $v_z{}'$ und $v_r{}'$ die Geschwindigkeitskomponenten der Turbulenz in axialer und radialer Richtung von der Eigenschaft, daß der Mittelwert $\overline{v_z{}'v_r{}'}$ nur von r abhängt; η ist der Koeffizient der inneren Reibung; $J = \dfrac{\varDelta\frac{p}{\gamma}}{L}$ entspricht dem Druckgefälle.

Aus derselben Gleichung folgt nach entsprechender Ordnung und Umformung und wegen $V = r_a{}^2\,\pi\,v_m$ mit v_m als totaler mittleren Geschwindigkeit

$$J = \left[\frac{16}{\mathfrak{R}} + 16\int\limits_0^{} \frac{\overline{v_z{}'\,v_r{}'}}{v_m{}^2}\left(\frac{r}{r_a}\right)^2 d\,\frac{r}{r_a}\right]\frac{v_m{}^2}{2\,g\,r_a}\,,$$

worin $\mathfrak{R} = \dfrac{v_m\,r_a}{\eta'} = \dfrac{v_m\,r_a\,g}{\eta\,\gamma}$ die Reynoldsche Zahl und das Integral ebenso dimensionslos ist wie $\mathfrak{R}$; der Klammerausdruck entspricht hiermit dem Zahlenfaktor ψ in der von Ludwig Hopf in Aachen in seiner Abhandlung „Die Messung der hydraulischen Rauhigkeit" (Z. f. ang. Math. u. Mech. Bd. 3, 1923, S. 329—339) an die Spitze gestellte Hauptformel

$$\frac{H}{l} = J = \psi\,\frac{v^2}{2\,g\,r}\,.$$

Die Auswertung des Integrales macht die Kenntnis der turbulenten Geschwindigkeiten erforderlich, die jedoch nur auf Grund von Versuchen und hypothetischen Interpretationen derselben gewonnen werden kann; das erste Glied $\dfrac{16}{\Re}$ im Klammerausdruck entspricht der inneren Reibung.

Das Resultat wurde unter folgenden Annahmen erhalten:

1. Die mittlere turbulente Bewegung ist für alle Querschnitte konstant; diese Annahme beruht auf der durch Versuche festgestellten Tatsache, daß die für eine bestimmte Ausflußmenge nötige Druckdifferenz auch bei Vorhandensein von Turbulenz der Röhrenlänge proportional ist; dementsprechend konnten alle partiellen Ableitungen nach der Achsenrichtung von Mittelwerten der Produkte von Geschwindigkeitskomponenten der Turbulenz, sowie auch diejenige der Hauptbewegung gleich Null gesetzt werden.

2. An der Röhrenwand werden alle Geschwindigkeitskomponenten gleich Null entsprechend der Annahme des Haftens.

3. Wegen Symmetrie um die Achse sind $\bar{v}$ und alle Mittelwerte der Produkte von Geschwindigkeitskomponenten der Turbulenz nur von r abhängig; das bedingt naturgemäß Vernachlässigung des Einflusses der Schwerkraft und hiermit Weglassung der Komponenten derselben in den Gleichungen a.

Die zweite Formel zeigt, daß durch die Turbulenz die Ergiebigkeit bei gleicher Druckdifferenz auf dieselbe Länge gegenüber einer geradlinigen Strömung mit lediglich innerer Reibung verkleinert wird; hierbei nimmt das Geschwindigkeitsgefälle längs eines Radius von der Mitte zu zuerst langsamer, gegen die Rohrwand viel schneller zu als bei der Poisseuilleschen Strömung.

Auf Grund der allgemeinen Gleichungen wurden von Reynolds auch Beweise für die Existenz einer kritischen Geschwindigkeit als Grenze des stabilen Zustandes erbracht; die für spezielle Fälle hierbei errechneten Resultate für die Größe derselben weichen allerdings von den Versuchswerten ab, was jedoch begreiflich erscheint, da die Form der eigentlichen Turbulenz doch nur angenommen und auf Grund dieser Annahme in die Gleichungen eingeführt werden konnte; die Form der Gleichung für die kritische Geschwindigkeit entspricht jedoch der empirisch gefundenen.

Einen Versuch, aus den Grundgleichungen Formeln für die Bestimmung der Turbulenz abzuleiten, hat Boussinesq in seiner Théorie de l'excoulement tourbillonant et tumultueux des liquides, 1897, Paris Gauthier-Villars et fils, unternommen; es werden ebenfalls durch Teilung der Bewegung in 2 Teile die Navier-Poissonschen Formeln umgeändert und durch Anpassung des Reibungskoeffizienten an die Bazinschen Versuche die quantitative Übereinstimmung der theoretischen mit den Versuchsresultaten zu erreichen gesucht. Lorentz weist jedoch darauf hin, daß hierbei gerade die der turbulenten Bewegung entsprechenden Glieder vernachlässigt seien. Siehe Abhandlungen der mathem. Physik, S. 62.

II. Hydrostatik.

Die Hydrostatik beschreibt die Zustände der ruhenden Flüssigkeit; es folgen aus den Bewegungsgleichungen die drei Hauptgleichungen (siehe Seite 25):

$$K_x - \frac{1}{\varrho}\frac{\partial p}{\partial x} = 0, \qquad K_y - \frac{1}{\varrho}\frac{\partial p}{\partial y} = 0, \qquad K_z - \frac{1}{\varrho}\frac{\partial p}{\partial z} = 0. \qquad \text{B}_8\,\text{I, II, III}$$

Die Kontinuitätsgleichung reduziert sich auf

$$\frac{\partial \varrho}{\partial t} = 0 \quad \ldots \ldots \ldots \ldots \quad \text{A}_8$$

Aus letzterer Gleichung ist zu folgern, daß der Ruhezustand zeitliche Unveränderlichkeit der Dichte bedingt.

Es sind zwei Fälle zu unterscheiden:

1. Die Ruhe gegenüber der Erde, wobei die Flüssigkeit sich in einem mit der Erde fest verbundenen Raum befindet; es sind dann K_x, K_y, K_z lediglich die Komponenten der Schwerkraft:

2. Die Ruhe gegenüber einem Raum (Hohlraum eines Gefäßes), der sich gegenüber der Erde in Bewegung befindet; K_x, K_y, K_z bestehen dann aus den Komponenten der Schwerkraft und aus den Komponenten der ersten Ergänzungskraft der Relativbewegung, da die zweite Ergänzungskraft gleich Null ist.

Die Probleme der absoluten Ruhe sind rein statische Probleme, es werden daher im folgenden nur Probleme der relativen Ruhe behandelt.

Relative Ruhe.

Wenn ein Gefäß, in dem sich Flüssigkeit befindet, selbst eine Bewegung besitzt, so erscheint im allgemeinen der Bestand relativer Ruhe nicht gesichert und ergibt sich als erstes Problem die Bestimmung solcher Bewegungsarten, bei denen dieser Bestand möglich ist.

3*

1. Allgemeine Untersuchung.

Die in den Grundgleichungen enthaltenen Größen K_x, K_y, K_z sind hierbei durch Summierung der Beschleunigungskomponenten der Schwerkraft mit den Komponenten der ersten Ergänzungsbeschleunigung der Relativbewegung zu bilden; für irgendeinen durch die Koordinaten x, y, z in dem mit dem Gefäß verbundenen Koordinatensystem bestimmten Punkt ist letztere der Größe nach gleich, der Richtung nach entgegengesetzt der diesem Punkt als Gefäßpunkt zukommenden Beschleunigung.

Multipliziert man die Grundgleichungen (Seite 35) mit dx, dy, dz und berücksichtigt wieder, daß im allgemeinen p örtlich und zeitlich veränderlich, daß also

$$dp = \frac{\partial p}{\partial t} dt + \frac{\partial p}{\partial x} dx + \frac{\partial p}{\partial y} dy + \frac{\partial p}{\partial z} dz$$

ist, so erhält man durch Addition

$$\frac{1}{\varrho} dp = K_x dx + K_y dy + K_z dz + \frac{1}{\varrho} \frac{\partial p}{\partial t} dt, \ \ldots \ldots \text{B}$$

wobei die Gleichung gilt

$$\frac{\partial \varrho}{\partial t} = 0 \ . \ \ldots \ldots \ldots \ldots \text{A}$$

Aus Gleichung A folgt ganz allgemein die Bedingung zeitlicher Unveränderlichkeit der Dichte der Flüssigkeit, und hiermit für den Fall, daß ϱ abhängig von p ist, auch die Bedingung zeitlicher Unveränderlichkeit der Pressung, welch letztere Bedingung jedoch entfällt, wenn die Flüssigkeit überhaupt inkompressibel, d. h. ϱ konstant angenommen wird. Aus Gleichung B folgt nun die für die Lösung obiger Frage wichtigste Bedingung für die Möglichkeit des Bestandes relativer Ruhe; damit die rechte Seite von B zu einem totalen Differential wird, müssen K_x, K_y, K_z von einer Potentialfunktion K ableitbar sein, so daß sich ergibt

$$K_x = \frac{\partial K}{\partial x}, \quad K_y = \frac{\partial K}{\partial y}, \quad K_z = \frac{\partial K}{\partial z}, \quad \frac{1}{\varrho} \cdot \frac{\partial p}{\partial t} = \frac{\partial K}{\partial t}.$$

Die Werte von K_x, K_y, K_z ergeben sich wie folgt: in Abb. 10[1]) sei ξ, η, ζ das mit der Erde fest verbundene Koordinatensystem, in dem sich das mit dem Gefäß verbunden gedachte Koordinatensystem X, Y, Z bewegt; diese Bewegung kann jederzeit als eine Translation mit für alle Punkte des beweglichen Systems gleichen Geschwindig-

---

[1]) In den X-, Y-, Z-Achsen soll $\mathfrak{V}_x$, $\mathfrak{p}_x$ statt $\mathfrak{V}_x \mathfrak{p}_x$ usw. stehen.

keits- und Beschleunigungskomponenten, verbunden mit 3 Drehungen um die Achsen OX, OY, OZ aufgefaßt werden.

Die Komponenten der Translation sind

$$\mathfrak{B}_\xi = \frac{d\xi}{dt}, \quad \mathfrak{B}_\eta = \frac{d\eta}{dt}, \quad \mathfrak{B}_\zeta = \frac{d\zeta}{dt} \left.\right\} \quad \begin{array}{c} \text{mit } \xi, \eta \text{ und } \zeta \text{ als Koordinaten} \\ \text{des Punktes } O. \end{array}$$

$$\mathfrak{p}_\xi = \frac{d^2\xi}{dt^2}, \quad \mathfrak{p}_\eta = \frac{d^2\eta}{dt}, \quad \mathfrak{p}_\zeta = \frac{d^2\zeta}{dt^2}$$

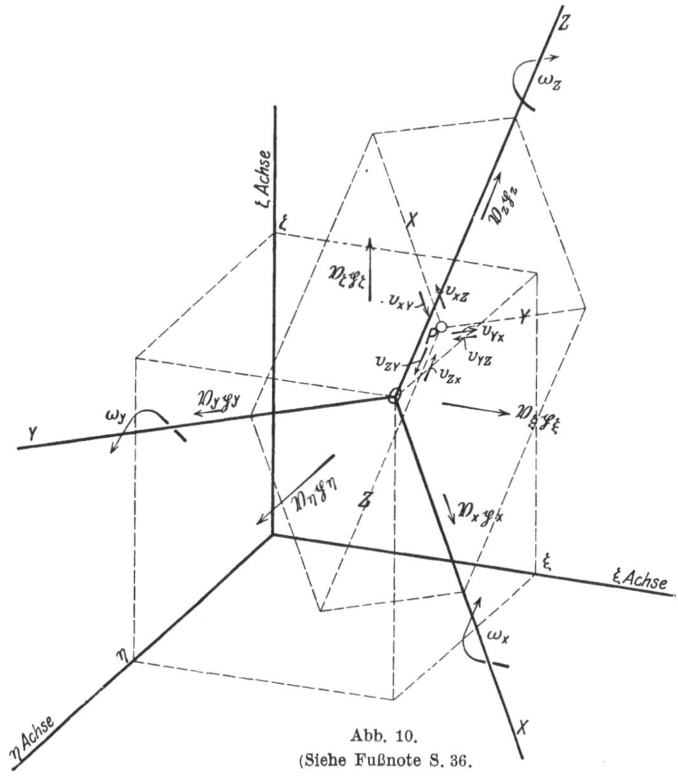

Abb. 10.
(Siehe Fußnote S. 36.

Da die Grundgleichungen auf das System X, Y, Z bezogen sind so sind auch die Geschwindigkeits- und Beschleunigungskomponenten nach den Richtungen OX, OY und OZ zu bestimmen.

Werden die Richtungskosinuse dieser 3 Achsen gegen diejenigen des festen Systems nach beistehendem Schema bezeichnet

	X	Y	Z
ξ	a_1	a_2	a_3
η	b_1	b_2	b_3
ζ	c_1	c_2	c_3

so daß z. B. $b_2 =$ dem Kosinus des Neigungswinkels von Y gegen η ist, so folgt für die Komponenten der Translationsbewegung;

$$\left.\begin{aligned}
\mathfrak{V}_x &= \mathfrak{V}_\xi a_1 + \mathfrak{V}_\eta b_1 + \mathfrak{V}_\zeta c_1 \\
\mathfrak{V}_y &= \mathfrak{V}_\xi a_2 + \mathfrak{V}_\eta b_2 + \mathfrak{V}_\zeta c_2 \\
\mathfrak{V}_z &= \mathfrak{V}_\xi a_3 + \mathfrak{V}_\eta b_3 + \mathfrak{V}_\zeta c_3
\end{aligned}\right\} \quad \ldots \ldots \ldots \text{a}$$

$$\left.\begin{aligned}
\mathfrak{p}_x &= \mathfrak{p}_\xi a_1 + \mathfrak{p}_\eta b_1 + \mathfrak{p}_\zeta c_1 \\
\mathfrak{p}_y &= \mathfrak{p}_\xi a_2 + \mathfrak{p}_\eta b_2 + \mathfrak{p}_\zeta c_2 \\
\mathfrak{p}_z &= \mathfrak{p}_\xi a_3 + \mathfrak{p}_\eta b_3 + \mathfrak{p}_\zeta c_3
\end{aligned}\right\} \quad \ldots \ldots \ldots \text{b}$$

Die Komponenten der Drehungen ergeben sich für einen Punkt, aus dessen Koordinaten x, y, z aus den Winkelgeschwindigkeiten $\omega_x, \omega_y, \omega_z$ des bewegten Koordinatensystems um dessen Achsen und deren Abteilungen $\omega_x', \omega_y', \omega_z'$ nach der Zeit in folgender Zusammenstellung:

$$
\begin{array}{c|lll}
 & X & Y & Z \quad \text{als Drehachsen} \\
\hline
X & v_{xx} = 0, & v_{xy} = +z\,\omega_y, & v_{xz} = -y\,\omega_z \\
Y & v_{yx} = -z\,\omega_x, & v_{yy} = 0, & v_{yz} = +x\,\omega_z \\
Z & v_{zx} = +y\,\omega_x, & v_{zy} = -x\,\omega_y, & v_{zz} = 0
\end{array}
$$

(als Komponentenrichtungen — Geschwindigkeitskomponenten der Drehungen) c

$$
\begin{array}{c|lll}
 & X & Y & Z \quad \text{als Drehachsen} \\
\hline
 & \beta_{xx} = 0, & \beta_{xy} = z\,\omega_y' - x\,\omega_y^2, & \beta_{xz} = -\omega_z'\,y - x\,\omega_z^2 \\
 & \beta_{yx} = -z\,\omega_x' - y\,\omega_x^2, & \beta_{yy} = 0, & \beta_{yx} = +x\,\omega_z' - y\,\omega_z^2 \\
 & \beta_{zx} = +y\,\omega_x' - z\,\omega_x^2, & \beta_{zy} = -x\,\omega_y' - z\,\omega_y^2, & \beta_{zz} = 0
\end{array}
$$

(als Komp.-Richtungen)

Beschleunigungskomponenten der Drehungen . . . . . . d

Die Komponenten der Schwerebeschleunigung in Richtung X, Y, Z sind bei lotrecht entgegengesetzt der Schwere gerichteter positiver ζ-Achse

$$\gamma_x = -g\,c_1, \qquad \gamma_y = -g\,c_2, \qquad \gamma_z = -g\,c_3 \quad \ldots \ldots \text{e}$$

Das Bildungsgesetz für die Komponenten von R ist hiermit

$$K = \gamma - \mathfrak{p} - \beta$$

und mithin

$$
\begin{aligned}
K_x &= \gamma_x - \mathfrak{p}_x + y\,\omega_z' - z\,\omega_y' + x\,(\omega_y^2 + \omega_z^2) \\
K_y &= \gamma_y - \mathfrak{p}_y + z\,\omega_x' - x\,\omega_z' + y\,(\omega_z^2 + \omega_x^2) \\
K_z &= \gamma_z - \mathfrak{p}_z + x\,\omega_y' - y\,\omega_x' + z\,(\omega_x^2 + \omega_y^2)
\end{aligned}
$$

Als abgeleitete einer Potentialfunktion unterstehen die Größen K_x, K_y, K_z den Bedingungen

$$\frac{\partial K_x}{\partial y} = \frac{\partial K_y}{\partial x}, \qquad \frac{\partial K_y}{\partial z} = \frac{\partial K_z}{\partial y}, \qquad \frac{\partial K_z}{\partial x} = \frac{\partial K_x}{\partial z},$$

woraus sich ergibt, daß

oder

$$\omega_z' = -\omega_z', \qquad \omega_x' = -\omega_x', \qquad \omega_y' = -\omega_y'$$

$$\omega_z' = \omega_x' = \omega_y' = 0$$

sein müssen, d. h. für den Bestand einer Potentialfunktion K und damit für die Möglichkeit des Bestandes relativer Ruhe ist nötig, daß die Drehungskomponenten der Gefäßbewegung konstante Winkelgeschwindigkeit besitzen, woraus wieder folgt, daß die resultierende Drehachse sich nur unter Parallelverschiebung bewegen darf.

Die Ausdrücke für K_x, K_y, K_z reduzieren sich auf

$$K_x = (\gamma_x - \mathfrak{p}_x) + (\omega_y{}^2 + \omega_z{}^2)x$$
$$K_y = (\gamma_y - \mathfrak{p}_y) + (\omega_z{}^2 + \omega_x{}^2)y$$
$$K_z = (\gamma_z - \mathfrak{p}_z) + (\omega_x{}^2 + \omega_y{}^2)z$$

Es ergibt dies als allgemeines Integral von B die Gleichung

$$\frac{p}{\varrho} = (\gamma_x - \mathfrak{p}_x)x + (\omega_y{}^2 + \omega_z{}^2)\frac{x^2}{2} + (\gamma_y - \mathfrak{p}_y)y + (\omega_z{}^2 + \omega_x{}^2)\frac{y^2}{2}$$

$$(\gamma_z - \mathfrak{p}_z)z + (\omega_x{}^2 + \omega_y{}^2)\frac{z^2}{2} + T \quad \ldots \ldots \text{D}$$

mit T als einer reinen Zeitfunktion.

Aus dieser Gleichung lassen sich die weiteren Bedingungen für die Möglichkeit des Bestandes relativer Ruhe entnehmen, wenn man berücksichtigt, daß die Größen γ und $\mathfrak{p}$, da dieselben nach den Gleichungen b und e die im allgemeinen von der Zeit abhängigen Richtungskosinuse a, b, c usw. enthalten, ebenfalls Zeitfunktionen sind.

Man erkennt nun, daß in allen Fällen, in denen $\frac{\partial p}{\partial t} = 0$ sein muß (d. h. wenn die Flüssigkeit kompressibel ist), die Werte der Richtungskosinuse, so wie die in $\mathfrak{p}_x$, $\mathfrak{p}_y$, $\mathfrak{p}_z$ enthaltenen Werte von $\mathfrak{p}_\xi$, $\mathfrak{p}_\eta$ und $\mathfrak{p}_\zeta$ von der Zeit unabhängig, also konstante sein müssen, d. h. die Gefäßbewegung kann dabei entweder nur eine Translationsbewegung mit der Größe und Richtung nach konstanter Beschleunigung oder eine Drehbewegung um eine festruhende oder um eine mit konstanter Beschleunigung parallel verschobene Drehachse sein; da die Kompressibilität bei Wasser und ähnlichen Flüssigkeiten nur eine sehr geringe ist, so erscheint der Fall $\varrho =$ konstant als der praktisch wichtigere; in diesem Fall ist der Bestand der Möglichkeit relativer Ruhe nicht durchaus an die Bedingung $\frac{\partial p}{\partial t} = 0$ gebunden; führend wird hierbei vielmehr die Untersuchung der relativen Bewegung

der Niveauflächen; ist das Gefäß offen, die Flüssigkeit mithin gegen
die Luft durch eine freie Oberfläche abgegrenzt, so muß die relative
Lage derselben naturgemäß bei relativer Ruhe konstant bleiben; im
geschlossenen, voll angefüllten Gefäß entfällt letztere Bedingung.

2. Relative Ruhe in offenen Gefäßen
(mit freier Oberfläche).

Die angeführte Bedingung wird in folgenden Bewegungsfällen
erfüllt:

a) Die Bewegung besteht nur in einer lotrechten Translation,
wobei jedoch die Beschleunigung zeitlich variabel sein kann; in diesem
Falle reduziert sich die Gleichung D auf[1])

$$\frac{p}{\varrho} = (\gamma_z - \mathfrak{p}_z)\,z + T,$$

γ_z wird $= -g$ und $\mathfrak{p}_z = \mathfrak{p}_\zeta$; es ergeben sich die Niveauflächen als
wagrechte Ebenen mit zeitlich veränderlichen Funktionswerten, wo-
bei die Bedingung zu berücksichtigen ist, daß der Wert der Pressung
niemals negativ wird; bezeichnet man mit p_0 die Pressung an der
freien Oberfläche und mit z_0 den Koordinatenwert der letzteren, und
nimmt man Unveränderlichkeit der Pressung an der freien Oberfläche,
also $T =$ konstant an, so folgt:

$$\frac{p - p_0}{\varrho} = (g + \mathfrak{p}_\zeta)(z_0 - z) = (g + \mathfrak{p}_\zeta)\,h,$$

und man erkennt, daß p negativ werden kann, wenn $\mathfrak{p}_\zeta$ negativ und
dessen Zahlenwert größer als g wird, d. h. für die Möglichkeit des
Bestandes relativer Ruhe ist bei beschleunigter, lotrechter Translationsbewegung des Gefäßes notwendig, daß entweder die Bewegung
rein nach aufwärts ($\mathfrak{p}_\zeta > 0$) oder aber bei Abwärtsbewegung, mit
einer Beschleunigung

$$\mathfrak{p}_\zeta < g + \frac{p_0}{\varrho \cdot h}$$

erfolgt; ist

$$\mathfrak{p}_\zeta > g + \frac{p_0}{\varrho \cdot h},$$

so bleibt die Wassersäule im Gefäß gegen dasselbe zurück, und die
relative Ruhe wird gestört. Eine Nutzanwendung letzterer Eigen-

---

[1]) Mit $c_1 = 0$, $c_2 = 0$, $c_3 = 1$ entsprechend lotrechter Lage der ζ- und der
Z-Achse.

schaft ist in der nebenskizzierten primitiven Einventilpumpe (Abb. 11) zu erblicken, mit welcher Förderung durch rasches Auf- und Abwärtsbewegen des mit einem Bodenventil versehenen und in Flüssigkeit tauchenden Gefäßes erfolgen kann.

b) In allen Fällen gleichförmiger geradliniger Translationsbewegung des Gefäßes.

c) Die Translationsbewegung kann entsprechend Gleichung D auch eine gleichförmig beschleunigte sein.

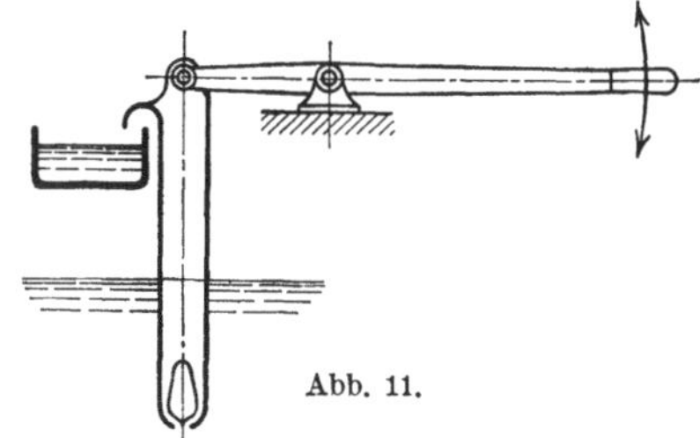

Abb. 11.

Die Gleichung läßt sich durch die Annahme paralleler Richtungen zu zwei Achsen der Koordinatensysteme, und indem man die Bewegungsrichtung parallel z. B. zur $\xi\zeta$-Ebene legt, reduzieren auf

$$\frac{p}{\varrho} = - \mathfrak{p}_\xi x - (g + \mathfrak{p}_\zeta) z + T,$$

bei $T =$ konstant ergeben sich mit $p =$ konstant die Niveauflächen als Ebenen, die senkrecht zur $\xi\zeta$-Ebene und unter

$$\operatorname{tg} \alpha = - \frac{\mathfrak{p}_\xi}{g + \mathfrak{p}_\zeta}$$

gegen den Horizont geneigt liegen.

Man erkennt, daß eine Neigung nur vorhanden ist, wenn die horizontale Beschleunigungskomponente $\mathfrak{p}_\xi$ nicht $= 0$ ist; ist dies jedoch der Fall, so kann $\mathfrak{p}_\zeta$ jeden beliebigen Wert annehmen, die Lage der Niveauflächen wird nicht gestört; es liegt also mit $\mathfrak{p}_\xi = 0$ (wobei jedoch $\mathfrak{p}_\zeta > 0$ sein kann) eine Verallgemeinerung des Falles a vor, naturgemäß auch mit der dort bestimmten Begrenzung der Möglichkeit des Bestandes der relativen Ruhe.

Ist die Bewegung eine geradlinige, die Bahn unter dem Winkel β gegen den Horizont geneigt und somit $\dfrac{\mathfrak{p}_\zeta}{\mathfrak{p}_\xi} = \operatorname{tg} \beta =$ konstant, so folgt

$$\operatorname{tg} \alpha = - \frac{\mathfrak{p}_\xi}{g + \mathfrak{p}_\xi \operatorname{tg} \beta}$$

und wird, wenn $\mathfrak{p}_\xi$ bedeutend größer als g, angenähert

$$\operatorname{tg} \alpha \cdot \operatorname{tg} \beta = - 1,$$

d. h. die Niveauflächen und damit auch die freie Oberfläche stellen sich in diesen Fällen nahezu senkrecht zur Bahnrichtung ein.

Während der Anlaufs- resp. Ablaufsphase der Bewegung eines teilweise mit Flüssigkeit gefüllten Gefäßes kann zwar nicht vollkommene relative Ruhe, jedoch bei längerer Dauer dieser Phasen und konstanter Beschleunigung resp. Verzögerung eine derartige Bewegung der Flüssigkeit eintreten, daß die freie Oberfläche periodisch wechselnde Lagen um die der relativen Lage entsprechende freie Oberfläche annimmt.

d) Wird das Gefäß mit konstanter Winkelgeschwindigkeit um eine lotrechte Achse gedreht und letztere dabei lotrecht derart bewegt, daß $\mathfrak{p}_\zeta =$ konstant ist, so ist ebenfalls relative Ruhe der Niveauflächen vorhanden, und es kann daher eine freie Oberfläche in relativer Ruhe und hiermit relative Ruhe überhaupt bestehen; die Gleichung D nimmt die Form an:

$$\frac{p}{\varrho} = \omega_z{}^2 \cdot \frac{x^2 + y^2}{2} - (g + \mathfrak{p}_\zeta) z + T.$$

Setzt man $x^2 + y^2 = r^2$, so lautet die Gleichung kürzer

$$\frac{p}{\varrho} = \omega_z{}^2 \cdot \frac{r^2}{2} - (g + \mathfrak{p}_\zeta) z + T,$$

mit $T =$ konstant und $p =$ konstant ergeben sich die Niveauflächen als Rotationsparaboloide um die Drehachse als geometrische Achse.

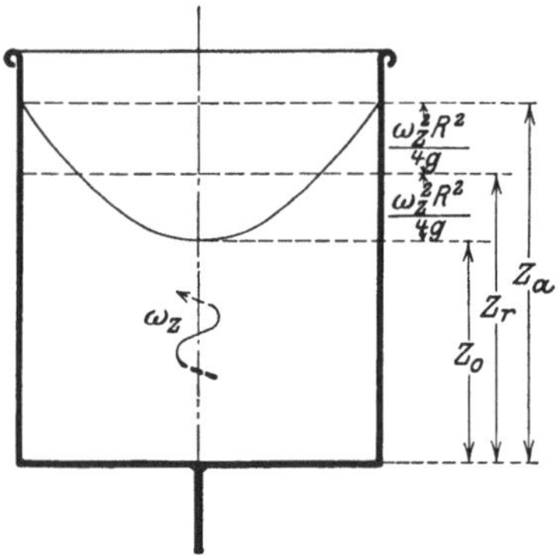

Auch hier unterliegt $\mathfrak{p}_\zeta$ der im Fall a namhaft gemachten Beschränkung.

Die Lage der freien Oberfläche im Gefäß ist durch den Flüssigkeitsinhalt bestimmt; z. B. ergibt sich für ein kreiszylindrisches Gefäß mit der geometrischen Achse als Drehachse das Volumen, das durch Zylinderwand, Zylinderwandboden und freie Oberfläche abgegrenzt wird, Abb. 12, mit

Abb. 12.

$$V = R^2 \pi z_a - R^2 \pi \frac{z_a - z_0}{2} = R^2 \pi \frac{z_a + z_0}{2}.$$

Es ist ferner für $r = 0$ und $z = z_0$

$$\frac{p_0}{\varrho} = - g z_0 + T,$$

für $r = R$ und $z = z_a$: $\dfrac{p_0}{\varrho} = \omega_z{}^2 \cdot \dfrac{R^2}{2} - g z_a + T$

hiermit: $z_a - z_0 = \dfrac{\omega_z{}^2 R^2}{2 g}.$

Aus der Volumsgleichung und mit $V = z_r R^2 \pi$ folgt

$$z_a + z_0 = 2 z_r,$$

und hieraus

$$z_a = z_r + \frac{\omega_z^2 R^2}{4 g}, \qquad z_0 = z_r - \frac{\omega_z^2 \cdot R^2}{4 g},$$

womit die Lage und Form der freien Oberfläche bestimmt ist; aus den Gleichungen

$$\frac{p}{\varrho} = \omega_z^2 \frac{r^2}{2} - g z + T, \qquad \frac{p_0}{\varrho} = - g z_0 + T$$

erhält man durch Einsetzen des obigen Wertes für z_0 und Subtraktion die Gleichung:

$$\frac{p}{\varrho} = \frac{p_0}{\varrho} + \omega_z^2 \left(\frac{r^2}{2} - \frac{R^2}{4} \right) + g\, (z_r - z),$$

mittels welcher für jeden Punkt im Innern der Flüssigkeit und an der benetzten Zylinderwandung die Pressung p berechnet werden kann; übrigens ergibt sich aus denselben Gleichungen:

$$\frac{p - p_0}{\gamma} = (z_0 - z) + \omega_z^2 \cdot \frac{r^2}{2 g},$$

daß die Höhe der Wassersäule, durch die der Überdruck in einem Punkte innerhalb der Flüssigkeit bestimmt wird, gleich ist der über denselben bis zur freien Oberfläche reichenden Flüssigkeitssäule.

Die Abhängigkeit der Höhenlage der Flüssigkeitssäulen z_a oder z_e von ω_z läßt sich zur Einrichtung von Zeigerwerken für Umdrehungszähler verwerten.

Mit diesen Fällen ist die Mannigfaltigkeit der Bewegungsarten von offenen Gefäßen erschöpft, bei denen relative Ruhe der in den Gefäßen enthaltenen Flüssigkeiten möglich ist.

3. Relative Ruhe in geschlossenen Gefäßen
(ohne freie Oberfläche).

Im Falle eines vollkommen geschlossenen und vollkommen angefüllten Gefäßes wird die Bedingung der relativen Ruhe der Niveauflächen gegenüber dem Gefäße hinfällig; es erscheint daher nach Gleichung D in diesem Falle der Bestand relativer Ruhe der Flüssigkeit möglich, wenn nur die durch die Gleichung D festgelegte Bedingung erfüllt ist, wonach, sofern die Gefäßbewegung eine Rotationskomponente überhaupt besitzt, die Rotation mit konstanter Winkelgeschwindigkeit zu erfolgen hat; die Parallelverschiebung der Rotationsachse kann hierbei einer beliebigen Translation entsprechen.

Aus Gleichung D ist zu erkennen, daß die Niveauflächen im Falle reiner Translation des Gefäßes Ebenen, in allen anderen Fällen Flächen zweiten Grades sind, deren relative Lage gegen das Gefäß sich im allgemeinen während der Bewegung des Gefäßes kontinuierlich ändert, d. h. die Niveauflächen bleiben nicht an die Flüssigkeitsteile gebunden wie in den früheren Fällen oder, was dasselbe ist, die Pressung ist in der Flüssigkeit örtlich und zeitlich variabel; es bleibt hierbei jedoch durch die Reaktion der Gefäßwände — sofern dieselben undeformierbar sind — der Bestand der relativen Ruhe gesichert.

Von praktischer Bedeutung ist der Fall der Rotation um eine ruhende horizontale Drehachse, Abb. 13; wählt man die X-Achse als Drehachse und läßt dieselbe mit der ξ-Achse des festen Koordinatensystems zusammenfallen, so stellt sich in der $\xi\eta$-Ebene die gegenseitige Lage des Koordinatensystems nach beistehender Skizze dar und es werden

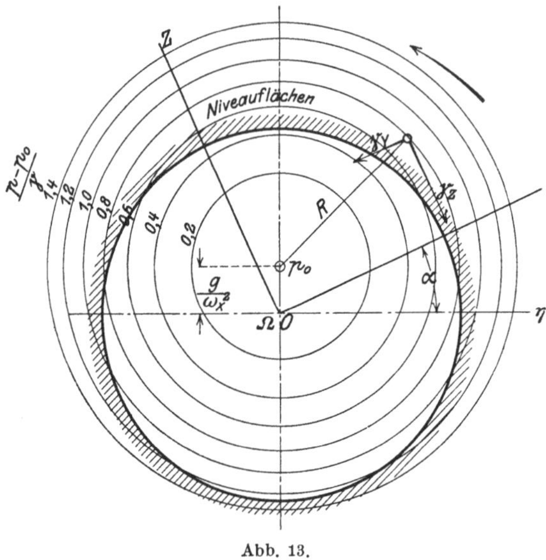

$$p_\xi = p_\eta = p_\zeta = 0 \Big|$$
$$p_x = p_y = p_z = 0 \Big)$$

und hiermit

$$\gamma_x = 0, \qquad \gamma_y = -g \sin\alpha, \qquad \gamma_z = -g \cos\alpha$$

$$\omega_x = \frac{d\alpha}{dt}, \qquad \omega_y = 0, \qquad \omega_z = 0$$

und es reduziert sich Gleichung D auf

$$\frac{p}{\varrho} = (-g \sin\alpha)\,y + \omega_x^2 \cdot \frac{y^2}{2} + (-g \cos\alpha)\,z + \omega_x^2 \cdot \frac{z^2}{2} + T.$$

Auf das feste Koordinatensystem übergehend erhält man

$$y \sin\alpha + z \cos\alpha = \zeta, \qquad y^2 + z^2 = \eta^2 + \zeta^2$$

und hiermit und mit $\varrho = \dfrac{\gamma}{g}$

$$\frac{p}{\gamma} = \eta^2 \frac{\omega_x{}^2}{2\,g} + \zeta^2 \cdot \frac{\omega_x{}^2}{2\,g} - \zeta + \frac{T}{g}.$$

T und $p =$ konstant ergeben hieraus die Niveauflächen als ko-axiale Kreiszylinderflächen, deren Achse im Abstand $l = \dfrac{g}{\omega_x{}^2}$ lot-recht über der ξ-Achse liegt.

Unter der Annahme, daß in dieser Achse der Druck p_0 herrscht, ergibt sich mit $\eta = 0$: $\zeta = \dfrac{g}{\omega_x{}^2} = l$

$$\frac{p_0}{\gamma} = -\frac{1}{2}\frac{g}{\omega_x{}^2} + \frac{T}{g}$$

und hieraus durch Subtraktion

$$\frac{p}{\gamma} - \frac{p_0}{\gamma} = \eta^2 \cdot \frac{\omega_x{}^2}{2\,g} - \zeta + \frac{1}{2}\frac{g}{\omega_x{}^2}$$

oder durch Multiplikation mit $\dfrac{2\,g}{\omega_x{}^2}$

$$\frac{2\,g}{\omega_x{}^2}\left(\frac{p - p_0}{\gamma}\right) = \eta^2 + \left(\zeta - \frac{g}{\omega_x{}^2}\right)^2.$$

Hiernach sind die Radien der zylindrischen Niveauflächen durch die Gleichung:

$$R = \sqrt{\frac{2\,g}{\omega_x{}^2} \cdot \frac{p - p_0}{\gamma}}$$

bestimmt.

Diese Radien sind hiernach für einen bestimmten Bewegungs-zustand, also für einen bestimmten Wert von ω_x proportional den Quadratwurzeln aus den Überdrücken.

Die absolute Lage der Niveaulinien ist aus Abb. 13 ersichtlich, aus der man auch erkennt, wie im Falle eines zylindrischen Ge-häuses, dessen geometrische Achse in der Achse liegt, bei Drehung desselben um diese Achse der Druck an der Gehäusewandung variiert.

In der Theorie der Zellenwasserräder werden die Niveauflächen in den einzelnen Zellen ebenfalls als koaxiale Kreiszylinderflächen angenommen; die Einführung solcher Niveauflächen ist in diesem Fall an sich unrichtig, da ja in der Zelle nicht relative Ruhe besteht; bei den geringen Winkelgeschwindigkeiten, die jedoch solche Räder besitzen, führt die Annahme solcher Niveauflächen doch auf praktisch genügend genaue Resultate; z. B. zur Bestimmung derjenigen Zellen-lage, bei der Ausfließen beginnt.

In der Studie: „Der Druck auf den Spurzapfen der Reaktionsturbinen und Kreiselpumpen" von Dr. Karl Kobes-Wien, Verlag von Franz Deuticke, Leipzig-Wien, wird die Bestimmung der Pressungen auf die Gefäßwandungen unter Annahme rotierender Flüssigkeitszylinder durchgeführt.

Diese Studie gibt eingehenden Aufschluß über die Art und Weise, wie Probleme solcher Art zu lösen sind; eine weitere Bearbeitung erscheint daher überflüssig.

Es soll im folgenden nur noch an einem einfachen Beispiel das Problem des Gleichgewichtszustandes eines Körpers, der in eine in relativer Ruhe befindliche Flüssigkeit eingetaucht ist, behandelt werden.

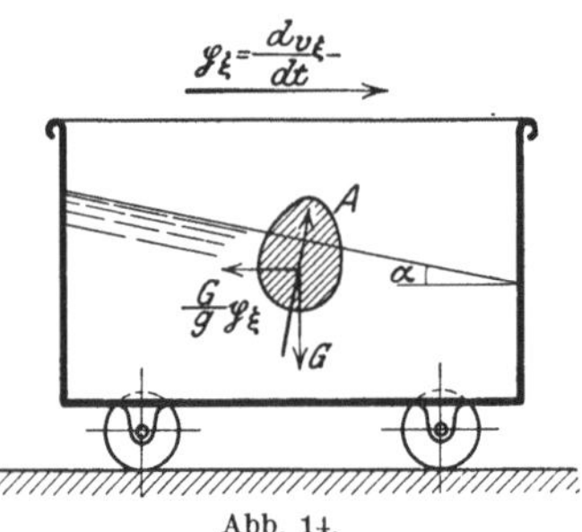

Abb. 14.

Ein offenes Gefäß sei auf horizontaler Bahn in gleichmäßig beschleunigter Bewegung. Abb. 14.

Nach Fall C, S. 41 u. f., ist relative Ruhe einer im Gefäß enthaltenen Flüssigkeit möglich; die Druckgleichung wird mit

$$\varrho = \frac{\gamma}{g} \quad \text{und}$$

$$\mathfrak{p}_\zeta = 0 \quad \text{und} \quad T = \text{konstant}$$

$$\frac{p}{\gamma} = -\frac{\mathfrak{p}_\xi}{g} x - z + T,$$

die Niveauebenen sind unter dem Winkel $\operatorname{tg} \alpha = -\dfrac{\mathfrak{p}_x}{g}$ gegen den Horizont geneigt.

In die Flüssigkeit sei ein homogener zylindrischer Körper eingetaucht, dessen Querprofil eine Symmetrieachse besitzt, und zwar vorerst in einer solchen Lage, daß die Richtung der Zylindererzeugenden senkrecht zur $\xi\zeta$- resp. XZ-Ebene und die Symmetrieachse des Profils senkrecht zu den Niveauebenen steht.

Der Körper sei gegen das Gefäß ebenfalls in relativer Ruhe; es ist zu bestimmen, unter welchen Umständen dieselbe bestehen kann.

Auf den Körper wirken 1. die Schwerkraft in der Größe gleich dem Gewichte G des Körpers angreifend im Schwerpunkte lotrecht nach abwärts. 2. Die erste Ergänzungskraft der Relativbewegung, d. i. $\dfrac{G}{g} \mathfrak{p}_\xi$ horizontal, entgegengesetzt der Bewegungsrichtung und angreifend im Schwerpunkt des Körpers. 3. Der Auftrieb A bei der angenommenen Lage des Körpers in Richtung der Symmetrieachse vom Innern der Flüssigkeit gegen die freie Oberfläche, der Auftrieb geht hiermit ebenfalls durch den Schwerpunkt, für den Bestand des Gleichgewichtes ist daher nur nötig, daß die Größe von A die Resultierenden von G und E, also

$$A = G \sqrt{1 + \left(\frac{\mathfrak{p}_\xi}{g}\right)^2} \quad \text{ist.}$$

Mit $\mathfrak{p}_\xi = 0$, also bei Ruhe oder einfach gleichförmiger Bewegung des Gefäßes ($v_\xi = \text{konstant}$) wird $A = G$, woraus man erkennt, daß der Auftrieb bei gleichförmig beschleunigter Bewegung des Gefäßes für den Gleichgewichtszustand des Körpers, also durch die Tauchtiefe desselben größer sein muß als bei Ruhe des Gefäßes; Gleichgewicht ist ferner in jeder Lage möglich, bei der die Erzeugenden des Zylinders parallel zu den Niveauebenen, die Symmetrieebene senkrecht zu denselben stehen, da hierbei G, E und A doch immer zum Schnitt kommen und in derselben Ebene bleiben; wird die Lage des Körpers durch eine kleine Parallelverschiebung in der Richtung A gestört, so ändern sich A und E im gleichen Verhältnisse, deren Resulierende bleibt in der Richtung von A, es tritt schwingende Bewegung in dieser Richtung ein; eine Ablenkung im Sinne einer Drehung um eine in der Symmetrieebene und parallel zu den Erzeugenden liegende Achse bringt eine schaukelnde Bewegung hervor, wenn die hierdurch verursachte Verschiebung der Lage des Auftriebes mit der Resultierenden von G und G ein aufrichtendes Moment ergibt, im andern Fall erfolgt Kippen. In weiterer Verfolgung solcher Störungen erkennt man, daß qualitativ das Verhalten eines solchen Körpers demjenigen im ruhenden Wasser analog ist. Der wesentliche Unterschied besteht lediglich in der für den Gleichgewichtszustand nötigen größeren Tauchtiefe.

Es mag zum Schluß noch hervorgehoben sein, daß allen den ermittelten Bedingungen für die Möglichkeit des Bestandes relativer Ruhe die Hauptbedingung vorausgeht, daß die Herbeiführung eines solchen Zustandes überhaupt möglich ist; bei dem Umstand, daß die Überführung eines Körpersystems aus dem Ruhezustand in einen anderen Bewegungszustand nur durch beschleunigende Kräfte möglich ist, erscheint die unmittelbare Überführung aus der absoluten in die relative Ruhe nur in geschlossenen Gefäßen bei reiner Translationsbewegung derselben möglich, eine Drehbewegung darf hierbei nicht auftreten, da auch bei geschlossenen Gefäßen die Bedingung konstanter Winkelbeschleunigung besteht, in welchen Zustand man aus der Ruhe doch erst durch Beschleunigung gelangen kann.

Den im letzten Beispiel angeführten Zustand der relativen Ruhe bei gleichförmig beschleunigter, geradliniger Bewegung auf horizontaler Bahn kann man sich z. B. dadurch erzeugt denken, daß man das Gefäß mit einem ebenen Deckel versieht, der mit der Neigung der Niveauebenen aufgebracht ist, das Gefäß mit Flüssigkeit füllt, in Bewegung setzt und dann, wenn der gleichförmig beschleunigte Bewegungszustand eingetreten ist, den Deckel abhebt.

Im offenen Gefäß ist die unmittelbare Herstellung der geneigten Oberfläche nicht möglich; sie wird sich aber bei genügend langer Dauer der Bewegung einstellen, wenn die beim Anfahren verursachte relative periodische Bewegung der Flüssigkeit durch die Reibungswiderstände bis zur relativen Ruhe abgedämpft wird.

Diese relative Übergangsbewegung wird jedoch unter allen Umständen von der Form des Gefäßes beeinflußt.

Im allgemeinen wird hiernach selbst bei Erfüllung der oben entwickelten Bedingungen für den nötigen Bewegungszustand des Gefäßes relative Ruhe nur dann eintreten, wenn die Reibungswiderstände die Überführung in diesen Zustand ermöglichen und die Form des Gefäßes dieser Überführung nicht hinderlich ist.

III. Hydrodynamik.

Die Hydrodynamik untersucht die Erscheinungen in bewegten Flüssigkeiten mit Hilfe der im ersten Kapitel sub B angegebenen Grundgleichungen.

Es sind zu unterscheiden:

a) Die Bewegung beim Strömen durch und um feststehende oder selbstbewegte Räume

b) Die Bewegung abgegrenzter Flüssigkeitsmengen in feststehenden oder bewegten Räumen.

Die Probleme selbst sind teils geometrischer teils mechanischer Natur, indem dieselben einerseits die Bestimmung der Strömungsformen, anderseits die Bestimmung der denselben entsprechenden Geschwindigkeits- und Pressungsverteilungen und der hiermit verbundenen Energieumsätze zum Zwecke haben.

A. Stationäre Strömungen durch feststehende Räume.

1. Geometrie der stationären Strömungen.

Es entspricht durchaus der natürlichon Vorstellung, sich in erster Linie die stationäre Strömung durch einen z. B. kanalförmig abgegrenzten feststehenden Raum durch nebeneinander liegende, sich nirgends schneidende und im allgemeinen krumme Linien als Bahnen von Flüssigkeitselementen anschaulich zu machen; die Kanalbegrenzung umschließt dann dieses Linienbüschel; finden hierbei innerhalb der Flüssigkeitselemente keine sekundären Bewegungen der einzelnen Teilchen derselben statt, so hat man es mit geordneten Strömungen zu tun, wie solche bei reibungsfreien, reinen Flüssigkeiten oder auch unter dem Einfluß der inneren Reibung allein vorkommen können; die Gesamtheit der krummen Linien stellt dann die wirklichen Bahnen der einzelnen Flüchtigkeitsteilchen dar; bei Vorhandensein von sekundären Bewegungen, mit denen auch ein Austausch von Flüssigkeitsteilchen zwischen den einzelnen Flüssigkeitselementen verbunden sein kann, also bei turbulenter Strömung, charakterisieren die krummen Linien unseres geometrischen Strömungsbildes die **Hauptströmung**.

Bei den schon auf S. 7 erwähnten diskontinuierlichen Strömungen gehören auch die Diskontinuitätsflächen zu den Grenzen des Linienbüschels, jenseits derselben kann man sich eine andere Flüssigkeitsmenge, entweder in Ruhe oder ebenfalls in Strömung oder als stehenden — den Ort nicht verlassenden — Wirbel vorstellen; solche Bilder findet man häufig bei Einbauten in offenen Kanälen; Strömungen mit wandernden Wirbeln sind nicht als stationäre Strömungen zu betrachten.

Zu einem solchen Linienbüschel kann man sich nun eine erste Schar von Flächen vorstellen, die die Linien überall rechtwinklig durchschneiden; es wird hierdurch der mit Flüssigkeit erfüllte Raum bereits in bestimmter Weise unterteilt, diese Flächen haben die Eigenschaft von orthogonalen **Querschnittsflächen**[1]) der Strömung. Abb. 15.

Denkt man sich weiter auf irgendeiner dieser Flächen zwei Scharen von Linien derart gezogen, daß die Linien der einen Schar diejenigen der anderen Schar schneiden, so werden durch diese beiden

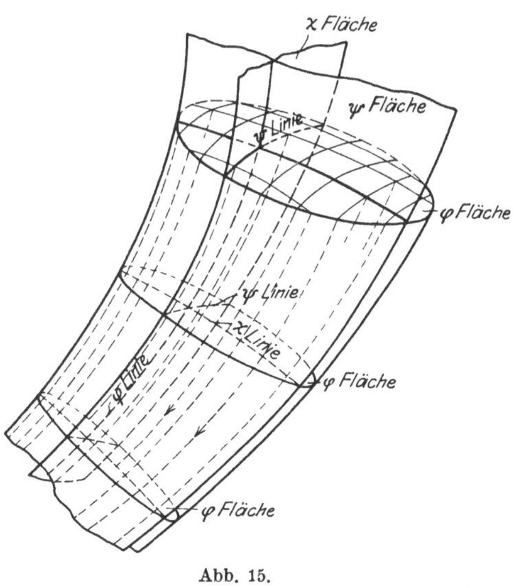

Abb. 15.

Linienscharen und die durch deren Punkte hindurchgehenden Bahnlinien eine zweite und eine dritte Flächenschar gebildet, die den Raum weiter unterteilen. Die einzelnen Flächen dieser beiden Scharen haben die Eigenschaft von **Stromflächen**. Die letzteren Flächenscharen liegen gegen die erste Flächenschar rechtwinklig, untereinander im allgemeinen schiefwinklig; dieselben bilden zusammen ein System im allgemeinen zweifach orthogonaler Flächenscharen, in speziellen Fällen können auch die Flächen der beiden letzten Scharen rechtwinklig gegeneinander liegen, sie bilden dann

---

[1]) Es gibt Linienscharen, für die orthogonale Querschnittsflächen nicht existieren, z. B. die Schar der um eine Gerade liegenden Schraubenlinien von gleicher Steigung; die Existenzmöglichkeit von Strömungen längs solcher Linien wird später näher untersucht.

mit der ersten Schar ein System dreifach orthogonaler Flächenscharen.

Ein durch die Schnittlinien eines deratigen Flächensystems gebildetes Liniennetz stellt ein im allgemeinen krummliniges und zweifach orthogonales Koordinatensystem dar.

Es seien nun die Flächen der ersten, zweiten und dritten Schar als φ-, ψ- resp. χ-Flächen; die Schnittlinien der ψ- und χ-Flächen, das sind die Bahnlinien als φ-Linien; die Schnittlinien der φ- und χ-Flächen als ψ-Linien, diejenigen der φ- und ψ-Flächen als χ-Linien bezeichnet und vorläufig auf ein kartesisches Koordinatensystem bezogen, indem mit φ, ψ und χ außerdem drei verschiedene, jedoch koordinierte Funktionen von x, y, z bezeichnet werden, durch die die drei Flächenscharen analytisch beschrieben sind.

Es sollen hierbei x, y, z die Verhältnisse der Koordinatenlängen zu einer willkürlichen Längeneinheit bedeuten, so daß also x, y, z Verhältniszahlen und die Funktionswerte φ, ψ, χ und deren Ableitungen ebenfalls reine Zahlen sind.

Die Funktionen φ, ψ, χ werden als Formfunktionen bezeichnet.

Für die drei Funktionen gelten hiernach die drei totalen Differentialgleichungen:

$$\left.\begin{aligned} d\varphi &= \frac{\partial \varphi}{\partial x}\, dx + \frac{\partial \varphi}{\partial y}\, dy + \frac{\partial \varphi}{\partial z}\, dz \\[1ex] d\psi &= \frac{\partial \psi}{\partial x}\, dx + \frac{\partial \psi}{\partial y}\, dy + \frac{\partial \psi}{\partial z}\, dz \\[1ex] d\chi &= \frac{\partial \chi}{\partial x}\, dx + \frac{\partial \chi}{\partial y}\, dy + \frac{\partial \chi}{\partial z}\, dz \end{aligned}\right\} \quad \dots\dots\dots \mathrm{I}$$

oder, wenn man die partiellen Differentialquotienten der Kürze halber mit

$$\begin{array}{ccc} \alpha_1 & \alpha_2 & \alpha_3 \\ \beta_1 & \beta_2 & \beta_3 \\ \gamma_1 & \gamma_2 & \gamma_3 \end{array}$$

bezeichnet,

$$\left.\begin{aligned} d\varphi &= \alpha_1\, dx + \alpha_2\, dy + \alpha_3\, dz \\ d\psi &= \beta_1\, dx + \beta_2\, dy + \beta_3\, dz \\ d\chi &= \gamma_1\, dx + \gamma_2\, dy + \gamma_3\, dz \end{aligned}\right\} \quad \dots\dots\dots \mathrm{I'}$$

Zwischen den einzelnen Differentialquotienten bestehen folgende Identitäten:

$$\frac{\partial \alpha_1}{\partial y} = \frac{\partial^2 \varphi}{\partial x \cdot \partial y} = \frac{\partial^2 \varphi}{\partial y \, \partial x} = \frac{\partial \alpha_2}{\partial x}, \qquad \frac{\partial \alpha_2}{\partial z} = \frac{\partial \alpha_3}{\partial y}, \qquad \frac{\partial \alpha_3}{\partial x} = \frac{\partial \alpha_1}{\partial z} \left. \begin{array}{c} \\ \\ \\ \\ \\ \\ \end{array} \right\}$$

$$\frac{\partial \beta_1}{\partial y} = \frac{\partial^2 \psi}{\partial x \, \partial y} = \frac{\partial^2 \psi}{\partial y \, \partial x} = \frac{\partial \beta_2}{\partial x}, \qquad \frac{\partial \beta_2}{\partial z} = \frac{\partial \beta_3}{\partial y}, \qquad \frac{\partial \beta_3}{\partial x} = \frac{\partial \beta_1}{\partial z} \qquad \cdot \cdot \; \text{II}$$

$$\frac{\partial \gamma_1}{\partial y} = \frac{\partial^2 \chi}{\partial x \, \partial y} = \frac{\partial^2 \chi}{\partial y \, \partial x} = \frac{\partial \gamma_2}{\partial x}, \qquad \frac{\partial \gamma_2}{\partial z} = \frac{\partial \gamma_3}{\partial y}, \qquad \frac{\partial \gamma_3}{\partial x} = \frac{\partial \gamma_1}{\partial z}$$

Setzt man

$$A^2 = \alpha_1{}^2 + \alpha_2{}^2 + \alpha_3{}^2,$$
$$B^2 = \beta_1{}^2 + \beta_2{}^2 + \beta_2{}^2,$$
$$C^2 = \gamma_1{}^2 + \gamma_2{}^2 + \gamma_3{}^2, {}^1)$$

so sind durch die Quotienten $\dfrac{\alpha}{A}, \dfrac{\beta}{B}, \dfrac{\gamma}{C}$ die Werte der Kosinuse der Normalen im Punkte x, y, z an die Flächen φ, ψ, χ bestimmt; unter Berücksichtigung des Kosinussatzes der analytischen Geometrie des Raumes; d. i.

$$\cos (M_x) \cos (N_x) + \cos (M_y) \cos (N_y) + \cos (M_z) \cos (N_z) = \cos (MM)$$

erhält man wegen der Orthogonalität der ψ- und χ-Flächen gegen die φ-Flächen:

$$\left. \begin{array}{l} \alpha_1 \beta_1 + \alpha_2 \beta_2 + \alpha_3 \beta_3 = 0 \\ \alpha_1 \gamma_1 + \alpha_2 \gamma_2 + \alpha_3 \gamma_3 = 0 \end{array} \right\} \quad \cdot \cdot \cdot \cdot \cdot \cdot \cdot \cdot \text{III}_a$$

und mit ω als Winkel der Normalen im Punkte x, y, z zu den Flächen ψ und χ folgt:

$$\beta_1 \gamma_1 + \beta_2 \gamma_2 + \beta_3 \gamma_3 = BC \cos \omega \; {}^2) \quad \cdot \cdot \cdot \cdot \cdot \text{III}_b$$

Die beiden Gleichungen III_a werden erfüllt, wenn

$$\left. \begin{array}{l} \alpha_1 = (\beta_2 \gamma_3 - \gamma_2 \beta_3) \nu \\ \alpha_2 = (\beta_3 \gamma_1 - \gamma_3 \beta_1) \nu \\ \alpha_3 = (\beta_1 \gamma_2 - \gamma_1 \beta_2) \nu \end{array} \right\} \quad \cdot \cdot \cdot \cdot \cdot \cdot \cdot \cdot \; \textbf{IV}$$

${}^1)$ In der ersten Auflage wurde statt A^2, B^2, C^2 nur A, B, C eingesetzt, und zwar lediglich um formelle Übereinstimmung mit den, im Kapitel „Koordinatentransformation" aus dem 5. Abschnitt des ersten Bandes „die partiellen Differentialgleichungen der mathematischen Physik" von H. Weber aufgenommenen Transformationsgleichungen zu erhalten; zur Vermeidung der vielen hierdurch in die Ableitungen gelangten Wurzelzeichen wurden hier die Quadrate in Verwendung genommen und dementsprechend auch die Transformationsformeln geändert.

${}^2)$ Sind die ψ- und χ-Flächen ebenfalls durchaus orthogonal, so wird $\cos \omega = 0$ und die rechte Seite von III_b wird gleich Null.

worin v eine vorläufig beliebige Funktion von x, y, z bedeutet; man erhält hieraus:

$$\frac{\partial \alpha_1}{\partial x} = \frac{\partial^2 \varphi}{\partial x^2} = (\beta_2 \gamma_3 - \gamma_2 \beta_3)\frac{\partial v}{\partial x} + v\left(\beta_2 \frac{\partial \gamma_3}{\partial x} + \gamma_3 \frac{\partial \beta_2}{\partial x} - \beta_3 \frac{\partial \gamma_2}{\partial x} - \gamma_2 \frac{\partial \beta_3}{\partial x}\right)$$

$$\frac{\partial \alpha_2}{\partial y} = \frac{\partial^2 \varphi}{\partial y^2} = (\beta_3 \gamma_1 - \gamma_3 \beta_1)\frac{\partial v}{\partial y} + v\left(\beta_3 \frac{\partial \gamma_1}{\partial y} + \gamma_1 \frac{\partial \beta_3}{\partial y} - \beta_1 \frac{\partial \gamma_3}{\partial y} - \gamma_3 \frac{\partial \beta_1}{\partial y}\right)$$

$$\frac{\partial \alpha_3}{\partial z} = \frac{\partial^2 \varphi}{\partial z^2} = (\beta_1 \gamma_2 - \gamma_1 \beta_2)\frac{\partial v}{\partial z} + v\left(\beta_1 \frac{\partial \gamma_2}{\partial z} + \gamma_2 \frac{\partial \beta_1}{\partial z} - \beta_2 \frac{\partial \gamma_1}{\partial z} - \gamma_1 \frac{\partial \beta_2}{\partial z}\right)$$

und weiter durch Addition und Berücksichtigung der Identitäten II und der Gleichungen IV

$$\nabla^2 \varphi = \frac{\partial^2 \varphi}{\partial x^2} + \frac{\partial^2 \varphi}{\partial y^2} + \frac{\partial^2 \varphi}{\partial z^2} = \frac{1}{v}\left(\frac{\partial \varphi}{\partial x} \cdot \frac{\partial v}{\partial x} + \frac{\partial \varphi}{\partial y} \cdot \frac{\partial v}{\partial y} + \frac{\partial \varphi}{\partial z} \cdot \frac{\partial v}{\partial z}\right) . \quad \mathbf{V}_a$$

als allgemeine Differentialgleichung der Funktion φ.

Die Gleichung $\mathbf{V}_a$ kann auch in der Form

$$\nabla^2 \varphi = \frac{\partial \varphi}{\partial x} \frac{\partial n}{\partial x} + \frac{\partial \varphi}{\partial y} \frac{\partial n}{\partial y} + \frac{\partial \varphi}{\partial z} \frac{\partial n}{\partial z}$$

geschrieben und $n = \log v$ als Parameter einer Flächenschar betrachtet werden; mit der Einführung $N^2 = \left(\frac{\partial n}{\partial x}\right)^2 + \left(\frac{\partial n}{\partial y}\right)^2 + \left(\frac{\partial n}{\partial z}\right)^2$ und die Bezeichnung (φ, n) für den Winkel der Normalen im Punkt x, y, z an die Flächen φ und n folgt:

$$\nabla^2 \varphi = A \cdot N \cdot \cos(\varphi n) \ldots \ldots \ldots \ldots \mathbf{V}_b$$

da

$$A = \frac{d\varphi}{d s_\varphi} = grad\ \varphi$$

und ebenso $N = grad\ n$ ist, so folgt schließlich die vektoranalytische Form der Gleichung

$$div\ grad\ \varphi = grad\ \varphi \cdot grad\ n \ \ldots \ldots \ldots \ldots \mathbf{V}_c$$

Aus den Gleichungen I′ ergeben sich für die Bestimmung der Werte von dx, dy, dz mit der Determinante

$$D = \alpha_1 (\beta_2 \gamma_3 - \gamma_2 \beta_3) + \alpha_2 (\beta_3 \gamma_1 - \beta_1 \gamma_3) + \alpha_3 (\beta_1 \gamma_2 - \gamma_1 \beta_2)$$

$$= \frac{1}{v}(\alpha_1{}^2 + \alpha_2{}^2 + \alpha_3{}^2) = \frac{1}{v} \cdot A^2$$

die Gleichungen

$$\frac{1}{v} \cdot A^2 dx = d\varphi(\beta_2 \gamma_3 - \gamma_2 \beta_3) + \alpha_2 (\beta_3 d\chi + \gamma_3 d\psi) + \alpha_3 (\gamma_2 d\psi - \beta_2 d\chi)$$

$$\frac{1}{v} \cdot A^2 dx = \frac{\alpha_1}{v} d\varphi + (\alpha_3 \gamma_2 - \gamma_3 \alpha_2) d\psi + (\alpha_3 \beta_2 - \alpha_2 \beta_3 - \alpha_3 \beta_2) d\chi$$

und ebenso

$$\frac{1}{\nu} \cdot A^2 dy = \frac{\alpha_2}{\nu} d\varphi + (\alpha_1\gamma_3 - \alpha_3\gamma_1)\, d\psi + (\alpha_3\beta_1 - \alpha_1\beta_3)\, d\chi \left.\right\}$$
$$\frac{1}{\nu} \cdot A^2 dz = \frac{\alpha_3}{\nu} d\varphi + (\alpha_2\gamma_1 - \alpha_1\gamma_2)\, d\psi + (\alpha_1\beta_2 - \beta_1\alpha_2)\, d\chi \left.\right\} \quad \ldots \ \text{VI}$$

dx, dy, dz bedeuten in diesen Gleichungen die elementaren Koordinatendifferenzen zweier beliebiger benachbarter Raumpunkte und sind deren Werte bestimmt durch ν und durch die Werte der partiellen Differentialquotienten der Flächenfunktionen im Punkte x, y, z und die Differenz $d\varphi$, $d\psi$ und $d\chi$, um die sich die Funktionswerte ändern beim Übergang vom Punkt x, y, z zum Punkte $(x+dx), (y+dy), (z+dz)$.

Beachtet man nun, daß beim Übergang von x, y, z zu einem benachbarten Punkt längs einer φ-Linie die Flächen ψ und χ, auf denen x, y, z liegt, nicht verlassen, also hierbei $d\psi = 0$ und $d\chi = 0$ und ähnlich für die Übergänge auf einer ψ- resp. χ-Linie $d\varphi = 0$, $d\chi = 0$ resp. $d\varphi = 0$, $d\psi = 0$ zu setzen sind, so erhält man für die Werte der Projektionen der elementaren Längen der φ-, ψ- und χ-Linien folgendes Schema:

	φ-Linie $\quad d\psi = 0 \quad d\chi = 0$	ψ-Linie $\quad d\varphi = 0 \quad d\chi = 0$	χ-Linie $\quad d\varphi = 0 \quad d\psi = 0$
dx	$\dfrac{\alpha_1}{A^2} \cdot d\varphi$	$\nu\,\dfrac{\alpha_3\gamma_2 - \alpha_2\gamma_3}{A^2} \cdot d\psi$	$\nu\,\dfrac{\alpha_2\beta_3 - \alpha_3\beta_2}{A^2} \cdot d\chi$
dy	$\dfrac{\alpha_2}{A^2} \cdot d\varphi$	$\nu\,\dfrac{\alpha_1\gamma_3 - \alpha_3\gamma_1}{A^2} \cdot d\psi$	$\nu\,\dfrac{\alpha_3\beta_1 - \alpha_1\beta_3}{A^2} \cdot d\chi$
dz	$\dfrac{\alpha_3}{A^2} \cdot d\varphi$	$\nu\,\dfrac{\alpha_2\gamma_1 - \alpha_1\gamma_2}{A^2} \cdot d\psi$	$\nu\,\dfrac{\alpha_1\beta_2 - \alpha_2\beta_1}{A^2} \cdot d\chi$

VII

Hieraus erhält man entsprechend der allgemeinen Beziehung $ds = \sqrt{dx^2 + dy^2 + dz^2}$ nach entsprechenden Umformungen folgende Werte für die Linienelemente ds_φ, ds_ψ, ds_χ der φ-, ψ- und χ-Linien:

$$ds_\varphi = \frac{1}{A}\, d\varphi \left.\right\}$$
$$ds_\psi = \nu\,\frac{C}{A}\, d\psi \left.\right\} \quad \ldots \ldots \ldots \ldots \ \text{VIII}$$
$$ds_\chi = \nu\,\frac{B}{A}\, d\chi \left.\right\}$$

hiervon steht ds_φ senkrecht auf ds_ψ und ds_χ, während ds_φ und ds_φ im allgemeinen unter dem örtlich verschiedenen Winkel ω geneigt sind.

Durch Quadrieren der Gleichung III$_b$ ergibt sich unter Benützung der Gleichungen IV die Beziehung

$$A = v\,B \cdot C \sin \omega \ldots \ldots \ldots \ldots \quad \text{IX}$$

und hiermit der Flächeninhalt des die Seiten ds_ψ und ds_χ enthaltenden elementaren Viereckes

$$\left.\begin{aligned}
df &= ds_\psi\,ds_\chi \cdot \sin \omega = v^2 \frac{B\,C}{A^2} \sin \omega\, d\psi\, d\chi \\[2ex]
df &= \frac{v}{A}\, d\psi\, d\chi
\end{aligned}\right\} \ldots \ldots \quad \text{X}$$

Der Rauminhalt des elementaren Zwölfkantes mit den Seitenlängen ds_φ, ds_ψ und ds_χ ergibt sich zu

$$d\tau = df \cdot ds_\varphi = \frac{v}{A^2}\, d\varphi \cdot d\psi \cdot d\chi \ldots \ldots \quad \text{XI}$$

Denkt man sich nun die Flächen aller drei Flächenscharen derart gruppiert, daß die Differenzen der aufeinanderfolgenden Funktionswerte nicht nur innerhalb der einzelnen Scharen, sondern überhaupt durchaus gleich werden und gibt man dieser Differenz den endlichen (aber sehr kleinen) Wert $\Delta \varepsilon$, so daß $\Delta \varphi = \Delta \psi = \Delta \chi = \Delta \varepsilon$ wird, so erhält man folgende Beziehungen:

$$\left.\begin{aligned}
\frac{\Delta s_\psi}{\Delta s_\varphi} &= v\,C \\[1.5ex]
\frac{\Delta s_\chi}{\Delta s_\varphi} &= v\,B \quad \text{oder} \quad \Delta s_\varphi : \Delta s_\psi : \Delta s_\chi = 1 : v\,C : v\,B \\[1.5ex]
\frac{\Delta s_\chi}{\Delta s_\psi} &= \frac{B}{C}
\end{aligned}\right\} \quad \text{. . XII}$$

$$\Delta f = \frac{v}{A}\, \Delta \varepsilon^2 \ldots \ldots \ldots \ldots \quad \text{XIII}$$

$$\Delta \tau = \frac{v}{A^2}\, \Delta \varepsilon^3 \ldots \ldots \ldots \ldots \quad \text{XIV}$$

Die Gleichungen V$_b$ und V$_c$, VIII bis XIV sind dem Aufbau entsprechend koordinatenfrei und können daher auf jedes beliebige, passende Koordinatensystem umformt werden, wofür die im Anhang aufgeführten Transformationsgleichungen in Verwendung genommen werden können.

Sonderfälle. a) Eine wesentliche und praktisch wertvolle Vereinfachung tritt für rein zweidimensionale Formen ein, die dadurch gekennzeichnet sind, daß z. B. die χ-Flächen parallele Ebenen und die φ- und ψ-Flächen Zylinderflächen mit geradlinigen Erzeugenden sind, die auf den χ-Ebenen senkrecht stehen und die φ- und ψ-Linien zu Leitlinien haben.

Nimmt man die χ-Ebenen parallel zur XY-Ebene des kartesischen Koordinatensystems an, so kann man $\chi = + z$ setzen, und werden nach Gleichung I

$$\gamma_1 = 0, \qquad \gamma_2 = 0, \qquad \gamma_3 = + 1, \qquad C = 1,$$

und da in diesem Falle ω durchaus $= 90^0$ ist, so folgt aus Gleichung III_b: $\beta_3 = 0$ aus der letzten der Gleichungen IV: $\alpha_3 = 0$ und ferner

$$\alpha_1 = + \nu \beta_2, \qquad \alpha_2 = - \nu \beta_1$$

$$\frac{\partial \varphi}{\partial x} = + \nu \frac{\partial \psi}{\partial y}, \qquad \frac{\partial \varphi}{\partial y} = - \nu \frac{\partial \varphi}{\partial z} \quad \ldots \ldots \text{IV}_d$$

ferner

$$\nabla^2 \varphi = \frac{\partial^2 \varphi}{\partial x^2} + \frac{\partial^2 \varphi}{\partial y^2} = \frac{1}{\nu} \left(\frac{\partial \varphi}{\partial x} \frac{\partial \nu}{\partial x} + \frac{\partial \varphi}{\partial y} \frac{\partial \nu}{\partial y} \right) \quad \ldots \ldots \text{V}_d$$

Die Gleichungen IV_d und V_d entsprechen den Differentialgleichungen ebener orthogonaler Trajektorien und sind hiermit in diesem Fall die Schnittlinien der zylindrischen Querschnitts(φ-)flächen und Strom-(ψ-)flächen orthogonale Trajektorien, für welche nach der ersten der Gleichungen XII: $\dfrac{\varDelta s \psi}{\varDelta s \varphi} = \nu$ ist.

Wird $\nu = \text{konstant} = 1$, so gehen die Gleichungen IV_d und V_d in die Differentialgleichungen der ebenen konformen Abbildungen über, deren allgemeines Integral nach der Theorie der Funktionen komplexen Argumentes durch die Gleichung

$$\varphi + i\psi = f(x + iy)$$

gegeben ist, wobei $f(x + iy)$ eine beliebige Funktion des Argumentes $x + iy$ sein kann.

b) Für die analytische Darstellung von Formen, deren Flächen um eine Achse gruppiert sind, erscheint vielfach das Zylinderkoordinatensystem mit Z als Achsen-, r als Radien-, ϑ als Bogenkoordinate besonders geeignet; man erhält aus den Transformationsgleichungen B_z und C_z im Kapitel „Koordinatentransformation" des Anhanges für die Gleichungen III_a, IV, V und für jene von A^2, B^2, C^2 folgende Formen:

$$\left. \begin{aligned} \frac{\partial \varphi}{\partial z} \cdot \frac{\partial \psi}{\partial z} + \frac{\partial \varphi}{\partial r} \cdot \frac{\partial \psi}{\partial r} + \frac{1}{r^2} \frac{\partial \varphi}{\partial \vartheta} \cdot \frac{\partial \psi}{\partial \vartheta} = 0 \\[2mm] \frac{\partial \varphi}{\partial z} \cdot \frac{\partial \chi}{\partial z} + \frac{\partial \varphi}{\partial r} \cdot \frac{\partial \chi}{\partial r} + \frac{1}{r^2} \frac{\partial \varphi}{\partial \vartheta} \cdot \frac{\partial \chi}{\partial \vartheta} = 0 \end{aligned} \right\} \quad \ldots \ldots \text{III}_{ap}$$

$$\left.\begin{aligned}
\frac{\partial \varphi}{\partial z} &= -\frac{1}{r}\left(\frac{\partial \psi}{\partial \vartheta}\cdot\frac{\partial \chi}{\partial r} - \frac{\partial \psi}{\partial r}\cdot\frac{\partial \chi}{\partial \vartheta}\right)\nu \\[2mm]
\frac{\partial \varphi}{\partial r} &= -\frac{1}{r}\left(\frac{\partial \psi}{\partial z}\cdot\frac{\partial \chi}{\partial \vartheta} - \frac{\partial \psi}{\partial \vartheta}\cdot\frac{\partial \chi}{\partial z}\right)\nu \\[2mm]
\frac{\partial \varphi}{\partial \vartheta} &= +\,r\left(\frac{\partial \psi}{\partial z}\cdot\frac{\partial \chi}{\partial r} - \frac{\partial \psi}{\partial r}\cdot\frac{\partial \chi}{\partial z}\right)\nu
\end{aligned}\right\} \quad \cdots \cdots \cdots \mathrm{IV}_p$$

$$\begin{aligned}
\nabla^2\varphi &= \frac{\partial^2\varphi}{\partial z^2} + \frac{\partial^2\varphi}{\partial r^2} + \frac{1}{r}\frac{\partial\varphi}{\partial r} + \frac{1}{r^2}\frac{\partial^2\varphi}{\partial\vartheta} \\[2mm]
&= \frac{1}{\nu}\left(\frac{\partial\varphi}{\partial z}\cdot\frac{\partial\nu}{\partial z} + \frac{\partial\varphi}{\partial r}\cdot\frac{\partial\nu}{\partial r} + \frac{1}{r^2}\frac{\partial\varphi}{\partial\vartheta}\frac{\partial\nu}{\partial\vartheta}\right) \cdots \cdots \mathrm{V}_p
\end{aligned}$$

$$A^2 = \left(\frac{\partial\varphi}{\partial z}\right)^2 + \left(\frac{\partial\varphi}{\partial r}\right)^2 + \frac{1}{r^2}\left(\frac{\partial\varphi}{\partial\vartheta}\right)^2,$$

$$B^2 = \left(\frac{\partial\psi}{\partial z}\right)^2 + \left(\frac{\partial\psi}{\partial r}\right)^2 + \frac{1}{r^2}\left(\frac{\partial\psi}{\partial\vartheta}\right)^2,$$

$$C^2 = \left(\frac{\partial\chi}{\partial z}\right)^2 + \left(\frac{\partial\chi}{\partial r}\right)^2 + \frac{1}{r^2}\left(\frac{\partial\chi}{\partial\vartheta}\right)^2.$$

Da die Schnittlinien der φ- und ψ-Flächen auf den χ-Flächen orthogonale Kurvenschalen bilden, so werden auf diesen Flächen Netze aus krummlinigen Rechtecken gebildet, deren Seitenlängen durch die beiden ersten der Gleichungen XII bestimmt sind.

Das wesentliche Resultat dieser Untersuchung ist folgendes:

Durch die drei Flächenscharen φ, ψ und χ wird der Raum im allgemeinen in elementare Zwölfkante unterteilt, mit örtlich bestimmten Verhältnissen der mittleren Seitenlängen, wenn die Aufeinanderfolge der Flächen der einzelnen Scharen derart genommen wird, daß die Funktionswerte der aufeinanderfolgenden Flächen um denselben Betrag differieren.

Diese Eigenschaft bildet die Grundlage für die graphische Netzkonstruktion.

2. Graphische Konstruktion von Netzlinien.

Die auf einer χ-Fläche befindlichen φ- und ψ-Linien bilden ein Netz von orthogonalen Trajektorien, das die Fläche in elementare, im allgemeinen krummlinige Rechtecke unterteilt; aus der ersten der Gleichungen XII folgt das Verhältnis der mittleren Seitenlängen eines Rechteckes, Abb. 16

$$\frac{\Delta s_\psi}{\Delta s_\varphi} = \nu\, C;$$

durch denselben Wert ist die Neigung der Diagonalen der Rechtecke gegen die durch deren Schnittpunkte gehenden Bahnlinien bestimmt, indem

$$\operatorname{tg} \tau = \frac{\varDelta s_\psi}{\varDelta s_\varphi} = \nu\, C$$

ist. Sind für jeden Punkt der Fläche die Werte der Funktionen C und ν und damit von νC bekannt, so ergibt sich folgende Grundaufgabe für die graphische Bestimmung solcher Netze:

Auf einer Fläche der Schar χ ist eine φ-(Bahn-)Linie mit der, einer konstanten Wertdifferenz $\varDelta \varphi = \varDelta \varepsilon$ entsprechenden Punkteinteilung 0, 1, 2, 3 ... und außerdem

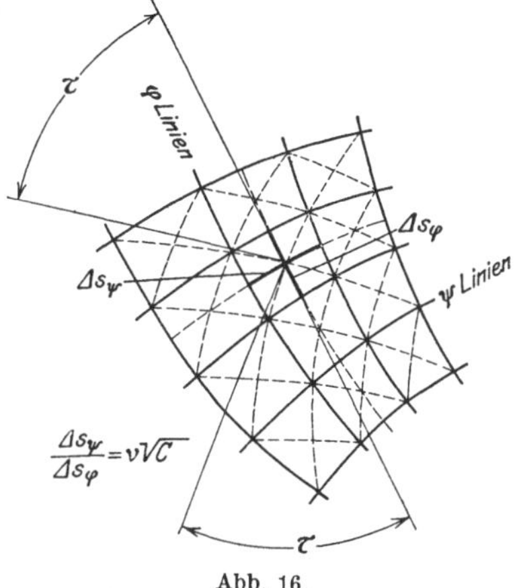

Abb. 16.

für jeden Punkt der Wert von ν bekannt; es ist das auf dieser Fläche liegende Netz der φ- und ψ-Linien zu zeichnen.

Die Funktion C ist durch die Gleichung $C = \gamma_1{}^2 + \gamma_2{}^2 + \gamma_3{}^2 = \left(\frac{\partial \chi}{\partial x}\right)^2 + \left(\frac{\partial \chi}{\partial y}\right)^2 + \left(\frac{\partial \chi}{\partial z}\right)^2$ bestimmt, es muß also für die Flächenschar χ die Funktionsgleichung gegeben oder der Wert von C sonst in irgendeiner Weise bestimmbar sein.

Denkt man sich diejenigen Punkte der Fläche zu Linien verbunden, in denen der Wert von νC konstant ist, so erhält man eine Darstellung der Verteilung dieses Wertes auf der Fläche; diese Linien können auch als Linien gleicher Diagonalenneigung bezeichnet werden.

Zieht man nun durch die einzelnen Teilpunkte der gegebenen Bahnlinie die Diagonalenelemente unter Berücksichtigung der Gleichung $\operatorname{tg} \tau = \nu C$, so ergeben deren Schnittpunkte neue Bahnlinien mit Teilpunkten, von denen aus die Konstruktion fortgesetzt werden kann; man erkennt, daß sich außer den Bahnlinien auch die ψ-Linien, sowie die Diagonalenlinien einzeichnen lassen. Siehe auch Abb. 20, Seite 66, Abb. 23, S. 74.

Da das Verfahren auf Eigenschaften der Flächen aufgebaut ist, die nur deren Elementen zukommen, so wird im Prinzip dasselbe um so genauer sein, je kleiner die Entfernung der Teilpunkte auf der Ausgangslinie ist; werden bei fortgesetzter Aneinanderreihung der Rechtecke die Längen $\varDelta s_\psi$ und $\varDelta s_\varphi$ größer, so sind Unterteilungen anzuwenden, was an sich keine Schwierigkeiten bietet.

Das Verfahren ist direkt anwendbar, wenn die χ-Flächen Ebenen sind; ist dies nicht der Fall, so ermöglicht das Hilfsmittel der konformen Abbildungen die Netzzeichnung in einer Ebene.

Bezüglich der allgemeinen Theorie der konformen Abbildungen wird auf die entsprechende Literatur und namentlich auf die Originalschrift von Gauß verwiesen, die im Jahre 1825 im 3. Heft von Schuhmachers astronomischen Abhandlungen als Lösung einer Preisaufgabe unter dem Titel erschienen ist: „Allgemeine Lösung der Aufgabe, die Teile einer gegebenen Fläche so abzubilden, daß die Abbildung dem Abgebildeten in den kleinsten Teilen ähnlich ist."

Die für den Gebrauch zur graphischen Netzbestimmung wesentlichste Eigenschaft dieses Hilfsmittels kann folgendermaßen gekennzeichnet werden:

Alle Netze orthogonaler Trajektorien, auf beliebigen Flächen, die derart beschaffen sind, daß durch dieselben die Flächen in krummlinige Rechtecke unterteilt werden, deren Diagonalen wieder unter sich orthogonale Trajektorien bilden und somit gegen die Linien der ursprünglichen Netze in jedem Punkte unter 45° geneigt sind, besitzen die Eigenschaft, daß Figuren in denselben, deren Linien die Netzlinien in gleicher Reihenfolge treffen und hierbei die korrespondierenden Netzlinienelemente je im gleichen Verhältnis teilen, in ihren kleinsten Teilen ähnlich, d. h. konforme Abbildungen sind. Derartige Netze kann man als Grundnetze der konformen Abbildungen bezeichnen. Jedem Punkt einer Figur in einem solchen Netze entspricht ein bestimmter Punkt der konformen Figur in einem anderen Grundnetze; alle durch zwei derart zugeordnete Punkte gezogenen korrespondierenden, d. h. gegen die Netzlinien je gleich geneigten Linienelemente der beiden Figuren haben gleiches Längenverhältnis; dessen Wert ist jedoch im allgemeinen für verschiedene Punktpaare verschieden.

Sind Figuren in verschiedenen Grundnetzen einer Figur in einem weiteren solchen Netz konform, so sind dieselben auch untereinander konform.

Die Konstruktion der Grundnetze ist analog derjenigen, die früher für allgemeinere Netze angegeben wurde; es wird hierbei nur $\operatorname{tg}\tau = \nu C = \text{konstant} = 1$ (also nicht wie im allgemeinen Fall von Punkt zu Punkt verschieden). Das einfachste Grundnetz der konformen Abbildungen ist das ebene rechtwinklige Koordinatennetz mit durchweg gleichen Abständen der Netzlinien; andere Formen ebener Grundnetze werden im Abschnitt „Geometrie ebener konformer Netze" dargestellt.

Die angeführte Grundeigenschaft der konformen Netze ermöglicht die Einzeichnung solcher Netze in Modelle von krummen Flächen mittels biegsamer 45° Winkellineale.

Sind nun auf einer χ-Fläche die Linien konstanter Diagonalenneigung gegeben, und hat man sich auf derselben ein Grundnetz gezeichnet, so kann man diese Linien in ein ebenes Grundnetz übertragen und mit Hilfe derselben ein ihnen entsprechendes konformes Netz von φ- und ψ-Linien zeichnen, das nun wieder in das Grundnetz auf der χ-Fläche übertragen werden kann; die Eigenschaft der Konformität sichert die geforderte Einhaltung der Flächenunterteilung in krummlinige Rechtecke mit dem Seitenverhältnis

$$\frac{\varDelta s_\psi}{\varDelta s_\varphi} = \nu\,C.$$

Das konstruierte und das übertragene Netz sind ebenfalls konform und hiermit jedes zwischen denselben in früher geschilderter Weise übertragene Figurenpaar; es ergibt sich hierin eine Verallgemeinerung der Darstellung konformer Netze.

Analoges gilt natürlich für die Darstellung der Netzlinien auf einer der ψ- oder der φ-Flächen entsprechend der zweiten resp. der dritten der Gleichungen XII.

Die Genauigkeit der Konstruktion ebener Netze läßt sich wesentlich erhöhen, wenn man die **Krümmungsradien der Netzlinien** bestimmt und dieselben zur Einzeichnung elementarer Bogenstücke benützt. Siehe Anhang.

3. Bestimmung von Formfunktionen.

Es werden im folgenden zur Orientierung über die bisher behandelten Eigenschaften von Strömungsformen einige Beispiele mit besonderer Berücksichtigung der Netzdarstellung gebracht.

I. Rein zweidimensionale Formen.

Die χ-Flächen seien Ebenen parallel zur XY-Ebene des kartesischen Koordinatensystems; deren Gleichung ist: $\chi = z$, und dementsprechend:

$$\gamma_1 = 0, \qquad \gamma_2 = 0, \qquad \gamma_3 = 1, \qquad C = 1.$$

Aus den Gleichungen IV folgt

$$\alpha_1 = \beta_2\,\nu \qquad \text{oder} \qquad \frac{\partial \varphi}{\partial x} = \frac{\partial \psi}{\partial y}\,\nu$$

$$\alpha_2 = -\beta_1\,\nu \quad \text{,,} \qquad \frac{\partial \varphi}{\partial y} = -\frac{\partial \psi}{\partial z}\,\nu$$

$$\alpha_3 = 0\cdot\nu \quad \text{,,} \qquad \frac{\partial \varphi}{\partial z} = 0\,,$$

das letzte Resultat bedeutet, daß in diesem Fall φ unabhängig von z, also nur eine Funktion von x und y ist.

1. Annahme: $\nu = \text{konstant} = 1$.

Es werden:

$$\alpha_1 = \beta_2 \quad \text{oder:} \quad \frac{\partial \varphi}{\partial x} = \frac{\partial \psi}{\partial y}; \quad \alpha_2 = -\beta_1 \quad \text{oder:} \quad \frac{\partial \varphi}{\partial y} = -\frac{\partial \psi}{\partial x}; \quad A = B.$$

Durch partielles Differentiieren einmal der ersten dieser Gleichungen nach x, der zweiten nach y, dann umgekehrt, folgen:

$$\frac{\partial^2 \varphi}{\partial x^2} + \frac{\partial^2 \varphi}{\partial y^2} = 0$$

$$\frac{\partial^2 \psi}{\partial x^2} + \frac{\partial^2 \psi}{\partial y^2} = 0$$

als Bestimmungsgleichungen der Funktionen φ und ψ; die erste derselben ergibt sich ebenfalls aus V_a mit $\nu = 1$ und $\frac{\partial \varphi}{\partial z} = 0$; die zweite derselben aus $V_b{}^*$ mit $C = 1$.

Die allgemeine Integration dieser simultanen Differentialgleichungen erfolgt nach der Funktionentheorie durch Umformung und Trennung der reellen und imaginären Teile von Funktionen des komplexen Argumentes $(x + i y)$.

Die φ-Flächen und die ψ-Flächen sind Zylinderflächen mit Erzeugenden parallel zur z-Achse und ergibt hiermit die erste derselben nach der gewählten Bezeichnungsweise im Verein mit der Gleichung $\chi = z$ die ψ-Linien, die zweite im Verein mit $\chi = z$ die φ-Linien (Bahnlinien).

(In den Lehrbüchern der Hydrodynamik werden im Gegensatz zu obiger Bezeichnung gewöhnlich die Bahnlinien als ψ-Linien bezeichnet; bei der gewählten Darstellung erscheint obige Bezeichnung zweckmäßiger, da die Lage eines Punktes in einer bestimmten Bahnlinie eben durch deren Schnitt mit einer φ-Fläche bestimmt ist.)

Es folgt ohne weiteres, daß in den Fällen $\chi = z$ die ψ- und φ-Linien für alle χ-Ebenen kongruente Kurven sind, so daß die Darstellung in einer der χ-Ebenen vollkommen Aufschluß über den Verlauf aller dieser Kurven gibt; man nennt daher entsprechende Strömungen mit Netzformen dieser Art **zweidimensionale Strömungen**.

1. Beispiel: Aus der komplexen Funktion

$$x = \varphi + i \psi = (x + i y)^2 = (x^2 - y^2) + i (2 x y)$$

ergeben sich durch oben bemerkte Abtrennung:

$$\varphi = x^2 - y^2, \qquad \psi = 2 x y.$$

Hiernach sind die in der XY-Ebene gelegenen Leitlinien der φ- und ψ-Flächen gleichseitige Hyperbeln mit dem Koordinatenursprung als gemeinschaftlichen Mittelpunkt: Abb. 17

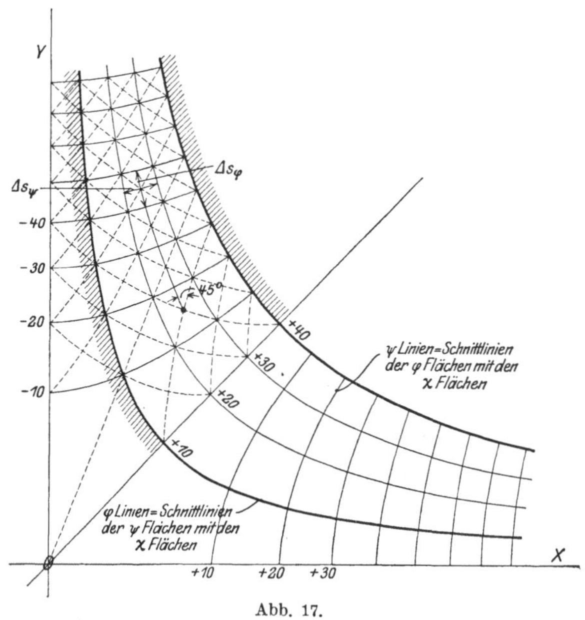

Abb. 17.

Es werden

$$\alpha_1 = \frac{\partial \varphi}{\partial x} = +2x, \qquad \beta_1 = \frac{\partial \psi}{\partial x} = +2y$$

$$\alpha_2 = \frac{\partial \varphi}{\partial y} = -2y, \qquad \beta_2 = \frac{\partial \psi}{\partial y} = +2x$$

$$A^2 = 4(x^2 + y^2), \qquad B^2 = 4(x^2 + y^2)$$

$$ds_\varphi = \frac{d\varphi}{A} = \frac{d\varphi}{2\sqrt{x^2 + y^2}}, \qquad ds_\psi = v\frac{C}{A}\cdot d\psi = \frac{d\psi}{2\sqrt{x^2 + y^2}}$$

$$df = \frac{v}{A}\,d\psi\,d\chi = \frac{d\psi \cdot d\chi}{\sqrt{x^2 + y^2}}$$

und mit endlichen Differenzen:

$$\Delta\varepsilon = \Delta\varphi = \Delta\psi = \Delta\chi = \Delta z,$$

$$\Delta f = \frac{\Delta\varepsilon^2}{2\sqrt{x^2 + y^2}}$$

$$\Delta\tau = \frac{\Delta\varepsilon^3}{4(x^2 + y^2)}.$$

$\varDelta\varepsilon=\varDelta z$ bedeutet, daß die Länge eines Elementes der z-Achse als Maß der Differenz der Funktionswerte zu wählen ist.

Bestimmt man im obigen analytischen Beispiel x und y als Funktionen von φ und ψ, so erhält man

$$x^2 = +\frac{\varphi}{2} + \frac{1}{2}\sqrt{\varphi^2+\psi^2}$$

$$y^2 = -\frac{\varphi}{2} + \frac{1}{2}\sqrt{\varphi^2+\psi^2}$$

$$A^2 = B^2 = 4\sqrt{\varphi^2+\psi^2}\,.$$

Es wird nach der Theorie ebener orthogonaler Trajektorien (siehe Anhang)

$$\varrho_\psi = \frac{A}{\dfrac{dA}{ds_\varphi}} = \frac{1}{\dfrac{dA}{d\varphi}};$$

nun ist längs einer φ-Linie ψ konstant, also

$$\frac{dA}{d\varphi} = \frac{\varphi}{(\varphi^2+\psi^2)^{\frac{3}{4}}} = \frac{8\,\varphi}{A^3},$$

hiermit

$$\varrho_\psi = \frac{1}{8}\frac{A^3}{\varphi},$$

und mit den Werten von A und φ ausgedrückt durch die Koordinaten x und y gelten

$$\varrho_\psi = \frac{(x^2+y^2)\sqrt{x^2+y^2}}{(x^2-y^2)}$$

und so analog

$$\varrho\varphi = \frac{(x^2+y^2)\sqrt{x^2+y^2}}{2\,x\,y},$$

als Gleichungen der Krümmungsradien.

2. Beispiel: Aus der komplexen Funktion

$$x = \sin i\,z; \qquad z = x + i\,y$$

folgt mit Rücksicht auf die Beziehungen zwischen den Kreis- und hyperbolischen Funktionen, das sind $\cos i\,x = \mathfrak{Cof}\,x$; $\sin i\,x = i\,\mathfrak{Sin}\,x$:

$$\varphi + i\,\psi = -\sin y\,\mathfrak{Cof}\,x + i\cos y\,\mathfrak{Sin}\,x$$

und daher

$$\varphi = -\sin y\,\mathfrak{Cof}\,x; \qquad \psi = +\cos y\,\mathfrak{Sin}\,x,$$

hiernach sind die in der XY-Ebene gelegenen Leitlinien der φ- und

ψ-Flächen Kurvenscharen (Abb. 18), die in Streifen zwischen $y = +\dfrac{\pi}{2}$ und $y = -\dfrac{\pi}{2}$ symmetrisch gegen die X- und Y-Achse gelegen sind, wobei die Äste der ψ-Linien die X-Achse als Asymptote haben und die Y-Achse rechtwinklig schneiden, ausgenommen in den Punkten:

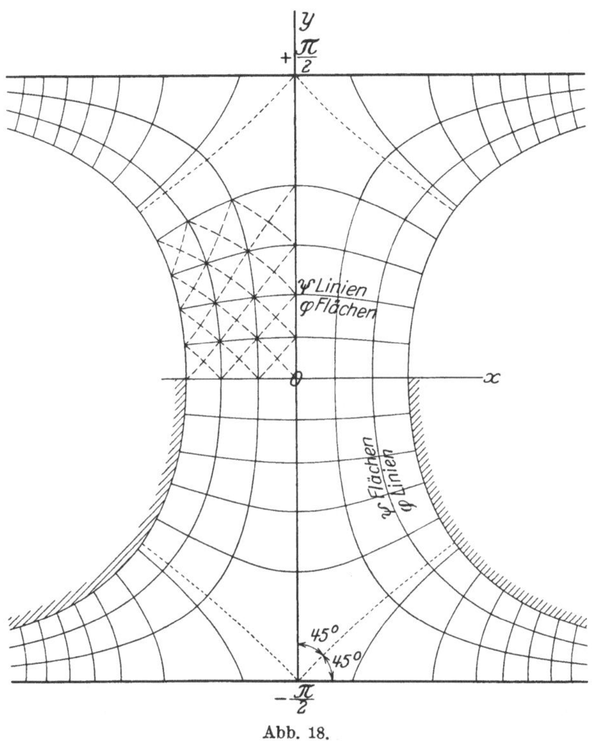

Abb. 18.

$x = 0,\, y = \pm\dfrac{\pi}{2}$, wo das Schneiden unter 45^0 stattfindet; die Äste der φ-Linien haben die Geraden $y = \pm\dfrac{\pi}{2}$ zu Asymptoten und schneiden die X-Achse durchwegs rechtwinklig. Es werden

$$\alpha_1 = \beta_2 = \frac{\partial \varphi}{\partial x} = \sin y \, \mathfrak{Sin}\, x; \quad \alpha_2 = -\beta_1 = \frac{\partial \varphi}{\partial y} = -\cos y \, \mathfrak{Cof}\, x$$

$$A^2 = B^2 = \sin^2 y \, \mathfrak{Sin}^2 x + \cos^2 y \, \mathfrak{Cof}^2 x = \mathfrak{Sin}^2 x + \cos^2 y$$

$$ds_\varphi = \frac{d\varphi}{\sqrt{\mathfrak{Sin}^2 x + \cos^2 y}}, \qquad ds_4 = \frac{d\psi}{\sqrt{\mathfrak{Sin}^2 x + \cos^2 y}};$$

$$df = \frac{d\psi\, d\chi}{\sqrt{\mathfrak{Sin}^2 x + \cos^2 y}}$$

und mit endlichen Differenzen

$$\varDelta f = \frac{\varDelta \varepsilon^2}{\sqrt{\mathfrak{Sin}^2 x + \cos^2 y}}, \qquad \varDelta \tau = \frac{\varDelta \varepsilon^2}{\mathfrak{Sin}^2 x + \cos^2 y}.$$

Mit

$$\varphi^2 = \sin^2 y \, \mathfrak{Cof}^2 x = 1 - \cos^2 y + \mathfrak{Sin}^2 x - \cos^2 y \, \mathfrak{Sin}^2 x$$
$$\psi^2 = \qquad\qquad\qquad\qquad = + \cos^2 y \, \mathfrak{Sin}^2 x$$

erhält man:

$$\varphi^2 + \psi^2 = 1 - \cos^2 y + \mathfrak{Sin}^2 x$$
$$\varphi^2 - \psi^2 = 1 - \cos^2 y + (1 - 2 \cos^2 y) \, \mathfrak{Sin}^2 x\,;$$

hieraus folgt

$$\cos^2 y = - \tfrac{1}{2}(\varphi^2 + \psi^2 - 1) + \sqrt{\tfrac{1}{4}(\varphi^2 + \psi^2 - 1)^2 + \psi^2}$$
$$\mathfrak{Sin}^2 x = + \tfrac{1}{2}(\varphi^2 + \psi^2 - 1) + \sqrt{\tfrac{1}{4}(\varphi_2 + \psi^2 - 1) + \psi^2}$$
$$A^2 = 2 \sqrt{(\varphi^2 + \psi^2 - 1)^2 + 4\psi^2}$$
$$\frac{dA}{d\varphi} = \frac{1}{\varrho_\psi} = 2 \frac{(\varphi^2 + \psi^2 - 1)\varphi}{[(\varphi^2 + \psi^2 - 1)^2 + 4\psi^2]^{\frac{5}{4}}} \quad \text{bei } \psi = \text{konst.}$$
$$\frac{dA}{d\psi} = \frac{1}{\varrho_\varphi} = \frac{(\varphi^2 + \psi^2 - 5)\psi}{[(\varphi^2 + \psi^2 - 1)^2 + 4\psi^2]^{\frac{5}{4}}} \quad \text{bei } \varphi = \text{konst.}$$

In den Punkten $x = 0$, $y = \pm \dfrac{\pi}{2}$ werden

$$\mathfrak{Sin}\, x = 0, \qquad \mathfrak{Cof}\, x = 1, \qquad \sin y = \pm 1, \qquad \cos y = 0,$$
$$\varphi = \mp 1, \qquad \psi = 0, \qquad \frac{1}{\varrho_\psi} = \infty, \qquad \frac{1}{\varrho_\varphi} = 0.$$

Die Krümmung der φ-Linien ($\psi = $ konst.) ist in diesen Punkten unendlich klein, diejenige der ψ-Linien ($\varphi = $ konst.) unendlich groß.

Diese Strömungsform ist das rein zweidimensionale Analogon einer achsensymmetrischen Form, die für die Verwendung an Turbinensaugrohren geeignet erscheint und später bestimmt werden wird.

2. Annahme: $v = $ veränderlich, z. B. $= e^{kx}$ mit $k = $ einer Konstanten.

Es werden

$$\alpha_1 = \frac{\partial \varphi}{\partial x} = \frac{\partial \psi}{\partial y} e^{+kx}, \qquad \alpha_2 = \frac{\partial \varphi}{\partial y} = - \frac{\partial \psi}{\partial x} e^{+kx}, \qquad \alpha_3 = \frac{\partial \varphi}{\partial z} = 0$$

durch partielle Differenzierung wie im früheren Fall, erhält man:

$$\frac{\partial^2 \varphi}{\partial x^2} + \frac{\partial^2 \varphi}{\partial y^2} - k \frac{\partial \varphi}{\partial x} = 0, \qquad \frac{\partial^2 \psi}{\partial x^2} + \frac{\partial^2 \psi}{\partial y^2} + k \frac{\partial \psi}{\partial x} = 0$$

als simultane Differentialgleichungen der Zylinderflächen φ und ψ mit Erzeugenden parallel zur z-Achse, deren Schnitte mit den χ-Ebenen wieder die ψ- resp. φ-Linien geben, die wie im früheren Fall kongruent in allen χ-Ebenen sind; solche Strömungsformen gehören daher auch zu den zweidimensionalen Strömungen. Die allgemeine Integration obiger Differentialgleichungen kann durch Potenzreihen erfolgen; eine partikuläre Lösung erhält man mit

$$\varphi = y\, e^{k\,x}, \qquad \psi = \frac{k}{2}\, y^2 - x\,.$$

Die ψ-Linien sind hierbei transzendente Kurven, die φ-Linien in der x-Richtung parallel verschobene Parabeln, Abb. 19.

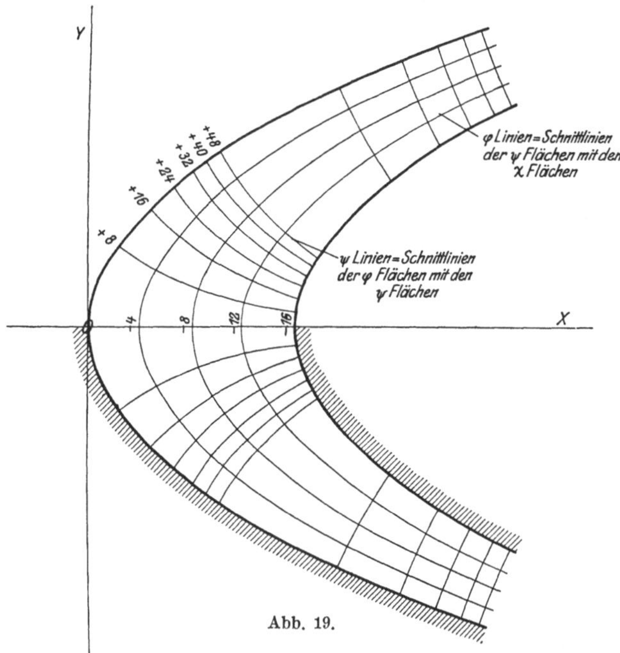

Abb. 19.

In den behandelten Fällen liegen Netze der χ- und φ- resp. der χ- und ψ-Linien auf Zylinderflächen, deren Entwicklung in Ebenen die konformen Abbildungen der Netze liefert.

Graphische Beispiele.

Aus der ersten der drei Gleichungen XII ergibt sich mit $\nu = 1$, $C = 1$

$$\operatorname{tg}\tau = \frac{\varDelta s_\psi}{\varDelta s_\varphi} = 1\,.$$

Die Netzlinien einer χ-Ebene grenzen mithin krummlinige rechtwinklige Vierecke ab, deren Diagonalen unter 45^0 gegen die φ- und ψ-Linien geneigt sind und bilden hiermit konforme Grundnetze.

Fall a. Abb. 20.

Gegeben sind eine φ-Linie und auf derselben diejenigen Punkte, in denen dieselbe die φ-Flächen durchdringt, deren Funktionswerte nach einer arithmetischen Reihe zunehmen; es seien 0, 1, 2, 3, ... solche Punkte auf der Linie $a\,b$; zieht man durch diese Punkte Linien, die unter 45^0 gegen die Tangenten in diesen Punkten geneigt sind, so erhält man in deren Schnittpunkten zwei weitere Punktreihen, die wieder auf Bahnlinien liegen, und kann man von denselben ab das Verfahren wiederholen.

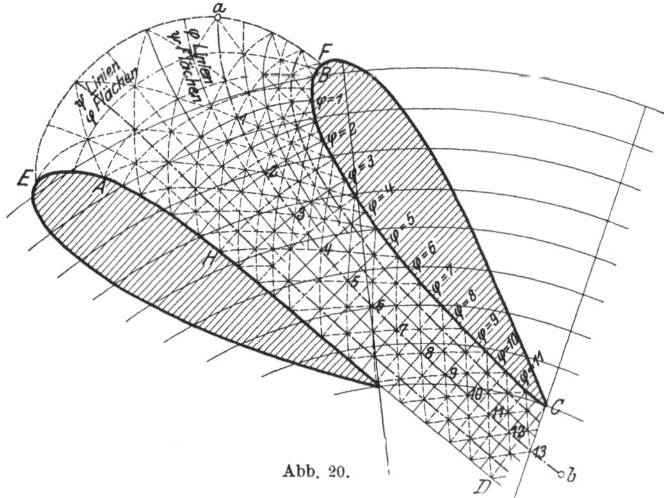

Abb. 20.

Wird nun der Wert der Differenz $\varDelta\varepsilon$ angenommen, so folgt aus der dritten der Gleichungen VIII, d. i. $\varDelta s_\chi = v\,\dfrac{B}{A}\varDelta\chi$, mit $v=1$ und $\varDelta\chi=\varDelta\varepsilon$, und weil $A=B$ ist

$$\varDelta s_\chi = \varDelta\varepsilon = \varDelta z = \varDelta\chi,$$

d. h. der Wert $\varDelta\varepsilon$ ist ein Maß der Abstände der χ-Ebenen. Aus der ersten der Gleichungen VIII ergibt sich mit $v=1$ und $\varDelta\varphi=\varDelta\varepsilon$

$$\varDelta s_\varphi = \frac{\varDelta\varepsilon}{A} \quad \text{und wegen } \varDelta s_\varphi = \varDelta s_\psi,$$

$$A = \frac{\varDelta\varepsilon}{\varDelta s_\psi},$$

wodurch die Werte von A in den einzelnen Punkten aus den Längen Δs_ψ und dem Wert $\Delta \varepsilon$ bestimmt sind; es werden hiernach

$$\Delta f = \Delta s_\varphi \cdot \Delta \varepsilon = \Delta s_\psi \cdot \Delta \varepsilon$$
$$\Delta \tau = (\Delta s_\varphi)^2 \, \Delta \varepsilon = (\Delta s_\psi)^2 \cdot \Delta \varepsilon \, .$$

Mit Rücksicht darauf, daß die Werte von x, y, z und hiermit auch $s_\varphi, s_\psi, s_\chi$ Verhältniswerte sind, werden die wirklichen Werte der entsprechenden Längen durch Multiplikation mit dem Längenwerte der Bezugseinheit a und ferner der wirkliche Flächenwert durch das Produkt $a^2 \Delta f$ und der wirkliche Volumwert Δ durch das Produkt $a^3 \cdot \Delta \tau$ bestimmt.

<h3 style="text-align:center">Fall b. Abb. 21.</h3>

Sind eine Bahnlinie und die Werte von A längs derselben gegeben, so kann man die Punktverteilung für gleiche Differenzen

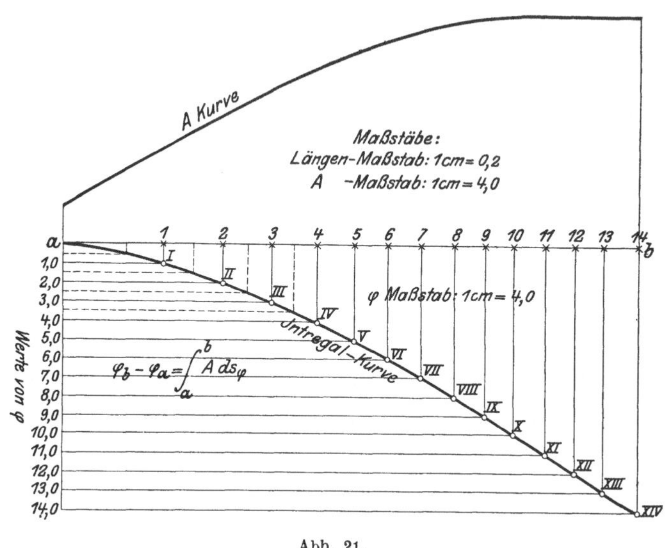

Abb. 21.

$\Delta \varphi = \Delta \varepsilon$ auf der Bahnlinie durch Berücksichtigung der ersten der Gleichungen VIII erhalten, aus der sich ergibt:

$$\varphi_b - \varphi_a = \int_a^b A\, ds_\varphi \, .$$

Streckt man daher die gegebene Bahnlinie in eine Gerade aus, trägt auf derselben die A-Werte auf und bestimmt sich durch Planimetrierung die Integralkurve, so gibt deren Endordinate b XIV den Wert von $\varphi_a - \varphi_b$; teilt man diese Ordinate in eine Anzahl n gleicher

Teile ein, projiziert die Teilpunkte auf die Integralkurve und die so erhaltenen Punkte derselben wieder auf ab, so erhält man die Punktverteilung 0 1 2 3 auf ab entsprechend der Funktionsdifferenz

$$\Delta\varphi = \frac{\varphi_b - \varphi_a}{n} = \Delta\varepsilon.$$

Für die Bestimmung der Krümmungsradien ist in den Gleichungen A' und B' Seite 283 des Anhanges

$$\mu = 1, \qquad M = A, \qquad ds_a = ds_\psi,$$

und dementsprechend

$$\varrho_a = \varrho_\psi, \qquad \varrho_\beta = \varrho_\varphi$$

zu setzen; man erhält:

$$\varrho_\psi = n = \frac{A}{\left(\dfrac{dA}{ds_\varphi}\right)}, \qquad \varrho_\varphi = q = \frac{A}{\left(\dfrac{dA}{ds_\psi}\right)}.$$

Man kann daher entsprechend der ersten Gleichung in derselben Abbildung, in der bei gegebenen Werten von A die Bestimmung der Punkteinteilung erfolgt, auch die Bestimmung von ϱ_ψ vornehmen.

Aus der zweiten Gleichung folgt:

$$\frac{dA}{ds_\psi} = \frac{A}{\varrho_\varphi},$$

d. h. man erhält im Quotienten $\dfrac{A}{\varrho_\varphi}$ ein Maß für die Veränderlichkeit von A längs der die φ-Linie schneidenden ψ-Linien.

II. Achsen-symmetrisch zweidimensionale Formen.

Das System der χ-Flächen sei durch ein, die z-Achse als gemeinschaftliche Schnittlinie enthaltendes Ebenenbüschel gebildet; die allgemeine Gleichung eines solchen Systems ist hiermit bestimmt durch

$$\chi = F\!\left(\frac{y}{x}\right),$$

wobei F noch eine beliebige Funktion des Argumentes $\dfrac{y}{x}$ sein kann; es seien vorerst folgende zwei spezielle Annahmen gemacht:

$$\nu = \text{konst.} = 1, \qquad \chi = \operatorname{arctg}\frac{y}{x}.$$

Hiermit, und wenn man $x^2 + y^2 = r^2$ einsetzt, werden

$$\gamma_1 = -\frac{y}{r^2}, \qquad \gamma_2 = +\frac{x}{r^2}, \qquad \gamma_3 = 0, \qquad C^2 = \frac{1}{r^2}$$

und somit entsprechend den Gleichungen IV

$$\left.\begin{aligned}
\alpha_1 &= \frac{\partial \varphi}{\partial x} = -\frac{x}{r}\frac{\partial \psi}{\partial z} \\[2mm]
\alpha_2 &= \frac{\partial \varphi}{\partial y} = -\frac{y}{r}\frac{\partial \psi}{\partial z} \\[2mm]
\alpha_3 &= \frac{\partial \varphi}{\partial z} = \frac{x}{r^2}\frac{\partial \psi}{\partial x} + \frac{y}{r^2}\frac{\partial \psi}{\partial y} .
\end{aligned}\right\} \qquad \ldots \ldots \ldots \; \text{a}$$

Es erscheint in diesem Fall zweckmäßig auf das Zylinder-Koordinatensystem überzugehen, und es ergeben sich mit der Bezeichnung z, r, ϑ für die neuen Koordinaten die Transformationsgleichungen nach B_z (Seite 285 des Anhanges):

$$\frac{\partial \varphi}{\partial x} = \frac{\partial \varphi}{\partial r}\cos\vartheta - \frac{\partial \varphi}{\partial \vartheta}\frac{\sin\vartheta}{r}$$

$$\frac{\partial \varphi}{\partial y} = \frac{\partial \varphi}{\partial r}\sin\vartheta + \frac{\partial \varphi}{\partial \vartheta}\frac{\cos\vartheta}{r}$$

$$\frac{\partial \varphi}{\partial z} = \frac{\partial \varphi}{\partial z}$$

$$\frac{\partial \psi}{\partial x} = \frac{\partial \psi}{\partial r}\cos\vartheta - \frac{\partial \psi}{\partial \vartheta}\cdot\frac{\sin\vartheta}{r}$$

$$\frac{\partial \varphi}{\partial y} = \frac{\partial \psi}{\partial r}\sin\vartheta + \frac{\partial \psi}{\partial \vartheta}\frac{\cos\vartheta}{r}$$

$$\frac{\partial \psi}{\partial z} = \frac{\partial \psi}{\partial z}$$

$$\frac{\partial \chi}{\partial x} = \frac{\partial \chi}{\partial r}\cos\vartheta - \frac{\partial \chi}{\partial \vartheta}\cdot\frac{\sin\vartheta}{r}$$

$$\frac{\partial \chi}{\partial y} = \frac{\partial x}{\partial r}\sin\vartheta - \frac{\partial \chi}{\partial \vartheta}\cdot\frac{\cos\vartheta}{r}$$

$$\frac{\partial \chi}{\partial z} = \frac{\partial \chi}{\partial z} .$$

Da $\qquad \chi = \operatorname{arctg}\dfrac{\psi}{x} = \vartheta, \qquad \dfrac{\partial \chi}{\partial z} = 0, \qquad \dfrac{\partial \chi}{\partial r} = 0, \qquad \dfrac{\partial \chi}{\partial \vartheta} = 1,$

also χ unabhängig von r und z und gleich der Bogenkoordinate, d. h. bei $\varDelta \chi = \varDelta \varepsilon$ = konst. haben die Ebenen des Büschels gleichen Bogen-Abstand; man wird dienlicherweise $\varDelta \varepsilon = \dfrac{2\pi}{i}$ wählen, wobei i eine ganze Zahl ist und die Anzahl der Ebenen des Büschels um die Achse bedeutet.

Die Transformationsgleichungen der Ableitungen von φ und ψ vereinfachen sich noch bei der dritten speziellen Annahme, daß φ und ψ

unabhängig von der Bogenkoordinate, also $\dfrac{\partial \varphi}{\partial \vartheta} = 0$, $\dfrac{\partial \psi}{\partial \vartheta} = 0$ seien.

Dies bedeutet, daß die φ- und ψ-Flächen Umdrehungsflächen sind mit der z-Achse als geometrische Achse. Die Schnittlinie dieser Flächen mit den χ-Ebenen geben ebene und kongruente Netze der ψ- und φ-Linien in den χ-Flächen; es genügt deshalb wieder die Zeichnung eines Netzes in einer Ebene.

Mit der letzten Annahme erhält man

$$\frac{\partial \varphi}{\partial x} = \frac{\partial \varphi}{\partial r} \cos \vartheta, \quad \frac{\partial \psi}{\partial x} = \frac{\partial \psi}{\partial r} \cos \vartheta$$

$$\frac{\partial \varphi}{\partial y} = + \frac{\partial \varphi}{\partial r} \sin \vartheta, \quad \frac{\partial \psi}{\partial y} = + \frac{\partial \psi}{\partial r} \sin \vartheta$$

$$\frac{\partial \varphi}{\partial z} = + \frac{\partial \varphi}{\partial z}, \quad \frac{\partial \psi}{\partial z} = + \frac{\partial \psi}{\partial z}$$

und hiermit aus den Gleichungen a

$$\frac{\partial \varphi}{\partial z} = + \frac{\partial \psi}{\partial r} \frac{\sin^2 \vartheta}{r} + \frac{\partial \psi}{\partial r} \frac{\cos^2 \vartheta}{r} = + \frac{1}{r} \frac{\partial \psi}{\partial r}$$

$$\frac{\partial \varphi}{\partial r} \sin \vartheta = - \frac{\partial \psi}{\partial z} \frac{\sin \vartheta}{r}, \quad \frac{\partial \varphi}{\partial r} \cos \vartheta = - \frac{\partial \psi}{\partial z} \frac{\cos \vartheta}{r}$$

oder

$$\frac{\partial \varphi}{\partial z} = + \frac{1}{r} \frac{\partial \psi}{\partial r}, \quad \frac{\partial \varphi}{\partial r} = - \frac{1}{r} \frac{\partial \psi}{\partial p} \quad \ldots \ldots \ldots \text{ b}$$

es werden ferner

$$\begin{aligned} A^2 &= \left(\frac{\partial \varphi}{\partial z}\right)^2 + \left(\frac{\partial \varphi}{\partial r}\right)^2 \\ B^2 &= \left(\frac{\partial \psi}{\partial z}\right)^2 + \left(\frac{\partial \psi}{\partial r}\right)^2 \\ B &= r\, A \end{aligned} \right\} \quad \ldots \ldots \ldots \ldots \text{ c}$$

Durch partielles Differentiieren können diese beiden Gleichungen wieder umformt werden; man erhält:

$$\left. \begin{aligned} \frac{\partial^2 \varphi}{\partial z^2} + \frac{\partial^2 \varphi}{\partial r^2} + \frac{1}{r} \frac{\partial \varphi}{\partial r} &= 0 \\ \frac{\partial^2 \psi}{\partial z} + \frac{\partial^2 \psi}{\partial r^2} - \frac{1}{r} \frac{\partial \psi}{\partial r} &= 0 \end{aligned} \right\} \quad \ldots \ldots \ldots \text{ d}$$

als simultane Differentialgleichungen zur Bestimmungen der Funktionen φ und ψ und somit der Netze der ψ- und φ-Linien.

Man kann Strömungen und Formen solcher Art als einfache Strömungen in Rotationshohlräumen oder als achsensymmetrische Meridionalströmungen bezeichnen.

Siehe hierüber auch Prášil: „Über Flüssigkeitsbewegungen in Rotationshohlräumen". Schweiz. Bauztg. Bd. 41.

Die in dieser Abhandlung eingehend untersuchte Lösung mit den Gleichungen:

$$\varphi = 2\,z^2 - r^2\,; \qquad \psi = 2\,z\,r^2$$

ist das zweidimensionale achsensymmetrische Analogon, zum Beispiel auf Seite 63.

Praktische Lösungen kann man auch durch zweckdienliche Annahmen für die Gleichungen C erhalten, z. B.:

Aus

$$\frac{\partial \varphi}{\partial z} = R \cos z, \qquad \frac{\partial \varphi}{\partial r} = \mathfrak{R} \sin z,$$

worin R und $\mathfrak{R}$ noch zu bestimmende Funktionen von r allein sind, folgt wegen

$$\frac{\partial^2 \varphi}{\partial z\,\partial r} = \frac{\partial^2 \varphi}{\partial r\,\partial z} \quad \text{die Gleichung: } R' \cos z = \mathfrak{R} \cos z$$

und mithin $\qquad\qquad\qquad R' = \mathfrak{R}\,.$

Die erste der beiden Gleichungen d gibt:

$$- R \sin z + \mathfrak{R}' \sin z + \frac{\mathfrak{R}}{r} \sin z = 0 \quad \text{oder} \quad \mathfrak{R}' + \frac{\mathfrak{R}}{r} - R = 0,$$

somit ergibt sich für die Bestimmung von R die Differentialgleichung:

$$R'' + \frac{R'}{r} - R = 0\,.$$

Mit $R = \sum\limits_{n=0} C_n r^n$ folgt für die Konstanten C_n die Rekursionsformel

$$C_n \cdot n^2 = C_{n-2}\,;$$

hieraus

$n =$	2	4	6	8	10 $\ldots$
$\dfrac{C_n}{C_0} =$	$\dfrac{1}{4}$	$\dfrac{1}{16}$	$\dfrac{1}{36}$	$\dfrac{1}{64}$	$\dfrac{1}{100} \cdots$
$n =$	3	5	7	9	11 $\ldots$
$\dfrac{C_n}{C_0} =$	$\dfrac{1}{9}$	$\dfrac{1}{25}$	$\dfrac{1}{49}$	$\dfrac{1}{81}$	$\dfrac{1}{121} \cdots$

weiter
$$R = C_0\left(1 + \frac{r^2}{4} + \frac{r^4}{16} + \dots\right) + C_1\left(r + \frac{r^3}{9} + \frac{r^5}{25} + \dots\right)$$

$$\mathfrak{R} = C_0\left(1 + \frac{r}{2} + \frac{r^3}{4} + \dots\right) + C_1\left(1 + \frac{r^2}{3} + \frac{r^4}{5} + \dots\right)$$

schließlich

$$\varphi = R \sin z \left[C_0\left(1 + \frac{r^2}{4} + \frac{r^4}{16} + \dots\right) + C_1\left(r + \frac{r^3}{9} + \frac{r^5}{25} + \dots\right)\right] \sin z$$

$$\psi = \left[\int_0^r r\,\mathfrak{R}\,dr\right]\cos z = \left[C_0\left(\frac{r^2}{2} + \frac{r^4}{4\cdot 4} + \frac{r^6}{6\cdot 16} + \dots\right)\right.$$
$$\left. + C_1\left(\frac{r^3}{2} + \frac{r^5}{5\cdot 9} + \frac{r^7}{7\cdot 25} + \dots\right)\right]\cos z\,.$$

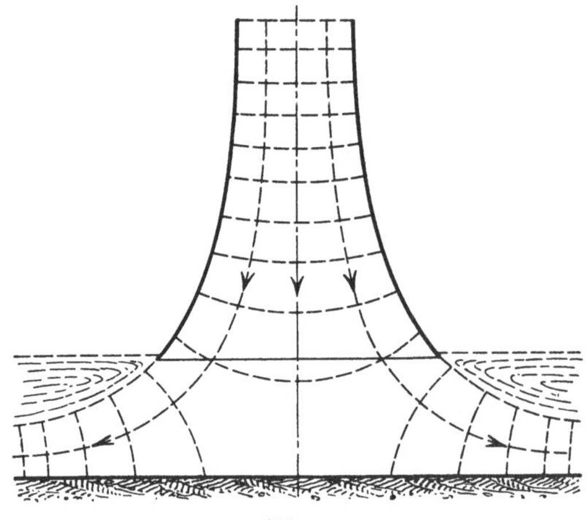

Abb. 22.

Mit der Bedingung der Symmetrie gegen die Achse müssen die Glieder mit den ungeraden Potenzen von r verschwinden; es wird somit $C_1 = 0$, während C_0 noch beliebig z. B. $= 1$ gewählt werden kann; man erhält die Gleichungen

$$\varphi = \left(1 + \frac{r^2}{4} + \frac{r^4}{16} + \dots\right)\sin z$$

$$\psi = \left(\frac{r^2}{2} + \frac{r^4}{4\cdot 4} + \frac{r^6}{6\cdot 6} + \dots\right)\cos z$$

für die manschettenartige, für Turbinensaugrohre geeignete Form, auf die schon auf Seite 64 hingewiesen worden ist.

Die Eigenschaften in den Punkten $r = 0$, $z = \pm\dfrac{\pi}{2}$ sind die gleichen wie dort in den Punkten $x = 0$, $y = \pm\dfrac{\pi}{2}$. Siehe Abb. 22 u. Abb. 18.

Für die graphische Netzkonstruktion in einer χ-Ebene erhält man

$$\operatorname{tg} \tau = \frac{\varDelta s_\psi}{\varDelta s_\varphi} = \frac{1}{r},$$

das Verfahren bleibt dasselbe, wie in den früheren Fällen; es ist zweckmäßig die Länge des dem Anfangspunkt der Linie zukommenden Radius als Bezugseinheit für die Längen zu wählen.

Ein entsprechendes Beispiel ist in Abb. 23 durchgeführt.

Man erhält ferner

$$\varDelta s_\varphi = \frac{\varDelta \varepsilon}{A}, \quad \varDelta s_\psi = r \varDelta \varepsilon, \quad \varDelta f = \varDelta s_\varphi \cdot \varDelta \varepsilon, \quad \varDelta \tau = \varDelta s_\varphi^2 \varDelta \varepsilon$$

oder mit $\varDelta \varepsilon = \dfrac{2\pi}{i}$

$$\varDelta s_\chi = r \frac{2\pi}{i}, \quad \varDelta f = \varDelta s_\varphi \frac{2\pi}{i}, \quad \varDelta \tau = \varDelta s_\varphi^2 \cdot \frac{2\pi}{i}.$$

Soll das Netz die Achse als φ-Linie enthalten, so geht man am besten von derselben aus; es versagt aber vorläufig das allgemeine Verfahren, da an der Achse $r = 0$, also $\operatorname{tg} \tau = \infty$ wird; überhaupt tritt an der Achse insofern eine Abweichung auf, als die der Achse zunächst liegende χ-Fläche eine Röhre mit vollen Kreisquerschnitten, zwei andere ψ-Flächen Röhren mit kreisringförmigen Querschnitten bilden.

Aus Gleichung XIII ergibt sich mit $\nu = 1$ als Maß des Flächeninhaltes eines Ringquerschnitt-Elementes

$$\varDelta f = \frac{\varDelta \varepsilon^2}{A}$$

hierin ist derjenige Wert von A einzusetzen; der dem durch die Diagonalen des Elementes bestimmten Punkte zukommt, und da in einer Ringfläche sämtliche Diagonalenschnittpunkte auf einem Parallelkreis liegen, so hat A für alle diese Punkte denselben Wert; $i \varDelta f$ ist ein Maß des Flächeninhaltes der ganzen Ringfläche und mit $\varDelta \varepsilon = \dfrac{2\pi}{i}$ wird somit

$$(i \cdot \varDelta f)\, A = \frac{4\pi^2}{i} = \text{konst.},$$

d. h. das Produkt aus Ringflächeninhalt in den zugehörigen Wert von A hat für alle zwischen benachbarten Flächen auf den φ-Flächen liegenden Ringflächen denselben Wert; bestimmt man nun die der Achse zunächst liegende ψ-Fläche derart, daß für die von derselben auf den φ-Flächen abgegrenzten Kreisflächen ebenfalls die zuletzt gefundene Beziehung gilt, so lassen sich die Punkte der Meridianlinie dieser ψ-Fläche bestimmen, wenn die Verteilung von A längs der Achse bekannt ist.

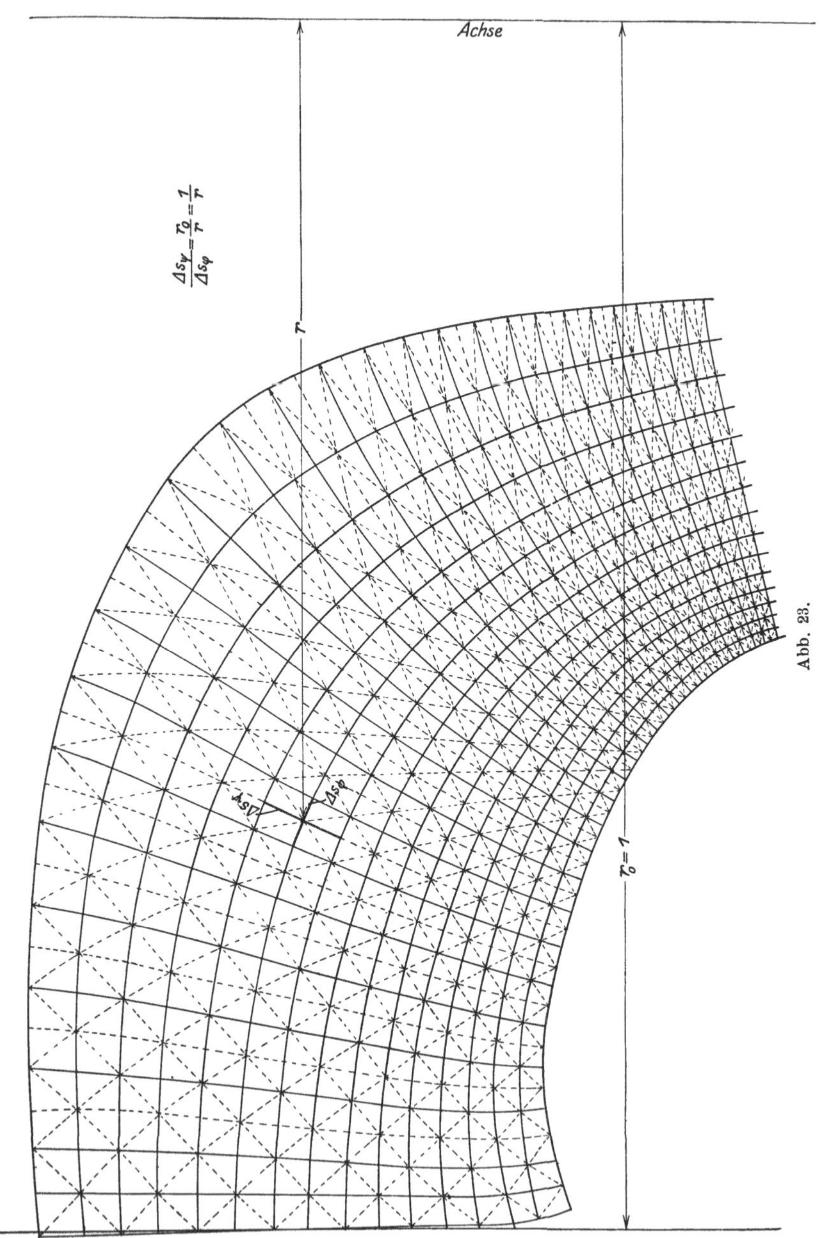

Abb. 23.

Die an den durch die Punkte der Achse gezogenen ψ-Linienelementen abzutragenden $s\psi_1$-Längen sind zu rechnen aus der Formel

$$s_{\psi 1}^2\,\pi\,A = \frac{4\,\pi^2}{i}\,.$$

Man erhält durch Auftragen der Längen $s_{\psi 1}$ die Meridianlinie der der Achse zunächst liegenden ψ-Fläche und kann hiernach unter Verwendung des allgemeinen Verfahrens das Netz vervollständigt werden.

(Natürlich muß die Anzahl i der um die Achse gleichmäßig verteilten χ-Flächen so groß gewählt werden, daß der Flächeninhalt der Kugelkalotte von der Bogenlänge $s_{\psi 1}$ noch gleich $s_{\psi 1}^2\,\pi$ gesetzt werden kann.)

Die Netze der χ- und φ-Linien auf den ψ-Flächen und diejenigen der χ- und ψ-Linien auf den φ-Flächen bestehen aus Parallelkreisen und Meridianlinien; über deren konforme Darstellung in Ebenen siehe Prášil: Zur Geometrie der konformen Abbildungen von Schaufelrissen. Schweiz. Bauztg. Bd. 52, Nr. 7 und 8. Ein Auszug hiervon ist als Anhang dem Buche beigegeben.

Noch allgemeinere Formen erhält man, wenn man v gleich einer Funktion von r oder von z oder von r und z wählt; es wird hierbei das graphische Verfahren der Netzbestimmung zur Anwendung kommen.

III. Achsen-symmetrisch dreidimensionale Formen.

Eine Verallgemeinerung der früheren Annahme erhält man, wenn man das System der χ-Flächen dadurch bildet, daß man eine Fläche von gegebener Form um eine Achse, z. B. um die z-Achse, dreht; im Zylinderkoordinatensystem, mit der z-Achse als Umdrehungsachse, stellt die Gleichung $F\left[z, r, (\vartheta - \vartheta_0)\right] = 0$ mit ϑ_0 als Parameter ganz allgemein solche Flächensysteme dar; die Auflösung nach ϑ_0 ergibt mit $\vartheta_0 = \chi$ die Formen der χ-Funktion

$$\chi = \vartheta + f\,(r, z).$$

(Im früheren Beispiel war $f = 0$.)

Es soll nun die spezielle Form

$$\chi = \vartheta + \frac{2\,\pi}{h}\,z$$

in Betracht gezogen, d. h. die χ-Flächen als Schraubenflächen mit konstanter Steigung h und gleichem Bogenabstand angenommen werden.

Man erhält:

$$\frac{\partial \chi}{\partial z} = \frac{2\,\pi}{h}, \qquad \frac{\partial \chi}{\partial \vartheta} = 1, \qquad \frac{\partial \chi}{\partial r} = 0$$

und hiermit und aus der zweiten der Gleichungen III_{ap} Seite 55 die Differentialgleichung

$$\frac{2\,\pi}{h}\,\frac{\partial \varphi}{\partial z} + \frac{1}{r^2}\,\frac{\partial \varphi}{\partial \vartheta} = 0$$

als Bestimmungsgleichung für die Funktion φ; es ergibt sich hieraus

$$\varphi = R \cdot \Phi(\xi) + S \quad \text{mit} \quad \xi = \left(\frac{h}{2\,\pi}\,z - r^2\,\vartheta\right),$$

wobei R und S beliebige Funktionen von r, und $\Phi(\xi)$ eine beliebige Funktion des Argumentes $\left(\dfrac{h}{2\,\pi}\,z - r^2\,\vartheta\right)$ ist.

Die einfachste Form ergibt sich bei R oder $\Phi = 0$ mit $\varphi = S$; es werden

$$\frac{\partial \varphi}{\partial z} = 0, \qquad \frac{\partial \varphi}{\partial \vartheta} = 0, \qquad \frac{\partial \varphi}{\partial r} = \frac{dS}{dr},$$

d. h. die φ-Flächen sind konzentrische Zylinderflächen um die z-Achse; aus der ersten der Gleichungen III_{az} folgt hiermit $\dfrac{\partial \psi}{\partial r} = 0$, d. h. die Funktionsformen von ψ sind von r unabhängig.

Die beiden ersten der Gleichungen $\mathrm{IV}_z{}'$ werden identisch erfüllt; aus der letzten derselben folgt:

$$\frac{dS}{dr} = -\frac{1}{r}\left(\frac{\partial \psi}{\partial z} - \frac{2\,\pi}{h}\,\frac{\partial \psi}{\partial \vartheta}\right)\nu.$$

Aus der Gleichung V_{az} folgt, daß in diesem Falle ν nur eine Konstante oder eine Funktion von r sein kann und hiermit aus der letzten Gleichung, daß ψ eine lineare Funktion von z und ϑ, also von der Form

$$\psi = \vartheta + kz$$

sein muß; d. h. die ψ-Flächen sind ebenfalls Schraubenflächen mit konstanter Steigung; es werden hiernach die φ-Linien, d. h. die Schnittlinien der ψ- und χ-Flächen, zur Z-Achse senkrechte Gerade, die ψ- und χ-Linien sind Schraubenlinien auf den φ-Flächen.

Nimmt man die χ-Flächen als Leitflächen einer Strömung an, so wäre hiernach durch diese Form eine radiale Strömung zwischen den χ-Flächen bestimmt. Diese Strömungsform hat keine praktische Bedeutung.

Eine weitere Form ergibt sich mit $S = 0$; $R = +1$, $\Phi = \xi$, mithin durch

$$\varphi = \frac{h}{2\,\pi} \cdot z - r^2\,\vartheta,$$

es werden

$$\frac{\partial \varphi}{\partial z} = \frac{h}{2\,\pi}, \qquad \frac{\partial \varphi}{\partial \vartheta} = -r^2, \qquad \frac{\partial \varphi}{\partial r} = -2\,r\,\vartheta$$

und folgt hiermit und aus der ersten der Gleichungen III_{ap} die Differentialgleichung

$$\frac{h}{2\pi}\cdot\frac{\partial\psi}{\partial z} - \frac{\partial\psi}{\partial\vartheta} - 2\,r\,\vartheta\,\frac{\partial\psi}{\partial r} = 0$$

zur Bestimmung der Funktion ψ.

Hieraus ergibt sich nach den bekannten Methoden der Integration partieller Differentialgleichungen erster Ordnung

$$\psi = \Psi(\xi,\eta) \quad \text{mit} \quad \xi = \left(\frac{2\pi}{h}\cdot z + \vartheta\right)$$
$$\eta = (\vartheta^2 - \lg r),$$

d. h. ψ ist eine beliebige Funktion der Argumente ξ und η oder da ξ genau die Form der Funktion χ besitzt

$$\psi = \Psi(\chi,\eta).$$

Bei der Annahme: $\psi = \Psi(\chi)$ wird $\psi = $ konstant, wenn χ konstant ist; d. h. die ψ-Flächen dieser Funktionsform sind der Form nach identisch mit den χ-Flächen, besitzen jedoch andere Zuteilung der Funktionswerte.

Eine weitere einfache Form der ψ-Flächen ist bestimmt durch:

$$\psi = \eta = \vartheta^2 - \lg r,$$

d. i. die Gleichung von Zylinderflächen mit Erzeugenden parallel zur z-Achse, deren in der (xy)-Ebene gelegenen Leitlinien obiger Gleichung in Polarkoordinaten mit ψ als Parameter entsprechen. Die φ-Linien sind die Schnittlinien dieser Zylinderflächen mit den χ-Flächen.

Das Gleichungssystem

$$\left.\begin{aligned} \varphi &= \frac{h}{2\pi}z - r^2\vartheta \\ \psi &= \vartheta^2 - \lg r \\ \chi &= \vartheta + \frac{2\pi}{h}z \end{aligned}\right\} \quad \ldots\ldots\ldots\ldots \text{a}$$

stellt daher vorläufig in lediglich geometrischer Hinsicht eine mögliche Strömungsform zwischen Schraubenflächen als Leitflächen dar, wobei φ die Querschnittsflächen sind.

Diese Funktionen ergeben aus den Gleichungen IV_p

$$\frac{h}{2\pi} = +\frac{v}{r^2}; \quad -r^2 = -\frac{2\pi}{h}v; \quad -2r\vartheta = -\frac{2\vartheta}{r}\cdot\frac{2\pi}{h}\cdot v, \quad \text{hiermit } v = +\frac{h\,r^2}{2\pi} \text{ und}$$

weiter:

$$A^2 = \left(\frac{h}{2\pi}\right)^2 + r^2 + (2\,r\,\vartheta)^2 \qquad d\,s_\varphi = \frac{1}{A}\cdot d\varphi$$
$$B^2 = \left(\frac{4\,\vartheta}{r}\right)^2 + \frac{1}{r^2} \qquad d\,s_\psi = v\,\frac{C}{A}\cdot d\psi \qquad A = v\cdot B\,C\cdot\sin\omega$$
$$C^2 = \left(\frac{2\pi}{h}\right)^2 + \frac{1}{r^2} \qquad d\,s_\chi = v\,\frac{B}{A}\cdot d\chi$$

$$\frac{\varDelta s_\psi}{\varDelta s_\varphi} = v\,C = \frac{h\,r^2}{2\,\pi}\sqrt{\left(\frac{2\,\pi}{h}\right)^2 + \frac{1}{r^2}} \qquad \varDelta f = \frac{v}{A}\,\varDelta\varepsilon^2 = \frac{h\,r^2}{2\,\pi\sqrt{\left(\dfrac{h}{2\,\pi}\right)^2 + r^2 + (2\,r\,\vartheta)^2}}\cdot\varDelta\varepsilon^2$$

$$\frac{\varDelta s_\chi}{\varDelta s_\varphi} = v\,B = \frac{h\,r^2}{2\,\pi}\sqrt{\left(\frac{2\,\vartheta}{r}\right)^2 + \frac{1}{r^2}}$$

$$\frac{\varDelta s_\chi}{\varDelta s_\psi} = \frac{B}{C} = \sqrt{\frac{[(2\,\vartheta)^2 + 1]\,h^2}{[(2\,\pi\,r)^2 + h^2]}} \qquad \varDelta\tau = \frac{v}{A^2}\,\varDelta\varepsilon^3 = \frac{h\,r^2}{2\,\pi\left[\left(\dfrac{h}{2\,\pi}\right)^2 + r^2 + 2\,r\,\vartheta)^2\right]}\cdot\varDelta\varepsilon^3$$

Für die orthogonalprojektivische Darstellung z. B. der in einer χ-Fläche gelegenen ψ- und φ-Linien erhält man durch Elimination von z aus den Gleichungen für φ und χ mit:

$$\varphi = \left(\frac{h}{2\,\pi}\right)^2 (\chi - \vartheta) - r^2\,\vartheta.$$

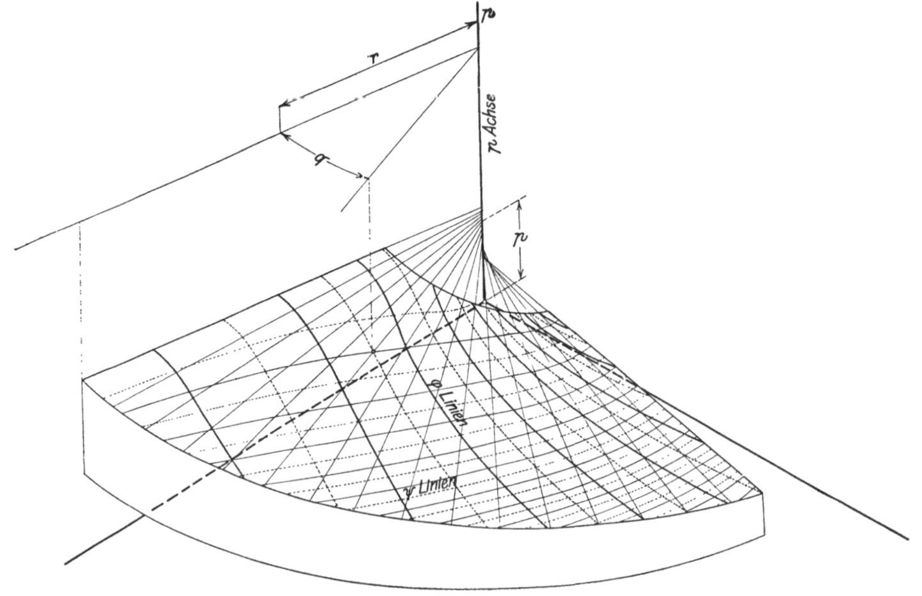

Abb. 24.

Die Gleichung der Projektionen der ψ-Linien auf die Koordinatenebene r, ϑ (Ebene senkrecht zur z-Achse); die Gleichung $\psi = \vartheta^2 - \lg r$ gibt an sich die Projektion der φ-Linien auf dieselbe Ebene; sind diese Projektionen gezeichnet, so bietet die Darstellung im Auf- und Seitenriß keine weiteren Schwierigkeiten. Eine axonometrische Darstellung eines solchen $\varphi\psi$-Liniennetzes auf einer Schraubenfläche gibt Abb. 24; in derselben ist z statt p zu lesen.

Die konforme Darstellung des in einer χ-Fläche gelegenen φ, ψ-Netzes ergibt sich, in Anlehnung an die Entwicklungsweise für die konforme Abbildung von Rotationsflächen, wie folgt.

Die Länge ds eines beliebigen Linienelementes auf der χ-Fläche, Abb. 25, ist bestimmt durch die Gleichung

$$ds^2 = dz^2 + (r\,d\vartheta)^2 + dr^2$$

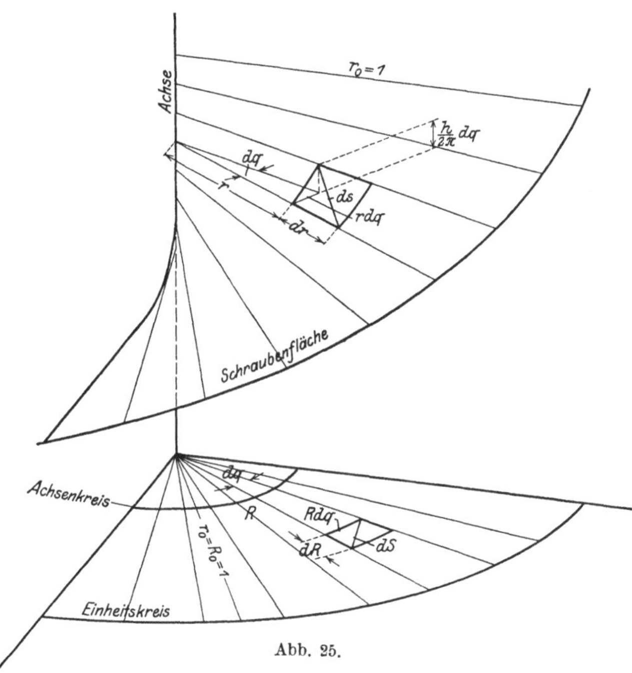

Abb. 25.

und aus der Gleichung der Fläche folgt

$$d\chi = d\vartheta + \frac{2\pi}{h}\,dz = 0 \quad \text{oder} \quad dz = -\frac{h}{2\pi}\,d\vartheta;$$

hiermit

$$ds^2 = \left[\left(\frac{h}{2\pi}\right)^2 + r^2\right]d\vartheta^2 - dr^2.$$

Die Länge dS eines Linienelementes in der Ebene ist in Polarkoordinaten R, Q bestimmt durch die Gleichung

$$dS^2 = R^2\,d\Theta^2 + dR^2.$$

Für zwei zugeordnete Punkte muß entsprechend der Konformitätsbedingung das Verhältnis

$$\frac{ds^2}{dS^2} = \frac{\left[\left(\dfrac{h}{2\pi}\right)^2 + r^2\right]d\vartheta^2 + dr^2}{R^2\,d\Theta^2 + dR^2}$$

derart beschaffen sein, daß es nur abhängig von den Koordinaten der zugeordneten Punkte ist.

Das wird u. a. erreicht, wenn man $\Theta = \vartheta$ wählt und zwischen r und R die Beziehung besteht

$$\frac{dr}{\sqrt{\left(\frac{h}{2\,\pi}\right)^2 + r^2}} = \frac{dR}{R};$$

denn dann wird tatsächlich

$$\frac{d s^2}{d S^2} = \frac{\left(\frac{h}{2\,\pi}\right)^2 + r^2}{R^2}\,.$$

Man erhält somit durch Integration obiger Gleichung und Zuordnung der Radien r_0 und R_0

$$\frac{R}{R_0} = \frac{\sqrt{\left(\frac{h}{2\,\pi}\right)^2 + r^2} + r}{\sqrt{\left(\frac{h}{2\,\pi}\right)^2 + r_0{}^2} + r_0}$$

Rechnet man aus der letzten Gleichung r als Funktion von R und setzt den erhaltenen Ausdruck in die Gleichungen

$$\psi = \vartheta^2 - \log r$$

$$\varphi = \left(\frac{h}{2\,\pi}\right)^2 (\chi - \vartheta) - r^2 \vartheta$$

ein, so erhält man die Polargleichungen der φ- und ψ-Linien der ebenen konformen Abbildung des in der χ-Fläche liegenden φ- und ψ-Netzes.

Die erhaltenen Gleichungen vereinfachen sich formell, wenn man die Länge von r_0 als Bezugseinheit für die Längen, also $r_0 = 1$, ferner $R_0 = r_0 = 1$ wählt und $\dfrac{h}{2\,\pi} = \operatorname{tg} \varepsilon$ setzt, dann folgt

$$R = \frac{\sqrt{\sin^2 \varepsilon + r^2 \cos^2 \varepsilon} + r \cos \varepsilon}{1 + \cos \varepsilon}$$

und hieraus für $r = 0$;

$$R = \Re = \frac{\sin \varepsilon}{1 + \cos \varepsilon},$$

d. h. den Punkten auf der z-Achse der χ-Fläche sind in der konformen Abbildung die Punkte des Parallelkreises mit dem Radius $\mathfrak{R}$ zugeordnet. Dieser Kreis sei mit Achsenkreis bezeichnet (siehe konf. Abbildung). Man erhält ferner

$$r = \frac{1 + \cos \varepsilon}{2 \cos \varepsilon} R - \frac{1 - \cos \varepsilon}{2 \cos \varepsilon} \frac{1}{R}$$

und hiermit

$$\psi = \vartheta^2 - \lg \left(\frac{1 + \cos \varepsilon}{2 \cos \varepsilon} \cdot R - \frac{1 - \cos \varepsilon}{2 \cos \varepsilon} \cdot \frac{1}{R} \right)$$

$$\varphi = (\chi - \vartheta) \, \mathrm{tg}^2 \varepsilon - \left(\frac{1 + \cos \varepsilon}{2 \cos \varepsilon} \cdot R - \frac{1 - \cos \varepsilon}{2 \cos \varepsilon} \frac{1}{R} \right)^2 \cdot \vartheta$$

als die gesuchten Polargleichungen der Linien des ebenen konformen φ- und ψ-Netzes, in welchem ψ und φ die Parameter der φ- und ψ-Linien sind und für χ die Konstante derjenigen χ-Fläche zu nehmen ist, deren Abbildung bestimmt werden soll. Abb. 26 stellt die ebene konforme Abbildung des Netzes der Abb. 24 dar; ψ, φ, χ sind Zahlenwerte in arithmetischer Reihenfolge, z. B.

$$\varphi = \psi = \chi = 0, \ 0{,}25, \ 0{,}5, \ 0{,}75$$

oder mit Rücksicht auf eine im Kreise ganzzahlig aufgehende Teilung des Raumes durch ψ- und χ-Flächen als Bruchteile von 2π entsprechend der Formel

$$\left.\begin{array}{c} \varphi \\ \varphi \\ \chi \end{array}\right| = \frac{2 \pi n}{i},$$

wo i und n als ganze Zahlen zu wählen sind; q kann als Bogenkoordinate ebenso berechnet werden. Setzt man also z. B.

$$\varphi = \frac{2 \pi}{20} \cdot 2, \qquad \psi = \frac{2 \pi}{20} \cdot 3, \qquad \chi = 0,$$

so gilt die Gleichung φ für die dritte Linie ab der durch $\psi = 0$ bestimmten Anfangslage der ψ-Flächen, diejenige für φ für die zweite ψ-Linie ab der entsprechenden Anfangslage der φ-Fläche $(\varphi = 0)$. Da die ψ-Flächen Zylinderflächen mit Erzeugenden parallel zur Z-Achse sind, so ist die Darstellung des Netzsystemes auf derselben einfach durch Entwicklung in eine Ebene durchführbar.

Es ist hiermit der Verlauf der Netzlinien festgelegt.

Nimmt man die Kreiszylinderflächen um die Z-Achse als ψ-Flächen, also $\psi = R$, wobei R ganz allgemein noch eine beliebige Funktion von r ist, ferner die Schraubenflächen $\chi = \vartheta + \dfrac{2 \pi}{h} z$ wieder als

Maßstäbe:
für r: 1cm = 1,0
„ R: 1cm = 0,333...
r Kurve
r
R
Achsenkreis
R
ψ = 5,0
ψ = 4,5
ψ = 4,0
ψ = 3,5
ψ = 3,0
ψ = 2,5
φ Linien = Schnittlinien der ψ Flächen mit der Schraubenfläche
ψ Linien = Schnittlinien der φ Flächen mit der Schraubenfläche
φ = 1
φ = 0,5
φ = 0
φ = 0,5
φ = 0,1
φ = 0,15
φ = 0,2

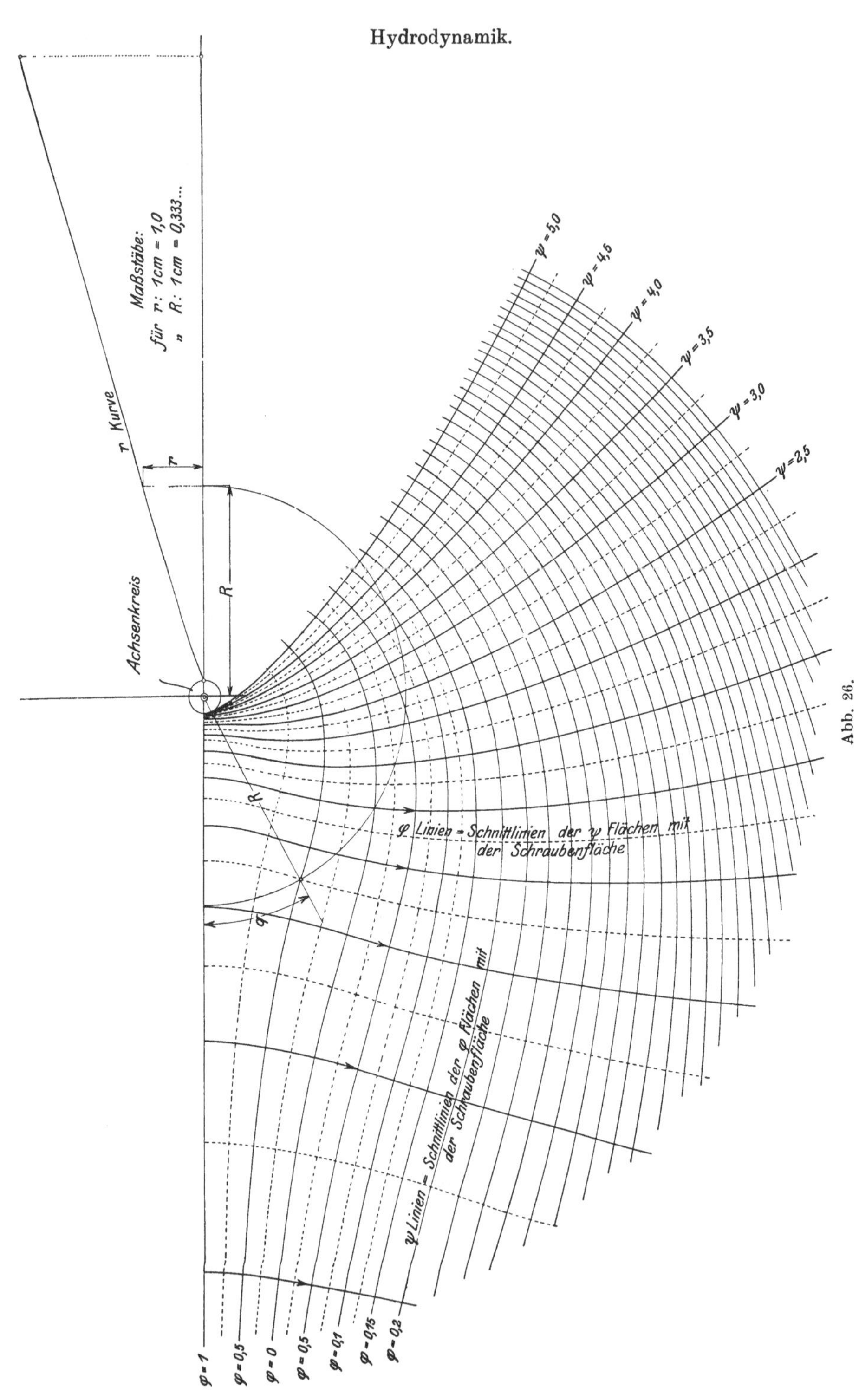

Abb. 26.

Leitflächen an, so werden die Schnittlinien der ψ- und χ-Flächen Schraubenlinien und

$$\frac{\partial \psi}{\partial z} = 0, \quad \frac{\partial \psi}{\partial r} = R', \quad \frac{\partial \psi}{\partial \vartheta} = 0.$$

Die Gleichungen IV_p ergeben:

$$\frac{\partial \varphi}{\partial z} = \frac{R' \nu}{r}, \quad \frac{\partial \varphi}{\partial r} = 0, \quad \frac{\partial \varphi}{\partial \vartheta} = - r R' \frac{2\pi}{h} \nu.$$

Damit die Identitäten bestehen können:

$$\frac{\partial^2 \varphi}{\partial z \partial r} = \frac{\partial^2 \varphi}{\partial r \partial z}, \quad \frac{\partial^2 \varphi}{\partial r \partial \vartheta} = \frac{\partial^2 \varphi}{\partial \vartheta \partial r}$$

müßten sein

$$\frac{R' \nu}{r} = K_1 = \text{einer Konstanten,}$$

$$r R' \nu = K_2 = \text{einer Konstanten,}$$

also

$$\nu = \frac{r K_1}{R'} = \frac{K_2}{r R'} \quad \text{oder} \quad r = \sqrt{\frac{K_2}{K_1}} = \text{konst.,}$$

d. h. die Gleichungen IV_p sind bei dieser Annahme nicht für ein System von Kreiszylindern als Stromflächen erfüllbar, oder zur Schar der Schraubenlinien mit konstanter Steigung gibt es keine φ-Flächen, also keine orthogonalen Querschnittsflächen. Siehe S. 49.

Die vorstehenden Beispiele zeigen im wesentlichen die Methodik zur Bestimmung der Formfunktionen und hiermit von Netzsystemen zwischen Teilflächen, die für die analytische Beschreibung bzw. geometrische Darstellung von Strömungen in Kanälen dienen können, deren Grenzflächen den Scharen der ψ- und χ-Flächen angehören.

4. Kinematik stationärer Strömungen.

Aus der Gleichung XIII folgt, daß bei der verwendeten Raumteilung durch das Netz der φ, ψ, χ-Flächen bei $\varDelta \varphi = \varDelta \psi = \varDelta \chi = \varDelta \varepsilon = \text{Konstant}$ das Produkt

$$\frac{A}{\nu} \cdot \varDelta f = \varDelta \varepsilon^2,$$

für alle Querflächen-Elemente denselben Wert hat; multipliziert man die Gleichung mit einer im Stromgebiet konstanten Größe G und einer Funktion λ, deren Argumente die Funktionen ψ und χ sind, so daß also λ längs einer φ-Linie konstant bleibt, so folgt

$$G \frac{A}{\nu} \cdot \lambda \cdot \varDelta f = G \lambda \cdot \varDelta \varepsilon^2$$

d. h. das Produkt aus $G\dfrac{A}{v}\lambda$ in die Fläche $\varDelta f$ ist innerhalb eines elementaren Kanals des Stromgebietes konstant.

Erteilt man dem Wert G die Dimension einer Geschwindigkeit, wobei hinsichtlich der Länge dieselbe Bezugseinheit zu nehmen ist, mit der die Koordinaten gemessen werden, so kann man den Ausdruck

$$v = G\frac{A}{v}\lambda \qquad\qquad\qquad \text{XV}$$

als die Bestimmungsgleichung für die Strömungsgeschwindigkeit im Stromgebiet φ, ψ, χ definieren; denn es wird dann

$$v\cdot\varDelta f = G\lambda\varDelta\varepsilon^2 = \varDelta q \qquad\qquad \text{XVI}$$

das Maß der durch einen elementaren Kanal fließenden sekundlichen Flüssigkeitsmenge; die φ-Linien sind die Bahnen der Strömung; die Komponenten von v ergeben sich für die kartesischen Koordinaten:

$$\left.\begin{aligned} v_x &= G\cdot\frac{\partial\varphi}{\partial x}\cdot\frac{\lambda}{v}\\[2mm] v_y &= G\cdot\frac{\partial\varphi}{\partial y}\cdot\frac{\lambda}{v}\\[2mm] v_z &= G\cdot\frac{\partial\varphi}{\partial z}\cdot\frac{\lambda}{v} \end{aligned}\right\} \qquad\qquad \text{XVII}$$

für die Zylinderkoordinaten

$$\left.\begin{aligned} v_z &= G\cdot\frac{\partial\varphi}{\partial z}\cdot\frac{\lambda}{v}\\[2mm] v_r &= G\cdot\frac{\partial\varphi}{\partial r}\cdot\frac{\lambda}{v}\\[2mm] v_u &= G\cdot\frac{\partial\varphi}{r\,\partial\vartheta}\cdot\frac{\lambda}{v} \end{aligned}\right\} \qquad\qquad \text{XVII}_r$$

Die Kontinuitätsgleichung für inkompressible Flüssigkeiten

$$\frac{\partial v_x}{\partial x} + \frac{\partial v_y}{\partial y} + \frac{\partial v_z}{\partial z} = 0 \left(\text{resp.}\ \frac{\partial v_z}{\partial z} + \frac{\partial v_r}{\partial r} + \frac{v_r}{r} + \frac{\partial v_u}{r\,\partial\vartheta}\right) = 0$$

wird tatsächlich durch obige Geschwindigkeitswerte erfüllt; es ergeben sich nämlich z. B. in kartesischen Koordinaten die Gleichungen:

$$\frac{\partial v_x}{\partial x} = \frac{G}{v}\cdot\frac{\partial^2\varphi}{\partial x^2}\cdot\lambda - \frac{G}{v^2}\cdot\frac{\partial\varphi}{\partial x}\cdot\frac{\partial v}{\partial x}\cdot\lambda + \frac{G}{v}\cdot\frac{\partial\varphi}{\partial x}\left(\frac{\partial\lambda}{\partial\psi}\cdot\frac{\partial\psi}{\partial x} + \frac{\partial\lambda}{\partial\chi}\cdot\frac{\partial\chi}{\partial x}\right)$$

$$\frac{\partial v_y}{\partial y} = \frac{G}{v}\cdot\frac{\partial^2\varphi}{\partial y^2}\cdot\lambda - \frac{G}{v^2}\cdot\frac{\partial\varphi}{\partial y}\cdot\frac{\partial v}{\partial y}\cdot\lambda + \frac{G}{v}\cdot\frac{\partial\varphi}{\partial y}\left(\frac{\partial\lambda}{\partial\psi}\cdot\frac{\partial\psi}{\partial y} + \frac{\partial\lambda}{\partial\chi}\cdot\frac{\partial\chi}{\partial y}\right)$$

$$\frac{\partial v_z}{\partial z} = \frac{G}{v}\cdot\frac{\partial^2\varphi}{\partial z^2}\cdot\lambda - \frac{G}{v^2}\cdot\frac{\partial\varphi}{\partial z}\cdot\frac{\partial v}{\partial z}\cdot\lambda + \frac{G}{v}\cdot\frac{\partial\varphi}{\partial z}\left(\frac{\partial\lambda}{\partial\psi}\cdot\frac{\partial\psi}{\partial z} + \frac{\partial\lambda}{\partial\chi}\cdot\frac{\partial\chi}{\partial z}\right)$$

und wird bei Addition derselben die rechte Seite unter Berücksichtigung der Gleichungen V_a und III_a gleich Null, somit auch

$$\frac{\partial v_x}{\partial x} + \frac{\partial v_y}{\partial y} + \frac{\partial v_z}{\partial z} = 0.$$

Die Gleichung XVI ergibt mit v als Parameter die Darstellung der Flächen, zu denen sich diejenigen Punkte des Stromgebietes vereinigen, die gleiche Geschwindigkeit besitzen; dieselben seien als Isotachenflächen bezeichnet, deren Schnittlinien mit den φ-, ψ- und χ-Flächen ergeben hiermit die Isotachen in letzteren Flächen.

Sind λ und v konstante Werte, so daß man den Wert $\dfrac{G\lambda}{v}$ als konstanten Faktor der Funktion φ ansehen, also $\Phi = \dfrac{G\lambda}{v}\varphi$ setzen kann, so erhalten die Komponenten-Gleichungen die Form

$$v_x = \frac{\partial \Phi}{\partial x}, \qquad v_y = \frac{\partial \Phi}{\partial y}, \qquad v_z = \frac{\partial \Phi}{\partial z},$$

es sind somit formell die Geschwindigkeitskomponenten solcher Strömungen in gleicher Weise als Abgeleitete der Funktion Φ zu bestimmen, wie dies hinsichtlich der Kraftkomponenten bei Bestand einer Kräftefunktion zu erfolgen hat; eine solche Funktion Φ ist daher das Geschwindigkeitspotential der Strömung und man nennt derartige Strömungen Potentialströmungen.

Die Kontinuitätsgleichung nimmt die Form an

$$\frac{\partial^2 \Phi}{\partial x^2} + \frac{\partial^2 \Phi}{\partial y^2} + \frac{\partial^2 \Phi}{\partial z^2} = 0 \quad \dots \dots \dots \text{XVIII}$$

in kartesischen Koordinaten,

$$\frac{\partial^2 \Phi}{\partial z^2} + \frac{\partial^2 \Phi}{\partial r^2} + \frac{1}{r}\frac{\partial \Phi}{\partial r} + \frac{\partial^2 \Phi}{r\,\partial \vartheta^2} = 0 \quad \dots \dots \text{XVIII}_p$$

in Zylinderkoordinaten.

Es sind dies Strömungsformen, deren Querschnittsflächen durch die Gleichung $\nabla^2 \varphi = 0$ zusammengefaßt sind.

Ist nur v konstant, so daß man mit $\dfrac{G}{v} = k$

$$v_x = k\lambda \frac{\partial \varphi}{\partial x}, \qquad v_y = h\lambda \frac{\partial \varphi}{\partial y}, \qquad v_z = k\lambda \frac{\partial \varphi}{\partial z}$$

erhält, so ergibt sich aus der Kontinuitätsgleichung

$$k\left[\left(\frac{\partial^2 \varphi}{\partial x^2} + \frac{\partial^2 \varphi}{\partial y^2} + \frac{\partial^2 \varphi}{\partial z^2}\right)\lambda + \left(\frac{\partial \varphi}{\partial x}\cdot\frac{\partial \lambda}{\partial x} + \frac{\partial \varphi}{\partial y}\frac{\partial \lambda}{\partial z} + \frac{\partial \varphi}{\partial z}\cdot\frac{\partial \lambda}{\partial z}\right)\right] = 0,$$

wobei jedoch, da λ eine Funktion der Argumente ψ und χ ist, infolge der Gleichungen III_a der zweite Klammerausdruck identisch gleich Null wird, also wieder die Grundgleichung für die Querschnittsflächen resultiert:

$$\nabla^2 \varphi = 0,$$

d. h. solche Strömungen sind der Form nach identisch mit Potentialströmungen, aber nicht hinsichtlich der Geschwindigkeitsverteilung.

Z. B.: Die Parallelströmung in einem zylindrischen Rohr mit geradliniger Achse ist bei gleich großer Geschwindigkeit in sämtlichen Punkten des Strömungsgebietes eine Potentialströmung; die Parallelströmung mit parabolischer Geschwindigkeitsverteilung, wie solche unter dem Einfluß der Reibung in einem solchen Rohr eintreten kann, solange die mittlere Geschwindigkeit unter einer bestimmten Grenze (dem kritischen Geschwindigkeitswert) bleibt, ist nur der Form nach eine Potentialströmung; dasselbe kann in einem solchen Rohr für die Hauptströmung bei turbulenter Bewegung der Fall sein.

Besitzt hierbei die Funktion λ nur eine der Funktionen χ und ψ als Argument, so kann die Geschwindigkeitsverteilung als eine geschichtete betrachtet, die Strömung als eine Schichtströmung bezeichnet werden, während man Strömungen, bei denen λ eine Funktion beider Argumente ψ und χ ist, als Fadenströmungen bezeichnen kann.

Die Darstellung der Schnittlinien der Isotachenflächen mit den φ-, ψ- und χ-Flächen gibt bereits ein Bild der Strömung.

I. Zeitflächen.

Ein weiteres Bild erhält man, wenn man sich zur Zeit $t = t_0$ im Strömungsgebiet eine Fläche abgegrenzt denkt und dieselbe derart sich fortbewegen läßt, daß jeder ihrer Punkte in jeder seiner Lagen gerade diejenige Geschwindigkeit besitzt, die ihm vermöge der Geschwindigkeitsverteilung im Gebiet zukommt; es ergeben sich als geometrische Orte der Punkte nach gleichen Zeiten wieder Flächen und werden dieselben durch einen Funktionsausdruck darstellbar sein, der die Koordinaten x, y, z als Variable und die Zeit t als Parameter enthält. Diese Flächen kann man als Zeitflächen bezeichnen. Die Bestimmung des Funktionsausdruckes dieses Flächensystems T wird vermittelt durch das System der drei simultanen Differentialgleichungen:

$$dx = v_x\,dt, \qquad dy = v_y\,dt, \qquad dz = v_z\,dt,$$

oder

$$dt = \frac{dx}{v_x}, \qquad dt = \frac{dy}{v_y}, \qquad dt = \frac{dz}{v_z},$$

worin dx, dy, dz die Koordinatenelemente der Bahnlinie sind.

Wenn man für v_x, v_y, v_z die Ausdrücke aus Gleichung XVIII einsetzt, die in denselben als Funktionsausdrücke in x, y, z erscheinen, so ist im allgemeinen nicht sofort die Integration möglich.

Da aber jeder Punkt des Gebietes entweder durch seine Koordinaten oder durch die drei Funktionswerte φ, ψ, χ derjenigen Netzflächen bestimmt ist, die sich in ihm schneiden, so kann immer $x = X(\varphi, \psi, \chi)$; $y = Y(\varphi, \psi, \chi)$; $z = Z(\varphi, \psi, \chi)$ gesetzt, aus einer dieser Gleichungen φ berechnet und in die anderen eingesetzt werden, so daß dann irgend ein Funktionsausdruck in x, y, z in einen solchen in x, ψ, χ oder in y, ψ, χ oder in z, ψ, χ umgewandelt werden kann.

Hierdurch kann man erreichen, daß

v_x als eine Funktion von x, ψ, χ und λ

v_y „   „   „   „ y, ψ, χ „ λ

v_z „   „   „   „ z, ψ, χ „ λ

erscheint, so daß bei der Integration der simultanen Gleichungen ψ, χ und λ als Konstante zu betrachten sind, da dieselben eben längs einer Bahnlinie konstante Werte besitzen.

Mit der Zuordnung $t = t_0$; $x = x_0$; $y = y_0$; $z = z_0$ erhält man drei Funktionen zwischen x, x_0, t, t_0, ψ, χ, λ resp. y, y_0, t, t_0, ψ, χ, λ resp. y, y_0, t, t_0, ψ, χ und λ, aus denen x_0, y_0, z_0 als Funktionen von x resp. y resp. z und ψ, χ, λ bestimmt werden können.

Ist nun $T(x_0, y_0, z_0) = 0$ der Funktionsausdruck für die Fläche des Systems zur Zeit $t = t_0$ — dieselbe wird in der Folge als Ausgangsfläche bezeichnet — so erhält man die Gleichung des Flächensystems, wenn man für x_0, y_0, z_0 die oben erhaltenen Funktionsausdrücke einsetzt und in denselben ψ, χ, λ wieder durch deren Koordinatenfunktionen ersetzt. (Siehe nachfolgende Beispiele.)

Durch geeignete Wahl der Ausgangsflächen und Abgrenzung bestimmt geformter Raumteile durch solche Flächen kann man, wie folgt, den Strömungsverlauf in verschiedener Weise veranschaulichen.

Wird ein Raumteil durch eine geschlossene Fläche abgegrenzt, so bleibt bei der Deformation dieser Teile dessen Rauminhalt konstant, wie sich aus folgendem ergibt:

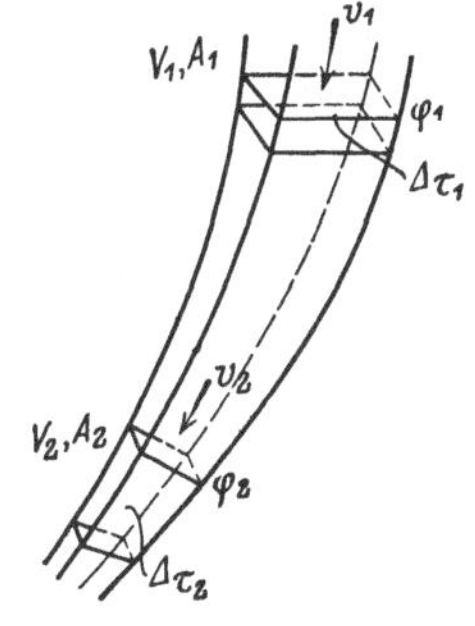

Abb. 27.

Es sei als Ausgangsform ein von je zwei benachbarten ψ und χ-Flächen und zwei Querschnittflächen φ_1 und φ_2 begrenzter Kanal angenommen, Abb. 27. Nach Gleichung XIII besitzen die auf φ_1 resp. φ_2 abgegrenzten Flächen die Inhalte:

$$df_1 = \frac{v_1}{A_1}\, d\psi\, d\chi,$$

$$df_2 = \frac{v_2}{A_2}\, d\psi\, d\chi.$$

Die Flächenelemente bewegen sich mit den Geschwindigkeiten

$$v_1 = G\,\frac{A_1}{v_1} \quad \text{resp.} \quad v_2 = G\,\frac{A_2}{v_2}$$

weiter, so daß von denselben im Zeitelement dt die Volumina

$$d\tau_1 = \frac{v_1}{A_1}\, d\psi\, d\chi\, G\,\frac{A_1}{v_1}\, \lambda\, dt, \quad d\tau_2 = \frac{v_2}{A_2}\, d\psi\, d\chi\, G\,\frac{A_2}{v_2}\, \lambda\, dt$$

durchlaufen werden; λ bleibt hierbei konstant; es ist also $d\tau_1 = d\tau_2$ der Inhalt des elementaren Kanals bleibt konstant. Da nun der Inhalt jeder geschlossenen Fläche als Summe der Inhalte solcher Teilkanäle betrachtet werden kann, ist zu schließen, daß die Formänderung dieser Fläche ohne Inhaltsänderung stattfindet.

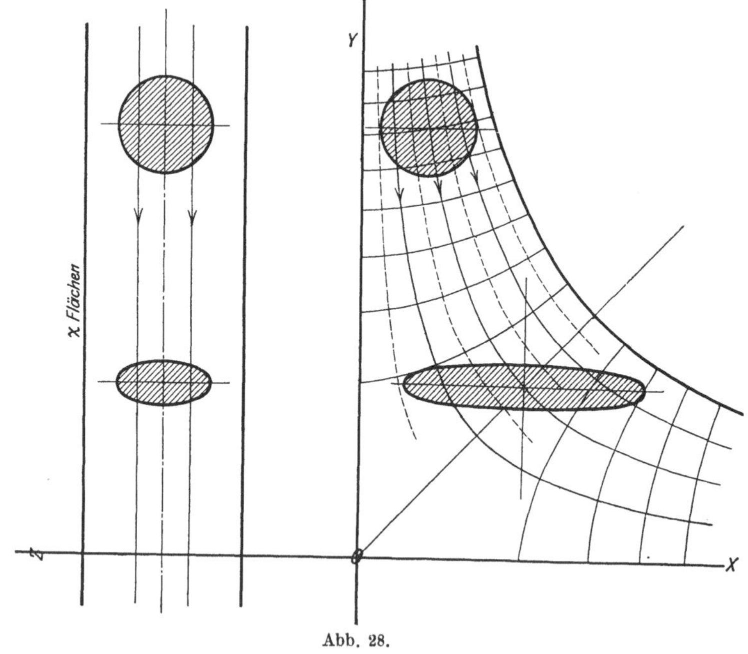

Abb. 28.

1. Beispiel: Abb. 28. Die Formfunktionen seien (entsprechend dem Beispiel S. 61)

$$\varphi = x^2 - y^2, \qquad \psi = 2\,x\,y, \qquad \chi = z.$$

Es werden hierbei:

$$v = 1, \quad \alpha_1 = 2\,x, \quad \alpha_2 = -\,2\,y, \quad \alpha_3 = 0, \quad A = 4\,(x^2 + y^2)$$

und bei der Annahme $\lambda = 1$: $\;v_x = 2\,G\,x, \quad v_y = -\,2\,G\,y, \quad v_z = 0.$

Man erhält die Isotachengleichung:

$$v = 2\,G\,\sqrt{x^2 + y^2} = 2\,G\,r.$$

Die Isotachenflächen sind hiernach konzentrische Kreiszylinder um die Z-Achse mit den Halbmessern $r = \dfrac{v}{2\,G}$.

Das System simultaner Differentialgleichungen zur Bestimmung der Zeitfunktion wird

$$dt = \frac{dx}{2\,G\,x}, \qquad dt = -\,\frac{dy}{2\,G\,y}, \qquad dt = \frac{dz}{0}$$

und können dieselben in diesem Falle direkt integriert werden; man erhält

$$t - t_0 = \frac{1}{2\,G}\,\lg\frac{x}{x_0}, \qquad t - t_0 = -\,\frac{1}{2\,G}\,\lg\frac{y}{y_0}, \qquad 0 = z - z_0$$

und hieraus

$$x_0 = x\,e^{-2\,G\,(t-t_0)}, \qquad y_0 = y\,e^{+2\,G\,(t-t_0)}, \qquad z_0 = z.$$

Wird als Ausgangsfläche eine **Kugel** mit den Mittelpunktskoordinaten $\mathfrak{x}_0$, $\mathfrak{y}_0$, $\mathfrak{z}_0$ und dem Radius $\mathfrak{r}$ angenommen, so daß die T-Funktion zur Zeit $t = t_0$ die Form erhält

$$(x_0 - \mathfrak{x}_0)^2 + (y_0 - \mathfrak{y}_0)^2 + (z_0 - \mathfrak{z}_0)^2 - \mathfrak{r}^2 = 0,$$

so ergibt sich als Gleichung des Flächensystems, durch das die im Laufe der Zeit stattfindende **Deformation** der Ausgangsfläche dargestellt wird, mit:

$$(x\,e^{-2\,G\,(t-t_0)} - \mathfrak{x}_0)^2 + (y\,e^{+2\,G\,(t-t_0)} - \mathfrak{y}_0)^2 + (z - \mathfrak{z}_0)^2 - \mathfrak{r}^2 = 0.$$

Dieser Gleichung entspricht eine Folge von **Ellipsoiden**; die Mittelpunktskoordinaten derselben sind

$$\mathfrak{x} = \mathfrak{x}_0\,e^{+2\,G\,(t-t_0)}, \qquad \mathfrak{y} = \mathfrak{y}_0\,e^{-2\,G\,(t-t_0)}, \qquad \mathfrak{z} = \mathfrak{z}_0.$$

Führt man die auf den jeweiligen Mittelpunkt als Koordinatenursprung bezogenen Koordinaten ξ, η, ζ mit Hilfe der Transformationsgleichungen

$$x = \xi + \mathfrak{x}, \qquad y = \eta + \mathfrak{y}, \qquad z = \zeta + \mathfrak{z},$$

ein, so erhält man

$$\xi^2\,e^{-4\,G\,(t-t_0)} + \eta^2\,e^{+4\,G\,(t-t_0)} + \zeta^2 - \mathfrak{r}^2 = 0$$

als Mittelpunktsgleichung der Ellipsoide; deren Hauptachsen sind parallel zu den Koordinatenachsen ξ, η, ζ, und (da die Transformationsgleichungen einer Parallelverschiebung des ursprünglichen Koordinatensystems entsprechen) auch parallel zu den Koordinatenachsen x, y, z.

Die Längen der Halbachsen der Ellipsoide sind

$$a = \mathfrak{r}\, e^{+2\,G\,(t-t_0)}, \qquad b = \mathfrak{r}\, e^{-2\,G\,(t-t_0)}, \qquad c = \mathfrak{r}.$$

Die a-Achse verlängert sich mit der Geschwindigkeit

$$\mathfrak{v}_a = \frac{da}{dt} = 2\,G\,\mathfrak{r}\, e^{+2\,G\,(t-t_0)},$$

die b-Achse verkürzt sich mit der Geschwindigkeit

$$\mathfrak{v}_b = \frac{db}{dt} = -\,2\,G\,\mathfrak{r}\, e^{-\,2\,G\,(t-t_0)},$$

die c-Achse bleibt in der Länge unverändert.

Das Volumen des Ellipsoides ist

$$V = \tfrac{4}{3}\,\pi \cdot a \cdot b \cdot c = \tfrac{4}{3}\,\pi\, \mathfrak{r}\, e^{+2\,G\,(t-t_0)} \cdot \mathfrak{r}\, e^{-2\,G\,(t-t_0)} = \tfrac{4}{3}\,\pi\, \mathfrak{r}^3,$$

es findet also, entsprechend der allgemeinen Ableitung auf Seite 88, eine Volumänderung **nicht** statt.

Die Scheitelkoordinaten der Achsen sind

$$
\begin{array}{lll}
x_\xi = \mathfrak{x} \pm a & y_\xi = \mathfrak{y} & z_\xi = \mathfrak{z} \\[4pt]
x_\eta = \mathfrak{x} & y_\eta = \mathfrak{y} \pm b & z_\eta = \mathfrak{z} \\[4pt]
x_\zeta = \mathfrak{x} & y_\zeta = \mathfrak{y} & z_\zeta = \mathfrak{z} \pm c,
\end{array}
$$

deren wirkliche Geschwindigkeitskomponenten

$$
\begin{array}{lll}
v_{x\,\xi} = 2\,G\,(\mathfrak{x} \pm a) & v_{y\,\xi} = -\,2\,G\,\mathfrak{y} & \\
\quad = 2\,G\,(\mathfrak{x}_0 \pm \mathfrak{r})\, e^{+2\,G\,(t-t_0)} & \quad = -\,2\,G\,\mathfrak{y}_0\, e^{-2\,G\,(t-t_0)} & v_{z\,\zeta} = 0 \\[6pt]
v_{x\,\eta} = 2\,G\,\mathfrak{x} & v_{y\,\eta} = -\,2\,G\,(y \pm b) & \\
\quad = 2\,G\,\mathfrak{x}_0\, e^{2\,G\,(t-t_0)} & \quad = -\,2\,G\,(\mathfrak{y}_0 \pm \mathfrak{r})\, e^{-2\,G\,(t-t_0)} & v_{z\,\eta} = 0 \\[6pt]
v_{x\,\zeta} = 2\,G\,\mathfrak{x} & v_{y\,\zeta} = -\,2\,G\,\mathfrak{y} & \\
\quad = 2\,G\,\mathfrak{x}_0\, e^{2\,G\,(t-t_0)} & \quad -\,2\,G\,\mathfrak{y}_0\, e^{-2\,G\,(t-t_0)} & v_{z\,\xi} = 0
\end{array}
$$

Die Geschwindigkeitskomponenten des Mittelpunktes sind

$$
\begin{array}{lll}
v_{x\,m} = 2\,G\,\mathfrak{x} & v_{y\,m} = -\,2\,G\,\mathfrak{y} & \\
\quad = 2\,G\,\mathfrak{x}_0\, e^{+2\,G\,(t-t_0)} & \quad = -\,2\,G\,\mathfrak{y}_0\, e^{-2\,G\,(t-t_0)} & v_{z\,m} = 0,
\end{array}
$$

daher die relativen Geschwindigkeitskomponenten der Scheitel gegen den Mittelpunkt

$$
\begin{array}{lll}
w_{x\,\xi} = v_{x\,\xi} - v_{x\,m} & w_{y\,\xi} = v_{y\,\xi} - v_{y\,m} & \\
\quad = \pm\,\mathfrak{r}\, e^{+2\,G\,(t-t_0)} & \quad = 0 & w_{z\,\xi} = 0 \\[6pt]
w_{x\,\eta} = v_{x\,\eta} - v_{x\,m} & w_{y\,\eta} = v_{y\,\eta} - v_{y\,m} & \\
\quad = 0 & \quad = \pm\,\mathfrak{r}\, e^{2\,G\,(t-t_0)} & w_{z\,\eta} = 0 \\[6pt]
w_{x\,\zeta} = v_{x\,\eta} - v_{x\,m} & w_{x\,\zeta} = v_{yz} - v_{y\,m} & \\
\quad = 0 & \quad = 0 & w_{z\,\zeta} = 0.
\end{array}
$$

Die Scheitel in der ξ-Richtung besitzen der Größe nach eine Relativgeschwindigkeit gleich jener der Verlängerungsgeschwindigkeit der ξ-Achse, jene der η-Rich-
tung eine solche der Verkürzungsgeschwindigkeit der η-Achse. Die Scheitel in
der ζ-Richtung bewegen sich relativ zum Mittelpunkt nicht, ebenso wie die Geschwindigkeit der Längenveränderung dieser Achse gleich Null ist. Die Zeichen
$\pm$ bei $w_{x\,\xi}$ und $\mp$ bei $w_{y\,\eta}$ geben die Richtung der Relativgeschwindigkeiten
dieser Punkte in Beziehung auf das Koordinatensystem $\xi\,\eta\,\zeta$ an:

$$\text{zur Zeit } t = t_0 \text{ sind } \mathfrak{v}_a = +\,2\,G\,r, \quad \mathfrak{v}_b = -\,2\,G\,r, \quad \mathfrak{v}_e = 0;$$

mit diesen Geschwindigkeiten beginnt hiermit die Deformation in den Scheitelpunkten.

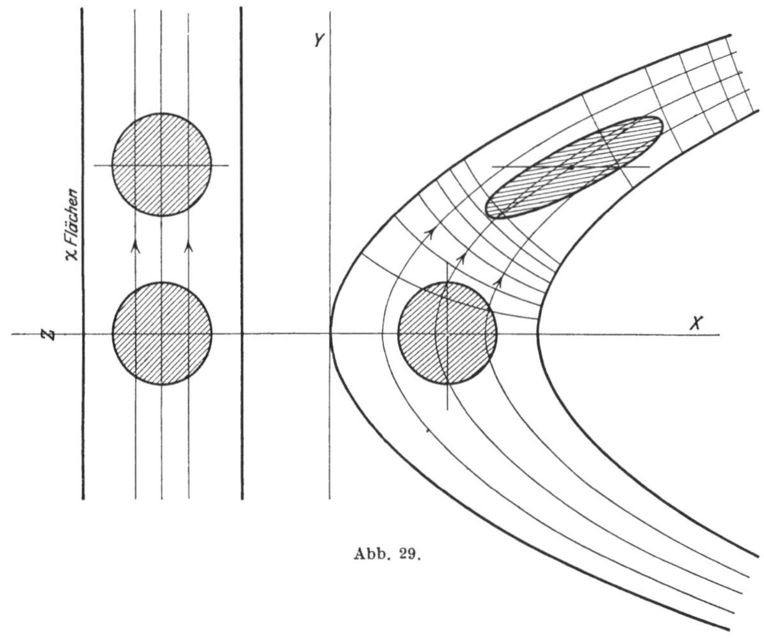

Abb. 29.

2. Beispiel. Abb. 29. Die Formfunktionen seien entsprechend
dem Beispiel S. 65

$$\varphi = y\,e^{+k\,x}$$

$$\psi = \frac{k}{2}\,y^2 - x$$

$$\chi = z.$$

Es werden hierbei

$$v = e^{k\,x}, \quad a_1 = k\,y\,e^{+k\,x}, \quad a_2 = e^{k\,x}, \quad a_3 = 0, \quad A = (k\,y^2 + 1)\,e^{2\,k\,x}$$

und mit der Annahme $\lambda = 1$

$$v_x = G\,k\,y, \quad v_y = G, \quad v_z = 0.$$

Man erhält die Isotachengleichung

$$v = G \sqrt{k\,y^2 + 1};$$

die Isotachenflächen sind Ebenen parallel zur XOZ-Koordinatenebene, ihr Abstand ist

$$y = \pm \frac{1}{k} \sqrt{\frac{v^2}{G^2} - 1}.$$

Das System simultaner Differentialgleichungen zur Bestimmung der T-Funktion wird

$$dt = \frac{dx}{G\,k\,y}, \qquad dt = \frac{dy}{G}, \qquad dz = \frac{dz}{0}.$$

Aus der zweiten Formfunktion ergibt sich

$$y = \sqrt{\frac{2}{k}(\psi + x)}$$

und erhält man für die Integration der ersten Differentialgleichung

$$dt = \frac{dx}{G\,k\sqrt{\dfrac{2}{k}(\psi + x)}},$$

worin ψ als konstant erscheint; mit der Zuordnung $t = t_0$, $x = x_0$ wird

$$t - t_0 = \frac{1}{G}\left[\sqrt{\frac{2}{k}(\psi + x)} - \sqrt{\frac{2}{k}(\psi + x_0)}\right];$$

die beiden anderen Differentialgleichungen sind direkt integrierbar; man erhält

$$(t - t_0) = \frac{1}{G}(y - y_0), \qquad 0 = z - z_0.$$

Setzt man für ψ wieder den Funktionsausdruck ein, so wird

$$G\,(t - t_0 = y - \sqrt{y^2 - \frac{2}{k}(x - x_0)}$$

$$x - x_0 = k \cdot G\,(t - t_0)\,y - \frac{k\,G^2}{2}(t - t_0)$$

und mithin

$$x_0 = x - k\,G\,(t - t_0)\,y + \frac{k\,G^2}{2}(t - t_0)$$

$$y_0 = y - G\,(t - t_0)$$

$$z_0 = z.$$

Mit d erselben Kugel als Ausgangsfläche erhält man als gesuchte Gleichung des Flächensystems die Gleichung zweiten Grades:

$$\left[x - k\,G\,(t-t_0)\,y + \frac{k\,G^2}{2}(t-t_0) - \mathfrak{x}_0\right]^2$$
$$+ \left[y - G\,(t-t_0) - \mathfrak{y}_0{}^2\right]^2 + \left[z - \mathfrak{z}_0\right]^2 - \mathfrak{r}^2 = 0.$$

Die Ausführung der angezeigten Quadrate und Ordnung ergibt die allgemeine Gleichung der Flächen zweiter Ordnung

$$a_{11}\,x^2 + a_{22}\,y^2 + a_{33}\,z^2 + 2\,a_{12}\,x\,y + 2\,a_{23}\,y\,z + 2\,a_{31}\,z\,x + 2\,a_1\,x + 2\,a_2\,y$$
$$+ 2\,a_3\,z + a = 0$$

mit folgenden Konstanten:

$$a_{11} = 1, \qquad a_{22} = k^2\,G\,(t-t_0)^2 + 1, \qquad a_{33} = 1,$$
$$a_{12} = -k\,G\,(t-t_0), \qquad a_{23} = 0, \qquad a_{31} = 0,$$
$$a_1 = \frac{k\,G^2}{2}(t-t_0)^2 - \mathfrak{x}_0, \qquad a_2 = -\left[\frac{k^2\,G^3}{2}(t-t_0)^3 - k\,G\,(t-t_0)\,\mathfrak{x}_0 + G\,(t-t_0) + \mathfrak{y}_0\right]$$
$$a_3 = \mathfrak{z}_0, \qquad a = \left[\frac{k\,G}{2}(t-t_0)^2 - \mathfrak{x}_0\right]^2 + \left[G\,(t-t_0) + \mathfrak{y}_0\right]^2 + \mathfrak{z}_0{}^2 - \mathfrak{r}^2$$

und hiermit aus den Gleichungen

$$a_{11}\,\mathfrak{x} + a_{12}\,\mathfrak{y} + a_{13}\,\mathfrak{z} + a_1 = 0$$
$$a_{21}\,\mathfrak{x} + a_{22}\,\mathfrak{y} + a_{23}\,\mathfrak{z} + a_2 = 0$$
$$a_{31}\,\mathfrak{x} + a_{32}\,\mathfrak{y} + a_{33}\,\mathfrak{z} + a_3 = 0$$

die Mittelpunktskoordinaten

$$\mathfrak{x} = \mathfrak{x}_0 + k\,G\,(t-t_0)\,\mathfrak{y} - \frac{k\,G^2}{2}(t-t_0)^2$$
$$\mathfrak{y} = \mathfrak{y}_0 + G\,(t-t_0)$$
$$\mathfrak{z} = \mathfrak{z}_0.$$

Das sind aber die Gleichungen der Bahnlinie des Punktes $\mathfrak{x}_0$, $\mathfrak{y}_0$, $\mathfrak{z}_0$, d. h. des Mittelpunktes der Kugel.

Mit den Transformationsgleichungen:

$$x = \xi + \mathfrak{x}, \qquad y = \eta + \mathfrak{y}, \qquad z = \zeta + \mathfrak{z}$$

erhält man in

$$\left[\xi^1 + k\,G\,(t-t_0)\,\eta\right]^2 + \eta^2 + \zeta^2 - \mathfrak{r}^2 = 0$$

oder $\quad \xi^2 + \left[k^2\,G\,(t-t_0)^2 + 1\right]\eta^2 + \zeta^2 - 2\,k\,G\,(t-t_0)\,\xi\,\eta - \mathfrak{r}^2 = 0$

die Mittelpunktsgleichung der deformierten Flächen; diese sind hiernach wieder Ellipsoide, wobei jedoch wegen Bestandes des Gliedes $-2\,k\,G\,(t-t_0)\,\xi\,\eta$ nur diejenige Hauptachse parallel verschoben wird, die der Z-Richtung entspricht, während die beiden andern Hauptachsen in ihrer Ebene, d. i. die im Abstand $\mathfrak{y}_0$ parallel zu XOY liegenden Ebene um den Mittelpunkt verdreht sind; der Verdrehungswinkel α ist aus der Gleichung zu bestimmen:

$$\mathrm{tg}\,2\,\alpha = \frac{-2\,a_{12}}{a_{11} - a_{22}} = \frac{2}{k\,G\,(t-t_0)},$$

die Längen der Hauptachsen ergeben sich aus den Gleichungen:

$$a = \frac{\mathfrak{r}}{\mathfrak{g}_a}, \qquad b = \frac{\mathfrak{r}}{\mathfrak{g}_b}, \qquad c = \mathfrak{r},$$

mit $\quad \mathfrak{g}^2{}_b^a = \tfrac{1}{2}\left\{[k^2 G^2 (t - t_0)^2 + 2]\right\} \pm \sqrt{[k^2 G^2 (t - t_0)^2 + 2]^2 - 4}$,

es wird $$\mathfrak{g}_a^2 \cdot \mathfrak{g}_b^2 = 1$$

und mithin das **Volumen** des Ellipsoides

$$V = \frac{4}{3}\pi \frac{\mathfrak{r}}{\mathfrak{g}_a} \cdot \frac{\mathfrak{r}}{\mathfrak{g}_b} \cdot \mathfrak{r} = \frac{4}{3}\pi \mathfrak{r}^3,$$

d. h. wieder konstant gleich dem Volumen der Kugel.

Nun könnte man, wie früher, die Relativgeschwindigkeiten der Scheitelpunkte bestimmen, indem man die Koordinaten derselben sucht, in die Geschwindigkeitsformeln diese und die Mittelpunktskoordinaten einsetzt und die entsprechenden Komponenten subtrahiert; einfacher kommt man jedoch zum Ziel, wenn man berücksichtigt, daß im vorliegenden Fall die Komponenten der Geschwindigkeit in der y-Richtung im ganzen Strömungsgebiet denselben Wert G besitzen, die Relativkomponenten in dieser Richtung daher gleich Null sind; es wird die Relativgeschwindigkeit für irgendeinen Punkt mit der Ordinate y den Wert $G(y - \mathfrak{y})$ besitzen und parallel zur x-Achse liegen.

Es ist sofort ersichtlich, daß die Relativgeschwindigkeiten in den Scheitelpunkten nicht mehr, wie früher, in die Richtung der Hauptachsen fallen, da sie eben überall parallel zur x-Achse, die letzteren jedoch unter den Winkeln α resp. $90 + \alpha$ gegen die x-Achse geneigt sind; man kann aber in jedem Scheitel die zugehörige Relativgeschwindigkeit in zwei Komponenten zerlegen, von denen die eine in die Richtung der Hauptachse fällt, die andere dazu senkrecht ist; letztere Komponente besitzt dann gegenüber dem Mittelpunkt eine Winkelgeschwindigkeit.

Ist y_a die Ordinate des Endpunktes der a-Hauptachse, so wird in demselben

$$w = kG(y_a - \mathfrak{y}) = kGa \sin \alpha,$$

die Komponente in der Achsenrichtung ist

$$w_a = w \cos \alpha = Gka \sin \alpha \cos \alpha,$$

die dazu senkrechte Komponente w_{ta} ist

$$w_{ta} = w \sin \alpha = Gka \sin^2 \alpha,$$

für die b-Hauptachse folgt

$$w_b = w \cos(90 + \alpha) = -Gkb \sin \alpha \cos \alpha$$

$$w_{tb} = Gkb \cos^2 \alpha$$

und die Winkelgeschwindigkeiten

$$\left. \begin{aligned} \omega_a &= \frac{w_{at}}{a} = Gk \sin^2 \alpha \\[2mm] w_b &= \frac{w_{bt}}{b} = Gk \cos^2 \alpha \end{aligned} \right\} \frac{\omega_a + \omega_b}{2} = \frac{Gk}{2}.$$

Zur Zeit $t = 0$ ist $\mathrm{tg}\, 2\,\alpha = \infty$; $\alpha = 45^0$; $a = b = \mathfrak{r}$; $\cos \alpha = \sin \alpha = \dfrac{1}{\sqrt{2}}$, mithin

$$w_a = \frac{G k \mathfrak{r}}{2}, \qquad w_b = -\frac{G k \mathfrak{r}}{2}, \qquad w_c = 0,$$

$$\omega_a = \frac{G k}{2}, \qquad \omega_b = \frac{G k}{2}, \qquad \omega_c = 0;$$

d. h. bei Beginn der Deformation findet in der Ebene $\mathfrak{z}_0$ an den unter 45 und 225^0 gegen die X-Achse geneigten Radien eine Verlängerung derselben mit der Geschwindigkeit $+\dfrac{G k \mathfrak{r}}{2}$ an den unter 135^0 und 215^0 geneigten Radien eine Verkürzung mit der Geschwindigkeit $-\dfrac{G k \mathfrak{r}}{2}$ statt; gleichzeitig besitzen die Scheitelpunkte eine Winkelgeschwindigkeit in bezug auf den Kugelmittelpunkt im Betrage von $\dfrac{G k}{2}$, im Sinne einer Verkleinerung des Winkels α; derselbe ist unabhängig von den Längen der Achsen und es ist daraus zu schließen, daß dieselbe Winkelgeschwindigkeit allen Punkten in den beiden Ebenen zukommt, die durch die zur Z-Achse parallele Hauptachse gehen und gegen die $Z\,0\,Y$-Ebene unter 45 resp. 135^0 geneigt sind. Es unterliegt aber keinem Anstand, dieselbe Winkelgeschwindigkeit auch allen anderen Punkten der Kugelfläche zuzusprechen, die daraus für die einzelnen Punkte entstehenden Tangentialgeschwindigkeit als die eine Komponente der dem Punkte entsprechenden Relativgeschwindigkeit zu betrachten; die andere Komponente steht nun nicht mehr zur Tangentialkomponente senkrecht. Bei dieser Zerlegung kann man der Kugel zur Zeit t_o das Bestreben einer Drehung um die C-Achse mit der Winkelgeschwindigkeit ω und das Bestreben einer Deformation zu einem Ellipsoid zusprechen, wobei die Deformationsgeschwindigkeit der einzelnen Punkte der Kugelfläche von deren Lage abhängig ist.

Im ersten Beispiel besteht die Deformation lediglich in einer Dehnung der Kugel zu Ellipsoiden mit ständig parallel bleibenden Hauptachsen; im zweiten Beispiel in einer Dehnung jedoch verbunden mit einer Drehung der Hauptachsen.

In den bisherigen Beispielen ist der Wert von $\mathfrak{r}$ keiner Beschränkung unterworfen; die Kugel deformiert sich bei jedem Wert von $\mathfrak{r}$ in Ellipsoide, es ist dies eine Eigenschaft solcher Strömungsformen, bei denen x_0, y_0, z_0 lineare Funktionen nach x, y, z sind.

Letzteres ist jedoch allgemein nicht der Fall, und es nimmt daher auch im allgemeinen die Kugel mit endlichem Radius kompliziertere Formen beim Fortschreiten an.

Bei derart kleinem Radius der Anfangskugel, daß die Funktionsformen für x_0, y_0, z_0 durch Reihenentwicklung und zulässiger Vernachlässigung höherer als linearer Glieder in linearen Gleichungen dargestellt werden können, erhält man wieder Deformationen nach Ellipsoiden.

3. Beispiel. Bei einer Strömung in der Form des ersten Beispiels trete eine durch die Funktion λ bestimmte Geschwindigkeitsverteilung (Schicht- oder Fadenströmung) ein, es werden

$$v_x = 2\,G x \lambda, \qquad v_y = -\,2\,G y \lambda, \qquad v_z = 0.$$

λ ist nach früherem eine Funktion von χ oder von ψ oder von beiden zugleich und hat in jedem Falle längs einer Bahnlinie konstanten Wert.

Die Isotachengleichung erhält die Form

$$v = 2\,G \lambda \sqrt{x^2 + y^2}\,.$$

Die simultanen Differentialgleichungen

$$dt = \frac{dx}{2\,G x \lambda}, \qquad dt = -\,\frac{dy}{2\,G y \lambda}, \qquad dt = \frac{dz}{0}$$

ergeben

$$x_0 = x\,e^{-2\lambda G (t - t_0)}, \qquad y_0 = y\,e^{+2 G \lambda (t - t_0)}, \qquad z_0 = z$$

und mit derselben **Kugel** als Ausgangsfläche die Gleichung des Flächensystems

$$\left(x\,e^{-2 G \lambda (t - t_0)} - \mathfrak{x}_0\right)^2 + \left(y\,e^{+2 G (t - t_0)} - \mathfrak{y}_0\right)^2 + \left(z - \mathfrak{z}_0\right)^2 - \mathfrak{r}^2 = 0,$$

worin nun für λ der Funktionswert einzusetzen ist.

Nimmt man z. B. λ als eine Funktion von $\chi = z$ an, also etwa $\lambda = (z - z_1) \cdot (z - z_2)$, wobei z_1 und z_2 konstante Werte besitzen, so ergibt sich als Gleichung des Flächensystems

$$\left[x\,e^{-2 G (z - z_1)(z - z_2)(t - t_0)} - \mathfrak{x}_0\right]^2 + \left[y\,e^{+2 G (z - z_1)(z - z_2)(t - t_0)} - \mathfrak{y}_0\right]^2$$
$$+ \left(z - \mathfrak{z}_0\right)^2 - \mathfrak{r}^2 = 0,$$

die im allgemeinen **nicht mehr** eine Folge von **Ellipsoiden** darstellt.

II. Die Hauptsätze der infinitesimalen Deformationen.

Die hiermit an drei Beispielen erörterten Deformationserscheinungen werden ganz allgemein für verschwindend kleine Lagen- und Formänderungen in der Theorie der **linearen infinitesimalen Deformationen** beschrieben und wird diesbezüglich auf die bestehende Literatur verwiesen, namentlich auf **Helmholtz**: Vorlesungen Bd. 2, „Dynamik kontinuierlich verbreiteter Massen", 1. Teil, Seite 1—54; **Weber, Heinrich**: „Die partiellen Differentialgleichungen der mathemathischen Physik", Bd. I, 9. Abschritt.

Die für die Orientierung über die Bewegungsvorgänge wichtigsten Resultate dieser Theorie sind folgende:

1. Die infinitesimale lineare Deformation eines verschwindend kleinen Raumelementes kann im allgemeinen als Superposition mehrerer Deformationen aufgefaßt werden.

2. In der Hydrodynamik wird insbesondere eine einheitliche Deformation als die Superposition einer Drehung und einer Dilatation (Dehnung) betrachtet. Die Drehung ist bestimmt durch die augenblickliche Lage der Drehachse des Elementes und der Winkelgeschwindigkeit um dieselbe oder wegen der Möglichkeit der Superposition durch die Winkelgeschwindigkeiten um drei zueinander senkrechten Drehachsen.

3. Werden letztere parallel zu den Koordinatenachsen angenommen, so sind die schon auf S. 27 eingeführten Winkelgeschwindigkeiten $\Omega_x, \Omega_y, \Omega_z$ um dieselben analytisch bestimmt durch die Ausdrücke in kartesischen Koordinaten:

$$\Omega_x = \frac{1}{2}\left(\frac{\partial v_z}{\partial y} - \frac{\partial v_y}{\partial z}\right) = \text{Winkelgeschwindigkeit an der } x\text{-Achse}$$

$$\Omega_y = \frac{1}{2}\left(\frac{\partial v_x}{\partial z} - \frac{\partial v_z}{\partial x}\right) = \qquad " \qquad\qquad " \quad " \quad y\text{- } "$$

$$\Omega_z = \frac{1}{2}\left(\frac{\partial v_y}{\partial x} - \frac{\partial v_x}{\partial y}\right) = \qquad " \qquad\qquad " \quad " \quad z\text{- } "$$

4. Die Lage der resultierenden Drehachse des Elementes ist durch die Kosinuse der Richtungswinkel bestimmt, d. h.

$$\cos\alpha_x = \frac{\Omega_x}{\sqrt{\Omega_x^2 + \Omega_y^2 + \Omega_z^2}} \qquad \text{gegen die } x\text{-Achse}$$

$$\cos\alpha_y = \frac{\Omega_y}{\sqrt{\Omega_x^2 + \Omega_y^2 + \Omega_z^2}} \qquad " \quad " \quad y\text{- } "$$

$$\cos\alpha_z = \frac{\Omega_z}{\sqrt{\Omega_x^2 + \Omega_y^2 + \Omega_z^2}} \qquad " \quad " \quad z\text{- } "$$

für die Quadratwurzeln ist hierbei das gleiche Vorzeichen zu nehmen.

5. Die resultierende Winkelgeschwindigkeit ist

$$\Omega = \sqrt{\Omega_x^2 + \Omega_y^2 + \Omega_z^2}.$$

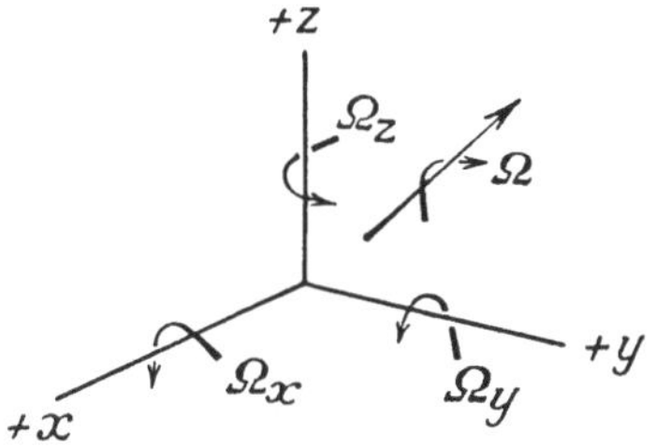

6. Wird die Quadratwurzel in den Ausdrücken für die Kosinuse absolut

Abb. 30.

und die positiven Koordinatenachsen nach Abb. 30 gerichtet angenommen, so entsprechen positiven Kosinuswerten rechtsdrehende Winkelgeschwindigkeiten $\Omega_x, \Omega_y, \Omega_z$ und Ω gegenüber den positiven Richtungen der Koordinatenachsen und der resultierenden Drehachse.

7. Die resultierende Winkelgeschwindigkeit wird gleich Null, d. h. die Deformation erfolgt ohne Drehung, wenn $\Omega_x = 0$; $\Omega_y = 0$; $\Omega_z = 0$, also

$$\frac{\partial v_z}{\partial y} = \frac{\partial v_y}{\partial z}, \qquad \frac{\partial v_x}{\partial z} = \frac{\partial v_z}{\partial x}, \qquad \frac{\partial v_y}{\partial x} = \frac{\partial v_x}{\partial y}$$

sind. Dies ist aber der Fall, wenn für die Geschwindigkeiten eine Potentialfunktion existiert, d. h. wenn

$$v_x = \frac{\partial \Phi}{\partial x}, \qquad v_y = \frac{\partial \Phi}{\partial y}, \qquad v_z = \frac{\partial \Phi}{\partial z}$$

sind.

8. Hiermit ist die Grundlage für eine Klassifikation der Deformationen in solche ohne und solche mit Drehbewegung gegeben.

Die erste Klasse bilden die Strömungsformen mit $\nu = 1$ und $\lambda = 1$, d. h. die vollkommenen Potentialströmungen.

9. Die Dehnung erfolgt im allgemeinen derart, daß die Verbindungslinie irgendeines Punktes des betrachteten Elementes mit dessen Mittelpunkt eine Längenänderung und eine Lageänderung erfährt; es gibt jedoch jederzeit 3 Paare von Punkten, deren Verbindungslinien mit dem Mittelpunkt keine Lageänderung, sondern im allgemeinen nur Längenänderung erfahren; die Verbindungslinien dieser Punktpaare stehen aufeinander senkrecht und heißen die Hauptachsen der Dehnung. — In den durchgeführten Beispielen mit Kugeln als Ausgangsflächen sind dies die Hauptachsen der Ellipsoide, resp. die denselben entsprechenden Grenzlagen in den Kugeln.

10. Mit der Dehnung kann im allgemeinen eine Volumänderung verbunden sein; ist jedoch

$$\frac{\partial v_x}{\partial x} + \frac{\partial v_y}{\partial y} + \frac{\partial v_z}{\partial z} = 0,$$

so findet keine Volumänderung statt.

Diese Resultate der allgemeinen Theorie bezüglich der Größe und Richtung von Ω_x, Ω_y, Ω_z, Ω, $\cos\alpha_y$, $\cos\alpha_y$, $\cos\alpha_z$ sind unabhängig von der Form des Ausgangselementes und geben bei stationärem Zustand die Werte dieser Größen als Funktionen des Ortes an.

Bestimmt man hiermit die Gleichung derjenigen Linien, zu denen die den Punkten derselben entsprechenden Drehachsen Tangenten sind, so erhält man Linienscharen, deren einzelne Linien nach Helmholtz als Wirbellinien bezeichnet werden; eine aus solchen Wirbellinien gebildete Röhre heißt Wirbelröhre.

Die Wirbellinienscharen sind allgemein durch das System simultaner Differentialgleichungen dargestellt

$$\frac{dx}{\cos \alpha_x} = \frac{dy}{\cos \alpha_y} = \frac{dz}{\cos \alpha_z} = ds,$$

oder wenn man die Ausdrücke für die Kosinuse in den drei ersten Teilen einsetzt

$$\frac{dx}{\Omega_x} = \frac{dy}{\Omega_y} = \frac{dz}{\Omega_z}.$$

Es folgt daher für das zweite Beispiel mit

$$\Omega_x = 0, \qquad \Omega_y = 0, \qquad \Omega_z = \frac{G_k}{2}$$

$$- Gkdx = 0, \qquad\qquad - Gkdy = 0,$$

$$- Gkx = \text{konst.}, \qquad - Gky = \text{konst.},$$

d. h. die Wirbellinien sind Gerade parallel zur Z-Achse; jede Wirbellinie bleibt daher auch beim Fortschreiten der Punkte, die sich zur Zeit t_0 auf derselben befunden haben, Wirbellinie.

Für das dritte Beispiel folgt:

$$\Omega_x = Gy\left[2z - (z_1 + z_2)\right]$$
$$\Omega_y = Gx\left[2z - (z_1 + z_2)\right]$$
$$\Omega_z = 0$$
$$dz = 0, \qquad z = \text{konst.}$$
$$\frac{dx}{dy} = \frac{x}{y}, \qquad x^2 - y^2 = \text{konst.},$$

d. h. die Wirbellinien sind in diesem Falle die Schnittlinien der φ-Flächen mit den χ-Ebenen.

Untersucht man nun die Deformation einer solchen Schnittlinie, d. h. nimmt man als Gleichungen der, eine Wirbellinie zur Zeit $t = t_0$ bestimmenden Flächen

$$x_0{}^2 - y_0{}^2 = \varphi_0, \qquad z_0 = \chi_0 = \text{konst.}$$

und setzt hierin die dem Fortschreiten entsprechenden Werte für x_0 und y_0 ein, so erhält man

$$x^2 e^{-4G\lambda(t - t_0)} - y^2 e^{+4G\lambda(t - t_0)} = \varphi_0,$$

und es ist zu erkennen, daß die einzelnen Flächen dieses Systems nicht mehr Querschnittsflächen bleiben; d. h. eine Linie, die zur Zeit $t = t_0$ Wirbellinie war, verliert bei ihrem Fortschreiten diese Eigenschaft.

Wirbellinien wandern immer dann als solche mit den Punkten fort, wenn die Massenkräfte, die im Strömungsgebiet wirksam sind, einer eindeutigen Kräftefunktion unterworfen sind (siehe S. 30).

Da dies beim dritten Beispiel nicht (wohl aber beim zweiten) der Fall ist, so ist zu schließen, daß bei der Strömungsform mit Geschwindigkeitsverteilung nach dem dritten Beispiel die Existenz von Kräften, die nicht einer Kräftefunktion unterworfen sind, anzunehmen ist; zu solchen Kräften gehören die Bewegungswiderstände der Reibung und der Turbulenz.

Ein anderes Bild von den Strömungsvorgängen erhält man, wenn man die Deformation einer durch Querschnitts-(φ-)Flächen abgegrenzten Schicht betrachtet.

Es genügt, für die hieraus abzuleitende Schlußfolgerung zwei typische Beispiele zu betrachten, nämlich die Strömung durch kreiszylindrische gerade Rohre bei einer Geschwindigkeitsverteilung einmal entsprechend der reibungslosen idealen Flüssigkeit, d. i. der Potentialströmung, das andere Mal bei Schichtströmung unter dem Einfluß von Reibung.

Die Formfunktionen sind im Zylinderkoordinaten:

$$\left.\begin{array}{l} \varphi = z \\ \psi = r^2 \\ \chi = r\vartheta \end{array}\right\},$$

es wird hierbei
$$\nu = 2,$$

und da
$$\frac{\partial^2 \varphi}{\partial z^2} + \frac{\partial^2 \varphi}{\partial r^2} + \frac{1}{r}\frac{\partial \varphi}{\partial r} + \frac{\partial^2 \varphi}{r^2 \cdot \partial \vartheta^2} = 0$$

ist, so hat die Strömung Potentialform.

Ferner werden:
$$\frac{\partial \varphi}{\partial z} = 1, \qquad \frac{\partial \varphi}{\partial r} = 0, \qquad \frac{\partial \varphi}{\partial \vartheta} = 0, \qquad A = 1;$$

die Geschwindigkeitskomponenten der Potentialströmung sind
$$v_z = G, \qquad v_r = 0, \qquad v_a = 0, \qquad v = G;$$

es herrscht im ganzen Gebiet Strömung parallel zur p-Achse mit durchaus gleicher Geschwindigkeit.

Die Punkte jeder φ-Fläche bewegen sich mit derselben Geschwindigkeit weiter; zwei sich gleichzeitig bewegende φ-Flächen behalten ständig denselben Abstand, eine Deformation findet nicht statt.

Wie schon auf Seite 86 bemerkt, kann die Strömung durch ein gerades Rohr bei Bestand innerer Reibung ebenfalls als Parallelströmung betrachtet werden, bei der jedoch die Geschwindigkeit eine Funktion von r ist; wird mit r_a der lichte Radius des Rohres, d. i. der Radius der von Flüssigkeit benetzten Rohrwand bezeichnet, so ergibt sich für v der Ausdruck $v = G(r_a{}^2 - r^2)$.

Da $\psi = r^2$ ist, kann man $r_a{}^2 - r^2 = \psi_a - \psi$ setzen; es erscheint dann gemäß der Formel $v_z = v = G\dfrac{A}{\nu} \cdot \lambda$ die Differenz $\psi_a - \psi$ als der Funktionsausdruck für λ; siehe hierüber Seite 84 u. f.

Die simultanen Differentialgleichungen für die Flächendeformation reduzieren sich auf die Gleichung
$$dt = \frac{dz}{G(\psi_a - \psi)},$$

es wird mit der Zuordnung

$$t = t_0, \qquad z = z_0, \qquad \varphi = \varphi_0,$$
$$z - z_0 = G\,(\psi_a - \psi)\,(t - t_0) \quad \text{und hiermit}$$
$$z - z_0 = G\,(r_a{}^2 - r^2)\,(t - t_0),$$

die gesuchte Gleichung des Flächensystems der Zeitflächen, d. h. die Querschnittsflächen deformieren sich zu Rotationsparaboloiden, deren Scheitel in der Rohrachse liegen, die jedoch immer durch denjenigen Kreis gehen, der dem Schnitt der Rohrfläche mit der φ_0-Ebene entspricht. Denkt man sich eine benachbarte φ-Fläche gleichzeitig bewegt, so ändert sie sich in gleicher Weise; es bleibt die Dicke der Schicht gemessen in der Z-Richtung wohl konstant, aber normal zu den deformierten Flächen gemessen wird die Dicke im Laufe der Zeit um so kleiner, je näher gegen die Rohrwand hin dieselbe gemessen wird.

Durch diese Deformation lassen sich aber auch die von Reynolds erhaltenen Turbulenzerscheinungen und der Bestand einer kritischen Geschwindigkeit erklären, namentlich unter Berücksichtigung der gefundenen Tatsache, daß die Erscheinung der Turbulenz bei ruhigem Zufluß immer erst in relativ großem Abstand von den Zuflußmündungen tritt; man kann sich vorstellen, daß, wenn die Deformation weit genug vorgeschritten ist, unter dem Einfluß z. B. von festen Beimengungen der Zusammenhang der deformierten Schicht gestört und ein Austausch von Flüssigkeit stattfindet, der die turbulente Bewegung erzeugt, die mit der Hauptströmung mitschreitet.

Es ist weiter noch folgender Schluß zu ziehen: Strömungserscheinungen mit lokal großem Richtungswechsel sind mathematisch wohl auch darstellbar, da aber jedenfalls bei solchen Strömungen die Deformationen relativ sehr groß werden, so ist es einerseits unzulässig, die Theorie der infinitesimalen Deformation bloß auf lineare Änderungen zu beschränken, andererseits läßt die Größe der Deformation auf erhöhte Möglichkeit von Turbulenz, also darauf schließen, daß die Größenordnung der turbulenten Strömung an diejenige der Hauptströmung herankommt und demgemäß der mathematischen Behandlung vorläufig eine Grenze setzt. Für die Erkenntnis solcher Strömungserscheinungen steht zur Zeit nur der Versuch zur Verfügung.

Ist die Strömungsform in Zeichnung derart dargestellt, daß man auf den φ (Stromlinien) von einer Ausgangsfläche ab, die Längen s_φ messen kann, und sind weiter die Isotachenflächen derart eingezeichnet, daß man die für jede Stromlinie die Geschwindigkeitsverteilung graphisch darstellen kann, so gibt die Ausführung der graphischen Integration

$$t = \int_0^{s_\varphi} \frac{d s_\varphi}{v} \quad \text{ähnlich wie auf S. 67 das Hilfsmittel an die Hand zur Auf-}$$

zeichnung der t-Flächen.

Umgekehrt kann aus dem Verlauf von Zeitkurven, die auf dem Wege des Versuches erhalten sind, die Geschwindigkeitsverteilung einer Strömung bestimmt werden. Beistehende Bilder zeigen derartige im Maschinenlaboratorium der Eidg. Techn. Hochschule in Zürich aufgenommene Zeitkurven, und zwar

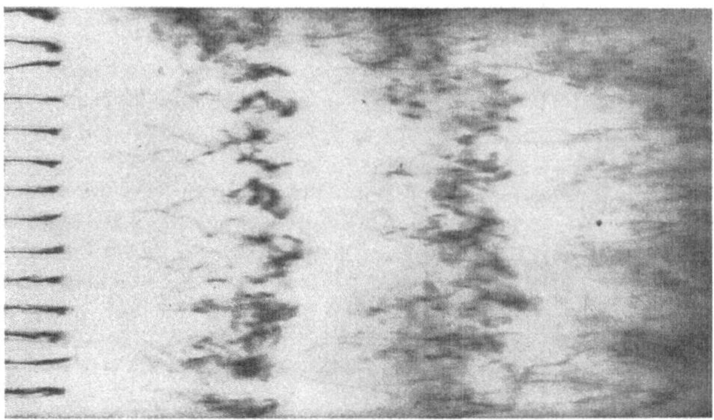

Abb. 31 a.

Abb. 31 b.

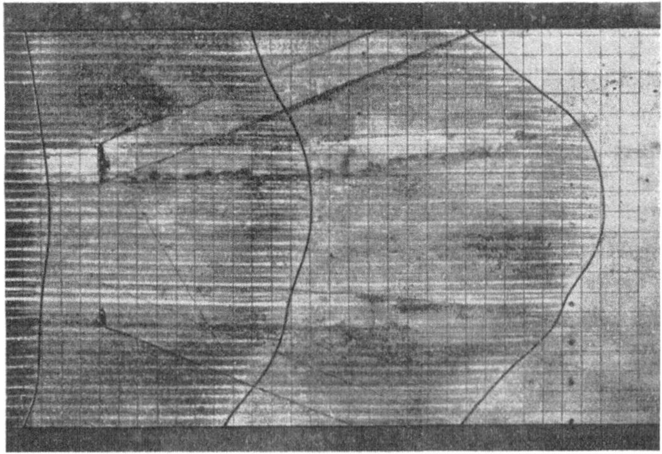

Abb. 31 c.

Abb. 31a, b, c für eine geradlinige Kanalströmung,

Abb. 32 für eine Saugrohrströmung entsprechend der Strömungsform von Seite 63.

Die Herstellung und Benützung solcher Zeitkurven wird im Kapitel „Hydrodynamische Versuche", S. 266 u. f. beschrieben.

5. Dynamik stationärer Strömungen.

Es werden die auf Seite 30 angegebenen allgemeinen Bewegungsgleichungen I_w, II_w, III_w benutzt, aus denen jedoch wegen des stationären Zustandes die partiellen Ableitungen nach der Zeit ausfallen.

K_x, K_y, K_z sind die Komponenten der Schwerkraft pro Masseneinheit, mithin der Größe nach bestimmt durch die Projektionen von g auf die Koordinatenachsen, es wird

Abb. 32.

$$K_x\, dx + K_y\, dy + K_z\, dz = -g\, dz,$$

wenn mit dz die geodätische Höhendifferenz der Endpunkte des Längenelementes $ds = \sqrt{dx^2 + dy^2 + dz^2}$ bezeichnet wird. (Die Kräftefunktion der Schwerkraft ist $-g\,z$).

Bezüglich der Beschleunigungen W_x, W_y, W_z sei vorläufig nur angenommen, daß dieselben von den Bewegungswiderständen herrühren sollen; dieselben werden dementsprechend mit negativen Vorzeichen eingesetzt werden; für die ideale, widerstandsfreie Bewegung sind $W_x = W_y = W_z = 0$ zu setzen.

p sei allgemein als ein Mittelwert der Pressung im Punkte x, y, z mit der Eigenschaft angenommen, daß derselbe eine stetige Funktion der Ortskoordinaten sei, so daß

$$dp = \frac{\partial p}{\partial x}\, dx + \frac{\partial p}{\partial y}\, dy + \frac{\partial p}{\partial z}\, dz$$

zu setzen ist; bei der widerstandsfreien Bewegung hat p gleichen Wert für alle durch den Punkt gezogenen Richtungen.

$\varrho = \dfrac{\gamma}{g}$ wird wie auch bereits in der Kontinuitätsgleichung auf Seite 84 konstant angenommen, d. h. es wird die Zusammendrückbarkeit der Flüssigkeit als verschwindend klein vernachlässigt.

Es wird im allgemeinen turbulente Bewegung vorausgesetzt; die Geschwindigkeitskomponenten v_x, v_y, v_z der Hauptbewegung und hiermit auch die Geschwindigkeit

$$v = \sqrt{v_x{}^2 + v_y{}^2 + v_z{}^2}$$

werden ebenfalls als stetige Funktionen der Ortskoordinaten angenommen, entsprechend

$$dv_x = \frac{\partial v_x}{\partial x}\,dx + \frac{\partial v_x}{\partial y}\,dy + \frac{\partial v_x}{\partial z}\,dz \quad \text{usw.}$$

Bei widerstandsfreier Bewegung und Strömungen ohne Turbulenz sind dies die den einzelnen Punkten direkt zukommenden Geschwindigkeiten.

I. Umformung der hydrodynamischen Grundgleichung.

Der Ausdruck für $\mathfrak{H}$ in der ersten Form der hydrodynamischen Grundgleichung B, Seite 27, kann durch Benutzung der Gleichungen XVIII unter Verwendung der Abkürzung $\mu = \dfrac{\lambda}{\nu}$ und Berücksichtigung der Gleichung V_a umformt werden; man erhält z. B. für

$$2\,\Omega_x = \left(\frac{\partial v_z}{\partial y} - \frac{\partial v_y}{\partial z}\right) = \frac{\partial}{\partial y}\left(G\,\mu\,\frac{\partial \varphi}{\partial z}\right) - \frac{\partial}{\partial z}\left(G\,\mu\,\frac{\partial \varphi}{\partial y}\right)$$

$$= G\,\frac{\partial \varphi}{\partial z}\cdot\frac{\partial \mu}{\partial y} - G\,\frac{\partial \varphi}{\partial y}\frac{\partial \mu}{\partial z}$$

$$2\,\Omega_x = \frac{v_z}{\mu}\frac{\partial \mu}{\partial y} - \frac{v_y}{\mu}\frac{\partial \mu}{\partial z}$$

$$2\,\Omega_y = \frac{v_x}{\mu}\frac{\partial \mu}{\partial z} - \frac{v_z}{\mu}\frac{\partial \mu}{\partial x}$$

$$2\,\Omega_z = \frac{v_y}{\mu}\frac{\partial \mu}{\partial x} - \frac{v_x}{\mu}\frac{\partial \mu}{\partial y}$$

und mit diesen Werten nach Einsetzen derselben in den Ausdruck für $2\,\mathfrak{H}$ und Ordnen

$$2\,\mathfrak{H} = \frac{v^2}{\mu}\,d\mu + G^2\,\mu^2\,\nabla^2\,\varphi^2\,d\varphi = G\,\mu\,(A^2\,d\mu + \mu\,\nabla^2\,\varphi\,d\varphi).$$

Setzt man dies in Gleichung B_{III} ein, berücksichtigt, daß wegen stationären Zustandes $\dfrac{\partial v_a}{\partial t} = 0$ ist, und führt entsprechend der allgemeinen Form I_a, II_a, III_a der Grundgleichungen die Widerstandskraft $W_x d_x + W_y d_y + W_z d_z = g\, w_a\, da$ ein, so folgt

$$dz + d\frac{p}{\gamma} + d\frac{v^2}{2g} + w_a\, da - \frac{G^2}{g}\mu\left(A^2\, d\mu + \mu\, \nabla^2 \varphi\, d\varphi\right) = 0 \ . \ . \ \mathrm{B}_V$$

als eine ebenfalls koordinatenfreie Form der hydrodynamischen Grundgleichung für widerstandsfreie stationäre Strömungen.

Die Gleichungen B in ihren verschiedenen Formen werden zur Diskussion der Pressungsverteilung im Strömungsgebiet verwendet werden.

II. Die hydraulische Grundgleichung.

Bezieht man die Differentiale auf ein Bahn-Element, so verschwindet der Ausdruck $(A\, d\mu + \mu\, \nabla^2 \varphi\, d\varphi)$, wie sich aus folgendem ergibt:

Setzt man in

$$A\, d\mu = A\left(\frac{\partial \mu}{\partial x} dx + \frac{\partial \mu}{\partial y} dy + \frac{\partial \mu}{\partial z} dz\right)$$

die Werte von dx, dy, dz aus dem Schema VII ein, d. h.

$$dx = \frac{\alpha_1}{A}\, d\varphi \ \ \text{usw.},$$

so folgt: $\qquad A\, d\mu = \left(\alpha_1 \frac{\partial \mu}{\partial x} + \alpha_2 \frac{\partial \mu}{\partial y} + \alpha_3 \frac{\partial \mu}{\partial z}\right) d\varphi,$

mit $\mu = \dfrac{\lambda}{\nu}$ werden $\dfrac{\partial \mu}{\partial x} = \dfrac{1}{\nu}\cdot\dfrac{\partial \lambda}{\partial x} - \dfrac{\lambda}{\nu^2}\dfrac{\partial \nu}{\partial x}$ und somit

$$A\, d\mu = \left[\frac{1}{\nu}\left(\alpha_1 \frac{\partial \lambda}{\partial x} + \alpha_2 \cdot \frac{\partial \lambda}{\partial y} + \alpha_3 \cdot \frac{\partial \lambda}{\partial z}\right) - \frac{\mu}{\nu}\left(\alpha_1 \frac{\partial \nu}{\partial x} + \alpha_2 \frac{\partial \nu}{\partial y} + \alpha_3 \frac{\partial \nu}{\partial z}\right)\right] d\varphi;$$

nach früherem ist jedoch der Ausdruck unter der ersten runden Klammer identisch $= 0$ und im zweiten Ausdruck wird nach Gleichung V $\dfrac{1}{\nu}\left(\alpha_1 \dfrac{\partial \nu}{\partial x} + \alpha_2 \dfrac{\partial \nu}{\partial y} + \alpha_3 \dfrac{\partial \nu}{\partial z}\right) = \nabla^2 \varphi$, so daß also

$$A\, d\mu - \mu\, \nabla^2 \varphi\, d\varphi = 0$$

wird, was zu beweisen war.

In Gleichung B_V wird $da = ds_\varphi$, $w_a = w_\varphi$, und man erhält

$$dz + d\frac{p}{\gamma} + d\frac{v^2}{2g} + w_\varphi\, ds_\varphi = 0$$

und durch Integration längs der Strombahn:

$$z + \frac{p}{\gamma} + \frac{v^2}{2g} + \int w_\varphi\, ds_\varphi = \text{konst.} \ . \ . \ . \ . \ . \ \mathrm{XIX}$$

Denkt man sich diese Strombahn als Achse eines elementaren Kanals zwischen ψ- und χ-Flächen, also eines Stromfadens, durch welchen die sekundliche Wassermenge Δq strömt, so ist durch

$$\Delta L = \gamma\, \Delta q \left(z + \frac{p}{\gamma} + \frac{v^2}{2g} + \int w_\varphi\, ds_\varphi \right) \;.\;.\;.\;.\;\; \text{XX}$$

die hydraulische Strömungsenergie der elementaren Flüssigkeitsmenge bestimmt; enthält ein Kanal von endlichen Dimensionen i solcher Elementarkanäle und definiert man die Mittelwerte der Größen

$z,\quad \dfrac{p}{\gamma},\quad v,\quad \int w_\varphi\, ds_\varphi \quad$ durch

$$z_m = \frac{\Sigma z_i\, \Delta q_i}{\Delta q}, \qquad \frac{p_m}{\gamma} = \frac{\sum \dfrac{p_i}{\gamma}\, \Delta q_i}{\Delta q}, \qquad \frac{v_m^2}{2q} = \frac{\sum \dfrac{v_2^2}{2q} \cdot \Delta q_i}{\Delta q};$$

$$h_w = \frac{\Sigma \int w_i\, ds_\varphi \cdot \Delta q_i}{\Delta q}, \qquad \frac{\Sigma \Delta L_i}{\Delta q} = L = \text{konst.},$$

so erhält man

$$z_m + \frac{p_m}{\gamma} + \frac{v_m^2}{2q} + h_{wm} = \text{konst.}$$

als hydraulische Grundgleichung der stationären Strömung, und in der Form

$$(z_m - z_0) + \left(\frac{p_m}{\gamma} - \frac{p_0}{\gamma}\right) + \left(\frac{v_m^2}{2g} - \frac{v_0^2}{2g}\right) + h_w = 0 \;\;.\;.\;\; \text{XXI}$$

die Bernouillische Bewegungsgleichung; hierin sind p_0, v_0 die dem Bewegungszustand in einem bestimmten Ort z_0 entsprechenden Werte von v und p.

Sie wird nach wie vor entweder in ihrer Form als Differentialgleichung, oder integriert überall dort mit Erfolg angewendet werden, wo es auf die Bestimmung von mittleren Strömungszuständen und auf die Wirkung der strömenden Masse als Ganzes ankommt, und daher die Form der Strömung von untergeordnetem Einfluß ist, resp. die durch Störungen der Strömungsform verursachten Bewegungswiderstände durch entsprechende Anpassung des Wertes von W_s genügend berücksichtigt werden können.

III. Widerstandsfreie Strömung.

Das Fehlen von Widerständen ist durch Ausfall der Größen W_x, W_y, W_z aus der Gleichung B_V, also mit $W_x = 0$; $W_y = 0$; $W_z = 0$ berücksichtigt.

a) **Vollkommene Potentialströmung.** Eine vollkommene Potentialströmung tritt (siehe S. 85) ein, wenn die Formfunktion φ

der Gleichung entspricht: $\nabla^2\,\varphi = 0$ und wenn $\lambda = 1$ ist; die Gleichung nimmt die Form an

$$\frac{g}{\gamma}\,dp + d\,\frac{v^2}{2\,g} + g\,dz = 0 \ldots \ldots \text{XXII}$$

enthält hiermit nur totale Differentiale; vollkommene Potentialströmung kann daher widerstandsfrei sein. Integriert und mit g dividiert ergibt die letzte Gleichung mit der Zuordnung $z_0,\,p_0,\,v_0$

$$\left(\frac{p}{\gamma} - \frac{p_0}{\gamma}\right) + \left(\frac{v^2}{2\,g} - \frac{v_0^{\,2}}{2\,g}\right) + (z - z_0) = 0\,.$$

Die letzte Gleichung gilt nun aber nicht nur längs der Bahnlinie, sondern zwischen beliebigen Punkten des Strömungsgebietes und bedeutet, daß die Summe der Pressungsenergie, der kinetischen Energie und der potentiellen Energie der Masseneinheit der pro Sekunde durchströmenden Flüssigkeit im ganzen Raum konstant ist.

Die Gleichung XXII ist also die **Grundgleichung der stationären vollkommenen Potentialströmung.**

Die klassische Hydrodynamik hat in weitem Umfang die Erscheinungen der Potentialströmung untersucht und Methoden für die Bestimmung von Strömungsformen und die damit verbundenen Erscheinungen angegeben, die naturgemäß auf den Gesetzen der Potentialtheorie basieren.

Nach Formel XII, Seite 54, besteht zwischen den Seitenlängen von Potentialströmungsnetzen mit $\nu = 1$ die Beziehung

$$\varDelta s_\varphi : \varDelta s_\psi : \varDelta s_\chi = 1 : C : B\,,$$

die als Grundlage für die **graphische** Darstellung solcher Netze dienen kann; weiter gibt Gleichung XIII, mit $\nu = 1$ in

$$\varDelta f = \frac{\varDelta \varepsilon^2}{A}$$

ein Maß der elementaren Querschnittsflächen; da weiter durch jeden elementaren Kanal des Netzes dieselbe Flüssigkeitsmenge durchströmt, so ist aus derselben und dem Werte von $\varDelta f$ die Strömungsgeschwindigkeit in allen Teilen des elementaren Kanals einfach zu bestimmen.

Die geometrischen Orte der Punkte mit gleichen Geschwindigkeitswerten bilden die **Isotachenflächen** und entsprechend der Gleichung

$$\frac{p}{\gamma} = \left(\frac{p_0}{\gamma} + \frac{v_0^{\,2}}{2\,g} + z_0\right) - \left(\frac{v^2}{2\,g} + z\right) = K - \left(\frac{v^2}{2\,g} + z\right)$$

die geometrischen Orte der Punkte gleicher Werte von $\left(\dfrac{v^2}{2g}+z\right)$, die Flächen gleicher Pressung, mithin die Niveauflächen der Strömung.

b) **Widerstandsfreie Wirbelströmunngen.** Dieselben sind dadurch charakterisiert, daß μ eine Funktion der Ortskoordinaten ist; es sind zwei Fälle zu unterscheiden:

$$1.\quad \nu = 1, \qquad \mu = \lambda, \qquad\qquad 2.\quad \lambda = 1, \qquad \mu = \frac{1}{\nu}.$$

1. **Fall:** $\mu = \lambda =$ eine Funktion von ψ und χ (oder von ψ resp. χ allein). Die Gleichung XXIII erhält die Form:

$$\frac{g}{\gamma}\,dp + d\frac{v^2}{2} + g\,dz - G^2\,\lambda\,A^2\,d\lambda = 0.$$

Führt man

$$v = G\,A\cdot\lambda, \qquad \frac{v^2}{2} = \frac{G^2}{2}\,A^2\,\lambda^2$$

ein, so folgt

$$d\frac{v^2}{2} = G^2\,\lambda\,A^2\,d\lambda + \frac{G^2\,\lambda^2}{2}\,dA^2$$

und hiermit

$$\frac{g}{\gamma}\,dp + g\,dz - \frac{G^2\,\lambda^2}{2}\,dA^2 = 0;$$

da nun dp, dz und dA^2 gemäß ihrer Einführungsweise bereits totale Differentiale sind, so kann λ nur eine Konstante sein, d. h. bei widerstandsfreier Bewegung kann eine stationäre Potentialströmung nur eine vollkommene Potentialströmung sein.

2. **Fall:** $\lambda = 1$; $\mu = \dfrac{1}{\nu}$ die Strömungsformen entsprechen der allgemeinen Form der Gleichung V, d. i.

$$\nabla^2\varphi = \frac{1}{\nu}\left(\frac{\partial\varphi}{\partial x}\cdot\frac{\partial\nu}{\partial x} + \frac{\partial\varphi}{\partial y}\cdot\frac{\partial\nu}{\partial y} + \frac{\partial\varphi}{\partial z}\cdot\frac{\partial\nu}{\partial z}\right);$$

die Gleichung B^V erhält die Form

$$\frac{g}{\gamma}\,dp + d\frac{v^2}{2} + g\,dz - G^2\left[\frac{A^2}{2}\,d\left(\frac{1}{\nu}\right)^2 + \frac{1}{\nu^2}\,\nabla^2\varphi\cdot d\varphi\right] = 0.$$

Der Klammerausdruck muß ein totales Differential sein, d. h. von den durch die allgemeine Gleichung V bestimmten Strömungsformen sind bei widerstandsfreier und stationärer Bewegung nur solche Formen möglich, die auch der eben aufgestellten Bedingung genügen.

Untersucht man z. B. die Strömungsform des zweiten Beispiels, wo

$$\varphi = y\,e^{kx}, \qquad \psi = \frac{k}{2}\,y^2 - x, \qquad \chi = z, \qquad v = e^{kx},$$

sind, so erhält man

$$\frac{\partial \varphi}{\partial x} = k\,y\,e^{kx}, \qquad \frac{\partial \varphi}{\partial y} = e^{kx}, \qquad \frac{\partial \varphi}{\partial z} = 0$$

$$A = (k^2\,y^2 + 1)\,e^{2kx}$$

$$\frac{\partial^2 \varphi}{\partial x^2} = k^2\,y\,e^{kx}, \qquad \frac{\partial^2 \varphi}{\partial y^2} = 0, \qquad \frac{\partial^2 \varphi}{\partial z^2} = 0$$

$$\nabla^2 \varphi = k^2\,y\,e^{kx}$$

$$\frac{1}{v} = e^{-kx}, \qquad \left(\frac{1}{v}\right)^2 = e^{-2kx}, \qquad d\left(\frac{1}{v}\right)^2 = -\,2\,k\,e^{-2kx}\,dx,$$

$$d\varphi = k\,y\,e^{kx}\,dx + e^{kx}\,dy, \qquad \frac{1}{v^2}\,d\varphi = k\,y\,e^{-kx}\,dx + e^{-kx}\,dy$$

$$\frac{A^2}{2}\,d\left(\frac{1}{v}\right)^2 = -\,(k^3\,y^2 + k)\,dx,$$

$$\left(\frac{1}{v}\right)^2 \nabla^2 \varphi\,d\varphi = +\,k^3\,y^2\,dx + k^2\,y\,dy$$

und mithin

$$\frac{A^2}{2}\,d\left(\frac{1}{v}\right)^2 + \left(\frac{1}{v}\right)^2 \nabla^2 \varphi\,d\varphi = k^2\,y\,dy - k\,dx = d\left(\frac{k^2\,y^2}{2} - k\,x\right),$$

d. h. in diesem Fall ist die zweite Bedingung erfüllt.

Es gibt hiernach die Integration

$$\frac{p}{\gamma} + \frac{v^2}{2g} + h - G^2\left(\frac{k^2\,y^2}{2g} - \frac{k\,x}{g}\right) = \text{konst.} = K$$

und mit $v^2 = G^2\dfrac{A}{v^2} = G^2\,(k^2\,y^2 + 1)$ in:

$$\frac{p}{\gamma} = \text{konst.} = K - z - \frac{G^2}{2g}\left(2\,k\,x + 1\right)$$

die Gleichung der Niveauflächen; da p/γ eine lineare Funktion der Koordinaten wird, so sind in diesem Fall die Niveauflächen Ebenen.

Einen allgemeinen Anhaltspunkt über die Bedingung, unter welcher stationäre widerstandsfreie Wirbelströmung möglich erscheint, erhält man aus der Gleichung B^{IV}, wenn man in derselben

$$\frac{1}{g}\frac{\partial \mathfrak{v}}{\partial \mathfrak{t}}$$

gleich Null setzt.

Die Gleichung nimmt die Form an

$$grad\left(f + \frac{p}{\gamma} + \frac{v^2}{2g} - \frac{\mathfrak{S}}{g}\right) = 0,$$

und es wird

$$f + \frac{p}{\gamma} + \frac{v^2}{2g} - \frac{\mathfrak{S}}{g} = \text{konst.}$$

Im letzten Beispiel ist, wie leicht zu erkennen,

$$\mathfrak{S} = \frac{G^2\,K}{g}\left(\frac{K\,y^2}{2} - x\right) = \frac{G^2\,K}{y}\cdot\psi$$

Bei rein zweidimensionalen Strömungsformen mit $\lambda = 1$ ist Ω immer senkrecht zur Strömungsebene und sind die φ- und ψ-Flächen Zylinderflächen; v liegt mithin in den Schnittlinien der ψ-Flächen mit den Strömungsebenen χ und ist daher überall senkrecht zu Ω; es fallen somit die $\mathfrak{S}$-Flächen in die Schar der ψ-Flächen.

Bei dreidimensionalen Strömungsformen mit $\lambda = 1$, deren χ- (oder ψ-)Linien Wirbellinien sind, ist Ω immer senkrecht zu v und fallen daher die $\mathfrak{S}$-Flächen in die ψ- (resp. χ-)Flächen; in solchen Strömungsformen kann mithin widerstandsfreie, wirbelbehaftete Strömung stattfinden. Diese Formen besitzen Querschnittsflächen.

––––––––––

In den Beispielen mit Schraubenflächen als Leitflächen erhält man im Fall der Bewegung nach Abb. 24 aus $\varphi = \dfrac{h}{2\,\pi}z - r^2\,\vartheta$ die Gleichungen für die Komponenten der Geschwindigkeit

$$v_z = +\,G\,\frac{h}{2\,\pi}, \qquad v_r = -\,G\,2\,r\,\vartheta, \qquad v_u = -\,G\,r.$$

Die Komponenten der Winkelgeschwindigkeit $2\,\Omega$ sind ausgedrückt in Zylinderkoordinaten

$$2\,\Omega_z = \frac{\partial v_u}{\partial r} + \frac{v_u}{r\,\partial r} - \frac{\partial v_r}{r\,\partial\vartheta} \quad \text{Achse parallel zu } v_z$$

$$2\,\Omega_r = \frac{\partial v_u}{\partial z} - \frac{\partial v_z}{r\,\partial\vartheta} \qquad\qquad " \qquad " \qquad " \ \ v_r$$

$$2\,\Omega_\vartheta = \frac{\partial v_z}{\partial r} - \frac{\partial v_r}{\partial z} \qquad\qquad " \qquad " \qquad " \ \ v_u$$

hiermit erhält man mit obigen Geschwindigkeiten $\Omega = 0$.

Die Bewegung ist mithin eine reine Potentialströmung und kann daher widerstandsfrei sein; im ganzen Strömungsgebiet ist

$$z + \frac{p}{\gamma} + \frac{v^i}{2\,g} = K = \text{konstant};$$

hieraus folgt die Gleichung der Niveauflächen:

$$\frac{p}{\gamma} = \text{konstant} = K - z - \frac{G^2}{2\,g}\left[\frac{h^2}{4\,\pi^2} + 4\,r^2\,\vartheta^2 + r^2\right].$$

Im Fall der Bewegung in Schraubenlinien gibt es keine Querschnitts-φ-Flächen, man erhält aber unter der, die Kontinuitätsbedingung befriedigenden Annahme für die Komponenten der Geschwindigkeit

$$v_z = G\,\frac{h}{2\,\pi}, \quad v_r = 0, \quad v_u = r\,\omega,$$

d. h. durch Zusammensetzung der axialen Strömung v_z und der rotierenden Bewegung mit ω als Winkelgeschwindigkeit

$$\Omega_z = \omega, \quad \Omega_r = 0, \quad \Omega_\vartheta = 0 \quad \text{oder} \quad \Omega \neq 0,$$

also wirbelbehaftete Strömung. Mit $\dfrac{h}{2\,r\,\pi} = \operatorname{tg}\alpha$, d. i. die Steigung im Abstand r, wird $v_z = v_u \operatorname{tg}\alpha$, $r\cos\alpha = \vartheta_u \varrho$, hiermit

$$\mathfrak{H} = v\,\Omega \sin w \cos \Phi\, da$$

und wegen $\alpha = 90 - w$

$$\mathfrak{H} = v_u\,\omega \cos \Phi\, da = r\,\omega^2 \cos \Phi\, da.$$

Die Normale zur Ebene $[v, \Omega]$ ist radial; mit $\Phi = 0$, $\cos\Phi = 1$ wird $da = dr$ und hiermit $2\,\mathfrak{H} = 2\,r\,\omega^2\,dr = d\,\mathfrak{S}$, also ein vollständiges Differential, d. h. die Strömung längs Schraubenlinien kann ebenfalls widerstandsfrei sein. Im ganzen Gebiet ist

$$z + \frac{p}{\gamma} + \frac{v^2}{2\,g} - 2\,\frac{r^2\,\omega^2}{2\,g} = K,$$

hieraus folgt die Gleichung der Niveauflächen

$$\frac{p}{\gamma} = \text{konstant} = K - z - \frac{G}{2\,g}\,\frac{h^2}{4\,\pi^2} + \frac{r^2\,\omega^2}{2\,g}.$$

Da innerhalb einer Stromlinie r denselben Wert hat, so folgt in derselben

$$z + \frac{p}{\gamma} + \frac{v^2}{2\,g} = \left(K + 2\,\frac{r^2\,\omega^2}{2\,g}\right) = \text{konstant},$$

d. i. die Bernoullische Gleichung der Stromlinie.

Aus den durchgeführten Beispielen ist zu erkennen, daß und wie eine Strömung mit Hilfe der Formfunktionen und der Gleichungen B analysiert werden kann.

Für den Bestand dieser Strömungen bei endlicher Kanallänge ist es natürlich nötig, daß am Ein- und Austritt bereits die für diese Stellen nach obigen Gleichungen bestimmten Geschwindigkeits- und Pressungsverhältnisse herrschen.

Widerstandslose Bewegung könnte, wenn überhaupt physikalisch möglich, nur bei Potentialströmungsformen und bei bestimmten wirbelhaften Strömungsformen statt-

finden; gestattet die Kanalbegrenzung oder die Zustände
am Zu- und Abfluß des Kanals die Ausbildung solcher
Formen nicht, so kann die Strömung nur unter Störungen
erfolgen, die Turbulenz erzeugen, daher a priori mit Widerständen behaftet sind, oder es tritt diskontinuierliche
Strömung ein.

Beistehende Abbildungen bestätigen diese Interpretation: dieselben zeigen die Strömungen durch ein Leitrad mit Blechschaufeln,

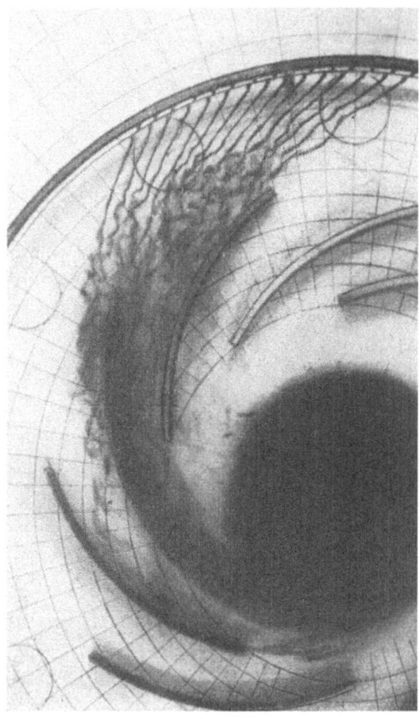

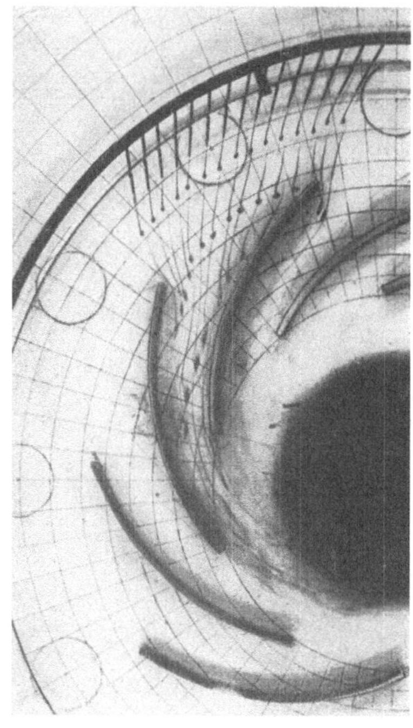

Abb. 33.Abb. 34.

die als logarithmische Spiralen mit 25° Neigung gegen die Parallelkreise des Gebietes ausgeführt sind; Abb. 33 stellt die Strömung bei
angestrebtem stoßfreiem Eintritt, d. h. tangentialer Zuführung zu den
Schaufeln, Abb. 34 eine Strömung mit Zuführung ohne tangentialen
Eintritt dar; im ersten Fall ist es trotz mehrfachem Versuche nicht
gelungen, die ganz typische Turbulenz wegzubringen; im zweiten
Fall bildete sich längs der konvexen Schaufelfläche eine Wirbel-
schicht aus, die deutlich von der eigentlichen Strömung durch eine
Kontinuitätsfläche getrennt ist, und sozusagen eine selbständige
Wasserschaufel bildet; in der eigentlichen Strömung ist die typische
Turbulenz verschwunden.

Die Erscheinung läßt sich dahin interpretieren, daß sich im zweiten Fall eine Strömungsform geringsten Widerstandes ausgebildet hat.

Längs einer Bahnlinie wird, wie auf Seite 105 allgemein ermittelt wurde, der Klammerausdruck der Gleichung B_V identisch gleich Null, d. h. es besteht längs der Bahnlinie die Gleichung

$$\frac{g}{\gamma}\,dp + d\,\frac{v^2}{2} + g\,dz = 0 \qquad \text{oder} \qquad \frac{p}{\gamma} + \frac{v^2}{2g} + z = \text{konst.}$$

Bei der vollkommenen Potentialströmung hat die Konstante denselben Wert für alle Bahnlinien; bei der wirbelbehafteten Strömung kommt jeder Bahnlinie im allgemeinen ein besonderer Wert der Konstanten zu.

Es folgt hieraus, daß in allen Fällen widerstandsfreier Strömung die äußere Energie, d. i. die Summe von Pressungsenergie, kinetischer und potentieller Energie der durch einen elementaren Kanal strömenden Flüssigkeit konstant bleibt.

IV. Strömungen mit Widerständen.

Entsprechend den auf Seite 32 aufgeführten Gleichungen für die Widerstandskomponenten sind dieselben im allgemeinen je aus zwei Teilen zusammengesetzt, wovon der eine durch die innere Reibung verursacht und durch die Newtonsche Hypothese über die Größe der denselben entsprechenden Tangentialspannungen quantitativ bestimmt ist, während der andere Teil einem Transport von Bewegungsenergie infolge der Turbulenz entspricht.

Die Ausdrücke für die Einführung der inneren Reibung sind in gleichem Sinne aufgebaut, wie diejenigen der allgemeinen Elastizitätstheorie und enthalten naturgemäß die durch das Experiment zu bestimmende physikalische Konstante der inneren Reibung; Strömungen, bei denen nur die innere Reibung zu berücksichtigen ist, heißen laminare Strömungen, ihre mathematische Bestimmung wird nur durch Integrationsschwierigkeiten begrenzt, die durch den Aufbau der Gleichungen selbst und weiter durch die notwendige Berücksichtigung der Grenzbedingungen sich einstellen; zumeist muß das Hilfsmittel der Vernachlässigung von Gliedern untergeordneten Einflusses in Verwendung gezogen werden.

Die exakte mathematische Formulierung des zweiten Teiles wäre bei Kenntnis der durch die Rauhigkeiten verursachten Bewegungen im Prinzip wohl möglich, ist aber bei der Mannigfaltigkeit der Rauhigkeitsformen und anderer Grenzbedingungen, wie z. B. die Bedingungen des Zu- und Abflusses praktisch nicht durchführbar; es können aber unter Verwendung geeigneter Hypothesen und empirisch bestimmter Zahlwerte für Exponenten und Koeffizienten Formeln aufgestellt werden, die weitgehende Annäherung von Rechnungsresultaten an Messungsresultate ergeben.

Am zutreffendsten dürften die bestehenden Schwierigkeiten durch den Beitrag von Th. v. Karmán-Aachen zu den Verhandlungen aus dem Gebiete der Hydro- und Aerodynamik an der Zusammenkunft in Innsbruck im September 1922: „Über die Oberflächenreibung von Flüssigkeiten" gekennzeichnet sein[1]), dessen Schlußsatz folgendermaßen lautet:

„Man sieht im allgemeinen, daß es einer ausgedehnten Reihe systematischer Versuche mit weiten Variationsbereichen bedarf, um über dieses verwickelte Erscheinungsgebiet vollen und klaren Überblick zu verschaffen. Es fehlt dabei die sicher führende Hand der Theorie; solange die Grundaufgabe: die mechanischen Gesetze der turbulenten Reibungsübertragung zu finden, nicht gelöst ist, besteht wenig Hoffnung, das empirische Material völlig durchblicken zu können. Es ist wahrscheinlich, daß zur Lösung dieser Grundaufgabe die statistische Betrachtungsweise herangezogen werden muß. Zur Durchführung der Untersuchung bedarf man jedoch ebenso wahrscheinlich einer glücklichen Idee, welche bisher nicht gefunden worden ist."

Unter diesen Umständen erscheint die Aufstellung einer verwendbaren eindeutigen Theorie der Strömung mit Widerständen vorläufig ausgeschlossen und es kann sich nur darum handeln, allgemein theoretische Grundlagen für die hydrodynamisch begründete Diskussion der Resultate von Versuchen zu schaffen, die einerseits die Erkenntnis der Erscheinungen und deren Ursachen, andererseits die Systematik empirischer Gebrauchsformeln zu fördern imstande sind.

a) Oberflächenkräfte, Dissipation.

Die Widerstandskräfte kommen am Massenelement durch die Veränderung der Pressungen gegenüber widerstandslosen Zustand und durch Auftreten von Tangentialspannungen zur Wirkung; ihre Bedeutung und ihr Zusammenhang ergibt sich aus folgendem:

Wie schon im 1. Kapitel bei Anführung der allgemeinen Fundamentalgleichungen hervorgehoben wurde, bedeutet in denselben p einen Mittelwert der Pressungen, die sich in einem Punkt des Stromgebietes nach verschiedenen Richtungen einstellen, und zwar ist dies das arithmetische Mittel aus den drei Pressungen in drei zueinander senkrechten, aber sonst beliebigen Richtungen.

---

[1]) Siehe: „Vorträge aus dem Gebiete der Hydro- und Aerodynamik" von Th. v. Karmán-Levi Civita. Berlin: Julius Springer, 1924.

Die Zulässigkeit dieser Annahme ergibt sich aus folgendem:

Wie auf S. 98 bemerkt, besitzt jedes Element drei aufeinander senkrecht stehende Hauptdehnungsachsen und ist daher anzunehmen, daß auf den zu diesen Achsen senkrechten Flächen nur Normaldrücke, also reine Pressungen (keine Tangentialspannungen, d. s. die Werte der Tangentialkomponenten pro Flächeneinheit), wirksam sind; es seien nun in Abb. 35 in dem, bei 0 vollkommen rechtwinkligen Tetraeder $0\,abc$ die Flächen $0\,ab, 0\,ac, 0\,bc$ solche zu den Hauptachsen senkrecht stehende Flächen mit den Pressungen p_1, p_2, p_3; die Richtungskosinuse der Flächennormalen gegen die Koordinatenachsen seien l_1, m_1, n_1; l_2, m_2, n_2; l_3, m_3, n_3. Die Dreiecksfläche abc steht senkrecht zur X-Achse und p_x sei der Betrag der Pressung in dieser Fläche, dann besteht die Gleichung

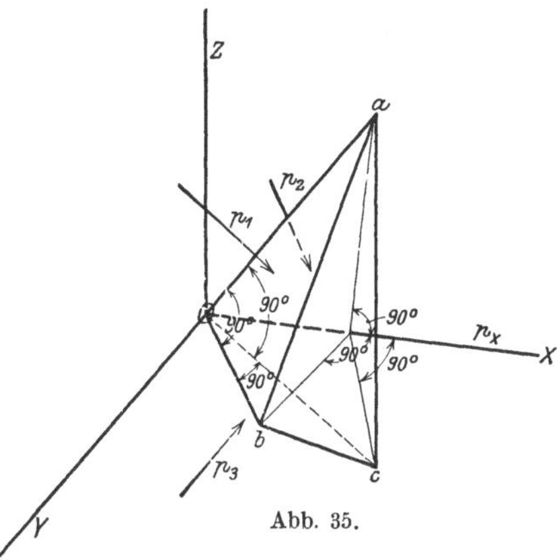

Abb. 35.

$$p_x(abc) = p_1\,(0\,ab)\cdot l_1 + p_2\,(0\,ac)\,m_1 + p_3\,(0\,bc)\,n_1$$

und da $(0\,ab) = (abc)\cdot l_1$; $(0\,ac) = (abc)\cdot m_1$; $(0\,bc) = (abc)\cdot n_1$

$$p_x = p_1 l_1^2 + p_2 m_1^2 + p_3 n_1^2.$$

Für Tetraeder in analoger Lage gegen die Y- und Z-Achse folgt

$$p_y = p_1 l_2^2 + p_2 m_2^2 + p_3 n_2^2$$
$$p_z = p_1 l_3^2 + p_2 m_3^2 + p_3 n_3^2,$$

woraus sich durch Addition und Berücksichtigung von

$$l_1^2 + l_2^2 + l_3^2 = 1, \quad m_1^2 + m_2^2 + m_3^2 = 1, \quad n_1^2 + n_2^2 + n_3^2 = 1$$

ergibt: $$p_x + p_y + p_z = p_1 + p_2 + p_3.$$

In dieser Gleichung kommen die Richtungskosinuse nicht mehr vor; sie gilt daher für eine beliebige Lage der Koordinatenachsen gegen die Hauptachsen und folgt daraus, daß in einem Punkt die Summe der Pressungen nach drei zueinander senkrechten, aber sonst beliebigen Richtungen einen konstanten Wert hat; der Mittelwert, d. i. $p = {}^1/_3\,(p_x + p_y + p_z) = {}^1/_3\,(p_1 + p_2 + p_3)$ ist der in den Grundgleichungen der Bewegungen mit Widerständen eingeführte Pressungswert. (Diese Darlegung ist aus Lambs Hydrodynamik, S. 660, entnommen.)

8*

Es ist hierbei nicht ausgeschlossen, daß in drei bestimmten zueinander senkrechten Flächen die Pressungswerte gleich groß sind.

Für die Tangentialspannungen ergibt sich ebenfalls eine bestimmte Eigenschaft. Sind am Parallelepiped Abb. 36 mit den Seiten δ_x, δ_y, δ_z, P_{xz} und P_{xy} die Komponenten der Oberflächenkräfte, die von der Tangentialspannung auf der ZOY-Rechteckfläche herrühren, also

$$P_{xy} = p_{xy}\delta_y\delta_z, \qquad P_{xz} = p_{xz}\delta_y\delta_z$$

und ebenso

$$P_{yz} = p_{yz}\delta_z\delta_x, \qquad P_{yx} = p_{yx}\delta_z\delta_x$$

$$P_{zy} = p_{zy}\delta_x\delta_y, \qquad P_{zx} = p_{zx}\delta_x\delta_y,$$

so müssen unter Vernachlässigung der Momente der Massenkräfte, die gegenüber den Oberflächenkräften unendlich klein höherer Ordnung sind, die Momentgleichungen bestehen:

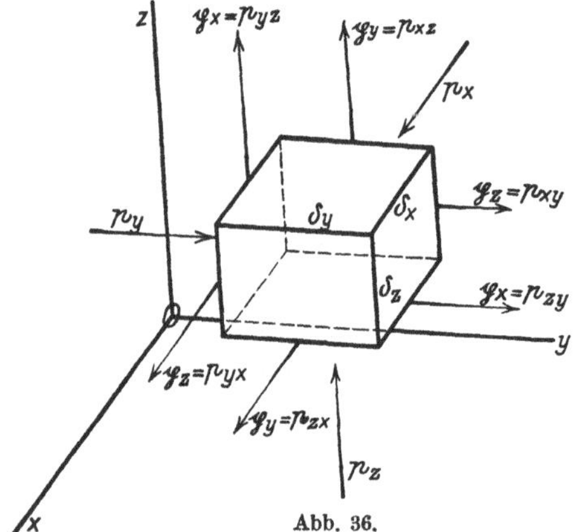

Abb. 36.

$$P_{yz}\frac{\delta_y}{2} = P_{zy}\frac{\delta_z}{2},$$

$$p_{yz}\delta_z\delta_x\frac{\delta_y}{2} = p_{zy}\cdot\delta_x\delta_y\cdot\frac{\delta_z}{2},$$

mithin: $p_{yz} = p_{zy}$ und ebenso $p_{zx} = p_{xz}$; $p_{xy} = p_{yx}$; d. h. die Tangentialspannungen, die an zwei Flächenelementen wirksam sind, die sich an einer gemeinschaftlichen Kante unter einem rechten Winkel schneiden, haben gleiche Größe.

Der Kürze halber seien diese Spannungen entsprechend der gemeinschaftlichen Kante mit $\mathfrak{p}_x$, $\mathfrak{p}_y$, $\mathfrak{p}_z$ bezeichnet, so daß z. B. $p_{yz} = p_{zy} = \mathfrak{p}_x$ ist.

Die Flächen und Richtungen, in denen die Pressungen p_x, p_y, p_z und obige Spannungen wirken, ergeben sich aus beistehendem Schema.

Es wirken in Richtung	X	Y	Z
in der Fläche YOZ	p_x	$\mathfrak{p}_z$	$\mathfrak{p}_y$
” ” ” ZOX	$\mathfrak{p}_z$	p_y	$\mathfrak{p}_x$
” ” ” XOY	$\mathfrak{p}_y$	$\mathfrak{p}_x$	p_z

Die Komponenten der Oberflächenkräfte, die in den zu den drei Richtungen X, Y, Z senkrechten Flächenpaaren wirken, sind hiernach in der

$$X\text{-Richtung}\quad P_x = -\frac{\partial \mathfrak{p}_x}{\partial x}\delta_x\delta_y\delta_z - \frac{\partial \mathfrak{p}_z}{\partial y}\delta_x\delta_y\delta_z - \frac{\partial \mathfrak{p}_y}{\partial_z}\delta_x\delta_y\delta_z \left.\right)$$

$$Y\text{-}\quad\,\,\raise1pt\hbox{,,}\quad P_y = -\frac{\partial \mathfrak{p}_z}{\partial x}\delta_x\delta_y\delta_z - \frac{\partial \mathfrak{p}_y}{\partial y}\delta_x\delta_y\delta_z - \frac{\partial \mathfrak{p}_x}{\partial z}\delta_x\delta_y\delta_z \left.\right\rbrace\quad \mathrm{XXIII}_a$$

$$Z\text{-}\quad\,\,\raise1pt\hbox{,,}\quad P_z = -\frac{\partial \mathfrak{p}_y}{\partial x}\delta_x\delta_y\delta_z - \frac{\partial \mathfrak{p}_x}{\partial y}\delta_x\delta_y\delta_z - \frac{\partial \mathfrak{p}_z}{\partial z}\delta_x\delta_y\delta_z \left.\right)$$

P_x, P_y, P_z sind hiernach die wirklichen Komponenten der Oberflächenkräfte am Volumelement $\delta_x\delta_y\delta_z$, die das Massenelement $\delta_m = \frac{\gamma}{g}\delta_x\delta_y\delta_z$ im Verein mit der Schwerkraft beschleunigen; es bestehen daher folgende Identitäten:

$$P_x + K_x\delta_m = \frac{dv_x}{dt}\delta_m = \left(K_x - W_x - \frac{g}{\gamma}\frac{\partial p}{\partial x}\right)\delta_m \left.\right)$$

$$P_y + K_y\delta_m = \frac{dv_y}{dt}\delta_m = \left(K_y - W_y - \frac{g}{\gamma}\frac{\partial p}{\partial y}\right)\delta_m \left.\right\rbrace\quad .\,.\,\mathrm{XXIII}_b$$

$$P_z + K_z\delta_m = \frac{dv_z}{dt}\delta_m = \left(K_z - W_z - \frac{g}{\gamma}\frac{\partial p}{\partial z}\right)\delta_m \left.\right)$$

$$P_x = -\left(W_x + \frac{g}{\gamma}\cdot\frac{\partial p}{\partial x}\right)\delta_m \left.\right)$$

$$P_y = -\left(W_y + \frac{g}{\gamma}\cdot\frac{\partial p}{\partial y}\right)\delta_m \left.\right\rbrace\quad .\,.\,.\,.\,.\,.\,\mathrm{XXIII}_c$$

$$P_z = -\left(W_z + \frac{g}{\gamma}\cdot\frac{\partial p}{\partial z}\right)\delta_m \left.\right)$$

Aus den Gleichungen XXIII_a und $_c$ folgt das Gleichungssystem:

$$\frac{\partial \mathfrak{p}_x}{\partial x} + \frac{\partial \mathfrak{p}_z}{\partial y} + \frac{\partial \mathfrak{p}_y}{\partial z} = \frac{\gamma}{g}W_x + \frac{\partial p}{\partial x} \left.\right)$$

$$\frac{\partial \mathfrak{p}_z}{\partial x} + \frac{\partial \mathfrak{p}_y}{\partial y} + \frac{\partial \mathfrak{p}_x}{\partial z} = \frac{\gamma}{g}W_y + \frac{\partial p}{\partial y} \left.\right\rbrace\quad .\,.\,.\,.\,.\,.\,\mathrm{XXIV}$$

$$\frac{\partial \mathfrak{p}_y}{\partial x} + \frac{\partial \mathfrak{p}_x}{\partial y} + \frac{\partial \mathfrak{p}_z}{\partial z} = \frac{\gamma}{g}W_z + \frac{\partial p}{\partial z} \left.\right)$$

Die Gleichungen desselben bilden im Verein mit der Mittelwertsbedingung die Bestimmungsgleichungen für p_x, p_x, p_z und $\mathfrak{p}_x$, $\mathfrak{p}_y$, $\mathfrak{p}_z$, bei gegebenen Ausdrücken für die Komponenten W und bei bekannten Werten von $\frac{\partial p}{\partial x}$ usw., wobei noch andere durch die Form und Art der Bewegung bestimmte Bedingungen zu berücksichtigen sein werden, z. B. das Fehlen von Oberflächenspannungen bei Schichtströmung in den die φ-Linien enthaltenden und Schichtflächen schneidenden Stromflächen.

Die Arbeit der Oberflächenkräfte wird in folgender Weise erhalten:

Am Volumelement $\delta_x \delta_y \delta_z$ ist die Arbeit der am Flächenpaar $\delta_y \delta_z$ wirksamen Pressungen und Spannungen pro Zeiteinheit bestimmt durch die Gleichung:

$$-\frac{\partial}{\partial x}\left(p_x v_x \delta_y \delta_z + \mathfrak{p}_z v_y \delta_y \delta_z + \mathfrak{p}_y v_z \delta_y \delta_z\right)\delta_x$$

$$= -\frac{\partial}{\partial x}\left(p_x v_x + \mathfrak{p}_z v_y + \mathfrak{p}_y v_z\right)\delta_x \delta_y \delta_z$$

und an den beiden anderen Flächenpaaren:

$$-\frac{\partial}{\partial y}\left(\mathfrak{p}_z v_x + p_y v_y + \mathfrak{p}_x v_z\right)\delta_x \delta_y \delta_z$$

resp. $$-\frac{\partial}{\partial z}\left(\mathfrak{p}_y v_x + \mathfrak{p}_x v_y + p_z v_z\right)\delta_x \delta_y \delta_z .$$

Addiert man diese drei Arbeitswerte, so erhält man nach Ausführung der angezeigten Differentiationen, Berücksichtigung der Ausdrücke für P_x, P_y, P_z in den Gleichungen XXIII$_a$ und entsprechender Ordnung, die elementare Arbeit der Oberflächenkräfte in der Zeiteinheit:

$$\delta\frac{d\mathfrak{A}}{dt} = \left(P_x v_x + P_y v_y\right) + P_z v_z - \left[\left(p_x\frac{\partial v_x}{\partial x} + p_y\frac{\partial v_y}{\partial y} + p_z\frac{\partial v_z}{\partial z}\right)\right.$$

$$\left. + \mathfrak{p}_x\left(\frac{\partial v_y}{\partial z} + \frac{\partial v_z}{\partial y}\right) + \mathfrak{p}_y\left(\frac{\partial v_z}{\partial x} + \frac{\partial v_x}{\partial z}\right) + \mathfrak{p}_z\left(\frac{\partial v_x}{\partial y} + \frac{\partial v_y}{\partial z}\right)\right]\delta_x \delta_y \delta_z .$$

Nun ist nach Gleichung XXIV$_b$:

$$P_x v_x + P_y v_y + P_z v_z$$

$$= -\left(W_x v_x + W_y v_y + W_z v_z\right)\delta_m - \left(\frac{\partial p}{\partial x}v_x + \frac{\partial p}{\partial y}v_y + \frac{\partial p}{\partial z}v_z\right)\delta_x \delta_y \delta_z$$

$$= \frac{d\frac{v^2}{2}}{dt}\delta_m - \left(K_x v_x + K_y v_y + K_z v_z\right)\delta_m$$

gleich der Arbeit, die zur Änderung der kinetischen Energie der Hauptbewegung des Elementes nötig ist, soweit hierfür nicht schon die Schwerkraft dienlich ist; es stellt mithin der Subtrahent der rechten Seite des Ausdrucks für $\delta\dfrac{d\mathfrak{A}}{dt}$ denjenigen Betrag der scheinbar verlorenen Energie dar, die im Element teils als Wärme, teils als kinetische Energie der turbulenten Bewegung entsteht.

Der Betrag der scheinbar verlorenen Energie heißt die Dissipation der Energie; der gesamte Betrag derselben in einem abgegrenzten Stromgebiet ergibt sich mit

$$\mathfrak{E} = -\iiint \left[\left(p_x\frac{\partial v_x}{\partial x} + p_y\frac{\partial v_y}{\partial y} + p_z\frac{\partial v_z}{\partial z} \right) + \mathfrak{p}_x\left(\frac{\partial v_y}{\partial z} + \frac{\partial v_z}{\partial y} \right) + \right.$$
$$\left. + \mathfrak{p}_y\left(\frac{\partial v_y}{\partial x} + \frac{\partial v_x}{\partial z} \right) + \mathfrak{p}_z\left(\frac{\partial v_x}{\partial y} + \frac{\partial v_y}{\partial x} \right) \right] \quad . \ . \ \mathrm{XXV}$$

und muß gleich sein der im Gebiet verschwundenen äußeren Energie.

b) Bestimmung der Widerstandskomponenten.

Die Gleichung B^{IV} nimmt mit $\mathfrak{F}=z$ als Potentialfunktion für die Schwerkraft mit $\dfrac{\partial \mathfrak{v}}{dt}=0$ wegen stationären Zustandes und mit $\mathfrak{w}$ als Vektor für den Gesamtwiderstand die Form an:

$$\operatorname{grad}\left(z + \frac{p}{\gamma} + \frac{v^2}{2g} \right) + \mathfrak{w} - \frac{1}{g}\left[\mathfrak{v}\,rot\,\mathfrak{v} \right] = 0 .$$

Ist der Vektor
$$\mathfrak{w} - \frac{1}{g}\left[\mathfrak{v} \cdot rot\,\mathfrak{v} \right],$$

der Gradient eines Skalaren U also $= \operatorname{grad} U$, so folgt:

$$z + \frac{p^2}{\gamma} + \frac{v^2}{2g} + U = \text{konstant.}$$

Für Gleichung B_V bedeutet dies, daß

$$w_a\,da - \frac{G^2}{g}\left(A^2\mu\,d\mu + \mu^2\,\nabla^2\varphi\,d\varphi \right) = dU$$

sein muß; da w_a die Projektion von w auf die Richtung von da ist, so ergibt sich aus der letzten Gleichung unter Berücksichtigung von

$$\nabla^2\varphi = \frac{1}{\nu}\left(\frac{\partial\varphi}{\partial x}\frac{\partial\nu}{\partial x} + \frac{\partial\varphi}{\partial y}\frac{\partial\nu}{\partial y} + \frac{\partial\varphi}{\partial z}\frac{\partial\nu}{\partial z} \right)$$
$$= \frac{\partial\varphi}{\partial x}\frac{\partial\lg\nu}{\partial x} + \frac{\partial\varphi}{\partial y}\frac{\partial\lg\nu}{\partial y} + \frac{\partial\varphi}{\partial z}\frac{\partial\lg\nu}{\partial z}$$
$$= A \cdot N \cos(AN),$$

worin

$$N = \sqrt{\left(\frac{\partial \lg \nu}{\partial x}\right)^2 + \left(\frac{\partial \lg \nu}{\partial y}\right)^2 + \left(\frac{\partial \lg \nu}{\partial z}\right)^2}$$

ist, und des Schemas:

Richtung	φ	ψ	χ
da	$ds_\varphi = \dfrac{1}{A}\, d\varphi$	$ds_\varphi = \nu\, \dfrac{C}{A}\, d\psi$	$ds_\chi = \nu\, \dfrac{B}{A}\, d\chi$
w_α	w_φ	w_ψ	w_χ

wegen $v^2 = G^2 A^2 \mu^2$:

$$\frac{\partial U}{\partial \varphi} = \frac{1}{A}\, w_\varphi - 2\, \frac{v^2}{2g}\left[\frac{\partial \lg \mu}{\partial \varphi} + \frac{N}{A}\cos(AN)\right] \quad \ldots \ldots \quad \mathrm{B}_\varphi{}'$$

$$\frac{\partial U}{\partial \psi} = \nu\, \frac{C}{A}\, w_\psi - 2\, \frac{v^2}{2g}\, \frac{\partial \lg \mu}{\partial \psi} \quad \ldots \ldots \ldots \quad \mathrm{B}_\psi{}'$$

$$\frac{\partial U}{\partial \chi} = \nu\, \frac{B}{A}\, w_\chi - 2\, \frac{v^2}{2g}\, \frac{\partial \lg \mu}{\partial \chi} \quad \ldots \ldots \ldots \quad \mathrm{B}_\chi{}'$$

Nun ist

$$\frac{\partial \lg \mu}{\partial \varphi} = \frac{1}{\mu}\, \frac{\partial \mu}{\partial \varphi} = \frac{\nu}{\chi} \cdot \lambda\, \frac{\partial \dfrac{1}{\nu}}{\partial \varphi} = -\frac{1}{\nu}\, \frac{\partial \nu}{\partial \varphi}$$

$$= -\frac{1}{A^2}\, A N \cos(AN) = -\frac{N}{A}\cos(AN)$$

also

$$\frac{\partial \lg \mu}{\partial \varphi} + \frac{N}{A}\cos(AN) = 0\,.$$

Man erhält somit für die Bestimmung der drei Projektionen von w auf die Richtungen φ, ψ und χ die Gleichungen

$$w_\varphi = \qquad\qquad + A\, \frac{\partial U}{\partial \varphi} = \qquad\qquad + \frac{\partial U}{\partial s_\varphi} \quad \cdot\cdot \quad \mathrm{B}_\varphi$$

$$w_\psi = 2\, \frac{v^2}{2g}\, \frac{A}{\nu C}\, \frac{\partial \lg \mu}{\partial \psi} + \frac{A}{\nu C}\, \frac{\partial U}{\partial \psi} = 2\, \frac{v^2}{2g}\, \frac{\partial \lg \mu}{\partial s_\psi} + \frac{\partial U}{\partial s_\psi} \quad \cdot\cdot \quad \mathrm{B}_\psi$$

$$w_\chi = 2\, \frac{v^2}{2g}\, \frac{A}{\nu B}\, \frac{\partial \lg \mu}{\partial \chi} + \frac{A}{\nu B}\cdot \frac{\partial U}{\partial \chi} = 2\, \frac{v^2}{2g}\, \frac{\partial \lg \mu}{\partial s_\chi} + \frac{\partial U}{\partial s_\chi}\,. \quad \cdot\cdot \quad \mathrm{B}_\chi$$

Sind nun in dem durch die Flächen der Formfunktionen resp. deren Schnittlinien bestimmten Koordinatennetz A, B, C und hiermit bei bekanntem G auch v als Funktionen von φ, ψ, χ bekannt, so können entweder die Werte w_φ, w_ψ und w_χ bestimmt werden, wenn für U ein geeigneter Funktionsausdruck gefunden wird, oder es kann

U bestimmt werden, wenn für w_φ, w_ψ und w_χ geeignete Annahmen gemacht werden können.

Bei gegebener Lage des Koordinatensystems φ, ψ, χ gegen ein kartesisches Koordinatensystem x, y, z können die entsprechenden Transformationsformeln aufgestellt und mit deren Hilfe unter Benützung der Gleichungen B die Ausdrücke für die Widerstandskomponenten bestimmt und deren physikalische Berechtigung geprüft werden; dies wird aber am besten an geeigneten Beispielen erörtert.

B. Strömungen in geraden zylindrischen Rohren.

Sowohl die Untersuchungen von Poisseuille als auch diejenigen von Lorentz gehen von der Annahme aus, daß die Bewegung in geraden Rohren mit kreisförmigem Querschnitt als Parallelströmung mit einer derartigen Geschwindigkeitsverteilung betrachtet werden kann, daß die Strömungsgeschwindigkeit längs einer gegen die Rohrwand konzentrischen Zylinderfläche konstant ist, in den verschiedenen Zylinderflächen aber verschiedene Werte hat; dementsprechend kann man die Strömung als kreiszylindrische Schichtströmung mit geradliniger Parallelströmung als Grundform auffassen. Ferner hat die Erfahrung ergeben, daß in solchen Rohren, abgesehen vom Einfluß der Schwerkraft infolge des geodätischen Höhenunterschiedes der einzelnen Punkte im Strömungsgebiet, die Pressung in sämtlichen Bahnen längs derselben um den gleichen Betrag pro Längeneinheit abnimmt und hierbei in den einzelnen Querschnitten konstant ist.

Lamb hat die Untersuchung auf die Strömung mit Reibung im Rohr vom elliptischen Querschnitt ausgedehnt und gezeigt, daß sich auch für diesen Fall Schichtströmung mit elliptisch zylindrischen Strömungsflächen annehmen läßt; es ist daher zu erwarten, daß ähnliches auch für andere Profile möglich ist. Die folgenden Untersuchungen werden daher unter der Annahme des Bestandes von Schichtströmung durchgeführt.

Wird die mit den Erfahrungen sich deckende Annahme gemacht, daß die Größe der Widerstände von der Pressung selbst nicht beeinflußt wird, sondern nur abhängig von der relativen Geschwindigkeit der Flächen der Flüssigkeitselemente resp. von der Geschwindigkeit der Deformation derselben, so wird die Pressungsverteilung durch die Schwerkraft nur entsprechend der geodätischen Höhenlage der Punkte des Strömungsgebietes beeinflußt, und man kann daher das Glied $g \cdot dz$ vorbehaltlich späterer Wiedereinführung weglassen; dies vereinfacht die mathematische Darstellung wesentlich und soll daher im folgenden verwendet werden; bei Problemen, wo die Wirksamkeit der Schwerkraft einflußnehmend auf die Form der Strömung ist, darf dies natürlich nicht geschehen (wie z. B. beim Problem der freien Oberflächen).

I. Bestimmung der Formfunktionen.

Die φ-Flächen sind Ebenen senkrecht zur x-Achse, deren Gleichung lautet daher

$$\varphi = x \quad \dots \dots \dots \dots \dots \text{A}$$

Die ψ- und χ-Flächen sind Zylinderflächen mit Erzeugenden parallel zur Achse, die Wandfläche gehört einer der beiden Scharen an; im folgenden wird dieselbe immer als eine ψ-Fläche angenommen werden; die Schnittlinien der ψ- und χ-Flächen mit den φ-Ebenen sind ebene Kurvenscharen, für die Orthogonalität angenommen werden kann, so daß im kartesischen Koordinatensystem X, Y, Z nach Gleichung IIIb und der ersten von IV

$$\alpha_1 = \frac{\partial \varphi}{\partial x} = 1, \quad \beta_1 = \frac{\partial \psi}{\partial x} = 0, \quad \gamma_1 = \frac{\partial \chi}{\partial x} = 0, \quad \omega = \frac{\pi}{2}, \quad \cos \omega = 0$$

werden und der Zusammenhang zwischen den Funktionen ψ und χ und ν durch

$$\frac{\partial \psi}{\partial y} \cdot \frac{\partial \chi}{\partial y} + \frac{\partial \psi}{\partial x} \cdot \frac{\partial \chi}{\partial x} = 0 \quad \dots \dots \dots \dots \text{B}$$

$$\left(\frac{\partial \psi}{\partial y} \cdot \frac{\partial \chi}{\partial z} - \frac{\partial \psi}{\partial z} \cdot \frac{\partial \chi}{\partial y} \right) \cdot \nu = 1 \quad \dots \dots \dots \text{C}$$

bestimmt ist.

Die Annahme der Gleichung

$$\frac{\partial^2 \psi}{\partial y^2} + \frac{\partial^2 \psi}{\partial z^2} = \varkappa \quad \dots \dots \dots \dots \dots \text{D}$$

mit $\varkappa = $ einer Konstanten ermöglicht die Bestimmung von Funktionen der oben angegebenen Art.

Man erhält eine partikulare Lösung durch

$$\psi_p = a y^2 + b z^2 \quad \dots \dots \dots \dots \dots \text{E}$$

und hiermit bereits die Gleichung einer zweiten Formfunktion; ferner wird

$$\frac{\partial \psi_p}{\partial y} = 2\,a y, \qquad \frac{\partial \psi_p}{\partial z} = 2\,b z,$$

$$\frac{\partial^2 \psi_p}{\partial y^2} = 2\,a, \qquad \frac{\partial^2 \psi_p}{\partial z^2} = 2\,b,$$

$$\frac{\partial^2 \psi_p}{\partial y^2} + \frac{\partial^2 \psi_p}{\partial z^2} = 2\,(a + b) = \varkappa .$$

Gleichung B ergibt

$$2\,a\,y\,\frac{\partial \chi_p}{\partial y} + 2\,b\,z\,\frac{\partial \chi_p}{\partial z} = 0$$

als Differentialgleichung für χ_p; derselben wird durch jede beliebige Funktion des Argumentes

$$u = -\frac{1}{2\,a}\log y + \frac{1}{2\,b}\log z = \log \frac{z^{\frac{1}{2b}}}{y^{\frac{1}{2a}}}$$

entsprochen.

Damit auch für negative Werte von y oder z endliche Werte für χ_p sich ergeben, kann man setzen: $\chi_p = \operatorname{arctg} e^u$; man erhält hiermit

$$\chi_p = \operatorname{arctg} \frac{z^{\frac{1}{2b}}}{y^{\frac{1}{2a}}} \quad \ldots \ldots \ldots \ldots \quad \text{F}$$

als Gleichung einer dritten Formfunktion, es werden

$$\frac{\partial \chi_p}{\partial y} = -\frac{y^{\frac{1}{a}}\cdot z^{\frac{1}{2b}}}{\left(y^{\frac{1}{a}} + z^{\frac{1}{b}}\right)2\,a\,y\cdot y^{\frac{1}{2a}}}, \qquad \frac{\partial \chi_p}{\partial z} = \frac{y^{\frac{1}{a}}\cdot z^{\frac{1}{2b}}}{\left(y^{\frac{1}{a}} + z^{\frac{1}{b}}\right)2\,b\,z\cdot y^{\frac{1}{2a}}};$$

hiermit entsprechend Gleichung C:

$$+\left(\frac{2\,a\,y}{2\,b\,z}\cdot\frac{y^{\frac{1}{a}}\cdot z^{\frac{1}{2b}}}{\left(y^{\frac{1}{a}} + z^{\frac{1}{b}}\right)y^{\frac{1}{2a}}} + \frac{2\,b\,z}{2\,a\,y}\cdot\frac{y^{\frac{1}{a}}\cdot z^{\frac{1}{2b}}}{\left(y^{\frac{1}{a}} + z^{\frac{1}{b}}\right)y^{\frac{1}{2a}}}\right)\cdot v = 1,$$

und hieraus

$$v = -\frac{y^{\frac{1}{a}} + z^{\frac{1}{b}}}{y^{\frac{1}{a}}}\cdot\frac{y^{\frac{1}{2a}}}{z^{\frac{1}{2b}}}\cdot\frac{a\,y\,b\,z}{a^2\,y^2 + b^2\,z^2}$$

$$v = -\frac{\cos\chi}{\sin^3\chi}\cdot\frac{1}{\dfrac{a\,y}{b\,z} + \dfrac{b\,z}{a\,y}} \quad \ldots \ldots \ldots \ldots \quad \text{G}$$

Der Gleichung E entsprechen bei gegebenen Werten von a und b, wenn $0 < a \lessgtr b > 0$ ist, ähnliche Ellipsen mit den Mittelpunktskoordinaten $y = 0$; $z = 0$, die mit $a = b$ in Kreise übergehen; in diesem Fall erhält man $\chi_p = \operatorname{arctg}\left(\dfrac{y}{z}\right)^{\frac{1}{2a}}$ als Gleichung der ψ-Linien, d. s. die Radien durch den Kreismittelpunkt, resp. die Gleichung der

χ_p-Flächen, d. s. das Ebenenbüschel mit der X-Achse als gemeinschaftlicher Schnittlinie.

Setzt man nun im Sinne einer Funktionenaddition

$$\psi = \alpha_0 \, \psi_p + \alpha_1 \, \psi_1 + \alpha_2 \, \psi_2 + \cdots + \alpha_i \, \psi_i \, . \, . \, . \, . \, . \quad \text{H}$$

worin ψ_p der Gleichung E, hingegen jede der Funktionen

$$\psi_1, \; \psi_2 \cdots$$

der Gleichung

$$\frac{\partial^2 \psi_i}{\partial y^2} + \frac{\partial^2 \psi_i}{\partial z^2} = 0$$

entspricht und $\alpha_0 \cdots \alpha_i$ konstante Zahlwerte bedeuten, so ist Gleichung H die allgemeine Lösung der Gleichung D, wobei es nun möglich ist, durch entsprechende Wahl der Funktionen ψ_i die verschiedenartigsten Profilformen mit ihren Schichtlinien (χ-Linien) mittels analytischer oder graphischer Funktionenaddition zu bestimmen.

Beispiele von Formfunktionen.

1. **Das Kreisprofil.** Mit $a = b = \frac{1}{2}$ werden im kartesischen Koordinatensystem:

$$\varphi = x \, . \, . \, . \, . \, . \, . \, . \, . \, . \, . \, . \, . \, . \, . \, . \quad \text{A}_{\varkappa}$$

$$\psi = \tfrac{1}{2}\left(y^2 + z^2\right) \, . \, . \, . \, . \, . \, . \, . \, . \, . \, . \quad \text{E}_{\varkappa}$$

$$\chi = \operatorname{arctg} \frac{z}{y} \, . \, . \, . \, . \, . \, . \, . \, . \, . \, . \quad \text{F}_{\varkappa}$$

$$\nu = + \, 1 = \text{konstant} \, . \, . \, . \, . \, . \, . \, . \, . \quad \text{G}_{\varkappa}$$

im Zylinderkoordinatensystem werden

$$y^2 + z^2 = r^2; \qquad \frac{z}{y} = \operatorname{tg} \vartheta,$$

mithin

$$\psi = \frac{r^2}{2} \, . \, . \, . \, . \, . \, . \, . \, . \, . \, . \, . \quad \text{E}_{\varkappa}$$

$$\chi = \vartheta \, . \, . \, . \, . \, . \, . \, . \, . \, . \, . \, . \, . \quad \text{F}_{\varkappa}$$

$\nu = + \, 1 = \text{konstant}$ charakterisiert reine Potentialform.

2. **Das elliptische Profil** (Abb. 37).

Mit $a = \frac{1}{2}$; $b = \frac{1}{2\,\varepsilon}\left|: \varepsilon > 0 :\right|$ werden im kartesischen Koordinatensystem

$$\varphi = x \, . \, . \, . \, . \, . \, . \, . \, . \, . \, . \, . \, . \, . \quad \text{A}_e$$

$$\psi = \frac{1}{2}\left(y^2 + \frac{1}{\varepsilon}\,z^2\right) \, . \, . \, . \, . \, . \, . \, . \quad \text{E}_e$$

$$\chi = \operatorname{arctg} \frac{z^{\varepsilon}}{y} \, . \, . \, . \, . \, . \, . \, . \, . \, . \quad \text{F}_e$$

die Funktion

$$v = -\frac{\cos\chi}{\sin^3\chi} \cdot \frac{\varepsilon}{\varepsilon^2 \dfrac{y}{z} + \dfrac{z}{y}} \quad \dots\dots\dots \text{G}_e$$

hat den Charakter einer λ-Funktion, da y und z als Funktionen von ψ und χ darstellbar sind; die Formfunktion A_e, E_e und F_e entsprechen hiermit auch einer Potentialform.

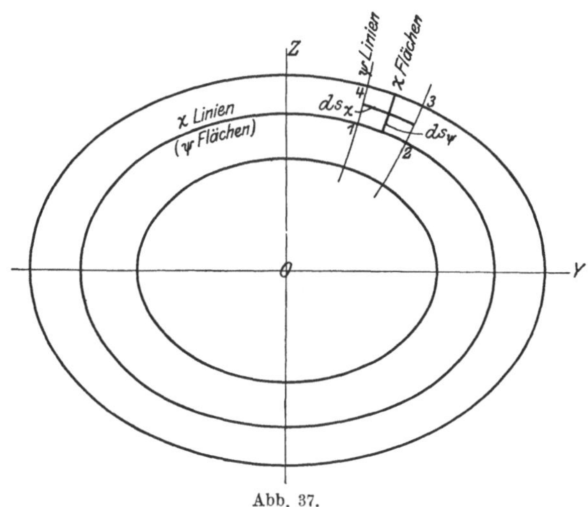

Abb. 37.

3. Stollenprofile (Abb. 38). Als Beispiele graphischer Funktionenaddition entsprechend Gleichung H.

Die Gleichung E kann durch den Ansatz:

$$\psi_p = a\,(y + m)^2 + b\,(z + n)^2$$

mit m und n als Konstanten (einer Koordinatentransformation entsprechend) zweckmäßig verallgemeinert werden, denn dieselbe entspricht ebenfalls der Differentialgleichung mit

$$k = 2\,(a + b).$$

Mit

$$a = b = \tfrac{1}{2}, \qquad m = 0, \qquad n = -1, \qquad \alpha_0 = 2$$

wird

$$\alpha_0\,\psi_p = [y^2 + (z - 1)^2], \qquad \alpha_0\,k = 4.$$

Durch diese Gleichung werden Kreise beschrieben mit den Mittelpunktskoordinaten $y_0 = 0$, $z_0 = +1$ und mit den Radien $r_p = \sqrt{\alpha_0\,\psi_p}$.

Die Gleichung

$$\psi_1 = \log\sqrt{y^2 + z^2}$$

entspricht der Differentialgleichung J, indem im polaren Koordinatensystem $\varphi_1 = \log r$ und mithin

$$\frac{\partial^2 \psi_1}{\partial y^2} + \frac{\partial^2 \psi_1}{\partial z^2} = \frac{\partial^2 \psi_1}{\partial r^2} + \frac{1}{r}\frac{\partial \psi}{\partial r} = -\frac{1}{r^2} + \frac{1}{r^2} = 0$$

wird; mit $\alpha_1 = -0{,}48$ erhält man

$$\alpha_1 \psi_1 = -0{,}48 \log \sqrt{y^2 + z^2} = -0{,}48 \log r \,.$$

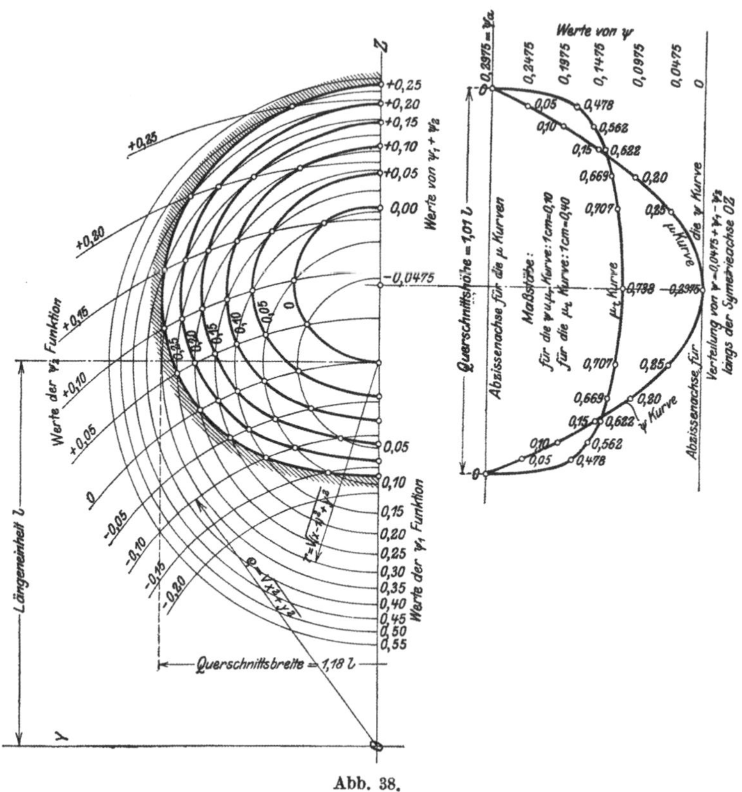

Abb. 38.

Hierdurch sind Kreise beschrieben mit den Mittelpunktskoordinaten $y_1 = 0$, $z_1 = 0$ und den Radien $r_1 = e^{\alpha_1 \psi_1}$.

Durch Addition von $\alpha_0 \psi_p$ und $\alpha_1 \psi_1$, und behufs zweckmäßiger Wertverteilung einer entsprechend zu bestimmenden Konstanten C erhält man den Ansatz:

$$\psi = C + [(z-1)^2 + y^2] - 0{,}48 \log \sqrt{z^2 + y^2} \,.$$

Die Wertverteilung von ψ längs der Ordinatenlinie $y = 0$ ist bestimmt durch

$$\psi = C + (z-1)^2 - 0{,}48 \log z \,;$$

es wird ψ ein Minimum, wenn

$$\frac{\partial \psi}{\partial z} = 2\,(z-1) - \frac{0,48}{z} = 0$$

wird; dies gibt

$$z = 1,2\,; \qquad \psi = C + 0,04 - 0,48 \log 1,2 = C - 0,0475.$$

Nimmt man $C = 0,0475$, so wird im Punkte $y = 0$, $z = 1,2$, $\psi = 0$, d. h. das analytische Minimum der ψ-Werte hat den Wert Null. Es ist also:

$$\psi = 0,0475 + [(z-1)^2 + y^2] - 0,48 \log \sqrt{z^2 + y^2} \dots \mathrm{E}_{st}.$$

Man erhält z. B.

$\psi_p =$	$+0,00$	$+0,10$	$+0,20$	$+0,30$	$+0,40$	$+0,50$
$r =$	$0,000$	$0,316$	$0,447$	$0,548$	$0,632$	$0,705$

$\psi_1 =$	$-0,20$	$-0,10$	$+0,00$	$+0,10$	$+0,20$	$+0,30$
$r_1 =$	$0,659$	$0,812$	$1,000$	$1,232$	$1,518$	$1,868$

Z. B. der Verbindungslinie der Schnittpunkte der Kreise

$$\psi_p = \quad 0,4, \qquad 0,3, \qquad 0,2$$
$$\psi_1 = \quad 0,2, \qquad 0,1, \qquad 0,0$$

entspricht $\qquad \psi_p - \psi_1 = \quad 0,2, \qquad 0,2, \qquad 0,2$

und mit

$$C = 0,0475\,,$$
$$\psi = C + \psi_p - \psi_1$$
$$= 0,2475\,.$$

Mit Hilfe von Gleichung B kann wie früher die Funktion χ und mit Hilfe von Gleichung C die Funktion ν bestimmt werden; $\varphi = x$ bleibt wie früher.

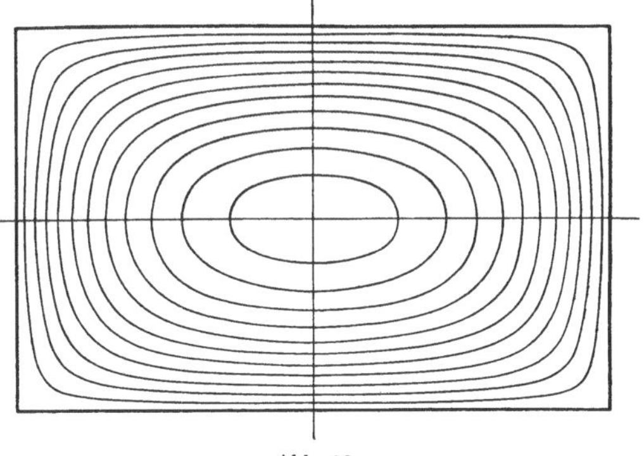

Abb. 39.

4. Das rechteckige Profil (Abb. 39). Als Beispiel der analytischen Bestimmung der Schichtlinien bei gegebener Profilform.

Funktionen von der Form

$$m_n \, \mathfrak{Cof}\,(cz) \cos\,(cy) \qquad \text{oder} \qquad \mathfrak{m}_n \, \mathfrak{Cof}\,(c\,\varepsilon\,y) \cos\,(c\,\varepsilon\,z)$$

erfüllen mit m, $\mathfrak{m}$, n, ε und e als vorläufig noch beliebigen Konstanten die Gleichung J, denn man erhält z. B.

$$\frac{\partial^2}{\partial z^2}\, \mathfrak{m}_n\, \mathfrak{Cof}\,(c\,\varepsilon\, y)\cos(c\,\varepsilon\, z) = -\,\mathfrak{m}_n\,(c\,\varepsilon)^2\,\mathfrak{Cof}\,(c\,\varepsilon\, y)\cos(c\,\varepsilon\, z),$$

$$\frac{\partial^2}{\partial y^2}\, \mathfrak{m}_n\, \mathfrak{Cof}\,(c\,\varepsilon\, y)\cos(c\,\varepsilon\, z) = +\,\mathfrak{m}_n\,(c\,\varepsilon)^2\,\mathfrak{Cof}\,(c\,\varepsilon\, y)\cos(c\,\varepsilon\, z),$$

daher die Summe $= 0$ [1]).

Der Ansatz

$$\psi = C + \psi_p + \sum \mathfrak{m}_n\,\mathfrak{Cof}\,(c\,z)\cos(c\,y) + \sum \mathfrak{m}_n\,\mathfrak{Cof}\,(c\,\varepsilon\, y)\cos(c\,\varepsilon\, z),$$

worin C eine Konstante und, entsprechend Gleichung E, $\psi_p = a y^2 + b z^2$ ist; die Gleichung D wird:

$$\frac{\partial^2\psi}{\partial y^2} + \frac{\partial^2\psi}{\partial z^2} = 2\,(a+b).$$

Wählt man $c = (2\,n+1)\dfrac{\pi}{2}$, mit n als Reihenindex von $n=0$ bis $n=\infty$, so folgt:

$$\psi = C + a y^2 + b z^2 + \sum_0^\infty \mathfrak{m}_n\,\mathfrak{Cof}\left[(2\,n+1)\frac{\pi}{2}\,z\right]\cos\left[(2\,n+1)\frac{\pi}{2}\,y\right]$$

$$+ \sum_0^\infty \mathfrak{m}_n\,\mathfrak{Cof}\left[(2\,n+1)\frac{\pi}{2}\,\varepsilon\, y\right]\cos\left[(2\,n+1)\frac{\pi}{2}\,\varepsilon\, z\right].$$

Es werden, da $\cos(2\,n+1)\dfrac{\pi}{2} = 0$ [2]) ist, für alle Werte von n für $y=1$

$$\psi_I = C + a + b z^2 + \sum_0^\infty \mathfrak{m}_n\,\mathfrak{Cof}\left[(2\,n+1)\frac{\pi}{2}\,\varepsilon\right]\cos\left[(2\,n+1)\frac{\pi}{2}\,\varepsilon\, z\right],$$

für $z = \dfrac{1}{\varepsilon}$

$$\psi_{II} = C + a y^2 + \frac{b}{\varepsilon^2} + \sum_0^\infty \mathfrak{m}_n\,\mathfrak{Cof}\left[(2\,n+1)\frac{\pi}{2}\cdot\frac{1}{\varepsilon}\right]\left[\cos(2\,n+1)\frac{\pi}{2}\,y\right].$$

---

[1]) Die angenommenen Funktionsformen sind die reellen Faktoren der Funktion

$$W = U + i\,V = \cos c\,w = \cos c\,(y + i z)$$

resp.

$$= \cos c\,i\,w = \cos c\,i\,(y + i z)$$

des komplexen Argumentes $w = y + i z$, die eben jede die Gleichung J erfüllt; unter Benützung dieser Eigenschaft können noch viele andere Formen gefunden werden.

[2]) In der ersten Auflage wurde irrtümlicherweise $\cos n\dfrac{\pi}{2} = 0$ für alle Werte von n angenommen, worauf Dr.-Ing. Géza Sasvári in seinem Artikel „Über Geschwindigkeitsverteilung in Rohren mit kreisförmigen und rechteckigen Querschnitt“ (Zeitschr. f. d. gesamten Turbinen von Jg. 14, Heft 3, 5, 6) aufmerksam macht und den Irrtum korrigiert.

In den Gleichungen für ψ_I und ψ_{II} können die Glieder

$$a + bz^2 = a + \left(\frac{b}{\varepsilon^2}\right)\cdot(\varepsilon z)^2 \quad \text{und} \quad ay^2 + \frac{b}{\varepsilon^2}$$

durch Fouriersche Reihen von der Form

$$\sum_0^\infty A_n \cos\left[(2n+1)\frac{\pi}{2}\varepsilon z\right], \quad \text{resp.} \quad \sum_0^\infty B_n \cos\left[(2n+1)\frac{\pi}{2}y\right]$$

dargestellt werden; man erhält:

$$A_n = \int_0^b \left[a + \left(\frac{b}{\varepsilon^2}\right)(\varepsilon z)^2\right]\cos\left[(2n+1)\frac{\pi}{2}(\varepsilon z)\right]d(\varepsilon z) = (-1)^n\left[\frac{a + \dfrac{b}{\varepsilon^2}}{(2n+1)} - \frac{b\dfrac{b}{\varepsilon^2}}{\pi^2(2n+1)^3}\right],$$

$$B_n = \int_0^b \left[ay^2 + \frac{b}{\varepsilon^2}\right]\cos\left[(2n+1)\frac{\pi}{2}y\right]dy = (-1)^n\left[\frac{a + \dfrac{b}{\varepsilon^2}}{(2n+1)} - \frac{8a}{\pi^2\,2n+1)^3}\right].$$

Mit $b = a\varepsilon$ werden:

$$A_n = (-1)^n\frac{4}{\pi}\frac{a}{\varepsilon}\left[\frac{1+\varepsilon}{(2n+1)} - \frac{8}{\pi^2(2n+1)^3}\right],$$

$$B_n = (-1)^n\frac{4}{\pi}\frac{a}{\varepsilon}\left[\frac{1+\varepsilon}{2n+1} - \frac{8\varepsilon}{\pi^2(2n+1)^3}\right].$$

Setzt man nun in den Gleichungen für ψ_I und ψ_{II}

$$A_n = -\mathfrak{m}_n\,\mathfrak{Cof}\left[(2n+1)\frac{\pi}{2}\varepsilon\right], \qquad \mathfrak{m}_n = -\frac{A_n}{\mathfrak{Cof}\left[(2n+1)\dfrac{\pi}{2}\cdot\varepsilon\right]},$$

$$B = -m_n\,\mathfrak{Cof}\left[(2n+1)\frac{\pi}{2}\right], \qquad m_n = -\frac{B_n}{\mathfrak{Cof}\left[(2n+1)\dfrac{\pi}{2}\right]},$$

so werden $\psi_I = \psi_{II} = C$, und es ist C der Funktionswert für ψ an den Rechteckseiten; die Gleichung für ψ wird:

$$\psi = C + a(y^2 + \varepsilon z^2)$$

$$- \sum_0^\infty(-1)^n\frac{4}{\pi}\frac{a}{\varepsilon}\left[\frac{1+\varepsilon}{2n+1} - \frac{8}{\pi^2(2n+1)^3}\frac{\mathfrak{Cof}(2n+1)\dfrac{\pi}{2}z}{\mathfrak{Cof}(2n+1)\dfrac{\pi}{2}\varepsilon}\cdot\cos(2n+1)\frac{\pi}{2}y\right]$$

$$- \sum_0^\infty(-1)^n\frac{4}{\pi}\frac{a}{\varepsilon}\left[\frac{1+\varepsilon}{2n+1} - \frac{8\varepsilon}{\pi^2(2n+1)^3}\frac{\mathfrak{Cof}(2n+1)\dfrac{\pi}{2}y}{\mathfrak{Cof}(2n+1)\dfrac{\pi}{2}}\cdot\cos(2n+1)\frac{\pi}{2}\varepsilon z\right].$$

Die Zuordnung $y = 0$, $z = 0$, $\psi = 0$ gibt:

$$C = -\sum_0^\infty (-1)^n \frac{4}{\pi} \frac{a}{\varepsilon} \left[\frac{1+\varepsilon}{2n+1} - \frac{8}{\pi^2 (2n+1)^3} \right] \frac{1}{\mathfrak{Cof}\,(2n+1)\dfrac{\pi}{2} \cdot \dfrac{1}{\varepsilon}}$$

$$- \sum_0^\infty (-1)^n \frac{4}{\pi} \frac{a}{\varepsilon} \left[\frac{1+\varepsilon}{2n+1} - \frac{8\varepsilon}{\pi^2 (2n+1)^3} \right] \frac{1}{\mathfrak{Cof}\,(2n+1)\dfrac{\pi}{2}}.$$

Hiermit ist die rechnerische Bestimmung des Koordinaten der Schichtlinien für alle Werte von $\psi = 0$ bis $\psi = C$, also innerhalb des Rechteckes, ermöglicht; die Schichtlinien sind symmetrisch gegen die y- und z-Achse um den Mittelpunkt $y = 0$, $z = 0$ gelegen.

II. Die Oberflächenkräfte am Raumelement.

Die mittleren Längen der Netzkanten eines von je zwei benachbarten φ-, ψ- und χ-Flächen gebildeten Elementes haben nach den Gleichungen VIII die Werte:

$$\delta s_\varphi = \frac{1}{A}\,\delta\varphi, \qquad \delta s_\psi = \nu\,\frac{C}{A}\,\delta\psi = \frac{1}{B}\,\delta\psi, \qquad \delta s_\chi = \nu\,\frac{B}{A}\,\delta\psi = \frac{1}{C}\,\delta\psi.$$

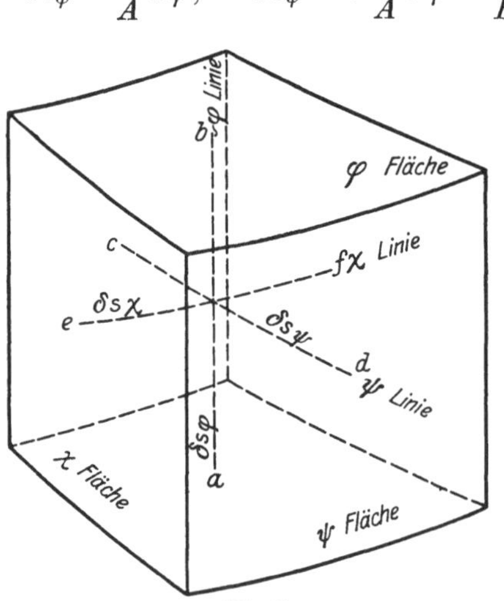

Abb. 40.

Die denselben entsprechenden Flächen sind:

$$\delta f_\varphi = \delta s_\psi\,\delta s_\chi = \frac{\nu^2 BC}{A^2}\,\delta\psi\,\delta\chi$$
$$= \frac{\nu}{A}\,\delta\psi\,\delta\chi,$$

$$\delta f_\psi = \delta s_\chi\,\delta s_\varphi = \frac{\nu B}{A^2}\,\delta\varphi\,\delta\chi$$
$$= \frac{1}{AC}\,\delta\varphi\,\delta\chi,$$

$$\delta f_\chi = \delta s_\psi\,\delta s_\varphi = \frac{\nu C}{A^2}\,\delta\varphi\,\delta\psi$$
$$= \frac{1}{AB}\,\delta\varphi\,\delta\psi.$$

Das Raumelement wird

$$\delta_\tau = \delta s_\varphi\,\delta s_\psi\,\delta s_\chi = \frac{\nu^2 BC}{A^3}\,\delta\varphi\,\delta\psi\,\delta\chi = \frac{\nu}{A^2}\,\delta\varphi\,\delta\psi\,\delta\chi.$$

Das Massenelement wird

$$\delta_m = \frac{\gamma}{g}\,\delta_\tau = \frac{\gamma}{g}\,\frac{\nu}{A^2}\,\delta\varphi\,\delta\psi\,\delta\chi.$$

Die Bezeichnung der an einem solchen Element wirkenden Pressungen p und Spannungen $\mathfrak{p}$ ergibt sich aus beistehender Abb. 40 und dem Schema:

Es wirken in Richtung der Netzlinie	φ	ψ	χ
in der Fläche δf_φ	p_φ	$\mathfrak{p}_\chi$	$\mathfrak{p}_\psi$
in der Fläche δf_ψ	$\mathfrak{p}_\chi$	p_ψ	$\mathfrak{p}_\varphi$
in der Fläche δf_χ	$\mathfrak{p}_\psi$	$\mathfrak{p}_\chi$	p_χ

Wegen Annahme von **Schichtströmung** sind aber die Werte von $\mathfrak{p}_\varphi$ und $\mathfrak{p}_\psi$ gleich Null zu setzen.

Die Bogenwerte der Längenelemente cd und ef sind:

$$\text{arc } ab = \frac{\delta s_\chi}{\varrho_\chi} = \frac{1}{C}\frac{\delta \chi}{\varrho_\chi}; \qquad \text{arc } cd = \frac{\delta s_\psi}{\varrho_\psi} = \frac{1}{B}\frac{\delta \psi}{\varrho_\psi},$$

In umstehender Tabelle (S. 132) sind die Einzelwerte der Oberflächenkräfte geordnet nach Flächen und Richtungen aufgeführt.

Bei Bestimmung der Einzelwerte der Komponenten der Oberflächenkräfte sind Größen, die unendlich klein von mehr als dritter Ordnung sind, vernachlässigt und Bogendifferentiale durch den Quotienten, Bogenlänge : Krümmungsradius ersetzt. Z. B. geben die Pressungen $\left(p_\chi\,\delta f_\chi \text{ und } \dfrac{\partial p_\chi}{\delta \chi}\delta f_\chi\right)$ in der Richtung ψ infolge ihrer gegenseitigen Neigung im Betrage $\text{arc } ab = \dfrac{\delta s_\chi}{\varrho_\chi}$ eine Komponente, für deren Bestimmung das Glied $\dfrac{\partial p_\chi \delta f_\chi}{\partial \chi}$ vernachlässigt und der Komponententeil mit

$$p_\chi\,\delta f_\chi\,\frac{\delta s_\chi}{\varrho_\chi} = \frac{p_\chi}{\varrho_\chi}\cdot\frac{\delta\varphi\,\delta\psi\,\delta\chi}{A\,B\,C} = \frac{p_\chi}{\varrho_\chi}\frac{\nu}{A^2}\,\delta\varphi\,\delta\psi\,\delta\chi$$

angesetzt wird; es würde nämlich das vernachlässigte Glied multipliziert mit dem Bogenanteil $\dfrac{1}{C}\dfrac{\delta\chi}{\varrho_\chi}$ unendlich klein vierter Ordnung sein.

Wie aus den Beispielen der Formfunktionen ersichtlich ist, ist in allen Fällen $A = 1$ und ν nur von y und z resp. ψ und χ abhängig, hieraus folgt·

$$\frac{\partial}{\partial\varphi}\left(p_\varphi\,\frac{\nu}{A}\right) = \frac{\nu}{A}\frac{\partial p_\varphi}{\partial\varphi} = \frac{\nu}{A^2}\frac{\partial p_\varphi}{\partial s_\varphi},$$

$$\frac{\partial}{\partial\varphi}\left(\mathfrak{p}_\chi\,\frac{\nu}{A}\right) = \frac{\nu}{A}\frac{\partial \mathfrak{p}_\chi}{\partial\varphi} = \frac{\nu}{A^2}\frac{\partial \mathfrak{p}_\chi}{\partial s_\varphi},$$

$$\frac{\partial}{\partial\psi}\left(\mathfrak{p}_\psi\,\frac{1}{AC}\right) = \frac{1}{AC}\left(\frac{\partial \mathfrak{p}_\varphi}{\partial\psi} - \frac{\mathfrak{p}_\psi}{C}\frac{\partial C}{\partial\psi}\right) = \frac{\nu}{A^2}\left(\frac{\partial \mathfrak{p}_\psi}{\partial s_\psi} + \frac{\mathfrak{p}_\psi}{\varrho_\chi}\right),$$

$$\frac{\partial}{\partial\chi}\left(\mathfrak{p}_\chi\,\frac{1}{AB}\right) = \frac{1}{AB}\left(\frac{\partial \mathfrak{p}_\chi}{\partial\chi} - \frac{\mathfrak{p}_\chi}{B}\frac{\partial B}{\partial\chi}\right) = \frac{\nu}{A^2}\left(\frac{\partial \mathfrak{p}_\chi}{\partial s_\chi} - \frac{\mathfrak{p}_\chi}{\varrho_\psi}\right),$$

$$\frac{\partial}{\partial\psi}\left(\mathfrak{p}_\chi\,\frac{1}{AC}\right) = \frac{1}{AC}\left(\frac{\partial \mathfrak{p}_\chi}{\partial\psi} - \frac{\mathfrak{p}_\chi}{C}\frac{\partial C}{\partial\psi}\right) = \frac{\nu}{A^2}\left(\frac{\partial \mathfrak{p}_\chi}{\partial s_\psi} + \frac{\mathfrak{p}_\chi}{\varrho_\chi}\right).$$

Tabelle der Oberflächenkräfte.

Herrührend von	Oberflächenkräfte, wirksam in der		
	Richtung der φ-Linien	Richtung der ψ-Linien	Richtung der χ-Linien
p_φ in den φ-Flächen	$\dfrac{\partial}{\partial\varphi}(p_\varphi\,\delta f_\varphi)\,\delta\varphi$ $=-\dfrac{\partial}{\partial\varphi}\left(p_\varphi\,\dfrac{\nu}{A}\right)\delta\varphi\,\delta\psi\,\delta\chi$	—	—
p_ψ in den ψ-Flächen	—	$-\dfrac{\partial}{\partial\psi}(p_\psi\,\delta f_\psi)\,\delta\psi$ $=-\dfrac{\partial}{\partial\psi}\left(p_\psi\,\dfrac{1}{AC}\right)\delta\varphi\,\delta\psi\,\delta\chi$	$-\,p_\psi\,\delta f_\psi\,\dfrac{\delta s_\psi}{\varrho_\psi}$ $=-\dfrac{p_\psi}{\varrho_\psi}\,\dfrac{\nu}{A^2}\,\delta\varphi\,\delta\psi\,\delta\chi$
p_χ in den χ-Flächen	—	$+\,p_\chi\,\delta f_\chi\,\dfrac{\delta s_\chi}{\varrho_\chi}$ $=+\dfrac{p_\chi}{\varrho_\chi}\,\dfrac{\nu}{A^2}\,\delta\varphi\,\delta\psi\,\delta\chi$	$-\dfrac{\partial}{\partial\chi}(p_\chi\,\delta f_\chi)\,\delta\chi$ $=-\dfrac{\partial}{\partial\chi}\left(p_\chi\,\dfrac{1}{AC}\right)\delta\varphi\,\delta\psi\,\delta\chi$
$\mathfrak{p}_\chi$ in den ψ-Flächen	$-\dfrac{\partial}{\partial\psi}(\mathfrak{p}_\chi\,\delta f_\psi)\,\delta\psi$ $=-\dfrac{\partial}{\partial\psi}\left(\mathfrak{p}_\chi\,\dfrac{1}{AC}\right)\delta\varphi\,\delta\psi\,\delta\chi$	—	—
$\mathfrak{p}_\chi$ in den φ-Flächen	—	$\dfrac{\partial}{\partial\varphi}(\mathfrak{p}_\chi\,\delta f_\varphi)\,\delta\chi$ $=\dfrac{\partial}{\partial\varphi}\left(\mathfrak{p}_\chi\,\dfrac{\nu}{A}\right)\delta\varphi\,\delta\psi\,\delta\chi$	—

Mit $\dfrac{v}{A^2}\,\delta\varphi\,\delta\psi\,\delta\chi = \delta_\tau$ ergiebt sich aus der Tabelle folgende Zusammenstellung der Totalwerte der Oberflächenkräfte in den Richtungen φ, ψ und χ (analog XXIIIa):

$$
\begin{aligned}
P_\varphi &= \left[-\frac{\partial}{\partial\varphi}\left(p_\varphi\,\frac{v}{A}\right) - \frac{\partial}{\partial\psi}\left(\mathfrak{p}_\chi\,\frac{1}{A\,C}\right)\right]\frac{A^2}{v}\,\delta_\tau \\
&= \left[-\frac{\partial p_\varphi}{\partial s_\varphi} - \frac{\partial \mathfrak{p}_\chi}{\partial s_\psi} - \frac{\mathfrak{p}_\chi}{\varrho_\psi}\right]\delta_\tau \\
P_\psi &= \left[-\frac{\partial}{\partial\psi}\left(p_\psi\,\frac{1}{A\,C}\right) + \frac{p_\chi}{\varrho_\chi}\frac{v}{A^2} - \frac{\partial}{\partial\varphi}\left(\mathfrak{p}_\chi\,\frac{1}{A}\right)\right]\frac{A^2}{v}\,\delta_\tau \\
&= \left[-\frac{\partial p_\psi}{\partial s_\psi} - \frac{p_\psi}{\varrho_\psi} + \frac{p_\chi}{\varrho_\chi} - \frac{\partial \mathfrak{p}_\chi}{\partial s_\varphi}\right]\delta_\tau \\
P_\chi &= \left[\frac{\partial}{\partial\chi}\left(p_\chi\,\frac{1}{A\,B}\right) + \frac{p_\psi}{\varrho_\psi}\frac{v}{A^2}\right]\frac{A^2}{v}\,\delta_\tau \\
&= \left[-\frac{\partial p_\chi}{\partial s_\chi} + \frac{p_\chi}{\varrho_\psi} - \frac{p_\psi}{\varrho_\psi}\right]\delta_\tau
\end{aligned}
\right\} \quad \text{XXIIIa z}
$$

Da infolge stationären Zustandes $\dfrac{\partial v}{\partial t} = 0$, bei geradliniger Strömung und Vernachlässigung des Schwerkrafteinflusses die Bewegung beschleunigungsfrei ist, so werden

$$P_\varphi = 0, \qquad P_\psi = 0 \quad \text{und} \quad P_\chi = 0;$$

es sind daher (analog XXIV) die Gleichungen:

$$
\begin{aligned}
&\frac{\partial}{\partial\varphi}\left(p_\varphi\,\frac{v}{A}\right) + \frac{\partial}{\partial\psi}\left(\mathfrak{p}_\chi\,\frac{1}{A\,C}\right) = 0 \quad \text{oder} \quad \frac{\partial p_\varphi}{\partial s_\varphi} + \frac{\partial \mathfrak{p}_\chi}{\partial s_\psi} + \frac{\mathfrak{p}_\chi}{\varrho_\chi} = 0 \\
&\frac{\partial}{\partial\psi}\left(p_\psi\,\frac{1}{A\,C}\right) - \frac{p_\chi}{\varrho_\chi}\frac{v}{A^2} + \frac{\partial}{\partial\varphi}\left(\mathfrak{p}_\chi\,\frac{v}{A}\right) = 0 \quad \text{oder} \\
&\qquad\qquad\qquad \frac{\partial p_\psi}{\partial s_\psi} + \frac{p_\psi - p_\chi}{\varrho_\chi} + \frac{\partial \mathfrak{p}_\chi}{\partial s_\varphi} = 0 \\
&\frac{\partial}{\partial\chi}\left(p_\chi\,\frac{1}{A\,B}\right) + \frac{p_\psi}{\varrho_\psi}\frac{v}{A^2} = 0 \quad \text{oder} \quad \frac{\partial p_\chi}{\partial s_\chi} + \frac{p_\psi - p_\chi}{\varrho_\psi} = 0
\end{aligned}
\right\} \quad \text{XXIIIb z}
$$

die Bestimmungsgleichungen von p_φ, p_ψ, p_χ und $\mathfrak{p}_\chi$.

Aus der Grundgleichung: $grad\left(z + \dfrac{p}{\gamma} + \dfrac{v^2}{2\,g} + U\right) = 0$ folgen bei Weglassung von z und Berücksichtigung der Gleichungen B_φ, B_ψ, B_χ, und da μ nur von ψ und χ abhängig, also $\dfrac{\partial \log\mu}{\partial\varphi} = 0$ ist, die Gleichungen:

$$\frac{\partial}{\partial \varphi}\frac{p}{\gamma}+\frac{w_\varphi}{A}=0 \qquad \text{oder} \qquad \frac{\partial}{\partial s_\varphi}\frac{p}{\gamma}+w_\varphi=0$$

$$\frac{\partial}{\partial \psi}\frac{p}{\gamma}+\frac{w_\psi}{B}=0 \qquad \text{oder} \qquad \frac{\partial}{\partial s_\psi}\frac{p}{\gamma}+w_\psi=0 \qquad \left.\right\} \quad \text{XXIV b z}$$

$$\frac{\partial}{\partial \chi}\frac{p}{\gamma}+\frac{w_\chi}{C}=0 \qquad \text{oder} \qquad \frac{\partial}{\partial s_\chi}\left(\frac{p}{\gamma}\right)+w_\chi=0$$

Da $3\,p=p_\varphi+p_\psi+p_\chi$ ist, so ist mittels der Gleichungssysteme XXIII b z die Bestimmung der Widerstandskomponenten ermöglicht; über die hierfür noch nötigen experimentellen Grundlagen und Hypothesen werden noch folgende Beispiele Aufschluß geben.

Da nur in der Achsenrichtung (Richtung der φ-Linien) Bewegung mit der Geschwindigkeit v herrscht, so ergibt sich für die elementare Arbeit der Oberflächenkräfte in der Zeiteinheit die Gleichung:

$$\delta \frac{d\mathfrak{A}}{dt}=-\frac{\partial\,[p_\varphi\,\delta f_\varphi\,v]}{\partial \varphi}\,\delta_\varphi-\frac{\partial\,(\mathfrak{p}_\chi\,\delta f_\psi\,v)}{\partial \psi}\,\delta \psi$$

$$=\left\{-\frac{\partial}{\partial \varphi}\left[\left(p_\varphi\,\frac{\nu}{A}\right)v\right]-\frac{\partial}{\partial \psi}\left[\left(\mathfrak{p}_\chi\,\frac{1}{A\,C}\right)v\right]\right\}\delta \varphi\,\delta \psi\,\delta \chi$$

$$=-\,v\left\{\frac{\partial}{\partial \varphi}\left(p_\varphi\,\frac{\nu}{A}\right)+\frac{\partial}{\partial \psi}\cdot\left(\mathfrak{p}_\chi\,\frac{1}{A\,C}\right)\right\}$$

$$-\left\{\left(p_\varphi\,\frac{\nu}{A}\right)\frac{\partial v}{\partial \varphi}+\mathfrak{p}_\chi\,\frac{1}{A\,C}\frac{\partial v}{\partial \psi}\right\}\delta \varphi\,\delta \psi\,\delta \chi.$$

Entsprechend der ersten Gleichung des Systems XXIII b z wird der erste Klammerausdruck gleich Null, und da v längs der Strombahn konstant ist, wird auch $\dfrac{\partial v}{\partial \varphi}=0$; somit ergibt sich

$$\delta \frac{d\mathfrak{A}}{dt}=-\,\mathfrak{p}_\chi\,\frac{1}{A\,B\,C}\,\frac{\partial v}{\partial s_\psi}\,\delta \varphi\,\delta \psi\,\delta \chi=-\,\mathfrak{p}_\chi\,\frac{\partial v}{\partial s_\psi}\,\partial \tau$$

und hieraus

$$\mathfrak{E}=\frac{d\mathfrak{A}}{dt}=-\int_0^L \frac{d\varphi}{A}\int_0^{2\pi} d\chi \int_0^{\psi_a}\frac{\mathfrak{p}_\chi}{C}\frac{\partial v}{\partial \psi}\,d\psi=-\,L\int_0^{2\pi} d\chi \int_0^{\psi_a}\frac{\mathfrak{p}_\chi}{C}\frac{\partial v}{\partial \psi}\,d\psi \qquad \text{XXV}_z$$

Dies ist die durch Dissipation verlorene Energie, die zur Überwindung der inneren Reibung und zur Erzeugung der Turbulenz verwendet wird.

Der Wert der Dissipation der pro Kilogramm sekundlich durchfließenden Wassermenge ist $=\dfrac{\mathfrak{E}}{\gamma\,F v_m}=h_w$, also:

$$h_w=\frac{L}{\gamma\,F v_m}\int_0^{2\pi}d\chi\int_0^{\psi_a}\frac{\mathfrak{p}_\chi}{C}\frac{\partial v}{\partial\psi}\,d\psi \quad \ldots \ldots \quad \text{XXVI z}$$

Strömung im geraden Rohr mit Kreisprofil. Die Formfunktionen Seite 124 ergeben:

$$A=1\,,\qquad B=r\,,\qquad C=\frac{1}{r}\,,\qquad \nu=1\,,\qquad \frac{1}{\varrho_\psi}=0\,,\qquad \frac{1}{\varrho_\chi}=\frac{1}{r}$$

$$ds_\varphi=dx\,,\qquad ds_\psi=dr\,,\qquad ds_\chi=r\,d\vartheta$$

und hiermit die Gleichungen des Systems XXIII bz:

$$\frac{\partial p_\varphi}{\partial x}+\frac{\partial \mathfrak{p}_\chi}{\partial r}+\frac{\mathfrak{p}_\chi}{r}=0 \quad \text{oder}\quad \frac{\partial p_\varphi\,r}{\partial x}+\frac{\partial \mathfrak{p}_\chi\,r}{\partial r}=0 \quad \ldots \ldots \ldots \quad (1$$

$$\frac{\partial p_\psi}{\partial r}+\frac{p_\psi}{r}-\frac{p_\chi}{r}+\frac{\partial \mathfrak{p}_\chi}{\partial x}=0 \quad \text{oder}\quad \frac{\partial p_\psi\,r}{\partial r}-p_\chi+\frac{\partial \mathfrak{p}_\chi\,r}{\partial x}=0 \quad \; . \; (2$$

$$\frac{\partial p_\chi}{\partial \vartheta}=0 \quad \ldots \ldots \ldots \ldots \ldots \ldots \ldots \ldots \ldots \quad (3$$

Aus 1 folgt $p_\chi=V$ einer vorläufig noch beliebigen Funktion von x und r; die Operation $\dfrac{\partial(1}{\partial x}-\dfrac{\partial(2}{\partial r}$ ergibt:

$$\left(\frac{\partial^2 p_\varphi\,r}{\partial x^2}-\frac{\partial^2 p_\psi\,r}{\partial r^2}\right)+\frac{\partial V}{\partial r}=0\,.$$

Aus $p=\tfrac{1}{3}(p_\varphi+p_\psi+p_\chi)$ folgt:

$$p_\varphi=3\,p-p_\psi-p_\chi=3\,p-p_\psi-V$$

und mithin:

$$\left(\frac{\partial^2 p_\psi\,r}{\partial x^2}+\frac{\partial^2 p_\psi\,r}{\partial r^2}\right)-\left(\frac{\partial V}{\partial r}-\frac{\partial^2 V r}{\partial x^2}-\frac{\partial^2 3\,p r}{\partial x^2}\right)=0\,.$$

Macht man nun die übliche und bei Voraussetzung gut zylindrischer Ausführung auch plausible Annahme linearer Pressungsabnahme in der Achsenrichtung, also:

$$p=p_0-k_0\,x\,,$$

worin p_0 und k_0 Konstante sind, so wird $\dfrac{\partial^2 3\,p r}{\partial x^2}=0$, und obige

Gleichung vereinfacht sich zu

$$\left(\frac{\partial^2 p_\psi r}{\partial x^2} + \frac{\partial^2 p_\psi r}{\partial r^2}\right) - \left(\frac{\partial V}{\partial r} - \frac{\partial^2 V r}{\partial x^2}\right) = 0.$$

Macht man die weiteren, ebenfalls bei gut kreiszylindrischer Ausführung plausiblen Annahmen der Unveränderlichkeit der Pressungen längs der Parallelkreise, also:

$$\frac{\partial p_\psi}{\partial \vartheta} = 0, \qquad \frac{\partial p_\chi}{\partial \vartheta} = 0, \qquad \frac{\partial p_\varphi}{\partial \vartheta} = 0, \qquad \text{also} \qquad \frac{\partial p}{\partial \vartheta} = 0$$

und ferner

$$p_\psi = R_0 + R\,x, \qquad V = \mathfrak{p}_\chi = \mathfrak{R}_0 + \mathfrak{R}\,x,$$

d. h. lineare Änderung von p_ψ und $\mathfrak{p}_\chi$ in der Achsenrichtung mit der Feststellung, daß R und $\mathfrak{R}$ nur Funktionen von r sind, so folgt:

$$\frac{d^2 R_0\, r}{d r^2} + \frac{d^2 R\, r}{d r^2} = \frac{d \mathfrak{R}_0}{d r} + \frac{d \mathfrak{R}}{d r}.$$

Dieser Gleichung wird mit $\dfrac{d \mathfrak{R}_0\, r}{d r} = \mathfrak{R}_0$ und $\dfrac{d R\, r}{d r} = \mathfrak{R}$, also $R_0 r = \int \mathfrak{R}_0\, dr$, $R r = \int \mathfrak{R}\, dr$ entsprochen, und es steht zur Bestimmung der Pressungen noch immer die Wahl der Funktionen $\mathfrak{R}_0$ und $\mathfrak{R}$ frei und damit die Anpassungsmöglichkeit an geometrische oder physikalische Bedingungen offen.

Folgende einfache Annahme: $\mathfrak{R}_0 = k_1$, $\mathfrak{R} = k_2$ mit k_1 und k_2 als Konstanten gibt $R_0 = k_1 + \dfrac{c_1}{r}$, $R = k_2 + \dfrac{c_2}{r}$; macht man die Voraussetzung, daß R_0 und R auch bei $r = 0$, also in der Achse nicht unendlich groß werden dürfen, so werden $c_1 = 0$, $c_2 = 0$ und $R_0 = k_1$, $\mathfrak{R} = k_2$ und hiermit:

$$p_\psi = k_1 + k_2\, x; \qquad p_\chi = k_1 + k_2\, x;$$

$$\mathfrak{p}_p = 3 p_0 - p_\psi - p_\chi - 3 k_0\, x = 3 p_0 - (k_1 + k_2) - (k_1 + k_2 + 3 k_0)\, x.$$

Nach Gleichung 1 erhält man:

$$\frac{\partial \mathfrak{p}_\chi\, r}{\partial r} = - \frac{\partial p_\varphi\, r}{\partial \chi} = + (k_1 + k_2 + 3 k_0)\, r;$$

$$\mathfrak{p}_\chi = (k_1 + k_2 + 3 k_0)\, \frac{r}{2} + \frac{X}{r},$$

worin X eine beliebige Funktion von x sein könnte, die aber wegen der gleichen Voraussetzung wie oben (in $r = 0$ ist $\mathfrak{p}_\chi = 0$) ebenfalls entfällt, d. h. es ist $X = 0$, und $\mathfrak{p}_\chi$ ist sonach unabhängig von x.

Aus Gleichung 2 folgt, daher $p_\psi - p_\chi = 0$, also $k_1 = k_2 = k$ und weiter

$$p_\varphi = 3\,p_0 - 2\,k - (2\,k + 3\,k_0)\,x;$$

mit $k = -\,k_0$ werden hiernach:

$$p_\varphi = 3\,p_0 + 2\,k_0 - k_0\,x,$$
$$p_\psi = - k_0 - k_0\,x,$$
$$p_\chi = - k_0 - k_0\,x,$$
$$3\,p = 3\,p_0 - 3\,k_0\,x,$$

also:

$$p = p_0 - k_0\,x$$

entsprechend der ersten Annahme und

$$\mathfrak{p}_\chi = k_0\,\frac{r}{2} \quad \cdot \;\cdot \;\cdot \;\cdot \;\cdot \;\cdot \;\cdot \;\cdot \;\cdot \;\cdot \quad (\text{a}$$

Einführung der Newtonschen Hypothese.

Nach der Newtonschen Hypothese (siehe Seite 12) wird:

$$\mathfrak{p}_\chi = -\,\eta\,\frac{d\,v}{d\,r} \quad \cdot \;\cdot \;\cdot \;\cdot \;\cdot \;\cdot \;\cdot \;\cdot \;\cdot \quad (\text{b}$$

Aus a und b folgt durch Integration mit der üblichen Zuordnung $r = r_a$, $v = 0$, also Annahme des Haftens der Flüssigkeit an der Wand

$$v = \frac{k_0}{4\,\eta}\,(r_a{}^2 - r^2) \quad \cdot \;\cdot \;\cdot \;\cdot \;\cdot \;\cdot \;\cdot \quad (\text{c}$$

Aus c und der Gleichung: $Q = F\,v_m = \int\limits_0^{r_a} (2\,r\,\pi)\,v\,dr$ folgt:

$$v_m = \frac{k_0}{8\,\eta}\,r_a{}^2; \quad \cdot \;\cdot \;\cdot \;\cdot \;\cdot \;\cdot \;\cdot \;\cdot \quad (\text{d}$$

dies gibt:

$$k_0 = \frac{8\,\eta\,v_m}{r_a{}^2} \quad \cdot \;\cdot \;\cdot \;\cdot \;\cdot \;\cdot \;\cdot \;\cdot \;\cdot \quad (\text{d}'$$

Die Pressungen an den Enden der Strecke L sind:

An der Einmündung	An der Ausmündung
$p_I = p_0,$	$p_{II} = p_0 - k_0\,L,$
$p_{\varphi\,I} = 3\,p_0 + 2\,k_0,$	$p_{\varphi\,II} = 3\,p_0 - 2\,k_0 - k_0\,L,$
$p_{\psi\,I} = -\,k_0,$	$p_{\psi\,II} = -\,k_0 - k_0\,L,$
$p_{\chi\,I} = -\,k_0,$	$p_{\chi\,II} = -\,k_0 - k_0\,L;$

für alle Pressungen ist:

$$\Delta p = p_I - p_{II} = k_0 L = \frac{8\,\eta}{r_a{}^2}\,v_m$$

und hiermit als Gleichung der Widerstandshöhe

$$h_w = \frac{\Delta p}{\gamma} = \frac{8\,\eta\,L}{\gamma\,r_a{}^2}\,v_m \quad \ldots \quad \text{(e}$$

Die Gleichungen c, d und e sind identisch mit den klassischen Gleichungen von Poisseuille für die stationäre Strömung mit innerer Reibung als Widerstand.

Die Gleichungen des Systems XXIV Seite 134 ergeben:

$$w_\varphi = \frac{\partial p}{\partial x} = \frac{\partial}{\partial x}(p_0 - k_0 x) = -k_0; \qquad w_\psi = 0; \qquad w_\chi = 0.$$

Charakteristisch für diese Strömungsart ist der parabolische Verlauf der Geschwindigkeitsverteilung längs des Halbmessers mit dem Maximalwert

$$v_{\max} = \frac{8}{4\,\eta}\,\frac{h_w}{L}\,r_a{}^2 \quad \ldots \quad \text{(e}'$$

in der Achse, d. i. $(r = 0)$ und im linearen Verlauf der Spannungsverteilung längs des Halbmessers:

$$\mathfrak{p}_\chi = \frac{k_0\,r}{2} = \frac{4\,\eta\,r\,v_m}{r_a{}^2} \quad \ldots \quad \text{(a}'$$

In der Dissipationsgleichung XXVI_z sind einzusetzen:

$$\psi = \frac{r^2}{2}, \qquad d\psi = r\,dr, \qquad C = \frac{1}{r};$$

es folgt

$$\int_0^{r_a} \mathfrak{p}_\chi \frac{dv}{d\psi} \cdot d\psi = -\frac{k_0{}^2}{16\,\eta} \cdot r_a{}^4$$

und

$$h_w = \left(\frac{L\,2\,\pi}{\gamma\,r_a{}^2\,\pi\,v_m}\right) \cdot \left(\frac{k_0{}^2\,r_a{}^4}{16\,\eta}\right) = \frac{k_0\,L}{\gamma} = \frac{8\,\eta\,L}{\gamma\,r_a{}^2}\,v_m$$

in Übereinstimmung mit Gleichung e.

Untersuchung der günstigsten Geschwindigkeitsverteilung. Im Ausdruck XXVI z für die Dissipation in der dem Kreisprofil angepaßten Form:

$$\frac{h_w}{L} = \frac{2}{\gamma\,v_m\,r_a{}^2}\int_0^{r_a} r\,\mathfrak{p}_\chi \frac{dv}{dr}\,dr$$

ist der Wertverlauf des Produktes $\mathfrak{p}_\chi \dfrac{dv}{dr}$ maßgebend für denjenigen von $\dfrac{h_w}{L}$; es wird nun untersucht werden, ob es eine günstigste Verteilung von v längs des Halbmessers gibt, bei der der Ausdruck von $\dfrac{h_w}{L}$ zu einem Minimum wird; hierbei ist die Durchflußmenge $Q = 2\pi \int\limits_0^{r_a} v r\, dr = v_m r_a^2 \pi$. Es läßt sich zwanglos voraussetzen, daß Geschwindigkeitsverteilung und Spannungsverteilung in einem gewissen Zusammenhang stehen, wie dies bereits durch die Newtonsche Hypothese bei Strömung mit nur innerer Reibung zum Ausdruck kommt; zur Verallgemeinerung kann man v als eine Funktion von $\mathfrak{p}_\chi$ (von jetzt ab kürzer $\mathfrak{p}$ geschrieben) und von r annehmen. Um die Untersuchung in einfacher Form durchführen zu können, seien die dimensionslosen Variablen eingeführt:

$$x = \frac{r}{r_a}, \qquad y = \frac{\mathfrak{p}}{\mathfrak{p}_k}, \qquad z = \frac{v}{v_k},$$

mit r_a, $\mathfrak{p}_k$ und v_k als Konstanten; hiermit erhält man:

$$\frac{h_w}{L} = -\frac{2\,\mathfrak{p}_k}{\gamma\, r_a} \cdot \frac{v_k}{v_m} \int\limits_0^1 x \cdot y\, \frac{dz}{dx} \cdot dx = -2\,\frac{\mathfrak{p}_k}{\gamma\, r_a} \cdot \frac{v_k}{v_m} \int\limits_0^1 V_I\, dx \quad \ldots \ldots \ldots (\alpha$$

$$\frac{v_m}{v_k} = 2 \int\limits_0^1 z x\, dx = 2 \int\limits_0^1 V_{II}\, dx \quad \ldots \ldots \ldots \ldots \ldots \ldots (\beta$$

Es liegt somit die Aufgabe der Variationsrechnung vor, diejenige Funktionsform für z mit x und y als Variablen zu bestimmen, die $\dfrac{h_w}{L}$ zu einem Minimum macht. Wenn man hierbei von der Voraussetzung linearer Pressungsverteilung in Richtung der Rohrachse ausgeht, so wird man den Wert von $\mathfrak{p}$ wie bisher lediglich von r abhängig anzunehmen haben; hiermit ergibt sich

$$\frac{dv}{dr} = \frac{\partial v}{\partial r} + \frac{\partial v}{\partial \mathfrak{p}}\frac{d\mathfrak{p}}{dr} = \frac{\partial v}{\partial r} + \mathfrak{p}'\frac{\partial v}{\partial \mathfrak{p}}$$

oder
$$\frac{dz}{dx} = \frac{\partial z}{\partial x} + y'\frac{\partial z}{\partial y} = \xi + y'\eta$$

mit
$$\xi = \frac{\partial z}{\partial x}; \qquad \eta = \frac{\partial z}{\partial y}.$$

Es werden in der Gleichung α

$$V_I = xy(\xi + y'\,\eta);$$

in der Gleichung β

$$V_{II} = x \cdot z.$$

Nach den Regeln der Variationsrechnung (siehe Lehrbuch der Differential- und Integralrechnung von J. A. Serret, deutsch bearbeitet von Axel Harnack. 2. Bd., 2. Hälfte, 7. Kapitel. Leipzig: B. G. Teubner 1885) ist zu bilden

$$dV_I = \frac{\partial V_I}{\partial x}\,dx + \frac{\partial V_I}{\partial y}\,dy + \frac{\partial V_I}{\partial y'}\,dy',$$

da y' auch als Variable anzusehen ist, die der Variation unterliegt; und

$$dV_{II} = \frac{\partial V_{II}}{\partial x}\,dx + \frac{\partial V_{II}}{\partial z}\,dz.$$

Es werden

$$\frac{\partial V_I}{\partial x} = X_I = y(\xi + y'\,\eta) + xy\frac{\partial \xi}{\partial x} + xyy''\,\eta + xyy'\frac{\partial \eta}{\partial x};$$

$$\frac{\partial V_I}{\partial y} = Y_I = x(\xi + y'\,\eta) + xy\frac{\partial \xi}{\partial y} + xyy'\frac{\partial \eta}{\partial y};$$

$$\frac{\partial V_I}{\partial y'} = Y_I' = xy\,\eta$$

und mit Rücksicht auf $dz = \xi\,dx + \eta\,dy$

$$\frac{\partial V_{II}}{\partial x} = X_{II} = z + \xi x,$$

$$\frac{\partial V_{II}}{\partial y} = Y_{II} = x\,\eta.$$

Mit $K = Y_I - \dfrac{dY_I'}{dx}$; $\mathfrak{K} = Y_{II}$ und der verbindenden Beziehung

$$K - a\,\mathfrak{K} = 0,$$

worin a eine noch beliebige Konstante ist, erhält man schließlich die partielle Differentialgleichung erster Ordnung

$$x\frac{\partial z}{\partial x} - (y + ax)\frac{\partial z}{\partial x} = 0 \quad \ldots \ldots \ldots (\gamma$$

die durch $z = $ einer beliebigen Funktion des Argumentes

$$\zeta = \left(xy + a\frac{x^2}{2} + b\right)$$

erfüllt wird, so daß durch die Gleichungen

$$\left.\begin{aligned} z &= \frac{v}{v_K} = \mathfrak{F}(\zeta) \\[2mm] \zeta &= x\cdot y + \frac{a}{2}\,x^2 + b \end{aligned}\right\} \qquad \ldots\ldots\ldots\ldots\ (\delta$$

$$\frac{v}{v_k} = \mathfrak{F}\left[\frac{r}{r_a}\,\frac{\mathfrak{p}}{\mathfrak{p}_a} + \frac{a}{2}\left(\frac{r}{r_a}\right)^2 + b\right] \qquad \ldots\ldots\ldots (\varepsilon_a$$

die Lösung des gestellten Problems gegeben ist; r_a ist der Randhalbmesser des Profils, $\mathfrak{p}_k$ und v_k Bezugswerte für Spannung und Geschwindigkeit, a und b noch frei zu wählende Konstante.

Es ist ε_a nun diejenige Beziehung zwischen v, $\mathfrak{p}$ und r, die an Stelle der Newtonschen Gleichung für die Beschreibung von Strömungen mit Widerständen im allgemeinen verwendet werden soll.

Entsprechend Gleichung α ist $\mathfrak{p} = \frac{k_0}{2}\,r$, und am Rand $\mathfrak{p}_a = \frac{k_0}{2}\,r_a$; schreibt man:

$$y = \frac{\mathfrak{p}}{\mathfrak{p}_k} = \frac{\mathfrak{p}_a}{\mathfrak{p}_k}\cdot\frac{\mathfrak{p}}{\mathfrak{p}_a} = \frac{k}{2}\,x \quad \text{mit} \quad \frac{\mathfrak{p}_a}{\mathfrak{p}_k} = \frac{k}{2},$$

so folgt:

$$\zeta = \left(\frac{k}{2} + \frac{a}{2}\right)x^2 + b,$$

und mit $a = -2\,k$, $b = \varepsilon^2\,\frac{k}{2}$ bekommt man

$$\zeta = \frac{k}{2}\,(\varepsilon^2 - x^2).$$

Wenn man als einfachste Funktionsform $\mathfrak{F}(\zeta) = \zeta$ annimmt, so erhält man $z = \frac{k}{2}(\varepsilon^2 - x^2)$; und hiermit

$$\frac{v}{v_k} = \frac{k}{2}\left(\varepsilon^2 - \left(\frac{r}{r_a}\right)^2\right), \qquad \ldots\ldots\ldots\ldots \mathfrak{A}$$

somit entsprechend den Gleichungen β und α

$$\frac{v_m}{v_k} = \frac{k}{4}\,(2\,\varepsilon^2 - 1) \qquad \ldots\ldots\ldots\ldots \mathfrak{B}$$

$$\frac{h_w}{L} = -\frac{2\,\mathfrak{p}_k}{\gamma\,r_a^{\,2}}\,\frac{v_k}{v_m}\int_0^1\left(-\frac{k^2}{4}\,2\,x^2\right)dx = \frac{\mathfrak{p}_k}{\gamma\,r_a^{\,2}}\,\frac{v_k}{v_m}\,\frac{k^2}{4}.$$

Elimination von k gibt:

$$\frac{h_w}{L} = \frac{4}{(2\,\varepsilon^2 - 1)^2} \cdot \frac{\mathfrak{p}_k}{\gamma\,r_a{}^2} \cdot \frac{v_m}{v_k} \quad\ldots\ldots\ldots\ldots \mathfrak{C}$$

Auf Grundlage der Newtonschen Hypothese wurde erhalten:

$$v = \frac{k_0\,r_a{}^2}{4\,\eta}\left[1 - \left(\frac{r}{r_a}\right)^2\right], \qquad v_m = \frac{k_0}{8\,\eta}\,r_a{}^2,$$

$$\frac{h_w}{L} = \frac{8\,\eta}{\gamma\,r_a{}^2}\,v_m,$$

mit $\varepsilon = 1$ erhält man aus η, ϑ und λ:

$$v = v_k \cdot \frac{k}{2}\left[1 - \left(\frac{r}{r_a}\right)^2\right], \qquad v_m = v_k \cdot \frac{k}{4},$$

$$\frac{h_w}{L} = \frac{8\,\mathfrak{p}_k}{\gamma\,r_a{}^2}\,\frac{v_m}{v_k}.$$

Da nach Definition $\dfrac{\mathfrak{p}_a}{\mathfrak{p}_k} = \dfrac{k}{2} = \dfrac{k_0}{2}\,\dfrac{r_a}{\mathfrak{p}_k}$ ist, so folgt aus dem Vergleich der beiden Ausdrücke für v_m

$$v_k = \frac{1}{2}\frac{\mathfrak{p}_a\,r_a}{\eta} \quad \text{und} \quad \mathfrak{p}_k = \frac{2\,\eta\,v_k}{r_a}.$$

Der Vergleich der beiden Formeln für v gibt dasselbe Resultat.

Indem sich die Formeln für v, v_m und $\dfrac{h_w}{A}$ nach dem Ansatz der Gleichungen IV und nach dem Newtonschen Ansatz für die innere Reibung ineinander überführen lassen, ist zu schließen, daß der Newtonsche Ansatz dem allgemeineren Ansatz auch bereits entspricht, d. h. die Poiseuillesche Geschwindigkeitsverteilung ergibt schon für innere Reibung das Minimum der Dissipation.

Da aus Gleichung γ sich ergeben hat, daß z durch einen beliebigen Funktionsausdruck des Argumentes ε dargestellt werden kann, so kann man allgemeiner setzen:

$$z = \sum m_n\left(\frac{k}{2}\right)^n (\varepsilon^2 - x^2)^n = \sum m_n\left(\frac{k}{2}\right)^n\left[\left(\varepsilon^2 - \left(\frac{r}{r_a}\right)^n\right)\right] \quad\ldots \mathfrak{A}_a$$

es folgt aus den Gleichungen α und β:

$$\frac{v_m}{v_k} = \int z\,d(x^2) = \sum m_n\frac{(\varepsilon^2)^{n+1} - (\varepsilon^2 - 1)^{n+1}}{n+1}\cdot\left(\frac{k}{2}\right)^n \quad\ldots\ldots \mathfrak{B}_a$$

und mit $\quad y = \dfrac{k}{2}\, x$

$$\frac{dz}{dx} = \sum m_n \cdot n\, k^n \left(\varepsilon^2 - x^2\right)^{n-1} d\left(\varepsilon^2 - x^2\right)$$

$$\frac{h_w}{L} = -\frac{2\,\mathfrak{p}_k}{\gamma\, r_a}\frac{v_a}{v_m}\int_0^1 x\cdot\frac{k}{2}\,x \sum m_n\, n\, k^n \left(\varepsilon^2 - x^2\right)^{n-1} d\left(\varepsilon^2 - x^2\right)$$

$$= +\frac{2\,\mathfrak{p}_k}{\gamma\, r_a{}^2}\frac{v_a}{v_m}\frac{k}{2}\sum m_n \frac{\left(\varepsilon^2\right)^{(n+1)} - \left(\varepsilon^2 - 1\right)^n \left(n + \varepsilon^2\right)}{n+1}\cdot\left(\frac{k}{2}\right)^n \quad \mathfrak{C}_a$$

Für $\quad z = \dfrac{k}{2}\left(\varepsilon^2 - x^2\right),\quad$ also $\quad m_n = 1,\quad n = 1\quad$ erhält man

$$\frac{v_m}{v_K} = \left(2\,\varepsilon^2 - 1\right)\frac{k}{2}\quad \frac{h_w}{L} = \frac{2\,\mathfrak{p}_a}{\gamma\, r_a{}^2}\frac{k}{\left(2\,\varepsilon^2 - 1\right)} = \frac{4}{\left(2\,\varepsilon^2 - 1\right)^2}\frac{\mathfrak{p}_k}{\gamma\, r_a{}^2}\cdot\frac{v_m}{v_K}$$

in Übereinstimmung mit den Formeln ϑ und λ. Für $\varepsilon = 1$ vereinfachen sich die Formeln η_a, ϑ_a und λ_a; es werden

$$z = \sum m_n \left(\frac{h}{2}\right)^n \left(1 - x^2\right)^n \quad\ldots\ldots\ldots\ldots \mathfrak{A}_b$$

$$\frac{v_m}{v_K} = \sum \frac{m_n}{n+1}\left(\frac{k}{2}\right)^n \quad\ldots\ldots\ldots\ldots \mathfrak{B}_b$$

$$\frac{h_w}{L} = \frac{2\,\mathfrak{p}_k}{\gamma\, r_a{}^2}\frac{k}{2}\frac{v_k}{v_m}\sum \frac{m_n}{n+1}\left(\frac{k}{2}\right)^n \quad\ldots\ldots\ldots \mathfrak{C}_b$$

Man erkennt, daß in den zwei letzten Formeln die Summenausdrücke identisch sind, und man erhält daher in diesem Fall

$$\frac{h_w}{L} = \frac{2\,\mathfrak{p}_a}{r_a}\left(\frac{k}{2}\right) \quad\ldots\ldots\ldots\ldots \mathfrak{C}_b{}'$$

Elimination von $\dfrac{k}{2}$ aus $\mathfrak{B}_b$ und $\mathfrak{C}_b{}'$ gibt

$$\frac{v_m}{v_k} = \sum \frac{m_n}{n+1}\left(\frac{r_a{}^2}{2\,\mathfrak{p}_a}\frac{h_w}{L}\right)^n \quad\ldots\ldots \text{XXVII}$$

Aber auch wenn $\varepsilon > 1$ ist, ergibt die Elimination von k aus den Gleichungen $\mathfrak{B}_a$ und $\mathfrak{C}_a$ eine Gleichung von ähnlicher Form wie die letzte, indem der Bruch

$$\frac{\displaystyle\sum m_n \frac{\left(\varepsilon^2\right)^{(n+1)} - \left(\varepsilon^2 - 1\right)^{n+1}\left(n + \varepsilon^2\right)}{n+1}\left(\frac{k}{2}\right)^n}{\displaystyle\sum m_n \frac{\left(\varepsilon^2\right)^{n+1} - \left(\varepsilon^2 - 1\right)^{n+1}}{n+1}\left(\frac{k}{2}\right)^n} = \sigma$$

einen Grenzwert erhält, so daß man allgemein setzen kann

$$\frac{v_m}{v_k} = \sum \frac{m_n}{n+1} \cdot \sigma \cdot \left(\frac{r_a{}^2}{2\,\mathfrak{p}_a} \cdot \frac{k_w}{L}\right)^n \quad \ldots \ldots \quad \text{XXVII a}$$

Die Formelpaare $\mathfrak{B}_a$, $\mathfrak{C}_a$ und $\mathfrak{B}_b$, $\mathfrak{C}_b$ stellen somit für das Strömen durch Rohre mit Kreisprofil Beziehungen zwischen mittlerer Geschwindigkeit und Widerstandshöhe dar, die auf der Hypothese beruhen, daß unter dem Einfluß der Widerstandskräfte die Geschwindigkeitsverteilung sich darauf einstellt, daß die Dissipation zu einem Minimum wird. Die Strömung mit nur innerer Reibung steht mit dieser Hypothese nicht im Widerspruch; aber auch die Formel $\mathfrak{A}_a$ für die Geschwindigkeitsverteilung wird bezüglich ihres Aufbaues durch das Experiment bestätigt; Versuche haben ja ergeben, daß die Geschwindigkeitsverteilung durch einen Ausdruck von der Form $v = k\left(r_a{}^2 - r^2\right)^n$ dargestellt werden kann, wobei $n < 1$ ist, und zwar um so kleiner, je typischer die Turbulenz ist.

Der Ansatz

$$\mathfrak{p}_\chi = \mathfrak{p} = \frac{k_0}{2}\, r = \mathfrak{p}_a\, \frac{r}{r_0}$$

wurde unter der Annahme erhalten, daß die Pressungen p, p_φ, p_ψ und p_χ, sich nur linear mit x ändern, wenn die Ausführung eine gut kreiszylindrische und nicht abnorm rauhe ist; die Theorie ergab hierbei, daß dann die Spannung $\mathfrak{p}_\chi$ lediglich abhängig von der Entfernung von der Achse ist; die einfachsten Annahmen für die in der Rechnung auftretenden Funktionsausdrücke führten auf obigen Ansatz für die Spannnng $\mathfrak{p}_\chi$.

Es ist anzunehmen, daß für Ausführungen, bei welchen der Querschnitt nicht konstant bleibt, im Gleichungssystem α, β S. 136 entsprechend Rücksicht genommen werden muß z. B. durch Einführung eines nach x periodischen Ansatzes, was aber jederzeit möglich ist. Auch die Wahl der Funktionsform ist an sich noch offen; die in der Gleichung $\mathfrak{A}_a$ zum Ausdruck gebrachte Wahl stellt die totale Geschwindigkeitsverteilung als eine Überlagerung einzelner Geschwindigkeitsverteilungen dar von der Grundform des Argumentes

$$\zeta = k\left(1 - x^2\right)^n$$

mit dem Maximalwert v_{max} in der Achse und dem Wert 0 am Rand.

In theoretischen Untersuchungen über die durch die Widerstände verursachte Geschwindigkeitsverteilung ist fast durchwegs die Integrationsbedingung eingeführt, daß wegen des Haftens der Flüssigkeit an der Wand der Wert der relativen Randgeschwindigkeit der Strömung gleich Null zu setzen sei. Es wurde schon auf S. 101

darauf hingewiesen, daß diese Annahme auf eine Deformationserscheinung und als weitere Konsequenz derselben schließlich auf eine Trennung der Flüssigkeitsteilchen führt, die einerseits als Ursache der Turbulenz, die Reynolds in seinen klassischen Versuchen mit glatten Glasröhren, also ohne eigentliche Rauhigkeit konstatiert hat, anderseits auch als Anlaß zur Ablösung der Strömung von der Wand und hiermit zu Diskontinuitäten gewertet werden kann, mit ganz unregelmäßiger Bewegung der Flüssigkeitsteilchen zwischen Wand und Diskontinuitätsfläche.

Die Prandtlsche Grenzschichtentheorie ist für eine mathematische Beschreibung dieser Erscheinungen geeignet, sofern für die Geschwindigkeitsverteilung innerhalb der Grenzschicht eine angemessene Hypothese eingeführt wird.

Bei Strömungen längs ausgesprochen rauhen Wänden ist die Annahme einer Grenzgeschwindigkeit vom Wert Null physikalisch nicht zu begründen; die Ausfüllung der Rauhigkeiten durch nicht an der Strömung beteiligten Flüssigkeitsteilchen erlaubt sicher eine Grenzgeschwindigkeit > 0 und läßt sich dies auch den Zeitkurven schließen, die zur Darstellung von Strömungen in Saugrohren und Leitapparaten aufgenommen wurden; die Größe der Grenzgeschwindigkeit wird jedenfalls vom Grad der Rauhigkeit der Wand, d. h. von der Verteilung und Größe der Erhöhungen und Vertiefungen in der Wand abhängen.

Die Mannigfaltigkeit der formellen Darstellbarkeit, die durch die Freiheit in den Ansätzen für $\mathfrak{p}_\zeta$ und $\mathfrak{F}$ ermöglicht ist, wobei dennoch dem leitenden Grundsatz und den dynamischen Grundgleichungen entsprochen werden kann, steht in Übereinstimmung mit der Mannigfaltigkeit der verschiedenen durch den Versuch erhaltenen Formeln und stützt deren Berechtigung.

Die allgemeinen Gleichungen XXVII und XXVIIa können daher als Widerstandsformeln für Strömung bei Reibung und Turbulenz gelten, die auf einer mit der Erfahrung nicht im Widerspruch stehenden Hypothese aufgebaut und durch einen allgemeinen formellen Ausdruck verbunden sind, der ebenso wie die bisherigen Formeln den verschiedenen Versuchsergebnissen angepaßt werden können, die in der Mannigfaltigkeit der Widerstandsursachen begründet sind.

Ansatz für allgemeinere Profile. Aus der dritten Gleichung des Systems XXIII_{bz} folgt mit

$$A = \text{konstant}, \qquad \delta s_\chi = \frac{\partial \chi}{C}$$

$$C\frac{\partial p_\chi}{\partial \chi} + \frac{p_\psi - p_\chi}{\varrho_\psi} = 0.$$

Entsprechend der Annahme von Schichtströmung ist $\dfrac{\partial p_\chi}{\partial \chi}=0$ zu setzen; hieraus folgt wieder $p_\psi = p_\chi$. Unter Voraussetzung gut zylindrischer Ausführung ist $\dfrac{\partial p_\chi}{\partial s_\varphi}=0$; dem entspricht natürlich auch

$$\frac{\partial p_\psi}{\partial s_\psi} = \frac{B}{A}\frac{\partial p_\psi}{\partial \psi} = 0, \qquad \text{also} \qquad \frac{\partial p_\psi}{\partial \psi} = 0.$$

In ähnlicher Betrachtung wie für das Kreisprofil auf S. 136 erhält man wegen $ds_\varphi = dx = \dfrac{d\varphi}{A}$

$$p_\varphi = 3\,p_0 + 2\,k_0 - \frac{k_0\,\varphi}{A},$$

$$p_\psi = \qquad -k_0 \quad - \frac{k_0\,\varphi}{A},$$

$$p_\chi = \qquad -k_0 \quad - \frac{k_0\,\psi}{A},$$

$$p = \qquad p_0 - \frac{k_0\,\varphi}{A}.$$

Bei Bestimmung der Formfunktionen wurde gefunden, daß die Größen B, C und ν von φ unabhängig sind; die erste Gleichung des Systems XXIII_{bz} ergibt mit obigem Wert von p_φ, und wenn man einfach wieder $\mathfrak{p}_\chi = \mathfrak{p}$ schreibt, die Gleichung:

$$\frac{\nu\,k_0}{A} = \frac{\partial}{\partial \psi}\frac{\mathfrak{p}}{A\,C}$$

oder $\qquad\qquad \mathfrak{p} = k_0\,\nu\,C\,\psi . \ldots\ldots\ldots\ldots . C$

Integrationskonstanten entfallen bei der Voraussetzung, daß für $\psi = 0$ wieder $\mathfrak{p} < \infty$ sein muß. Der Wert von $\dfrac{\mathfrak{p}}{\nu\,C} = k_0\,\psi$ ist nur von ψ abhängig; es wird hiermit $\dfrac{\mathfrak{p}_a}{\nu_a\,C} = k_0\,\psi_a$. Der Index a bezieht sich auf die Randlinie des Profils. Der Zusammenhang der Größen A, B, C und ν ist bei Orthogonalität der ψ- und χ-Linien nach Gleichung IX, S. 54 durch die Formel bestimmt:

$$A = \nu\,B\cdot C.$$

Nun sind nach der ersten der Gleichungen VIII A als Maß einer reziproken Länge, nach Gleichung XII ν als Maß einer Länge und B und C ebenfalls als Maße reziproker Längen zu bewerten. Da φ,

ψ und χ nach der Festlegung auf S. 50 reine Zahlwerte sind, so ist zu erkennen, daß der Größe k_0 die Dimension: Kraft pro Flächeneinheit beizulegen ist.

Die Dissipationsgleichung XXVI_z kann wegen $df_\varphi = \dfrac{\nu}{A}\, d\psi \cdot d\chi$ und bei Einführung von $\dfrac{v}{v_k} = \mathfrak{z}$ und $\dfrac{\mathfrak{p}}{\nu C} : \dfrac{\mathfrak{p}_a}{\nu_a C_a} = \mathfrak{y}$ oder $\dfrac{\mathfrak{p}}{\nu C} = k_0\,\psi_a \cdot \mathfrak{y}$ auf die Form gebracht werden:

$$\frac{h_w}{L} = -\frac{k_0\,\psi_a}{\gamma\,F_a}\,\frac{v_k}{v_m}\int\limits_0^{f_a} \mathfrak{y}\,\frac{\partial \mathfrak{z}}{\partial \psi}\cdot A\,df_\varphi \ \ldots\ldots\ldots\ldots\ \alpha'$$

mit
$$\frac{v_m}{v_k} = \frac{1}{F_a}\int\limits_0^{f_a} \mathfrak{z}\,df_\varphi \ \ldots\ldots\ldots\ldots\ldots\ldots\ \beta'$$

$\mathfrak{y}$ ist nur abhängig von ψ; $\mathfrak{z}$ sei wieder von ψ und $\mathfrak{y}$ abhängig angenommen; $A\cdot df_\varphi = \nu\,d\psi\,d\chi$ enthält den von den beiden Formfunktionen ψ und χ abhängigen Wert ν; unter der Annahme, daß dieselben bei stationärem Zustand einer Variation nicht unterliegen, also $V_I = \mathfrak{y}\,\dfrac{\partial \mathfrak{z}}{\partial \psi}$ und $V_{II} = \mathfrak{z}$ sind, erhält man durch analoge Verwendung der Variationsrechnung, wie früher für das Kreisprofil:

$$\mathfrak{z} = \mathfrak{F}(\zeta) \ \text{mit}\ \zeta = \mathfrak{y} + a\,\psi + b$$

Setzt man nun:
$$\mathfrak{y} = \frac{\mathfrak{p} : \nu\cdot C}{\mathfrak{p}_a : \nu_a C_a} = \frac{k_0\,\psi}{\mathfrak{p}_a : \nu_a C_a} = K\,\psi$$

$$a = -2\,\frac{k}{\psi_a}, \qquad b = +\,\varepsilon^2\,k,$$

so erhält man
$$\zeta = k\left(\varepsilon^2 - \frac{\psi}{\psi_a}\right).$$

Mit $\psi = \dfrac{r^2}{2}$, $\psi_a = \dfrac{r_a^2}{2}$ entsprechend dem Kreisprofil erhält man die für dasselbe entstandene Formel:

$$\zeta = k\left[\varepsilon^2 - \left(\frac{r}{r_a}\right)\right].$$

Es ergeben sich somit folgende Formeln:

$$\frac{v}{v_k} = \mathfrak{F}(\zeta) \quad \text{mit} \quad \zeta = k\left(\varepsilon^2 - \frac{\psi}{\psi_a}\right) \ \ldots\ldots\ldots\ \mathfrak{A}'$$

$$\frac{v_m}{v_k} = \frac{1}{f_a} \int\int \mathfrak{F}(\zeta)\, df_\varphi = \frac{1}{F_a} \int\int \mathfrak{F}(\zeta)\, \frac{\nu\, d\varphi\, d\chi}{A} \quad \ldots \ldots \mathfrak{B}'$$

$$\left.\begin{aligned}
\frac{h_w}{L} &= \frac{k_0\, k^2}{\gamma\, F_a} \frac{v_k}{v_m} \int\int \psi\, \frac{d\mathfrak{F}(\zeta)}{d\psi}\, \nu\, d\psi \cdot d\chi \\[2mm]
&= \frac{A\, k_0\, k^2}{\gamma\, F_a} \frac{v_k}{v_m} \int\int \psi\, \frac{d\mathfrak{F}(\zeta)}{d\psi}\, df_\varphi,
\end{aligned}\right\} \quad \ldots \ldots \ldots \mathfrak{C}'$$

worin die Integrale über die ganze Profilfläche zu erstrecken sind.

In allen diesen Ansätzen ist die reziproke Länge A mit den Wert 1 einzusetzen.

Es mag aber noch einmal unter Hinweis auf S. 53 bemerkt werden, daß die Bewertung von A als Maß einer reziproken Länge davon herrührt, daß $ds_\varphi = \dfrac{d\varphi}{A}$ ist; $d\varphi$ ist dimensionslos, ds_φ ist das Maß des Bogenelementes in der φ-Linie.

Die bei Studium des Kreisprofils am Schluß erhaltenen Ergebnisse betreffend die Formgebung der Funktion $\mathfrak{F}$ entsprechend einer Überlagerung von $\mathfrak{z}$ Werten und betreffend der Möglichkeit einer weiteren Verallgemeinerung behufs Berücksichtigung von Querschnittsverschiedenheiten haben auch für andere Profile Gültigkeit, sofern dieselbe durch orthogonale Formfunktionen darstellbar sind.

Das elliptische Profil. Entsprechend S. 122 bestehen für dasselbe folgende Formfunktionen:

$$\varphi = x, \qquad \psi = a y^2 + b z^2, \qquad \chi = \operatorname{arc\,tg} \frac{z^{\frac{1}{2b}}}{y^{\frac{1}{2a}}},$$

hiermit ergeben sich die Flächen der Ellipsen ψ und ψ_a mit

$$f_\varphi = \sqrt{\frac{\psi}{a}} \cdot \sqrt{\frac{\psi}{b}} \cdot \pi = \frac{\pi}{\sqrt{a b}} \cdot \psi$$

$$f_{\varphi a} = \frac{\pi}{\sqrt{a b}}\, \psi_a \qquad \text{und schließlich}$$

$$f_\varphi = f_{\varphi a} \frac{\psi}{\psi_a}, \qquad d f_\varphi = \frac{f_{\varphi a}}{\psi_a}\, d\psi.$$

Man erhält mit $f_{\varphi a} = F_a$ und $A = 1$

$$\frac{v_m}{v_k} = \frac{1}{\psi_a} \int_0 \mathfrak{F}(\zeta)\, d\psi \quad \text{und} \quad \frac{h_w}{L} = \frac{k_0\, k^2}{\gamma\, \psi_a} \frac{v_k}{v_m} \int_0^{\psi_a} \psi\, \frac{d\mathfrak{F}(\zeta)}{d\psi} \cdot d\psi.$$

Nimmt man
$$\mathfrak{F}(\zeta)=\zeta, \qquad \mathfrak{F}'(\zeta)=1,$$

so folgt

$$\frac{v_m}{v_k}=\frac{k}{\psi_a}\int_0^{\psi_a}\left(\varepsilon^2-\frac{\psi}{\psi_a}\right)d\psi=\frac{k}{2}\left[\varepsilon^4-(\varepsilon^2-1)^2\right]=k\left(\varepsilon^2-\frac{1}{2}\right) \quad . \ \mathfrak{B}'_e$$

$$\frac{h_w}{L}=\frac{2\,k_0\,k}{\gamma\,\psi_a\,(2\,\varepsilon^2-1)}\int_0^{\varphi_a}\psi\,d\psi=\frac{k_0\,k\,\psi_a}{\gamma\,(2\,\varepsilon^2-1)} \ \ . \ . \ . \ . \ . \ \mathfrak{C}'_e$$

Setzt man

$$k=\frac{2\,\dfrac{v_m}{v_k}}{2\,\varepsilon^2-1}$$

ein, so folgt
$$\frac{h_w}{L}=\frac{2\,\psi_a\,k_0}{\gamma\,[2\,\varepsilon^2-1]^2}\cdot\frac{v_m}{v_k}. \qquad . \ . \ . \ . \ . \ . \ . \ . \ \mathfrak{C}_e$$

Lamb hat unter Verwendung der Newtonschen Hypothese die Formel abgeleitet:
$$v=\frac{\gamma\,h_w}{2\,\eta\,L}\frac{r_a^2\,r_b^2}{r_a^2+r_b^2}\left[1-\frac{y^2}{r_a^2}-\frac{z^2}{r_b^2}\right];$$

r_a und r_b sind die Halbachsen der Wandellipse. Setzt man

$$\psi\,r_a\,r_b=\frac{2\,r_b^2}{r_a^2+r_b^2}\,y^2+\frac{2\,r_a^2}{r_a^2+r_b^2}\,z^2,$$

womit die Konstanten a und b der Formfunktion die Werte erhalten:

$$a=\frac{2}{r_a\,r_b\left(\dfrac{r_a^2}{r_b^2}+1\right)}, \qquad b=\frac{2}{r_a\,r_b\left(\dfrac{r_b^2}{r_a^2}+1\right)},$$

so wird
$$\psi_a\,r_a\,r_b=\frac{2\,r_a^2\,r_b^2}{r_a^2+r_b^2}$$

und somit:
$$v=\frac{\gamma\,h_w}{4\,\eta\,L}\,r_a\,r_b\left(1-\frac{\psi}{\psi_a}\right).$$

Beim Kreisprofil führte die Annahme
$$\mathfrak{F}(\zeta)=\zeta, \qquad \mathfrak{F}(\zeta)=1$$

auf die Poisseuilleschen Gleichungen; mit derselben Annahme erhält man im vorliegenden Fall mit

$$\zeta=k\left(\varepsilon^2-\frac{\psi}{\psi_a}\right) \qquad \text{und} \qquad \varepsilon^2=1$$

$$v=k\,v_k\left(1-\frac{\psi}{\psi_a}\right). \ . \ . \ . \ . \ . \ . \ . \ . \ . \ . \ . \ . \ \alpha''_e$$

$$\frac{v_m}{v_k}=\frac{k}{\psi_a}\int_0^{\psi_a}\left(1-\frac{\psi}{\psi_a}\right)d\psi=\frac{k}{2} \ . \ . \ . \ . \ . \ . \ \mathfrak{B}''$$

$$\frac{h_w}{L}=\frac{A\,2\,\psi_a\,k_0}{\gamma}\,\frac{v_m}{v_k} \ . \ . \ . \ . \ . \ . \ . \ . \ . \ . \ . \ \mathfrak{C}''$$

Aus beiden Gleichungen für v und $\dfrac{v_m}{k}$ folgt

$$k\,v_k = \frac{\gamma}{4}\frac{h_m}{\eta\,L}\,r_a\,r_b\cdot\psi_a = 2\,v_m$$

und hieraus

$$\frac{h_w}{L} = \frac{8\,\eta}{\gamma\,r_a\,r_b\,\psi_a}\cdot v_m \quad \ldots\ldots\ldots\ldots\ldots\ldots \text{A}$$

Für das Kreisprofil wurde erhalten

$$\frac{h_w}{L} = \frac{8\,\eta}{\gamma\,r_a{}^2}\cdot v_m.$$

Nimmt man in der Formfunktion $\psi = \dfrac{r^3}{2}$ des Kreisprofiles $e = \dfrac{r_a}{\sqrt{2}}$ als Längeneinheit, so erhält man:

$$\psi = \frac{1}{2}\left(\frac{r}{e}\right)^2 = \left(\frac{r}{r_a}\right)^2$$

für den Randkreis wird $\psi_a = 1$.

Die letzte Formel kann geschrieben werden

$$\frac{h_w}{L} = \frac{8\,\eta}{\gamma\,r_a{}^2\,\psi_a}\cdot v_m;$$

sie geht aus der Formel für das elliptische Profil mit $r_a = r_b$, wie nötig, hervor.

Unter den vielen empirischen Formeln zur Bestimmung von $J = \dfrac{h_w}{L}$ für Rohre mit Kreisprofil ist eine große Anzahl nach dem Schema $J = \mu\,\dfrac{v_m{}^\alpha}{D^\beta}$ aufgebaut, worin D den Randdurchmesssr μ, α und β empirisch bestimmte Zahlwerte bedeuten (siehe Forchheimer: „Hydraulik" S. 43 u. f.); um eine solche Formel dimensional homogen zu machen, hat man die sogenannte Reynoldsche Zahl $\mathfrak{Z} = \dfrac{v_m\,r_a\,\gamma}{g\cdot\eta}$ eingeführt (zur Vermeidung von Verwechselung wird hier $\mathfrak{Z}$ statt dem sonst gebräuchlichen $\mathfrak{R}$ als Bezeichnung verwendet) unter Wiederbenützung der alten Formel der Hydraulik

$$h_w = \lambda\,\frac{L}{D}\,\frac{v_m{}^2}{2\,g},$$

worin z. B. Blasius für turbulente Strömung $\lambda = \dfrac{0{,}3064}{\sqrt[4]{2\,\mathfrak{Z}}}$ setzt. Aufgelöst erhält man hieraus

$$J = \frac{h_w}{L} = \frac{0{,}3064}{2\,g\left(\dfrac{\gamma}{g\,\eta}\right)^{\frac{1}{4}}D^{\frac{1}{4}}}\cdot v_m{}^{\frac{7}{4}},$$

also
$$\mu = \frac{0{,}3064}{2\,g\left(\dfrac{\gamma}{g\,\eta}\right)^{\frac{1}{4}}}\; m^{-\frac{3}{2}}\;\mathrm{sek}^{+\frac{7}{4}}, \qquad \alpha = \frac{7}{4}, \quad \beta = \frac{1}{4}.$$

Spezialisiert man die Formeln $\mathfrak{A}_b$ bis XXVII auf S. 143 durch die Annahme $m_n = m$, alle übrigen $m = 0$, so folgt aus A

$$\frac{v_m}{v_k} = \frac{m}{n+1}\left(\frac{D}{4\,\mathfrak{p}\,k}\,\frac{h_w}{L}\right)^n$$

resp.

$$\frac{h_w}{L} = \frac{4\,\mathfrak{p}\,k}{D}\cdot\left(\frac{n+1}{m}\right)^{\frac{1}{n}}\cdot\left(\frac{v_m}{v_k}\right)^{\frac{1}{n}};$$

mit $n = \dfrac{4}{7}$ wird $v_m^{\frac{1}{n}} = v_m^{\frac{7}{4}}$, wie in der Formel von Blasius. Unter Benützung der Definitionsgleichung

$$\mathfrak{p}_k = \frac{2\,v_k\,\eta}{r_a} = \frac{4\,v_k\,\eta}{D} \qquad \text{(Seite 142)},$$

erhält man beim Vergleich mit μ nach Blasius

$$v_k = \left[16\left(\frac{11}{7}\right)^{\frac{7}{4}}\frac{2\,g^{\frac{3}{4}}}{0{,}3064}\right]\left(\frac{\eta}{\gamma}\right)^{\frac{3}{4}} = 1276\cdot 8\left(\frac{\eta}{\gamma}\right)^{\frac{3}{4}};$$

hiermit ist die Verbindung zwischen der neuen Formel und derjenigen von Blasius hergestellt.

Die theoretisch begründete Mannigfaltigkeit der Wahl der Geschwindigkeitsfunktion ermöglicht die Anpassung auch an andere auf empirischem Wege gefundenen Formeln für das Kreisprofil und auch für andere Profile, für die sich Formfunktionen bestimmen lassen.

Die in der allgemeinen Gleichung XV, d. i. $v = G\,\dfrac{A}{\nu}\,\lambda$, vorkommende Größe λ ist durch $\mathfrak{F}(\zeta)$ eingeführt.

C. Meridionale Strömungen in Rotationshohlräumen.

Hierunter sind solche Strömungen verstanden, bei denen im ganzen Strömungsgebiet die Geschwindigkeitskomponenten der Hauptströmung nur in Meridianebenen liegen; sind hierbei Form und Geschwindigkeitsverhältnisse in allen Meridianebenen kongruent, so ist die Strömung vollkommen achsensymmetrisch; für die mathematische Darstellung der Formfunktionen wird am zweckmäßigsten das Zylinderkoordinatensystem verwendet mit z als Achsenkoordinate, r als Radius, ϑ als Bogenkoordinate.

I. Bestimmung der Formfunktionen.

Die Bahnlinien sind die Schnittlinien von Umdrehungsflächen mit Meridianebenen; werden erstere als ψ-Flächen, letztere als χ-Flächen eingeführt, entsprechend den Beispielen II Seite 69 u. f. über Netzkonstruktionen, so wird $\chi = \vartheta$; hiermit

$$\frac{\partial \chi}{\partial z} = 0, \quad \frac{\partial \chi}{\partial r} = 0, \quad \frac{\partial \chi}{\partial \vartheta} = 1.$$

Aus den Gleichungen $\mathrm{IV}_r{}'$, Seite 56 folgen

$$\left.\begin{aligned}
\frac{\partial \varphi}{\partial z} &= -\frac{1}{r}\frac{\partial \psi}{\partial r}\,\nu \\[2mm]
\frac{\partial \varphi}{\partial r} &= +\frac{1}{r}\frac{\partial \psi}{\partial z}\,\nu \\[2mm]
\frac{\partial \varphi}{\partial \vartheta} &= 0
\end{aligned}\right\} \quad \ldots \ldots \ldots \ldots \mathrm{IV}_r$$

und durch wechselseitiges partielles Differentiieren die simultanen Differentialgleichungen

$$\left.\begin{aligned}
\frac{\partial^2 \varphi}{\partial z^2} + \frac{\partial^2 \varphi}{\partial r^2} + \frac{1}{r}\cdot\frac{\partial \varphi}{\partial r} &= +\frac{1}{\nu}\left(\frac{\partial \varphi}{\partial z}\cdot\frac{\partial \nu}{\partial z} + \frac{\partial \varphi}{\partial r}\cdot\frac{\partial \nu}{\partial r}\right) \\[2mm]
\frac{\partial^2 \psi}{\partial z^2} + \frac{\partial^2 \psi}{\partial r^2} - \frac{1}{r}\cdot\frac{\partial \psi}{\partial r} &= -\frac{1}{\nu}\left(\frac{\partial \psi}{\partial z}\cdot\frac{\partial \nu}{\partial z} + \frac{\partial \psi}{\partial r}\cdot\frac{\partial \nu}{\partial r}\right)
\end{aligned}\right\} \quad \ldots \mathrm{V}_{ra}$$

als Bestimmungsgleichungen für die Funktionen φ und ψ.

Mit $\nu = \mathrm{konst.}$ erhält man Potentialformen; die Gleichungen V_{ra} reduzieren sich auf

$$\left.\begin{aligned}
\frac{\partial^2 \varphi}{\partial x^2} + \frac{\partial^2 \varphi}{\partial r^2} + \frac{1}{r}\cdot\frac{\partial \varphi}{\partial r} &= 0 \\[2mm]
\frac{\partial^2 \psi}{\partial x^2} + \frac{\partial^2 \psi}{\partial r^2} - \frac{1}{r}\cdot\frac{\partial \psi}{\partial r} &= 0
\end{aligned}\right\} \quad \ldots \ldots \ldots \ldots \mathrm{V}_{rp}$$

Bezüglich der analytischen Bestimmung der Funktionen φ und ψ für Potentialformen wird auf die Studie des Verfassers „Über Flüssigkeitsbewegungen in Rotationshohlräumen", Schweiz. Bauztg. Bd. 41, sowie auf Lambs Hydrodynamik S. 146 f. verwiesen; solche Funktionen wurden zuerst von Stokes bestimmt uud deren analytische Theorie ausführlich von Sampsun in „On Stokes' Corrent-function" (Phil. Trans. 1891) behandelt.

Eine praktisch verwendete Form ist auf Seite 71 entwickelt (siehe auch Schweiz. Bauztg. Bd. 83, Heft 19, 1924).

Durch weitere spezielle Annahmen für die Funktion ν erhält man andere koordinierte Gleichungen, z. B. $\nu = R$ gleich einer Funktion von r gibt

$$\frac{\partial^2 \varphi}{\partial z^2} + \frac{\partial^2 \varphi}{\partial r^2} + \left(\frac{1}{r} - \frac{R'}{R}\right)\frac{\partial \varphi}{\partial r} = 0$$

$$\frac{\partial^2 \psi}{\partial z^2} + \frac{\partial^2 \psi}{\partial r^2} - \left(\frac{1}{r} - \frac{R'}{R}\right)\frac{\partial \varphi}{\partial r} = 0$$

mit $R = kr$, worin k eine Konstante ist, wird $\dfrac{1}{r} - \dfrac{R'}{R} = 0$ und man erhält

$$\frac{\partial^2 \varphi}{\partial z^2} + \frac{\partial^2 \varphi}{\partial r^2} = 0$$

$$\frac{\partial^2 \psi}{\partial z^2} + \frac{\partial^2 \psi}{\partial r^2} = 0\,.$$

Das sind dieselben Bestimmungsgleichungen wie für rein zweidimensionale Potentialformen; für meridionale Strömungen geben dieselben nicht mehr Potentialströmungen.

Für die graphische Bestimmung von Potential- und anderen Formen bei bekannten ν ist das auf Seite 73 geschilderte Verfahren anzuwenden.

Ebenso können zusammengesetzte Formen durch graphische Addition einfacherer Formen erhalten werden, wobei jedoch Achsengemeinschaft zu bewahren ist.

Die hydraulische Strömungsgleichung bleibt dieselbe wie früher, wenn man das Strömungsgebiet auf einen elementaren Kanal um die Achse oder um irgendeine beliebige Bahn-(φ-)Linie beschränkt.

II. Strömungen ohne Widerstände.

Widerstandsfreie Strömung ist möglich:

1. bei allen Potentialformen,

2. bei solchen wirbelbehafteten Formen, für welche eine Funktion $\mathfrak{S}$ vorhanden ist, so daß $[\mathfrak{v} \cdot rot]\,\mathfrak{v} = grad\,\mathfrak{S}$ ist (siehe Seite 30).

Die hydrodynamische Grundgleichung nimmt im ersten Fall die Form an

$$z + \frac{p}{\gamma} + \frac{v^2}{2\,g} = K = \text{konstant}$$

und gibt für alle Punkte des Strömungsraumes mit dem gleichen Wert.

Im zweiten Fall gilt nach den Erörterungen auf Seite 30 dieselbe Gleichung innerhalb der einzelnen Stromlinien, die Konstante K hat aber im allgemeinen verschiedene Werte für die verschiedenen Stromlinien; bei Existenz einer Funktion $\mathfrak{S}$ tritt die im ganzen Strömungsraum gültige Gleichung ein

$$z + \frac{p}{\gamma} + \frac{v^2}{2\,g} - \mathfrak{S} = 0.$$

Da die Wirbellinien bei meridionaler, achsensymmetrischer Strömung mit den Parallelkreisen, die Stromlinien mit den in den ψ-Flächen liegenden φ-Linien zusammenfallen, so sind die ψ-Flächen gleichzeitig die $\mathfrak{S}$-Flächen, d. h. es ist $\mathfrak{S} = \mu\psi$, wo μ einen noch zu bestimmenden konstanten Faktor bedeutet. Nun sind entsprechend den Gleichungen XVII Seite 84 mit $\lambda = 1$

$$v_z = \frac{G}{\nu}\,\frac{\partial\varphi}{\partial z} = + \frac{G}{r}\,\frac{\partial\psi}{\partial r}$$

$$v_r = \frac{G}{\nu}\,\frac{\partial\varphi}{\partial r} = - \frac{G}{r}\,\frac{\partial\psi}{\partial z}$$

$$v = \frac{G}{\nu}\,\frac{d\varphi}{ds_\varphi} = \frac{G}{r}\,\frac{d\psi}{ds_\psi},$$

mithin

$$2\,\Omega = \frac{\partial v_z}{\partial r} - \frac{\partial v_r}{\partial z} = - \frac{G}{r}\left(\frac{\partial^2\psi}{\partial z^2} + \frac{\partial^2\psi}{\partial r^2} - \frac{1}{r}\,\frac{\partial\psi}{\partial r}\right);$$

dies gibt:

$$[\mathfrak{v}\cdot rot\,\mathfrak{v}] = v\cdot 2\,\Omega\,da = -\left(\frac{G}{r}\right)^2\cdot\left(\frac{\partial^2\psi}{\partial z^2} + \frac{\partial^2\psi}{\partial r^2} - \frac{1}{r}\,\frac{\partial\psi}{\partial r}\right)\cdot\frac{d\psi}{ds_\psi}\cdot da.$$

$\mathfrak{S} = - 8\,\dfrac{G^2}{g}\,\psi$ gesetzt, gibt:

$$grad\,\mathfrak{S} = - 8\,\frac{G^2}{g}\,\frac{d\psi}{ds_\psi}\cdot da$$

und mithin:

$$\frac{\partial^2\psi}{\partial z^2} - \frac{\partial^2\psi}{\partial r^2} + \frac{1}{r}\,\frac{\partial\psi}{\partial r} = 8\,r^2 \quad\ldots\ldots\ldots\ldots \text{a}$$

als Bestimmungsgleichung für ψ-Funktionen der gesuchten Art.

Als partikuläres Integral erhält man mit a als freie Konstante

$$\psi_p = az - r^4 \quad\ldots\ldots\ldots\ldots\ldots \text{b}_r$$

als allgemeines Integral:

$$\psi_p = \Sigma\,\psi_i + m\psi_p \quad\ldots\ldots\ldots\ldots \text{b}$$

worin m einen noch willkürlichen aber konstanten Faktor bedeutet und ψ_i Funktionen sind, welche Potentialströmungen, d. i. der Gleichung $\dfrac{\partial^2\psi}{\partial z^2} + \dfrac{\partial^2\psi}{\partial r^2} + \dfrac{1}{r}\,\dfrac{\partial\psi}{\partial r} = 0$ entsprechen.

Für Strömungen solcher Art ist, durch die hydrodynamische Grundgleichung

$$z + \frac{p}{g} + \frac{v^2}{2\,g} + 8\,\frac{G^2}{g}\,\psi_p = K$$

die Pressungsverteilung im Strömungsraum eindeutig bestimmt.

Beispiel. Es sei $\psi_s = r^2 z + az + r^4$ die Stromfunktion einer Überlagerung der Potentialströmung $\psi_i = r^2 z$ und der partikulären Strömung $\psi_p = az - r^4$.

Es ist hierbei:

$$v_z = +\,\frac{G}{r}\,\frac{\partial \psi_s}{\partial r} = +\,G\,(2\,z + 4\,r^2)$$

$$v_r = +\,\frac{G}{r}\,\frac{\partial \psi_s}{\partial z} = -\,G\left(r + \frac{a}{r}\right)$$

$$v^2 = G^2\left[4\,z^2 + 16\,zr^2 + 16\,r^4 + r^2 + 2\,a + \frac{a^2}{r^2}\right];$$

dies gibt:

$$z + \frac{p}{\gamma} + \frac{G^2}{2\,g}\left[4\,z^2 + 32\,zr^2 + r^2 + \frac{a^2}{r^2} + 2\,a + 16\,az\right] = K$$

als Gleichung, durch welche die Pressungsverteilung im Strömungsraum bestimmt ist.

Die noch freie Konstante a ist gleich Null anzunehmen, wenn das Strömungsgebiet die Achse enthält, da sonst in $r = 0$ die Größen v_r und p unendlich große Werte erhielten.

Mit $a = 0$ folgen:

$$v_r = -\,Gr; \quad z + \frac{p}{\gamma} + \frac{G^2}{2\,g}(4\,z^2 + 32\,zr^2 + r^2) = K$$

Gleichung b kann also als das allgemeine Symbol für Stromfunktionen angesehen werden, durch welche widerstandsfreie Strömungen beschrieben sind, sofern unter ψ_i Potential-, unter ψ_p die eben bestimmte partikuläre Strömung verstanden sind; bei $m = 0$ gibt ψ nur Potentialströmung.

Wenn eine Funktion ψ der Differentialgleichung a nicht entspricht, so bedeutet dies, daß der Vektor $\frac{1}{g}\,[\mathfrak{v}\,rot\,\mathfrak{v}] \neq grad\,\mathfrak{S}$ oder daß der Ausdruck von $\mathfrak{H}$ in der Gleichung B kein vollständiges Differential ist; eine Bestimmungsgleichung für die Pressungsverteilung ist daher direkt nicht erhältlich.

III. Strömungen mit Widerständen.

Die Grundgleichungen. Die hydrodynamische Grundgleichung B_V gibt nach den Richtungen φ und ψ aufgelöst, unter Berücksichtigung, daß wegen angenommener Achsensymmetrie in Richtung χ weder Kräfte wirksam noch Geschwindigkeiten vorhanden sind und ohne Rücksicht auf den Einfluß der Schwerkraft, die beiden Gleichungen

$$\frac{\partial}{\partial\varphi}\frac{p}{\gamma}+\frac{\partial}{\partial\varphi}\frac{v^2}{2\,g}+\frac{1}{A}\,w_\varphi=0$$

$$\frac{\partial}{\partial\psi}\frac{p}{\gamma}+\frac{\partial}{\partial\psi}\frac{v^2}{2\,g}+\frac{1}{B}\,w_\psi-2\,\frac{v^2}{2\,g}\frac{\partial\lg\mu}{\partial\psi}=0.$$

Setzt man $\dfrac{v^2}{2\,g}=\dfrac{G}{2\,g}\,A^2\mu^2$ ein, so folgt:

$$\frac{\partial}{\partial\psi}\frac{p}{\gamma}+\frac{G^2}{g}\,\varLambda\mu\,\frac{\partial\mu A}{\partial\psi}\;\Big|\;\frac{1}{B}\,w_\psi-\frac{G^2}{g}\,\varLambda^2\mu\,\frac{\partial\mu}{\partial\psi}=0$$

oder $$\frac{\partial}{\partial\psi}\frac{p}{\gamma}+\frac{G^2}{g}\,A\mu^2\frac{\partial p}{\partial\psi}+\frac{1}{B}\,w_\psi=0.$$

Wegen $$\delta s_\varphi=\frac{\delta_\varphi}{A}\qquad \delta s_\psi=\frac{\delta_\varphi}{B}$$

und $$\frac{1}{A}\frac{\partial A}{\partial s_n}=-\frac{1}{\varrho_\varphi}\qquad \text{(siehe Anhang S. 283)}$$

erhält man schließlich:

$$\left.\begin{array}{l}\dfrac{\partial}{\partial s_\varphi}\dfrac{p}{\gamma}+\dfrac{\partial}{\partial s_\varphi}\dfrac{v^2}{2\,g}+w_\varphi=0\\[3mm]\dfrac{\partial}{\partial s_\psi}\dfrac{p}{\gamma}-\dfrac{1}{g}\dfrac{v^2}{\varrho_\varphi}+w_\psi=0\end{array}\right\}\quad\ldots\ldots\ \text{XXIV}_m$$

Im zylindrischen Rohr waren $\dfrac{v^2}{2\,g}=$ konstant, $\varrho_\varphi=\infty$, es entfielen die mittleren Glieder; die Änderung der Pressung in axialer Richtung wurde nur durch den Einfluß der Spannung $\mathfrak{p}$ hervorgerufen. Widerstandskräfte senkrecht zur Flußrichtung erschienen nicht wirksam; in Übereinstimmung mit der Erfahrung steht das hieraus folgende Fehlen einer Pressungsänderung senkrecht zur Flußrichtung.

Im allgemeineren Fall gekrümmter, in den Meridianebenen (χ-Ebenen) liegender Strombahnen sind außer der Spannung auch die Trägheitskräfte Einfluß nehmend auf die Pressung resp. deren, durch die Gleichung $3\,p=p_\varphi+p_\psi+p_\chi$ bestimmten Bestandteile.

Bestimmung der Oberflächenkräfte[1]. Man könnte hierfür wieder das durch Zylinderkoordinaten begrenzte Element δ_2, $r\,\delta\vartheta$, δr in Betracht ziehen, es er scheint aber zweckmäßiger ein durch die Netzlinien durch die Formfunktionen begrenztes Element zu benützen. Wegen der den Formfunktionen entsprechenden dreifachen Orthogonalität zwischen den Funktionen A, B, C ist; $A = \nu\,BC$, worin

$$C = \left(\frac{\partial\chi}{\partial x}\right)^2 + \left(\frac{\partial\chi}{\partial r}\right)^2 + \left(\frac{\partial\chi}{r\,\partial\vartheta}\right)^2,$$

mit $\chi = \vartheta$ erhält man

$$C^2 = \frac{1}{r^2}, \quad \text{also} \quad B^2 = \frac{r^2}{\nu}\,A^2.$$

Man kann die Verteilung dieser Funktionen im Stromgebiet durch Aufzeichnung der Flächen gleicher Werte von A, B, C veranschaulichen; es kommen dann jedem Punkt bestimmte Funktionswerte φ, ψ, χ, A, B, C und ν zu.

Die mittleren Längen der Netzkanten eines von je zwei benachbarten φ-, ψ- und χ-Flächen gebildeten Elementes haben nach den Gleichungen VIII die Werte:

$$\delta s_\varphi = \frac{1}{A}\,\delta_\varphi, \qquad \delta s_\psi = \frac{\nu}{r\,A}\cdot\delta_\psi, \qquad \delta s_\chi = r\,\delta_\chi;$$

die denselben entsprechenden Flächen sind

$$\delta f_\varphi = \delta s_\psi \cdot \delta s_\chi = \frac{\nu}{A}\,\delta_\psi\delta_\chi, \qquad \delta f_\psi = \delta s_\chi\,\delta s_\varphi = \frac{r}{A}\,\delta_\varphi\delta_\chi,$$

$$\delta f_\chi = \delta s_\varphi \cdot \delta s_\psi = \frac{\nu}{r\,A}\,\delta_\varphi\,\delta_\psi,$$

---

[1] Ausgebildete Theorien ähnlichen Ranges, wie für das gerade Rohr liegen für solche allgemeinere Strömungsformen nicht vor. Hingegen hat Dr.-techn. Hampel in den „Technischen Blättern", Vierteljahrsschrift des „Deutschen Polytechnischen Vereins" in Böhmen, in den Jahrgängen 1906 und 1908 eine Reihe von Versuchen unter dem Titel „Experimentelle Studien über Wasserbewegungen" veröffentlicht, bei denen die Strömungsform ebenfalls durch Farbbänder sichtbar gemacht und photographisch fixiert wurde; an Diagrammen, die durch Rechnung aus den Versuchsresultaten abgeleitet wurden, ist der Strömungsverlauf durch Stromlinien, Isotachen und Niveaukurven ersichtlich gemacht.

Die Versuche an konischdivergenten Rohren weisen Erscheinungen auf, die jenen der Abb. 3 auf Seite 7 ähnlich sind, d. h. es zeigt sich eine Ablösung der Hauptströmung von der Wand, während dies bei konischkonvergenten Rohren nicht der Fall ist.

Es sind auch die Versuchsergebnisse an geraden Rohren und an Rohren mit zentrisch eingebauten Ventilen dargestellt und beschrieben und es wird an dieser Stelle auf diese Publikationen besonders aufmerksam gemacht.

das Volumelement wird

$$\delta_\tau = \delta s_\varphi\, \delta s_\psi\, \delta s_\chi = \frac{\nu}{A}\, \delta_\varphi\, \delta_\psi\, \delta_\chi,$$

das Massenelement

$$\delta_m = \frac{\gamma}{g}\, \delta\tau = \frac{\gamma}{g}\, \frac{\nu}{A^2}\, \delta_\varphi\, \delta_\psi\, \delta_\chi.$$

Die Bezeichnung der an einem solchen Element wirksamen Pressungen p und Spannungen $\mathfrak{p}$ ergibt sich aus beistehender Abb. 41 und dem

Schema.

Es wirken in Richtungen Netzlinien	φ	ψ	χ
In der Fläche δf_φ	p_φ	$\mathfrak{p}_\chi$	$\mathfrak{p}_\psi$
In der Fläche δf_ψ	$\mathfrak{p}_\chi$	p_ψ	$\mathfrak{p}_\varphi$
In der Fläche δf_χ	$\mathfrak{p}_\psi$	$\mathfrak{p}_\varphi$	p_χ

Tabelle der

Herrührend von	In Richtung der φ-Linien wirksam
p_φ in den φ-Flächen . .	$-\dfrac{\partial(\delta f_\varphi)\, p_\varphi}{\partial \varphi}\, \partial_\varphi = -\dfrac{\partial}{\partial \varphi}\left(\dfrac{\nu}{A}\, p_\varphi\right)\delta_\varphi\, \delta_\psi\, \delta_\chi$
p_ψ „ „ ψ- „ . .	$+\, p_\psi(\delta f_\psi)\, \dfrac{\delta s_\psi}{\varrho_\psi} = +\dfrac{p_\psi}{\varrho_\psi}\cdot\dfrac{\nu}{A^2}\, \delta_\varphi\, \delta_\psi\, \delta_\chi$
p_χ „ „ χ- „ . .	$p_\chi(\delta f_\chi)\, \dfrac{\delta s_\chi}{r}\,\sin\alpha = +\dfrac{p_\chi}{r}\cdot\dfrac{\sin\alpha\cdot\nu}{A^2}\, \delta_\varphi\, \delta_\psi\, \delta_\chi$
$\mathfrak{p}_\varphi$ in den ψ-Flächen . .	
$\mathfrak{p}_\varphi$ „ „ χ- „ . .	senkrecht zu den φ-Linien
$\mathfrak{p}_\psi$ in den χ-Flächen . .	$-\dfrac{\partial(\partial f_\chi)\, \mathfrak{p}_\psi}{\partial \chi}\, \delta_\chi = -\dfrac{\partial}{\partial \chi}\left(\dfrac{\nu}{r A}\, \mathfrak{p}_\psi\right)\delta_\varphi\, \delta_\psi\, \delta_\chi$
$\mathfrak{p}_\psi$ „ „ φ- „ . .	senkrecht zu den φ-Linien
$\mathfrak{p}_\chi$ in den φ-Flächen . .	$+\, \mathfrak{p}_\chi(\delta f_\varphi)\, \dfrac{\delta s_\varphi}{\varrho_\varphi} = \dfrac{\mathfrak{p}_\chi}{\varrho_\varphi}\, \dfrac{\nu}{A^2}\, \delta_\varphi\, \delta_\psi\, \delta_\chi$
$\mathfrak{p}_\chi$ „ „ ψ- „ . .	$-\dfrac{\partial(\delta f_\psi)\, \mathfrak{p}_\chi}{\partial \psi}\, \delta_\psi = -\dfrac{\partial}{\partial \psi}\left(\dfrac{r}{A}\, \mathfrak{p}_\chi\right)\delta_\varphi\, \delta_\psi\, \delta_\chi$

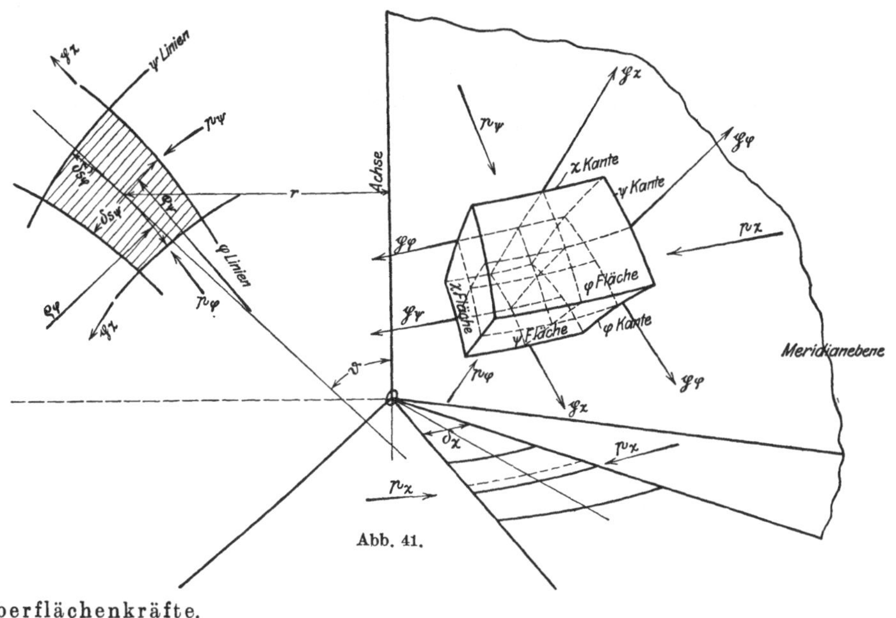

berflächenkräfte.

In Richtung der ψ-Linien wirksam	In Richtung der χ-Linien wirksam
$- p_\varphi (\delta f_\varphi) \dfrac{\delta s_\varphi}{\varrho_\varphi} = - \dfrac{p_\varphi}{\varrho_\varphi} \dfrac{\nu}{A^2} \delta_\varphi \, \delta_\psi \, \delta_\chi$	
$- \dfrac{\partial (\delta f_\psi) \, p_\psi}{\partial \psi} \delta_\psi = - \dfrac{\partial}{\partial \psi} \left(\dfrac{r}{A} \, p_\psi \right) \delta_\varphi \, \delta_\psi \, \delta_\chi$	senkrecht zu den χ-Linien
$- p_\chi (\delta f_\chi) \dfrac{\delta s_\chi}{r} \cos \alpha = + \dfrac{p_\chi (\cos \alpha) \nu}{r \ A^2} \delta_\varphi \, \delta_\psi \, \delta_\chi$	$- \dfrac{\partial (\delta f_\chi) \, p_\chi}{\partial \chi} \delta_\chi = - \dfrac{\partial}{\partial \chi} \left(\dfrac{\nu}{r \, A^2} \, p_\chi \right) \delta_\varphi \, \delta_\psi \, \delta_\chi$
senkrecht zu den ψ-Linien	$- \dfrac{\partial (\delta f_\psi) \, \mathfrak{p}_\varphi}{\partial \psi} \delta_\psi = - \dfrac{\partial}{\partial \psi} \left(\dfrac{r}{A} \, \mathfrak{p}_\varphi \right) \delta_\varphi \, \delta_\psi \, \delta_\chi$
$- \dfrac{\partial (\delta f_\chi) \, \mathfrak{p}_\varphi}{\partial \chi} \delta_\chi = - \dfrac{\partial}{\partial \chi} \left(\dfrac{\nu}{r \, A} \, \mathfrak{p}_\varphi \right) \delta_\varphi \, \delta_\psi \, \delta_\chi$	$- \mathfrak{p}_\varphi (\delta f_\chi) \dfrac{\delta s_\chi}{r} = - \mathfrak{p}_\varphi \dfrac{\nu}{r \, A^2} \delta_\varphi \, \delta_\psi \, \delta_\chi$
	senkrecht zu den χ-Linien
senkrecht zu den ψ-Linien	$- \dfrac{\partial (\delta f_\varphi) \, \mathfrak{p}_\psi}{\partial \varphi} \delta_\varphi = - \dfrac{\partial}{\partial \varphi} \left(\dfrac{\nu}{A} \, \mathfrak{p}_\psi \right) \delta_\varphi \, \delta_\psi \, \delta_\chi$
$- \dfrac{\partial (\delta f_\varphi) \, \mathfrak{p}_\chi}{\partial \varphi} \delta_\varphi = - \dfrac{\partial}{\partial \varphi} \left(\dfrac{\nu}{A} \, \mathfrak{p}_\chi \right) \delta_\varphi \, \delta_\psi \, \delta_\chi$	senkrecht zu den χ-Linien
$- \mathfrak{p}_\chi (\delta f_\psi) \dfrac{\delta s_\psi}{\varrho_\psi} = - \dfrac{\mathfrak{p}_\chi}{\varrho_\psi} \cdot \dfrac{\nu}{A^2} \delta_\varphi \, \delta_\psi \, \delta_\chi$	

Bei den vorliegenden Stromformen und der Annahme des Bestandes von Schichtströmung werden wieder $\mathfrak{p}_\varphi$, $\mathfrak{p}_\chi$ und alle partiellen Ableitungen nach χ gleich Null zu setzen sein; es wird jedoch bei Aufstellung des Schemas für die Oberflächenkräfte vorerst hierauf keine Rücksicht genommen, sondern die Spezialisierung nachträglich eingeführt; ebenso wird noch ν allgemein beibehalten, das bei Potentialformen gleich einer Konstanten ist.

Bei Bestimmung der Einzelwerte der Komponenten der Oberflächenkräfte sind Größen, die unendlich klein von mehr als dritter Ordnung sind, vernachlässigt und Bogendifferentiale durch den Quotienten Bogenlänge: Krümmungsradius ersetzt; z. B. geben die Pressungen $(p_\psi \delta f_\psi)$ und $\left(p_\psi \delta f_\psi + \dfrac{\partial (p_\psi \delta f_\psi)}{\partial \psi} \delta_\psi\right.$ in der Richtung φ infolge ihrer gegenseitigen Neigung im Bogenbetrage $\dfrac{\delta_{s\psi}}{\varrho_\psi}$ eine Komponente, für deren Bestimmung das Glied $\dfrac{\partial (p_\psi \delta f_\psi)}{\partial \psi} \delta_\psi$ vernachlässigt und der Komponententeil mit

$$p_\psi \delta f_\psi \cdot \frac{\delta s_\psi}{\varrho_\psi} = \frac{p_\psi}{\varrho_\psi} \cdot \frac{\nu}{A} \delta_\varphi \delta_\psi \delta_\chi$$

eingesetzt wird; es würde nämlich dieses Glied multipliziert mit dem Bogenanteil von $\dfrac{\delta_{s\psi}}{\varrho_\psi}$ unendlich klein vierter Ordnung.

Für die achsensymmetrische Meridionalströmung wird

$$\mathfrak{p}_\varphi = 0, \qquad \mathfrak{p}_\psi = 0,$$

es verschwinden alle partiellen Ableitungen nach χ; man erhält demzufolge:

$$\left. \begin{aligned}
P_\varphi &= \left[-\frac{\partial}{\partial \varphi}\left(\frac{\nu p_\varphi}{A}\right) + \frac{p_\psi}{\varrho_\psi}\frac{\nu}{A^2} + \frac{p_\chi \nu}{r}\cdot\frac{\sin\alpha}{A^2} + \frac{\mathfrak{p}_\chi}{\varrho_\varphi}\frac{\nu}{A^2} - \frac{\partial}{\partial \psi}\left(\frac{r}{A}\mathfrak{p}_\chi\right) \right] \delta_\varphi \delta_\psi \delta_\chi \\
P_\psi &= \left[-\frac{p_\varphi}{\varrho_\varphi}\frac{\nu}{A^2}\frac{\partial}{\partial \psi}\left(\frac{r}{A}p_\psi\right) + \frac{p_\chi \nu \cos\alpha}{r}\frac{1}{A^2} - \frac{\partial}{\partial \varphi}\left(\frac{\mathfrak{p}_\chi \nu}{A}\right) - \frac{\mathfrak{p}_\chi}{\varrho_\psi}\cdot\frac{\nu}{A^2} \right] \delta_\varphi \delta_\psi \delta_\chi
\end{aligned} \right\} \text{XXIII}_{am}$$

$$P_\chi = 0.$$

Es muß ferner sein

$$P_\varphi = \frac{dv}{dt}\delta_m, \qquad P_\psi = -\frac{v^2}{\varrho}\delta_m$$

und somit

$$\left. \begin{aligned}
-\frac{\partial}{\partial \varphi}\cdot\left(\frac{p_\varphi \nu}{A}\right) + \frac{p_\psi}{\varrho_\psi}\cdot\frac{\nu}{A^2} + \frac{\mathfrak{p}_\chi}{r}\cdot\nu\cdot\frac{\sin\alpha}{A^2} + \frac{\mathfrak{p}_\chi}{\varrho_\varphi}\cdot\frac{\nu}{A^2} - \frac{\partial}{\partial \psi}\left(\frac{\mathfrak{p}_\chi r}{A}\right) &= +\frac{\gamma}{g}\frac{dv}{dt}\cdot\frac{v}{A^2} \\
-\frac{p_\varphi}{\varrho_\varphi}\cdot\frac{\nu}{A^2} - \frac{\partial}{\partial \psi}\left(\frac{r}{A}p_\psi\right) + \frac{p_\chi \nu \cos\alpha}{r\cdot A^2} - \frac{\partial}{\partial \varphi}\left(\frac{\mathfrak{p}_\chi \nu}{A}\right) - \frac{\mathfrak{p}_\chi}{\varrho_\psi}\frac{\nu}{A^2} &= -\frac{\gamma}{g}\frac{v^2}{\varrho_\varphi}\frac{\nu}{A^2}
\end{aligned} \right\} \text{XXIV}_{am}$$

Bestimmung der Dissipation. Multipliziert man analog wie auf Seite 134 die Drücke $p_\varphi\, \delta\mathfrak{f}_\varphi$, $p_\psi\, \delta\mathfrak{f}_\psi$, $p_\chi\, \delta\mathfrak{f}_\chi$ und die Spannungen $\mathfrak{p}_\chi\, \delta\mathfrak{f}_\varphi\; \mathfrak{p}_\chi\, \delta\mathfrak{f}_\psi$ mit v und addiert man, so erhält man

$$\left\{-\frac{\partial}{\partial\varphi}\left(v\,p_\varphi\frac{v}{A}\right)+v\frac{p_\psi}{\varrho_\psi}\frac{v}{A^2}+v\frac{p_\chi}{r}\frac{\sin\alpha}{A^2}+v\frac{\mathfrak{p}_\chi}{\varrho_\varphi}\frac{v}{A^2}-\frac{\partial}{\partial\psi}\left(v\frac{v}{A}\,\mathfrak{p}_\chi\right)\right\}\delta_\varphi\,\delta_\psi\,\delta_\chi;$$

führt man auf der rechten Seite die Differentionen aus, d. i.

$$\frac{\partial}{\partial\varphi}\left(v\,p_\varphi\frac{v}{A}\right)=v\frac{\partial}{\partial\varphi}\left(p_\varphi\frac{v}{A}\right)+p_\varphi\frac{v}{A}\frac{\partial v}{\partial\varphi}$$

$$\frac{\partial}{\partial\psi}\left(v\,\mathfrak{p}_\chi\frac{r}{A}\right)=v\frac{\partial}{\partial\psi}\left(\mathfrak{p}_\chi\frac{r}{A}\right)+\mathfrak{p}_\chi\frac{r}{A}\frac{\partial v}{\partial\psi},$$

so ordnen sich die mit v multiplizierten Glieder entsprechend der ersten der Gleichungen XXXII zu $v\dfrac{\gamma}{g}\dfrac{dv}{dt}\dfrac{v}{A^2}$; die andern Glieder ergeben den Betrag der Dissipation:

$$\mathfrak{E}=\frac{d\mathfrak{A}}{dt}=-\iiint\left[p_\varphi\frac{v}{A}\frac{\partial v}{\partial\varphi}+\mathfrak{p}_\chi\frac{r}{A}\frac{\partial v}{\partial\psi}\right]\partial\varphi\,\partial\psi\,\partial\chi$$

$$=-\int V\frac{A^2}{v}\delta\tau.\quad\ldots\quad\text{XXV}_m$$

Macht man nun die Annahme, daß wegen Schichtströmung v von ψ und $\mathfrak{p}_\chi$ abhängig, $\mathfrak{p}_\chi$ selbst aber von p_φ und von φ abhängig ist, und stellt man wieder die Forderung auf, daß die Dissipation ein Minimum wird, so kann dies mit Rücksicht darauf, daß neben $\mathfrak{p}_\chi$ auch v indirekt von p_φ abhängig ist, durch einfache Minimumsbetrachtung am Klammerausdruck mit p_φ als unabhängig Veränderlicher analytisch zum Ausdruck gebracht werden; man bestimmt einfach $\dfrac{\partial V}{\partial p_\varphi}=0$ und erhält die Gleichung:

$$\frac{v}{A}\left(\frac{\partial v}{\partial\varphi}+p_\varphi\frac{\partial^2 v}{\partial\varphi\,\partial p_\varphi}\right)+\frac{r}{A}\frac{\partial\mathfrak{p}_\chi}{\partial p_\varphi}\left(\frac{\partial v}{\partial\psi}+\mathfrak{p}_\chi\frac{\partial^2 v}{\partial\psi\,\partial\mathfrak{p}_\chi}\right)=0.$$

Wegen der angenommenen Abhängigkeitsverhältnisse müssen beide Klammerausdrücke einzeln gleich Null sein, d. h.

$$\frac{\partial v}{\partial\psi}+\mathfrak{p}_\chi\frac{\partial^2 v}{\partial\psi\,\partial\mathfrak{p}_\chi}=0$$

$$\frac{\partial v}{\partial\varphi}+p_\varphi\frac{\partial^2 v}{\partial\varphi\,\partial p_\varphi}=0.$$

Setzt man $v = \Pi \Psi$, worin Π nur von $\mathfrak{p}_\chi$, Ψ nur von ψ abhängig ist, so gibt die erste Gleichung:

$$\Pi \Psi' + \mathfrak{p}_\chi \Pi' \Psi' = 0$$

und somit $\quad \Pi = \dfrac{\varkappa_1}{\mathfrak{p}_\chi}$; $\quad \Psi =$ eine beliebige Funktion von ψ,

$$v = \frac{\varkappa_1}{\mathfrak{p}_\chi} \cdot \Psi.$$

Aus der zweiten Gleichung folgt, da Π als Funktion von $\mathfrak{p}_\chi$ indirekt auch eine Funktion von φ und $\mathfrak{p}_\chi$ ist

$$\frac{\partial \Pi}{\partial \varphi} \Psi + p_\varphi \frac{\partial^2 \Pi}{\partial \varphi \, \partial p_\varphi} \cdot \Psi = 0 ; \qquad \frac{\partial \Pi}{\partial \varphi} + p_\varphi \frac{\partial^2 \Pi}{\partial \varphi \, \partial p_\varphi} = 0.$$

Setzt man $\Pi = \mathfrak{P} \Phi$, worin $\mathfrak{P}$ nur eine Funktion von p_φ, Φ nur von φ ist, so erhält man

$$\mathfrak{P} \Phi' + p_\varphi \mathfrak{P}' \Phi' = 0$$

hieraus $\mathfrak{P} = \dfrac{\varkappa_2}{p_\varphi}$; $\quad \Pi = \dfrac{\varkappa_2}{p_\varphi} \Phi = \dfrac{\varkappa_1}{\mathfrak{p}_\chi}$.

Nun ist der allgemeine Ausdruck für $v = G \dfrac{A}{v} \lambda$, worin λ nur eine Funktion von ψ ist; man kann demnach setzen einerseits $\Psi = \lambda$, andererseits

$$G \frac{A}{v} = \frac{\varkappa_1}{\mathfrak{p}_\chi} = \frac{\varkappa_2}{p_\varphi} \Phi ;$$

führt man noch $v_f = G \dfrac{A}{v}$ als die der Formfunktion ohne Schichtung entsprechende Geschwindigkeit und $\varkappa_1 = v_n \mathfrak{p}_\varkappa$; $\quad \varkappa_2 = c_\varkappa \mathfrak{p}_\varkappa$ ein, so werden:

$$\mathfrak{p}_\chi = \mathfrak{p}_\varkappa \frac{v_\varkappa}{v_f} ; \qquad p_\varphi = \mathfrak{p}_\varkappa \cdot \frac{c_\varkappa}{v_f} \cdot \Phi ; \qquad v = v_f \cdot \lambda \; . \quad . \; \mathrm{XXVI}_m$$

worin $\mathfrak{p}_\varkappa$, $v_\varkappa$ und $c_\varkappa$ als Konstante zu betrachten sind. Im Klammerausdruck V des dreifachen Integrals sind zu setzen

$$\frac{v}{A} = \frac{G}{v_f}, \qquad \frac{\partial v}{\partial \varphi} = \frac{\partial v_f}{\partial \varphi} \cdot \lambda, \qquad \frac{\partial v}{\partial \psi} = \frac{\partial v_f}{\partial \psi} \lambda + v_f \lambda'$$

und man erhält

$$\mathfrak{E} = \frac{d \mathfrak{A}}{dt} = - G \, \mathfrak{p}_\varkappa \iiint \left[\frac{c_\varkappa}{v_f{}^2} \frac{\partial v_f}{\partial \varphi} \lambda \cdot \Phi \right.$$

$$\left. + \frac{v_\varkappa}{v_f{}^2} \frac{r}{A} \left(\frac{\partial v_f}{\partial \psi} \lambda + v_f \lambda' \right) \right] \delta_\varphi \, \delta_\psi \, \delta_\chi \cdot \quad . \; . \; . \; \mathrm{XXVII}_m$$

In den Gleichungen XXV sind λ und Φ gemäß der Ableitung noch willkürliche Funktion, und zwar:

λ als Verteilungsfunktion für die Geschwindigkeit nur abhängig von ψ,

Φ als Verteilungsfunktion für die Pressung p_φ und dem entsprechend für die Widerstände längs der Bahn nur abhängig von φ.

Es dürfte wohl angängig sein, in Analogie mit den früheren Fällen $\lambda = \varkappa\,(\psi_a - \psi)$ für Strömung mit lediglich innerer Reibung, $\lambda = \varkappa\,(\psi_a - \psi)^n$ für Strömung mit Reibung und Turbulenz zu nehmen.

Für die Wahl von Φ liegen Anhaltspunkte noch nicht vor. Nach getroffener Wahl von λ und Φ und angenommener Strömungsform sind bis auf die Konstanten $\mathfrak{p}_\varkappa$ und $c_\varkappa$ durch die Gleichungen XXVI_m v, p_φ und p_χ bestimmt; es können nun mit Hilfe der Gleichungen XXIII_{am} noch p_ψ und p_χ und durch die Gleichung

$$3\,p = p_\varphi + p_\psi + p_\chi$$

noch p und mittels der Gleichungen XXIV_m die Widerstandswerte w ermittelt werden; die hierbei zu beachtenden Grenzbedingungen werden für die Bestimmung der Werte von $\mathfrak{p}_\varkappa$ und $c_\varkappa$ maßgebend sein.

Der Ausdruck für den Wasserdurchfluß ergibt sich aus $dQ = v \cdot df\,\varphi$

$$= G\,\frac{A}{v}\,\lambda\,\frac{v}{A}\,d\psi\,d\chi \text{, mit}$$

$$Q = 2\,\pi\,G \int_0^{\psi_a} \lambda \cdot d\psi.$$

$2\,\pi$ ist hierbei das Maß des Kreisumfanges vom Radius gleich der Längeneinheit.

Diese allgemeinen Erörterungen zeigen, daß die Hypothese des Minimums der Dissipation ebenso zu einer begründeten Weisung über die Verteilung der Geschwindigkeit und Pressung führt, wie in den vorhergehenden Fällen; die Ausmittlung dieser Werte wird aber wesentlich komplizierter und muß Spezialstudien vorbehalten bleiben.

Erzwungene Strömungen. Wie auf Seite 155 erörtert, sind dieselben dadurch charakterisiert, daß der Vektor $\dfrac{1}{g}\,[\mathfrak{v}\cdot rot\,\mathfrak{v}]$ nicht der Gradient eines Skalares ist, dessen Niveau-Flächen den Flächen ψ angehören, d. h. daß der Ausdruck für $\mathfrak{H}$ in Gleichung B nicht ein vollständiges Differential ist, so daß die hydrodynamische Grundgleichung nicht direkt zur Pressungsgleichung führt; z. B. wählt man als Formfunktionen mit $v = r$, die Hyperbelfunktion also

$$\varphi = z^2 - r^2; \qquad \psi = 2\,z\,r \quad \text{bei} \quad \psi = \delta,$$

so folgen
$$\frac{\partial \varphi}{\partial z} = 2z; \qquad\qquad \frac{\partial \varphi}{\partial r} = -2r$$

$$v_z = +2Gz; \qquad\qquad v_r = -2G$$

$$2\Omega = \frac{\partial v_z}{\partial r} - \frac{\partial v_r}{\partial z} = -2G\frac{z}{r^2}$$

und hiermit
$$\mathfrak{H} = +4G^2\left[\frac{z}{r^2}\,dz + \frac{z^2}{r^2}\,dr\right].$$

Dieser Ausdruck ist kein vollständiges Differential; durch Addition des Ausdruckes: $2G^2\,[M\,dz + N\,dr]$ wird er aber zu einem solchen, wenn die Funktionen M und N der Gleichung entsprechen:

$$\frac{\partial}{\partial r}\left(\frac{z}{r^2}+M\right) = \frac{\partial}{\partial z}\left(\frac{z^2}{r^2}+N\right) \quad \text{oder} \quad \frac{\partial M}{\partial r} = \frac{\partial N}{\partial z} - 2\left(\frac{z}{r^2}-\frac{z}{r^3}\right),$$

was auf unendlich mannigfache Art der Fall sein kann.

Der durch obigen Ausdruck beschriebene Vektor muß von einer besonderen Kräfteverteilung herrührend angenommen werden.

Eine solche Kräfteverteilung ist denkbar bei den Stoßwirkungen einer durch besonderen Zwang verursachten Turbulenz; sind solche Grenzbedingungen nicht vorhanden und gehört das Wandprofil des Rotationshohlraumes nicht zu Profilen von Strömungen der ersten Art, so ist daher entweder unmittelbar Turbulenz zu erwarten, oder es stellt sich im Strömungsraum eine diskontinuierliche Strömung im Sinne einer Grenzschicht ein.

D. Rein zweidimensionale Strömungen.

Als Formfunktionen sind $\chi = z$ und für φ und ψ jene Funktionen zu nehmen, die den Differentialgleichungen

$$\left.\begin{aligned}
\nabla^2\varphi &= \frac{\partial^2\varphi}{\partial x^2} + \frac{\partial^2\varphi}{\partial y^2} = +\frac{1}{\nu}\left(\frac{\partial\varphi}{\partial x}\cdot\frac{\partial\nu}{\partial x} + \frac{\partial\varphi}{\partial y}\cdot\frac{\partial\nu}{\partial y}\right) \\
\nabla^2\psi &= \frac{\partial^2\psi}{\partial x^2} + \frac{\partial^2\psi}{\partial y^2} = -\frac{1}{\nu}\left(\frac{\partial\psi}{\partial x}\cdot\frac{\partial\nu}{\partial x} + \frac{\partial\psi}{\partial y}\cdot\frac{\partial\nu}{\partial y}\right)
\end{aligned}\right\} \quad \ldots \ V_{ea}$$

entsprechen; dieselben entstehen aus den beiden Gleichungen

$$\frac{\partial\varphi}{\partial x} = +\frac{\partial\psi}{\partial y}\,\nu$$

$$\frac{\partial\varphi}{\partial y} = -\frac{\partial\psi}{\partial x}\,\nu,$$

wie sich durch wechselseitiges partielles Differentiieren und Beachtung der Gleichungen IV ergibt.

Mit $\nu =$ konst. geben die Gleichungen Potentialformen. Beispiele solcher Formen sind bereits auf den Seiten 60 bis 64 geometrisch erörtert; diese Formen sind einer weitgehenden Kontrolle durch den Versuch zugänglich und ermöglichen die Lösung verschiedener praktisch wichtiger Probleme; nach Behandlung der allgemeinen Probleme der Strömungen mit Widerständen werden solche Formen mit Hilfe der ebenen konformen Abbildungen eingehend studiert werden.

1. Strömungen ohne Widerstände.

Widerstandsfreie Strömung ist möglich bei allen Potentialformen und bei solchen Formen, bei denen der Vektor

$$\frac{1}{g}\,[\mathfrak{v}\cdot rot\,\mathfrak{v}] = grad\,\mathfrak{S} = grad\,\mu\,\psi$$

ist; dies ist der Fall, wenn ψ die Gleichung erfüllt:

$$\frac{\partial^2\psi}{\partial x^2} + \frac{\partial^2\psi}{\partial y^2} + \varkappa = 0$$

mit $\varkappa =$ einer Konstanten; man erhält als allgemeines Integral

$$\psi_s = \psi_a + \psi_p,$$

worin ψ_a die Stromfunktion einer einfachen oder kombinierten Potentialströmung, und

$$\psi_p = a_1\,x + a_2\,x^2 + b_1\,y + b_2\,y^2$$

ein partikuläres Integral ist mit a_1, a_2, b_1 und b_2 als Konstanten.

Die Richtigkeit dieses Ansatzes ergibt sich durch eine analoge Betrachtung, wie in den früheren Fällen durchgeführt; das Beispiel auf Seite 64 entspricht einer Strömung nach der partikulären Form

$$\psi = \frac{\varkappa}{2}\,y^2 - x \quad \text{also} \quad a_1 = -1, \quad a_2 = 0, \quad b_1 = 0, \quad b_2 = +\frac{\varkappa}{2}.$$

2. Strömungen mit Widerständen.

Es sind drei Fälle zu unterscheiden:

1. Der Widerstand rührt nur von χ-Flächen her.

2. Der Widerstand rührt nur von ψ-Flächen her.

3. Ein dritter Fall ergibt sich durch Beibehaltung der Funktion φ als Querschnittsfunktion und Bestimmung von Verteilungs-

funktionen solcher Art, wie dies für das gerade Rohr zur Anpassung an bestimmte Profile erfolgt ist; diese Formfunktionen geben dann Kanäle mit ebenen krummlinigen Kanalachsen mit besonders geformten Querprofilen.

Zum ersten Fall.

a) Geradlinige Parallelströmung. Die Formfunktionen sind:

$$\varphi = x, \qquad \psi = y, \qquad \nu = 1,$$
$$A = 1.$$

In Lambs Hydrodynamik S. 670 ist die Untersuchung für den Fall der Bewegung unter Reibung allein durchgeführt; die Resultate sind folgende:

Der Pressungsabfall pro Längeneinheit ist konstant, also

$$\frac{\partial p}{\partial x} = - k_0.$$

Die Geschwindigkeit v im Abstand z von der Mittelebene zwischen beiden Platten als Koordinaten-Grundebene ist, wenn e den Abstand der Plattenwand dieser Form bezeichnet,

$$v = \frac{k_0}{2\,\eta}\left(e^2 - z^2\right).$$

Hiermit wird analog wie in der Poiseuilleschen Formel mit

$$G = \frac{k_0}{2\,\eta} \quad \text{und} \quad \lambda = e^2 - z^2 \quad \text{und} \quad A = 1$$

der Anschluß an die verwendete Darstellung gefunden; es werden:

$$v = G A \lambda \quad \text{und} \quad \frac{g}{\gamma} \cdot p + k_0 \cdot x = \text{konst.}$$

Die Resultate stehen in Analogie mit denjenigen der Poiseuilleschen Strömung; die Abbildungen 6a, b, Seite 17, und 31a, b, c, Seite 102, stellen solche Strömungen dar, sie lassen erkennen, daß die Turbulenz in typischer Weise zum Einfluß kommt.

b) Allgemeine Bewegung. Ebenfalls auf Seite 670 und 671 der Lambschen Hydrodynamik ist unter Hinweis auf Versuche von Prof. Hele Shaw (Trans. Inst. Nav. Arch. 40, 1898) der Beweis erbracht, daß bei einer Strömung zwischen zwei parallelen, dicht nebeneinander befindlichen Platten, die unter dem Einfluß von Reibung allein erfolgt, die Bewegungsgleichungen in der Form geschrieben werden können

$$\frac{\partial p}{\partial x} = - \frac{3\,\eta}{e^2} v_x{}'$$

$$\frac{\partial p}{\partial y} = - \frac{3\,\eta}{e^2} v_y{}',$$

worin v_x' und v_y' die mittleren Geschwindigkeitskomponenten an der χ-Linie im Punkte x, y des Strömungsgebietes bezeichnet, woraus hervorgeht, daß

$$\Phi = \frac{e^2}{3\,\eta}\cdot p$$

als ein Geschwindigkeitspotential betrachtet werden kann.

Die Abbildungen 78, 79 sind aus solchen Versuchen mit laminaren Schichten von $^1/_2$ mm Dicke hervorgegangen, die hierbei in Erscheinung getretenen Stromlinien entsprechen tatsächlich Potentialströmungen, doch ist aus der durch die Zeitkurven ersichtlichen Geschwindigkeitsverteilung zu entnehmen, daß letztere einer Schichtströmung entspricht.

Zum zweiten Fall.

Zwei ψ-Flächen sind widerstanderzeugende Führungsflächen, an den Platten $z = \pm e$ ist der Widerstand verschwindend klein; λ wird eine Funktion von ψ.

Analog wie für die Strömung in Rotationsformen ist die Bewegung auf das Netzkoordinatensystem der Formfunktion zu beziehen; es werden bei Annahme von Potentialformen wegen $C = 1$ und $A = B$

$$\delta s_\varphi = \frac{\delta_\varphi}{A}, \qquad \delta s_\psi = \frac{v\,\delta_\psi}{A}, \qquad \delta s_\chi = \delta\chi,$$

$$\delta f_\varphi = \frac{v\,\delta_\psi\,\delta_\chi}{A}, \qquad \delta f_\chi = \frac{\delta_\varphi\,\delta_\chi}{A}, \qquad \delta f_\chi = \frac{v\,\delta_\varphi\,\delta_\psi}{A^2}.$$

In Schema der Einzelpressungen auf Seite 158 entfällt die Kolonne der χ-Richtung und die Reihe der Fläche δf_χ; man kann vereinfacht setzen $\mathfrak{p}_\chi = \mathfrak{p}$; aus der Tabelle der Oberflächenkräfte entfallen die entsprechenden Einzelkräfte und die Größe r, da $C = 1$ und nicht $= \dfrac{1}{r}$ wie für die Meridionalströmungen ist.

Hiermit erhält man das Gleichungssystem der Oberflächenkräfte:

$$\left.\begin{aligned}
P_\varphi &= \left[-\frac{\partial}{\partial\varphi}\left(p_\varphi\frac{v}{A}\right) + \frac{p_\psi}{\varrho_\psi}\frac{v}{A^2} + \frac{\mathfrak{p}}{\varrho_\varrho}\frac{v}{A^2} - \frac{\partial}{\partial\psi}\mathfrak{p}\frac{1}{A}\right]\delta_\varphi\,\delta_\psi\,\delta_\chi \\[2mm]
P_\psi &= \left[-\frac{\partial}{\partial\psi}\left(p_\psi\frac{1}{A}\right) - \frac{p_\varphi}{\varrho_\psi}\frac{v}{A^2} - \frac{\mathfrak{p}}{\varrho_\psi}\frac{v}{A^2} - \frac{\partial}{\partial\varphi}\mathfrak{p}\frac{v}{A}\right]\delta_\varphi\,\delta_\psi\,\delta_\chi
\end{aligned}\right\} \quad . \quad \text{XXIII}_c$$

Mit

$$P_\varphi = \frac{dv}{dt}\cdot\delta_m = \frac{\partial\frac{v^2}{2}}{\partial s_\varphi}\delta_m = \frac{\gamma}{g}\frac{\partial\frac{v^2}{2}}{\partial\varphi}\frac{v}{A^2}\delta_\varphi\,\delta_\psi\,\delta_\chi$$

$$P_\psi = -\frac{v^2}{\varrho_\varphi}\delta_m = -\frac{\gamma}{g}\frac{v^2}{\varrho_\varphi}\frac{v}{A^2}\delta_\varphi\,\delta_\psi\,\delta_\chi$$

folgen die Differentialgleichungen der Oberflächenkräfte:

$$-\frac{\partial}{\partial\varphi}\left(p_\varphi\,\frac{\nu}{A}\right)+\frac{p_\psi}{\varrho_\psi}\,\frac{\nu}{A^2}+\frac{\mathfrak{p}}{\varrho_\varphi}\,\frac{\nu}{A^2}-\frac{\partial}{\partial\psi}\,\mathfrak{p}\,\frac{\nu}{A}=\frac{1}{2}\,\frac{\gamma}{g}\,\frac{\partial v^2}{\partial\varphi}\cdot\frac{1}{A^2}\left.\right\}$$
$$-\frac{\partial}{\partial\psi}\left(p_\psi\,\frac{1}{A}\right)-\frac{p_\varphi}{\varrho_\psi}\cdot\frac{\nu}{A^2}-\frac{\mathfrak{p}}{\varrho_\psi}\,\frac{\nu}{A^2}-\frac{\partial}{\partial\varphi}\,\mathfrak{p}\,\frac{\nu}{A}=-\frac{\gamma}{g}\,\frac{v^2}{\varrho_\varphi}\,\frac{\nu}{A^2}\left.\right\}\quad\cdot\cdot\;\text{XXIV}_e$$

Die Dissipationsgleichung erhält mit der Annahme einer Entfernung $2e$ der Grenzebenen des Gebietes die Form

$$\mathfrak{E}=\frac{d\mathfrak{A}}{dt}=-2\,e\iint\left(p_\varphi\,\frac{\nu}{A}\,\frac{\partial v}{\partial\varphi}+\mathfrak{p}\,\frac{1}{A}\,\frac{\partial v}{\partial\psi}\right)\delta_\varphi\,\delta_\psi\;.\;\cdot\;\cdot\;\text{XXV}_e$$

Die Minimumbedingung führt wieder auf die Beziehungen

$$v=v_f\cdot\lambda\,,\qquad \mathfrak{p}=\mathfrak{p}_\varkappa\,\frac{v_\varkappa}{v_f}\,,\qquad p_\varphi=\mathfrak{p}_\varkappa\,\frac{c_\varkappa}{v_f}\,,$$

worin $v_f=G\,\dfrac{A}{\nu}$ ist und $\mathfrak{p}_\varkappa, v_\varkappa, c_\varkappa$ Bezugskonstante sind. Hiernach können auch in diesen Fällen aus dem Gleichungssystem XXIV_e die Pressung p_ψ und mit $2p=p_\varphi+p_\psi$ die Pressungsgleichung aufgestellt werden.

In allen den betrachteten Fällen ist die Existenz einer Verteilungsfunktion λ durch die Minimumsanforderung für die Dissipation begründet.

Zum dritten Fall.

Ein Kanal, welcher zwei parallele Ebenen und zwei Stromflächen zur Begrenzung hat, die einer zweidimensionalen Strömung entsprechen, hat rechteckige Durchflußprofile; wenn nun alle vier Begrenzungswände mit Widerständen für die Strömung behaftet sind, so ist für die Bestimmung der Verteilungsfunktion das beim rechteckigen Profil verwendete Verfahren zu benutzen.

E. Geometrie ebener konformer Netze.

1. Allgemeines.

Orthogonale Trajektorien von der auf Seite 58 bereits beschriebenen Eigenschaft, daß durch dieselben die Zeichnungsfläche in, im allgemeinen krummlinige Quadrate geteilt wird, in dem die Diagonalen unter sich wieder orthogonal und gegen die Netzlinien um 45^0 geneigt sind, nennt man konforme Netze.

Das einfachste konforme Netz ist das Netz der kartesischen Koordinaten in der Ebene; bei gegenseitiger Zuordnung der Linien zweier Netze kann eine Abbildung in einem Netz im andern so abgebildet werden, daß die Bilder in den kleinsten Teilen ähnlich sind; die konformen Grundnetze bilden also im allgemeinen orthogonale krummlinige Koordinatensysteme.

Von besonderer Bedeutung sind die ebenen konformen Netze, da dieselben geeignet sind auf relativ einfache Weise Bilder ebener zweidimensionaler Strömungen herzustellen und dieselben zu analysieren.

Die Fähigkeit, einerseits als Koordinaten, anderseits als Strombilder dienen zu können, gründet sich darauf, daß die Differentialgleichungen sowohl der ebenen orthogonalen Trajektorien solcher Netze als auch der ebenen Potentialströmungen die Form der Laplaceschen Gleichung $\dfrac{\partial^2 U}{\partial x^2} + \dfrac{\partial^2 U}{\partial y^2} = 0$ besitzen und dementsprechend in der Ebene eine Verteilung zweier Wertpaare ergeben, von der besonderen Eigenschaft, daß jedem Punkt in der Ebene die beiden Werte der Koordinaten-Netzlinien und die beiden Werte der Strömungs-Netzlinien, die durch ihn gehen, zu kommen.

Die Funktionentheorie lehrt, daß diese Wertpaarzuordnung konformer Netze durch die Funktionen komplexen Argumentes mathematisch beschrieben werden kann, und zwar durch die Gleichung:

$$Z = F(z), \quad \text{worin} \quad z = x + iy; \quad Z = X + iY$$

mit $i = \sqrt{-1} = $ der imaginären Einheit bedeuten; einem Punkt in der Ebene kommen die beiden Werte x und y nach der Wertverteilung z und X und Y nach der Wertverteilung Z zu.

Bezüglich der allgemeinen Theorie dieser Funktionen muß auf die bezügliche reichhaltige und insbesondere auf die unten angegebene Literatur[1]) verwiesen werden.

Das in erster Linie wichtige Ergebnis dieser Theorie ist, daß X und Y reelle Funktionen von x und y sind und jede derselben der Laplaceschen Gleichung entspricht.

Der Gebrauch der Theorie wird wesentlich erleichtert durch Anlehnung an die Netzdarstellung; es werden im folgenden eine Anzahl solcher Netze vorgeführt, deren Gleichungen angegeben und womög-

---

[1]) Kirchhoff, Gustav: Vorlesungen über Mechanik. 4. Aufl. Einundzwanzigste Vorlesung S. 273—307. Leipzig: B. G. Teubner 1897.

Weber, Heinrich: Die partiellen Differentialgleichungen der mathematischen Physik. 4. Aufl. 1. Bd., 6. Abschnitt, S. 106—124. Braunschweig: Friedrich Vieweg u. Sohn 1900.

Hurwitz-Courant: Funktionentheorie. Dritter Abschnitt: Geometrische Funktionentheorie, S. 244—392. Berlin: Julius Springer 1922.

Holzmüller, Gustav: Ingenieur-Mathematik. II. Teil: Das Potential, Kapitel X, S. 232—293. Leipzig: B. G. Teubner.

lich die Brauchbarkeit der Netze als Strömungsbilder an Abzügen von photographischen Aufnahmen gezeigt.

2. Einfache Netze.

Die Werte der Netzlinien sind in der Reihenfolge

$$0,\ 1 \cdot \frac{\pi}{n},\ 2\frac{\pi}{n} \ldots,\ n = 8,\ 20,\ 30$$

je nach Zweck angenommen, und zwar mit Rücksicht auf die Gebrauchsfähigkeit bei Netzkombination.

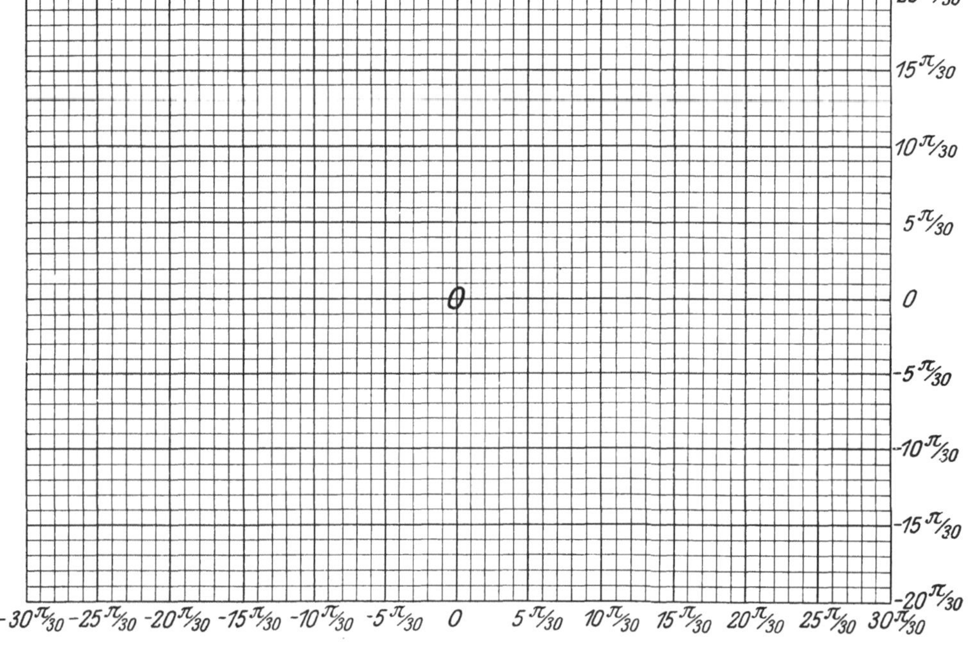

Abb. 42. Netz I. Das kartesische Netz.

I. Das kartesische Netz (Abb. 42).

Netzfunktionen.

$$Z = z; \quad X + iY = x + iy$$

$$z = x + iy \quad \text{axiales}$$

$$z = r\,e^{i\vartheta} \quad \text{polares}$$

$$\left.\right\} \text{Argument.}$$

Stromfunktionen.

$$\chi = \varkappa z; \quad \varphi + i\psi = \varkappa x + i\varkappa y$$
$$\varphi = \varkappa x; \quad \psi = \varkappa y$$

$\varphi = $ konst. $= $ Äquipotentialfunktion,

$\psi = $ konst. $= $ Stromlinienfunktion.

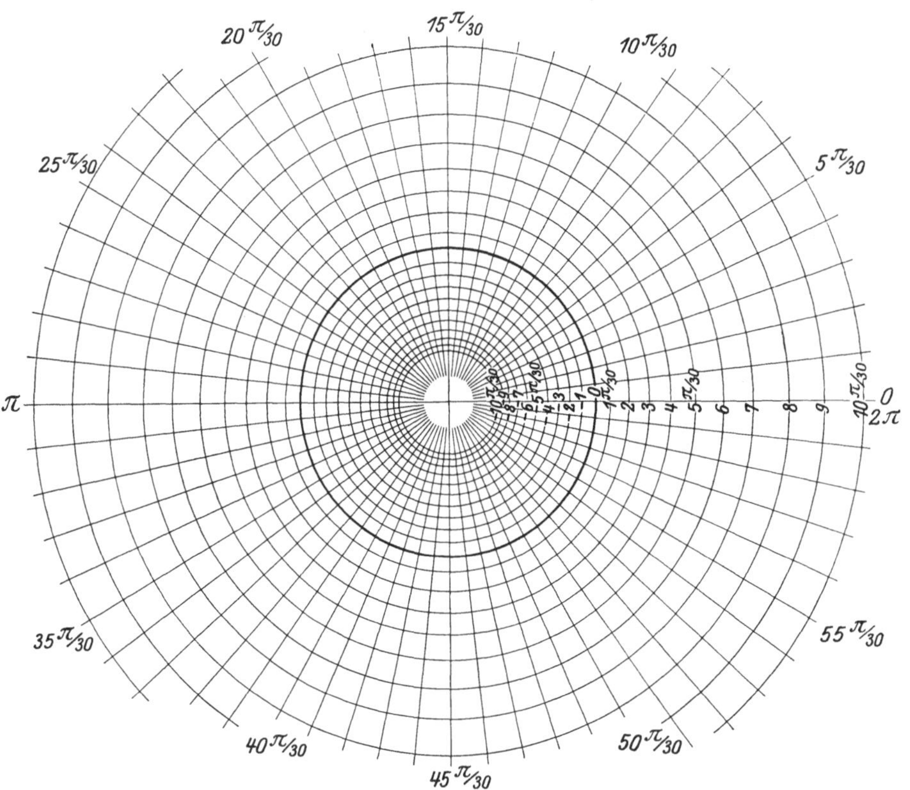

Abb. 43. Netz II. Das polare Netz. — Einfache Quelle oder Senke.

II. Das polare Netz (Abb. 43).

Netzfunktionen.

$$Z = \lg z = \lg r \cdot e^{i\vartheta}$$
$$X + iY = \lg r + i\vartheta$$
$$X = \lg r \qquad Y = \vartheta$$

$X = $ konst. Kreise $\qquad Y = $ konst.-radiale Gerade.

Stromfunktionen.

a) Quellenfunktionen.

$$\chi = \varkappa \lg z; \quad \varphi + i\,\Psi = \varkappa \lg r + i\,\varkappa\,\vartheta$$
$$\varphi = \varkappa \lg r; \quad \psi = \varkappa\,\vartheta.$$

b) Zirkulationsfunktion, Potentialwirbel.

$$\chi = i\,\varkappa \lg z; \quad \varphi + i z = -\varkappa\,\vartheta + i\,\varkappa \lg r$$
$$\varphi = -\varkappa\,\vartheta; \quad\quad\quad \psi = \varkappa \lg r.$$

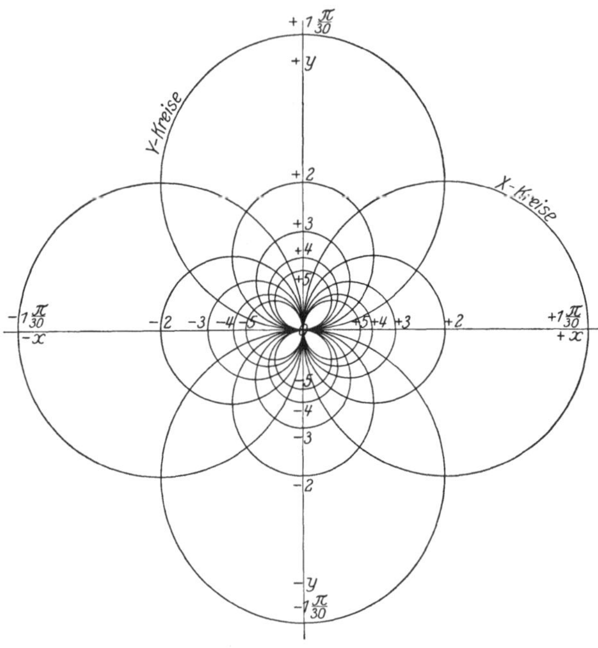

Abb. 44a. Netz III. Das Netz der reziproken Radien.

III. Das Netz der reziproken Radien (Abb. 44a, b).

Netzfunktionen.

$$Z = \frac{1}{z} = \frac{1}{x+iy} = \frac{x-iy}{x^2+y^2} = (r\,e^{i\vartheta})^{-1} = \frac{1}{3}\,e^{-i\vartheta}$$

$$X = +\frac{x}{x^2+y^2} = +\frac{\cos\vartheta}{r}$$

$$Y = -\frac{y}{x^2+y^2} = -\frac{\sin\vartheta}{r}.$$

Stromfunktion, Doppelquellenfunktion.

$$\chi = \frac{\varkappa}{z}, \quad \varphi + i\psi = \varkappa\,\frac{\cos\vartheta}{r} - i\varkappa\,\frac{\sin\vartheta}{r}$$

$$\varphi = +\,\varkappa\,\frac{\cos\vartheta}{r}, \quad \psi = -\,\varkappa\,\frac{\sin\vartheta}{r}.$$

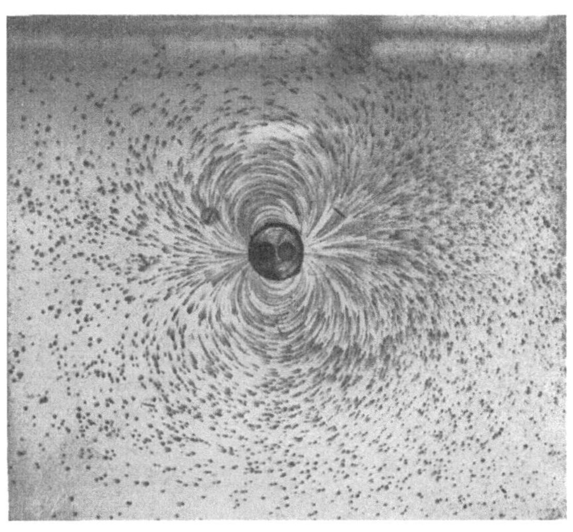

Abb. 44b. Hydrodynamisches Bild zu Netz III. — Doppelquelle.

IV. Das konfokale Netz (Abb. 45).

Netzfunktionen.

$$Z = \operatorname{arc\,cos} z; \quad z = \cos Z; \quad x + iy = \cos(X + iY)$$

$$x = \cos X \cdot \operatorname{\mathfrak{Cof}} Y; \qquad y = -\sin X \cdot \operatorname{\mathfrak{Sin}} Y$$

$$\frac{x^2}{\operatorname{\mathfrak{Cof}}^2 Y} + \frac{y^2}{\operatorname{\mathfrak{Sin}}^2 Y} = 1, \quad \frac{x^2}{\cos^2 X} - \frac{y^2}{\sin^2 X} = 1$$

konfokale Ellipsen;   konfokale Hyperbeln.

Strömungsfunktionen.

a) Zirkulationsfunktion.

$$\chi = \operatorname{arc\,cos} z; \quad x + iy = \cos(\varphi + i\psi)$$

$$\frac{x^2}{\operatorname{\mathfrak{Cof}}^2 \psi} + \frac{y^2}{\operatorname{\mathfrak{Sin}}^2 \psi} = 1, \quad \frac{x^2}{\cos^2 \varphi} - \frac{y^2}{\sin^2 \varphi} = 1.$$

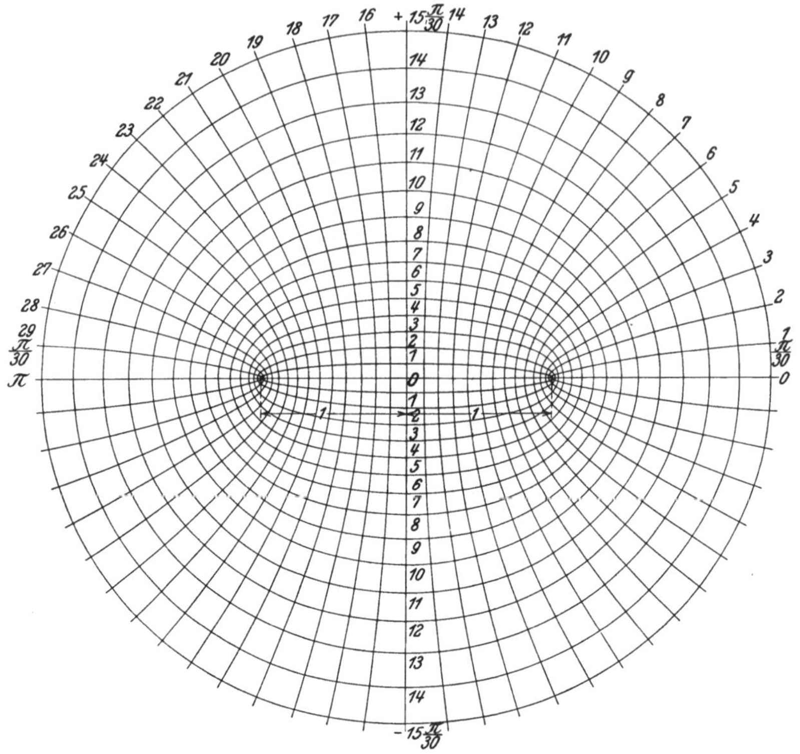

Abb. 45. Netz IV. Das konfokale Netz.

b) Spaltströmungsfunktion.

$$i\chi = \operatorname{arc} \cos z; \qquad x + iy = \cos(-\psi + i\varphi)$$

$$\frac{x^2}{\mathfrak{Cof}^2\,\varphi} + \frac{y^2}{\mathfrak{Sin}^2\,\varphi} = 1; \qquad \frac{x^2}{\cos^2\psi} - \frac{y^2}{\sin^2\psi} = 1.$$

Das konfokale Netz ist ein Doppelnetz (Riemannsche Doppelfläche); es überdeckt mit den ganzen Hyperbelästen von $X = 0$ durch $X = \dfrac{\pi}{2}$ bis $X = \pi$ bereits die volle Ebene und ebenso von $X = \pi$ durch $X = 3\,\dfrac{\pi}{2}$ bis $X = 2\,\pi$; die Brennpunkte sind sogenannte Verzweigungspunkte.

Man kann nun mit diesen Netzen verschiedene Umformungen vornehmen.

3. Umformung durch Argumentvertauschung.

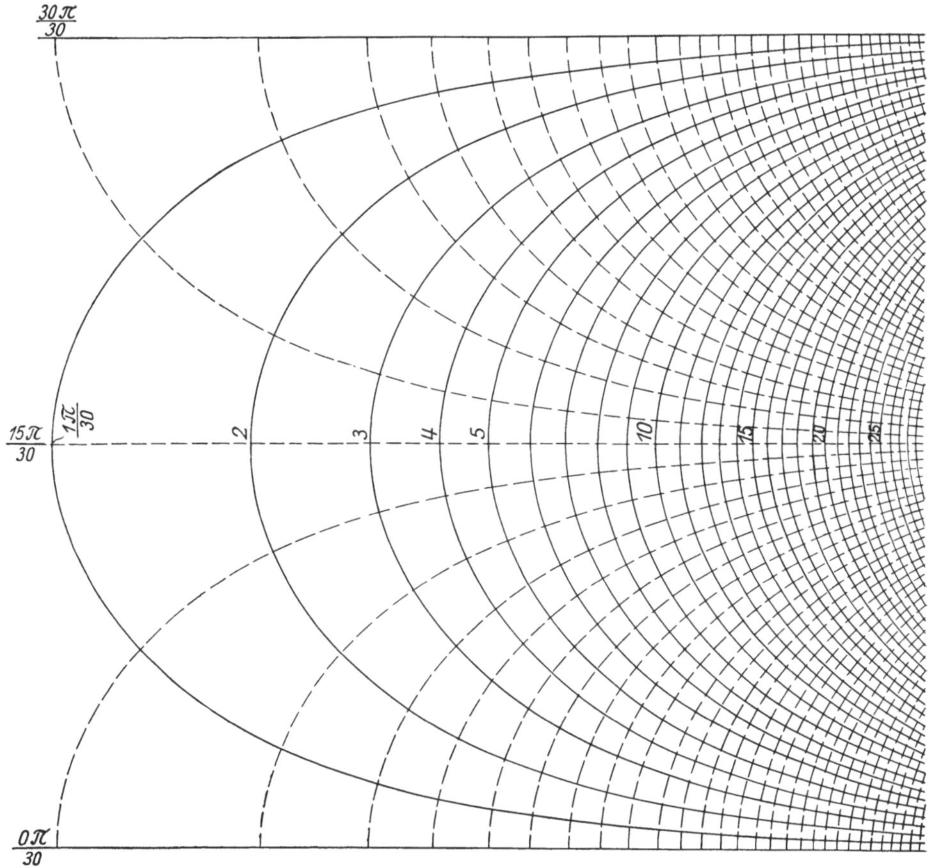

Abb. 46. Netz V. Das quersymmetrische Streifennetz.

V. Das quersymmetrische Streifennetz (Abb. 46).

Umformung des polaren Netzes.

Netzfunktionen.

$$z = \lg Z, \quad Z = e^z, \quad X + iY = e^{x+iy} = e^x \cos y + i e^x \sin y$$

$$X = e^x \cos y, \qquad Y = e^x \sin y.$$

Streifen mit der x-Achse als Längsachse.

Streifenbreite $'y_a - y_b = \left(+\dfrac{\pi}{2}\right) - \left(-\dfrac{\pi}{2}\right) = \pi$.

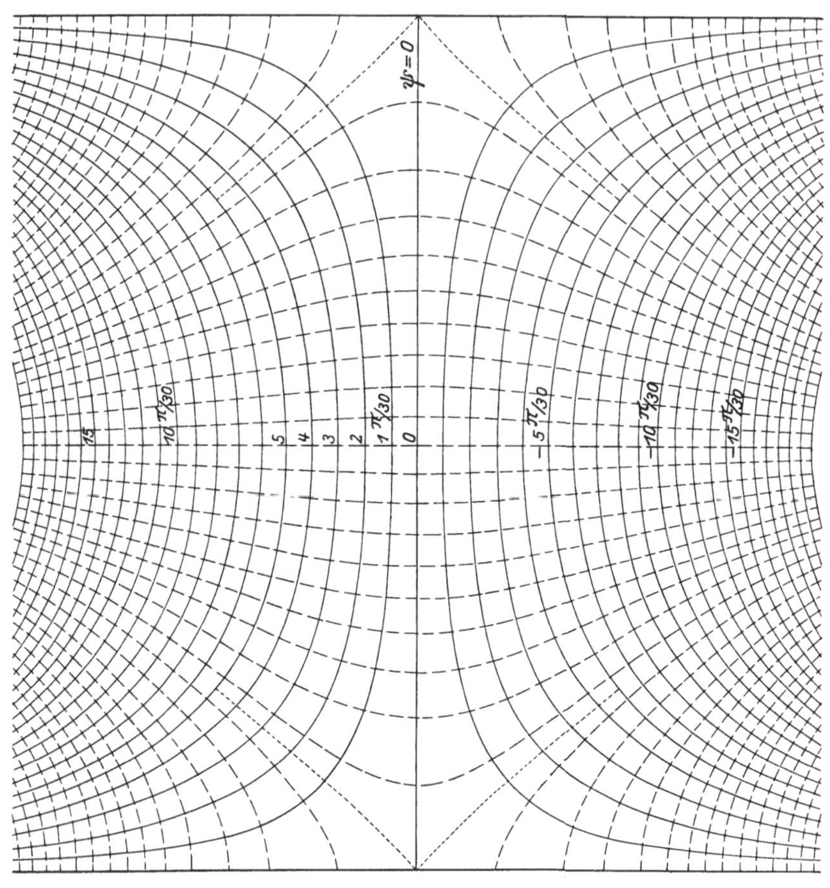

Abb. 47. Netz VI. Das längs- und quersymmetrische Streifennetz.
Siehe auch Abb. 32. S. 103 als hydrodynamisches Bild zu Netz VI.

VI. Das längs- und quersymmetrische Streifennetz (Abb. 47).
Umformung des konfokalen Netzes.

Netzfunktionen.

$$z = \text{arc}\cos Z, \qquad Z = \cos z$$

$$X = \cos x \, \mathfrak{Cof}\, y, \qquad Y = -\sin x \, \mathfrak{Sin}\, y.$$

Streifen mit der y-Achse als Längsachse.

Streifenbreite $x_a - x_b = \left(+\dfrac{\pi}{2}\right) - \left(-\dfrac{\pi}{2}\right) = \pi$.

In beiden Netzen sind die X- und Y-Linien die konformen Bilder der x- und y-Linien der Netze II resp. IV; das Netz V ist die konforme Abbildung der kartesischen Netzlinien im halben polaren, das Netz VI derjenigen in der Fläche $X = 0$ bis $X = \pi$ des konfokalen Netzes; durch Anreihen kongruenter Streifen erhält man die konformen Bilder des ganzen polaren bzw. des konfokalen Doppelnetzes.

4. Polare Vervielfältigung.

Netzfunktionen.

$$Z = z^n, \qquad R \cdot e^{i\Theta} = r^n e^{in\vartheta}$$
$$R = r^n, \qquad \Theta = n\vartheta .$$

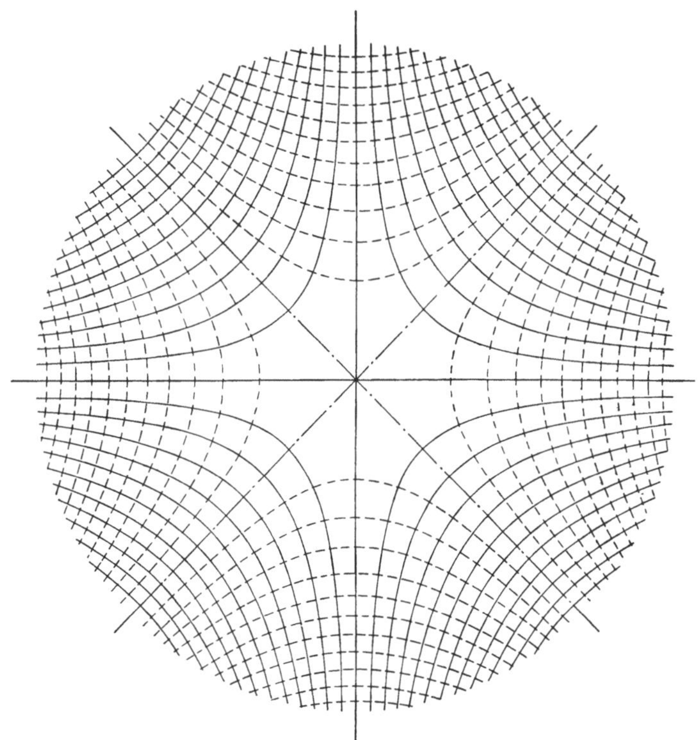

Abb. 48. Die vierblättrige Hyperbel.

Jeder Sektor mit dem Winkel $\vartheta = \dfrac{2\pi}{n}$ ist eine Abbildung des halben Netzes I, man erhält in demselben als Bilder der Netzlinien II

wieder Kreisbögen und Radien, als Bilder der Netzlinien I mehr-
blättrige Hyperbeln, und zwar

mit $n = 2 = \frac{4}{2}$;　$Z = z^2$;　$X = x^2 - y^2$;　$Y = 2xy$,　d. i. die normale
vierblättrige Hyperbel Abb. 48;

Abb. 49. Die sechsblättrige Hyperbel.

mit $n = 3 = \frac{6}{2}$;　$Z = z^3$;　$X = x^3 - 3xy^2$;　$Y = 3x^2y - y^3$,　d. i. die
sechsblättrige Hyperbel Abb. 49;

mit $n = \frac{3}{2}$ die dreiblättrige Hyperbel Abb. 50 usw.;

mit $n = 1 = \frac{2}{2}$ die zweiblättrige Hyperbel, d. i. das kartesische Netz.

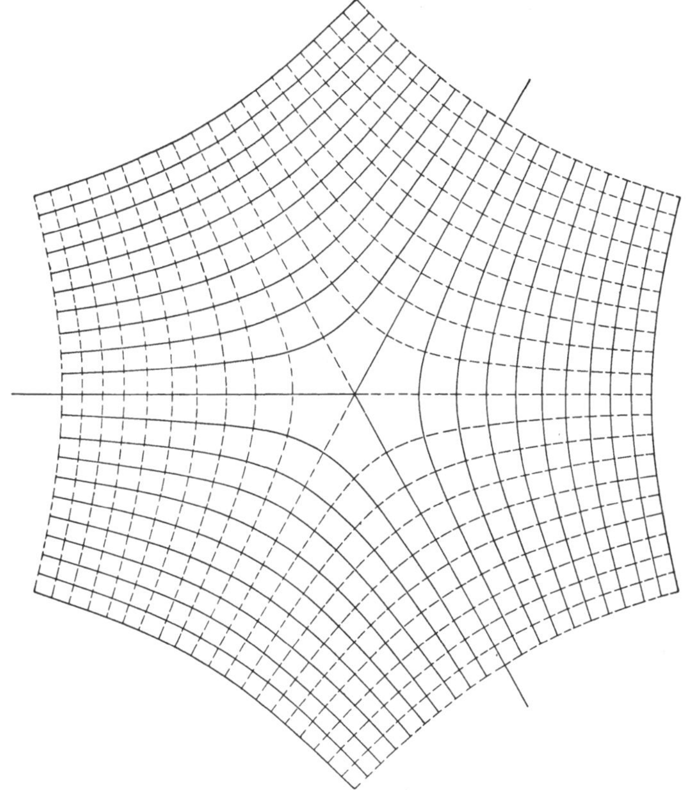

Abb. 50. Die dreiblättrige Hyperbel.

5. Umformung durch Verschiebung und Verdrehung.

Einführung des Argumentes.

$$z = (c_s + c_d z')$$
$$x + iy = (a_s + ib_s) + (a_d + ib_d)(x' + iy')$$
$$= (a_s + a_d x' - b_d y') + i(b_s + b_d x' + a_d y')$$
$$x = a_s + a_d x' - b_d y'$$
$$y = b_s + b_d x' + a_d y'.$$

Schreibt man z. B. die Gleichung des Netzes III: $Z' = \dfrac{1}{z'}$, so wird

in $z' = 0$; $Z' = \infty$; setzt man $z' = \dfrac{z - c_s}{c_d}$ ein, so erhält man $Z' = \dfrac{c_d}{z - c_s}$;

dies bedeutet eine Verschiebung des Netzes um c_d und eine Verdrehung um c_d. Z' wird $=\infty$ für $z=c_s$; im Punkte $z=0$ ist $Z'=-\dfrac{c_d}{c_s}$. Denkt man sich die ganze Ebene noch mit dem konstanten Wertpaar $C=A+iB$ bedeckt und führt $Z=Z'+C$ ein, so folgt $Z=C+\dfrac{c_d}{z-c_s}$ oder

$$Z=C\cdot\frac{z-a}{z-b},$$

wenn man $c_s-\dfrac{c_d}{C}=a$, $c_s=b$ bezeichnet. Dies ist die Gleichung der **Abbildung durch gebrochene Funktionen**, die zu Transformationszwecken sehr dienlich ist, in dem einen Kreis in der Z-Ebene ebenfalls ein Kreis oder eine Gerade als Kreis mit unendlich großem Radius in der z-Ebene als Bild entspricht und durch passende Wahl der im allgemeinen komplexen Konstanten drei Abbildungsbedingungen erfüllt werden können; z. B. setzt man $b=-a$ und löst auf, so erhält man

$$X+iY=C\,\frac{x+iy-a}{x+iy+a};$$

sind nun C und a reelle Konstante, so wird

$$X=C\,\frac{(x^2+y^2)-a^2}{(x^2+y^2)+2\,ax+a^2};\quad Y=\frac{2\,ay}{(x^2+y^2)+2\,ax+a^2}.$$

Man erhält folgende Zuordnungen

<table>
<tr><td>im z-Feld</td><td>im Z-Feld</td></tr>
<tr><td>$x=0,\ \ y=0$</td><td>$X=-c,\ \ Y=0.$</td></tr>
</table>

Dem Nullpunkt entspricht der Punkt $-C$ rechts der Y-Achse

$$x^2+y^2=a^2 \qquad\qquad X=0,\ \ Y=\frac{y}{x-a}.$$

Dem Kreis um den Nullpunkt

<table>
<tr><td>mit dem Radius a</td><td>entspricht</td><td>die Y-Achse</td></tr>
<tr><td>$x=+a,\ \ y=0$</td><td>„</td><td>$X=0,\ \ Y=\pm\infty$</td></tr>
<tr><td>$x=-a,\ \ y=0$</td><td>„</td><td>$X=0,\ \ Y=0,$</td></tr>
</table>

d. h. den Punkten innerhalb resp. außerhalb des Kreises $r=a$ im z-Feld entsprechen die Punkte links resp. rechts der Achse im Z-Feld; man nennt dies die **Abbildung des Kreises auf eine Halbebene**.

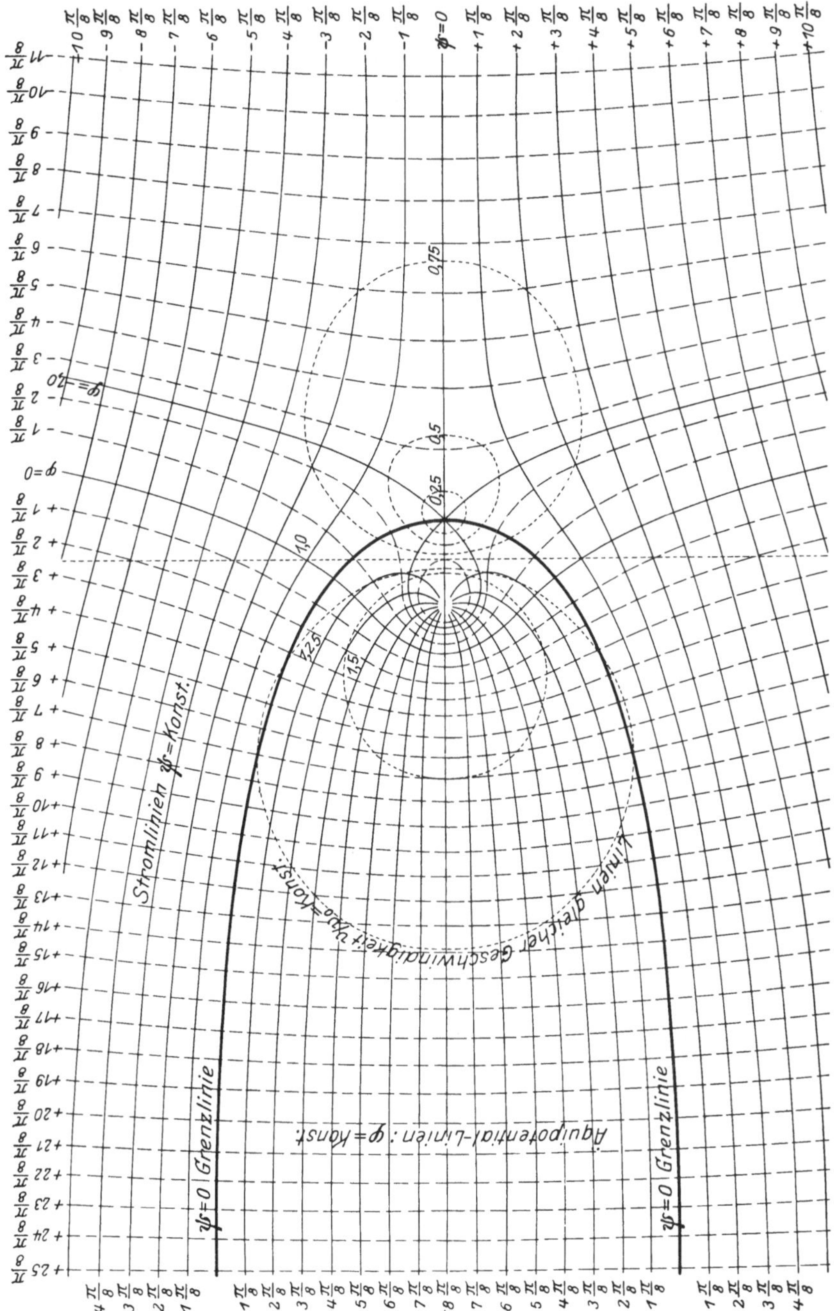

Abb. 51. Abb. 4, S. 8, ist das hydrodynamische Bild zu Netz VII. Netz VII. Das polare Netz II und das kartesische Netz I addiert.

6. Zusammengesetzte Netze.

VII. Überlagerung des kartesischen und des polaren Netzes I

(Abb. 51 und Abb. 4, Seite 8 als hydrodynamisches Bild).

Störung im geradlinigen Parallelstrom durch eine Quelle

Netzfunktionen.

$$Z = z + \lg z$$

$$Z - z = \lg z$$

$$e^{Z-z} = z; \quad e^{(X-x)+i(Y-y)} = x + i\,y$$

$$e^{X-x} \cos (Y - y) = x$$

$$e^{X-x} \sin (Y - y) = y$$

$$e^{2(X-x)} = x^2 + y^2$$

$$\operatorname{tg}(Y - y) = \frac{y}{x}$$

$$X = x + \lg \sqrt{x^2 + y^2}$$

$$Y = y + \operatorname{arc tg} \frac{y}{x}.$$

Stromfunktionen.

$$\varphi = x + \lg \sqrt{x^2 + y^2}$$

$$\psi = y + \operatorname{arc tg} \frac{y}{x}.$$

Die Strömung aus der Quelle wird durch den Parallelstrom teilweise verdrängt; Ausbildung einer Diskontinuitätslinie. Gleichung der Diskontinuitätslinie mit

$$\psi = 0, \qquad y = -\operatorname{tg}\frac{y}{x}.$$

VIII. Additive Überlagerung zweier gleich starker polarer Netze bzw. Quellströmungen (Abb. 52).

Netzfunktionen.

$$Z = \lg z_I + \lg z_{II}$$

$\lg z_I =$ Quelle in I, $\qquad \lg z_{II} =$ Quelle in II.

Umformung nach e gibt

$$a_s = \pm a, \qquad b_s = 0$$

$$Z_I = z - a, \qquad z_{II} = Z + a$$

$$Z = \lg(z - a) + \lg(z + a) = \lg(z^2 - a^2).$$

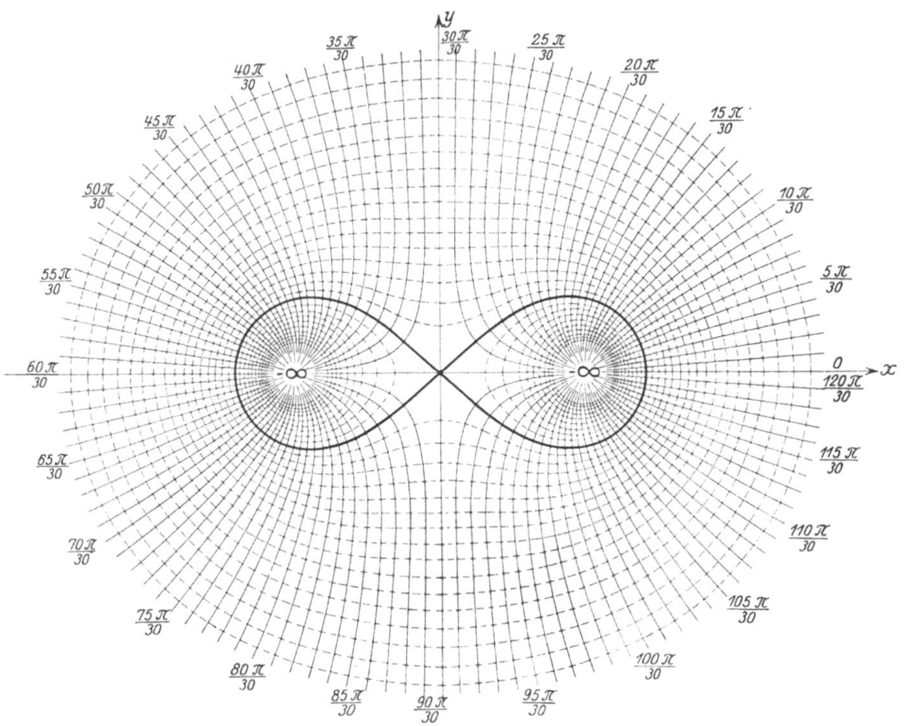

Abb. 52. Netz VIII. Zwei gleichstarke polare Netze addiert.

Aus $e^z = z^2 - a^2$ folgt

$$X = \lg \sqrt{(x^2 + y^2)^2 + a^2(a^2 - 2\,x^2 + 2\,y^2)}$$

$$Y = \operatorname{arc\,tg} \frac{2\,xy}{x^2 - y^2 - a^2}$$

$$X = \lg \left[r^2 \sqrt{1 + \left(\frac{a}{r}\right)^4 - 2\left(\frac{a}{r}\right)^2 \cos 2\,\vartheta} \right]$$

$$Y = \operatorname{arc\,tg} \frac{\sin 2\,\vartheta}{\cos 2\,\vartheta - \left(\frac{a}{r}\right)^2}.$$

Die Y-Achse ist eine Diskontinuitätslinie; ist r sehr groß gegen a, so wird

$$X \simeq \lg r^2, \qquad Y = 2\,\vartheta.$$

IX. Subtraktive Überlagerung zweier gleichstarker polarer Netze bzw. einer Quelle und einer gleichstarken Senke

(Abb. 53a, b).

Das Netz der apolonischen Kreise.

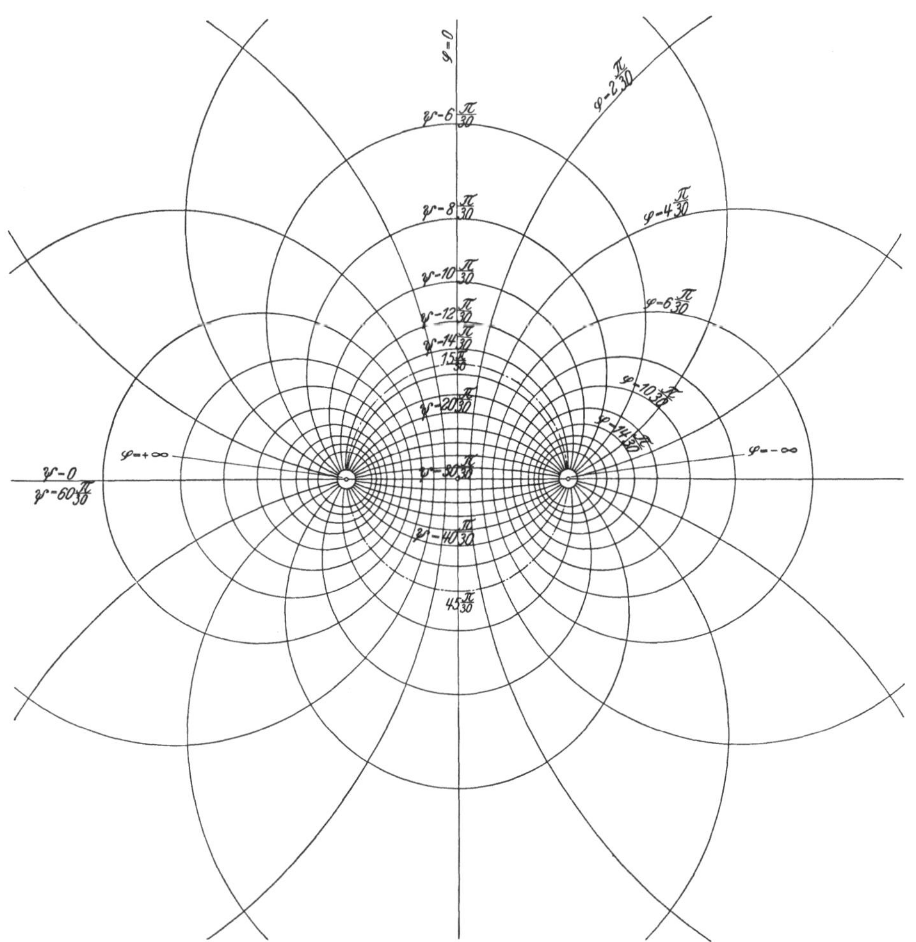

Abb. 53a. Netz IX. Zwei gleichstarke polare Netze subtrahiert.

Netzfunktionen.

$$Z = \lg z_{II} - \lg z_{I}$$

$$= \lg \frac{z + a}{z - a}.$$

Analoge Umformung wie für X gibt

$$X = \frac{1}{2} \lg \frac{(x+a)^2 + y^2}{(x-a)^2 + y^2}$$

$$Y = -\arctan \frac{2\,ay}{x^2 - a^2 + y^2}.$$

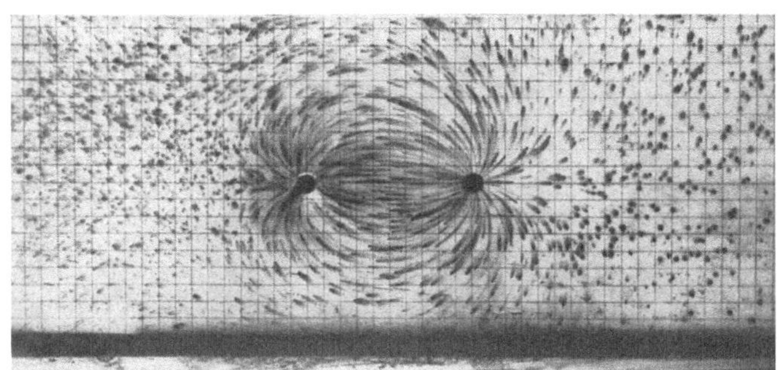

Abb. 53 b. Hydrodynamisches Bild zu Netz IX. Quelle und Senke.

Die X- und Y-Linien sind Kreise, das Netz ist eine Verallgemeinerung der Doppelquelle III.

X. Überlagerung der kartesischen und des reziproken Netzes (I). Doppelquelle im geradlinigen Strom (Abb. 54).

Netzfunktionen.

$$Z = z + \frac{1}{z}, \quad X + iY = x + iy + \frac{1}{x + iy}$$

$$= \left(x + \frac{x}{x^2 + y^2}\right) + c\left(y - \frac{y}{x^2 + y^2}\right)$$

$$X = x + \frac{x}{x^2 + y^2}, \quad Y = y - \frac{y}{x^2 + y^2} = y\left(c - \frac{1}{x^2 + y^2}\right)$$

Y wird $= 0$, für $y = 0$ und für $x^2 + y^2 = 1$.

Der Kreis vom Radius 1 ist eine Diskontinuitätslinie; das Netz gibt das Bild der Umströmung eines Kreiszylinders durch den parallelen Strom.

Ein analoges Resultat erhält man natürlich durch Überlagerung der Netze I und IX. Die Diskontinuitätslinie wird ellipsenähnlich.

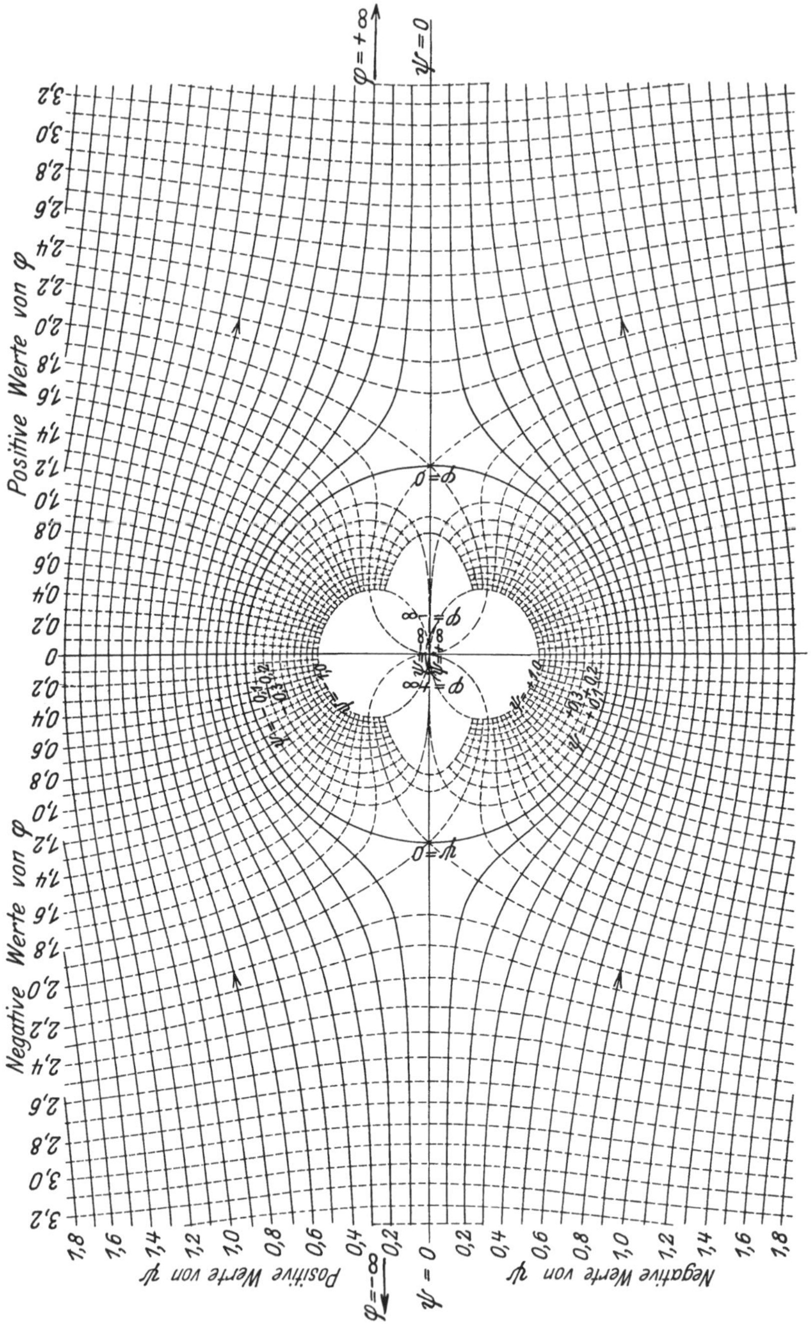

Abb. 54. Netz X. Doppelquelle im Parallelstrom.

7. Netzabbildung in Streifen.

XI. Abbildung von VIII in den Streifen VI (Abb. 55a, b, c).

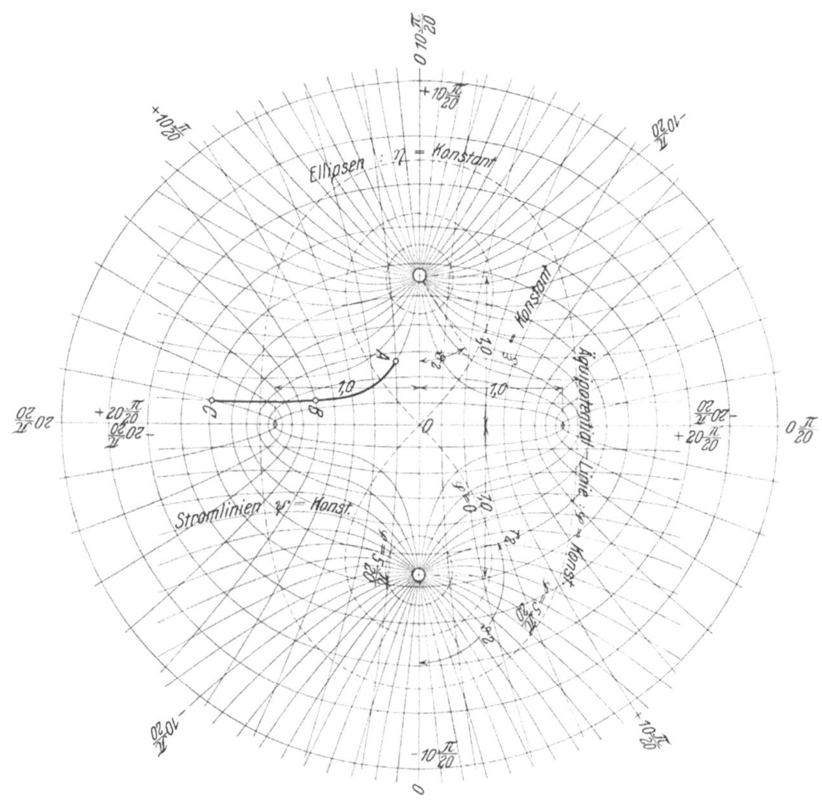

Abb. 55a.

Netz VIII zentrisch eingelegt in das um $\dfrac{\pi}{2}$ verdrehte, als Koordinatennetz verwendete Netz IV.

Abbildungsschema.

$$Z = (X + iY) = \text{Abbildungsnetz} = F(z)$$

für

$$W = (U + iV) = \text{abzubildendes Netz} = \mathfrak{F}(z)$$

$$z = F(Z) = \Phi(W) \text{ Abbildungsgleichung};$$

hierin ist W das Strömungsnetz,

Z das Koordinatennetz.

$$Z = \text{arc cos } z, \qquad W = \lg\left[(iz)^2 - a^2\right], \qquad z = \cos Z$$

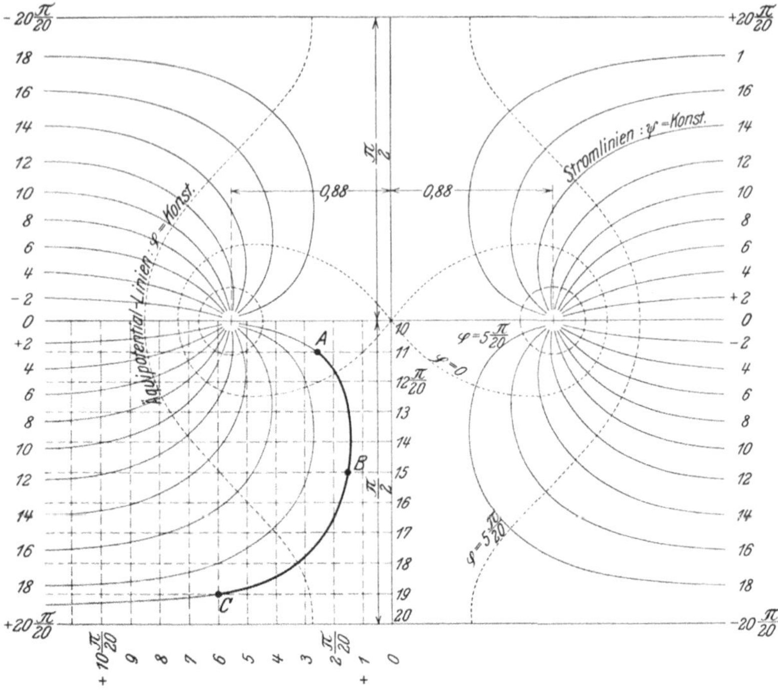

Abb. 55b. Das Netz IV als kartesisches Streifennetz abgebildet; in dasselbe mittels
Netzübertragung das Netz VIII eingezeichnet.

gibt

$$W = \lg\left[(i\cos Z)^2 - a^2\right]$$

als Stromfunktion. Das Netz W im z-Feld, ist das um 90^0 verdrehte Netz VIII, daher (iz) statt (z).

Abb. 55c. Das hydrodynamische Bild zu Abb. 55b.

Das Strömungsbild entspricht der Zuströmung in einem geradlinigen, rechteckigen Kanal zu einer in der Achse des Kanals gelegenen Senke (etwa eine Turbine).

8. Besondere Eigenschaften des Netzes X.

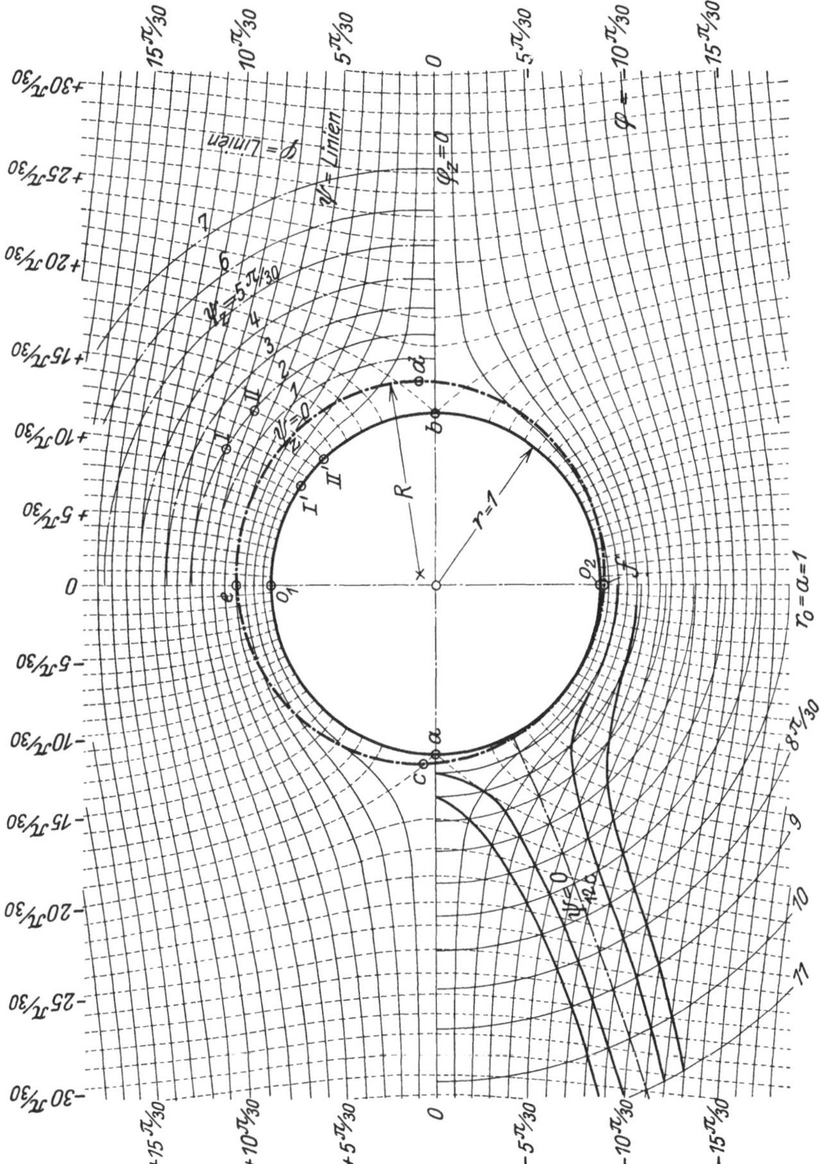

Abb. 56a. Das äußere Netz X als Koordinatennetz verwendet; in dasselbe eingetragen:
1. das Zirkulationsnetz um den exzentrischen Kreis R; 2. das Zirkulationsnetz um den zentrischen Kreis $r = 1$.

Das konfokale Netz ist als Abbildung des mit dem Netz X zentrischen polaren Netze III durch das Netz X zu betrachten

$$Z = \frac{1}{2}\left(z + \frac{1}{z}\right), \quad iW = \lg z, \quad Z = \frac{1}{2}\left(e^{iW} + e^{-iW}\right)$$

$$Z = \cos W, \qquad W = \text{arc cos } Z.$$

W erscheint als polares Netz im kartesischen Netz z und als konfokales Netz im kartesischen Netz Z. Das konfokale Netz ist hierbei die Abbildung des polaren Netzes entweder außerhalb oder innerhalb des Diskontinuitätskreises.

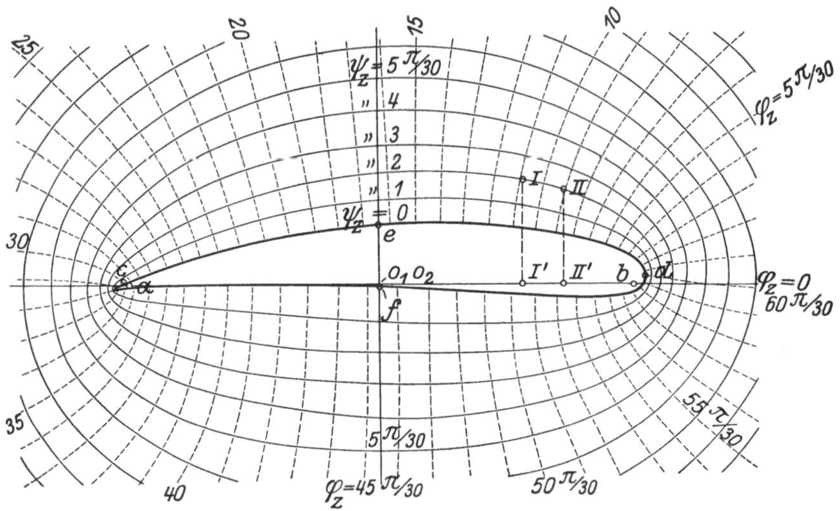

Abb. 56 b. Abbildung von Eintragung 1 in ein kartesisches Netz.

Eine den Diskontinuitätskreis im Netz X umgebende Figur wird im konfokalen Netz als eine verflachte, die Fokalgerade umgebende Figur erscheinen; berührt die im Netz X befindliche Figur den Kreis, so ist dasselbe zwischen der abgebildeten Figur und den Fokalgeraden der Fall; findet die Berührung im Netz X an einem Ende des in der X-Achse liegenden Durchmessers des Kreises statt, so berührt die abgebildete Figur die Fokalgerade im entsprechenden Endpunkt, so entsteht eine einerseits scharf zugespitzte, andererseits abgerundete Figur (Abb. 56 a, b).

Dieses Abbildungsverfahren ist in entsprechender Erweiterung von Joukowski zur Erzeugung von Tragflächen-Profilen verwendet worden; siehe hierüber Grammel: „Die Hydrodynamischen Grundlagen des Fluges". Sammlung Vieweg: Heft 39/40, S. 85 u. f.

XII. Überlagerung des Netzes X mit dem polaren Zirkulationsnetz (Abb. 57).

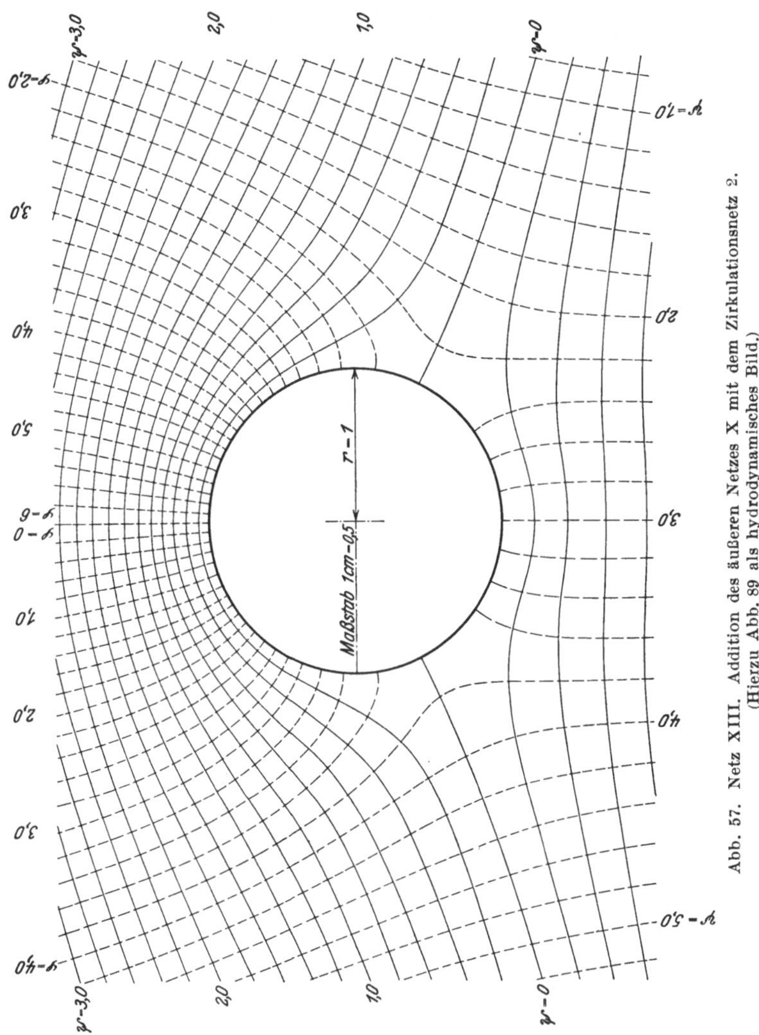

Abb. 57. Netz XIII. Addition des äußeren Netzes X mit dem Zirkulationsnetz 2. (Hierzu Abb. 89 als hydrodynamisches Bild.)

Netzfunktionen.

$$Z = z + \frac{1}{z} + i\, m \lg z$$

gibt:

$$X = x + \frac{x}{x^2 + y^2} - m \arctan \frac{y}{x}$$

$$Y = y - \frac{y}{x^2 + y^2} + m \lg \sqrt{x^2 + y^2}$$

mit $\qquad X = \varphi, \qquad Y = \psi, \qquad Z = \chi$

erhält man Stromfunktionen.

Die Punkte im Kreise $r = 1$ mit den Koordinaten

$$x = \pm \sqrt{1 - \frac{m^2}{4}}, \qquad y = -\frac{m}{2}$$

sind Staupunkte.

Das Strömungsbild zeigt die Deformation des Netzes durch die Zirkulation; es bildet die Grundlage der modernen Zirkulationstheorie.

9. Netzaufzeichnung.

Die Aufzeichnung der Netze II, III, IV ist sehr einfach.
Netz II. Man zeichnet:

$$\text{entsprechend} \quad r = e^{\pm m \frac{\pi}{n}} \quad \text{für} \quad m = 0, 1, 2, 3$$

$$\text{und ein gewähltes } n, \text{ z. B. } n = 30$$

die Kreise und zieht in Winkelabständen von $\dfrac{\pi}{n}$ alter Teilung die Radien.

Netz III. Die X- und Y-Linien sind Kreise, die durch den Koordinatensprung gehen; die Mittelpunkte der X-Kreise liegen auf der X-Achse, diejenigen der Y-Kreise auf der Y-Achse, deren Abstände vom Ursprung erhält man durch $x_m = \dfrac{1}{2X}$ resp. $y_m = -\dfrac{1}{2Y}$.

Netz IV wird am besten durch Koordinatenrechnung mittels der Formeln für x und y erhalten, indem man systematisch X als Konstante, Y als Parameter betrachtet. Man erhält auf diese Weise direkt die Schnittpunkte der Netzlinien.

Netz V. Es bedarf nur der Koordinatenberechnung für eine, z. B. der X-Linienschar, die Y-Linienschar ist kongruent und parallel zur Y-Achse verschoben, die X-Linien liegen symmetrisch zur X-Achse, die Y-Linien gruppieren sich in ebensolcher Weise längs der Linien $y = \pm \dfrac{\pi}{2}$.

Netz VI wird am einfachsten durch Netzübertragung aus dem konfokalen-Netz in den Streifen gewonnen.

Netz VII wird am einfachsten durch graphische Addition analog Seite 126 gefunden, man legt die auf dünnes Pauspapier gezeichneten Netze I und II so aufeinander, daß die Koordinatenachsen sich decken, und läßt dies lichtpausen. Dann hat man die überlagerten Netze auf einem Blatt und kann nach Bewertung der Netzlinien die Addition durchführen.

Netz VIII, IX, X, XII. Es gilt dasselbe wie für Netz VII. Man nimmt am einfachsten Lichtpausen der Grundnetze II resp. III und addiert funktionell.

Netz XI. Man überlagert das um 90^0 verdrehte Netz VIII mit Achsenübereinstimmung; aus der Lichtpause kann leicht Punktübertragung in den Streifen VI erfolgen.

Die Aufzeichnung Joukowskischer Abbildungen erfolgt am einfachsten durch Abbildung aus dem Netz X ins konfokale Netz. (Abb. 56a, b.)

10. Das ζ-Feld.

Ein weiteres wichtiges Ergebnis der Funktionentheorie kommt durch folgende Gleichungen zum Ausdruck:

$$\zeta = \frac{dZ}{dz} = \frac{\partial X}{\partial x} - i\frac{\partial X}{\partial y} = \xi - i\eta = \varphi e^{-ia},$$

d. h. der Differentialquotient von Z nach z liefert ein komplexes Argument $\zeta = \xi - i\eta$.

Nimmt man statt Z die Bezeichnung χ als Stromfunktion, so wird

$$\frac{d\chi}{dz} = \frac{\partial \varphi}{\partial x} - i\frac{\partial \varphi}{\partial y} = \frac{v_x}{v_c} - i\frac{v_y}{v_c} = \frac{v}{v_c} e^{-ia}.$$

Der Beweis für die eben angeführte Eigenschaft des Differentialquotienten $\dfrac{d\chi}{dz}$ ist kurz folgender: Da φ und ψ im Z-Feld als Funktionen der Veränderlichen x, y erscheinen und mit $z = (x + iy)$

$$\frac{\partial z}{\partial x} = +1; \quad \frac{\partial z}{\partial y} = +i$$

sind, so folgt:

$$\left.\begin{aligned} \frac{\partial \chi}{\partial x} &= \frac{d\chi}{dz} \cdot \frac{\partial z}{\partial x} = \frac{d\chi}{dz} = \frac{\partial \varphi}{\partial x} + i\frac{\partial \psi}{\partial x} \\ \frac{\partial \chi}{\partial y} &= \frac{d\chi}{dz} \cdot \frac{\partial z}{\partial y} = i\frac{d\chi}{dz} = \frac{\partial \varphi}{\partial y} + i\frac{\partial \psi}{\partial y} \end{aligned}\right\} \quad \cdots \cdots \cdot 1$$

hiermit:

$$\frac{d\chi}{dz} = \frac{\partial \varphi}{\partial x} + i\frac{\partial \psi}{\partial x} = -i\frac{\partial \varphi}{\partial y} + \frac{\partial \psi}{\partial y} \cdots \cdots \cdots 2$$

Trennung der reellen und imaginären Glieder gibt:

$$\frac{\partial \varphi}{\partial x} = +\frac{\partial \psi}{\partial y}, \quad \frac{\partial \varphi}{\partial y} = -\frac{\partial \psi}{\partial x}. \cdots \cdots \cdots 3$$

Das sind dieselben Gleichungen, die sich aus den Gleichungen IV mit

$Z =$ konst. und V ergeben und auch der Orthogonalitätsbedingung für φ und ψ entsprechen.

Verwendet man die zweite der Gleichungen 3 in der ersten von 2, so erhält man obige Gleichungen für $\dfrac{d\chi}{dz}$.

In der Abszissen- und in der, in verkehrter Richtung gegen die Orts-Koordinate y genommenen Ordinatenachse sind ξ und η die Koordinaten eines kartesischen ζ-Feldes, und ξ, η und $\Re = \sqrt{\xi^2 + \eta^2}$ proportional den, der Strömungsfunktion entsprechenden Geschwindigkeiten v_x, v_y, v. Im z-Feld sind demnach Z und ζ, im ζ-Feld Z und z durch, einander zugeordnete konforme Netze darstellbar.

Mit Benützung dieser Eigenschaft wurde von **Kirchhoff** das von **Helmholtz** zuerst auf anderem Weg gelöste Problem der Ausflußstrahlen für eine Reihe von Fällen durchgearbeitet (siehe **Kirchhoff**: Mechanik a. a. O.), jedoch ohne Berücksichtigung des Einflusses der Schwerkraft. **Kirchhoff** hat $\zeta = \dfrac{dz}{dZ} = \dfrac{1}{\Re} e^{+ia}$ und dementsprechend $\zeta = \dfrac{1}{v} e^{+ia}$ benützt; es tritt hierdurch nur eine formelle Änderung ein. In den folgenden Kapiteln wird an einigen Strömungsproblemen die Verwendung der ebenen konformen Netze vorgeführt.

F. Das Problem der freien Oberfläche.

Die Grenzfläche zwischen Luft und Wasser wird als freie Oberfläche bezeichnet; eine solche Fläche ist unter der Annahme durchweg konstanten Luftdruckes innerhalb des Strömungsgebietes eine Fläche gleicher Pressung und im Falle stationären Zustandes eine Strömungsfläche. In einem offenen Kanal bilden einerseits die freie Oberfläche, anderseits die Seitenwände und die Sohle die Grenzflächen, innerhalb welcher die Strömung als einfache Kanalströmung verläuft; hierbei sind die in der Stromrichtung aufeinander folgenden Querschnittsflächen der Strömung — die Querprofile — der Form und Größe nach im allgemeinen verschieden. Die Form der freien Oberfläche hängt von der Form der festen Kanalgrenzen ab; wird die feste Grenze an einer Stelle unterbrochen, so entsteht an dieser Stelle wieder eine freie Grenze, es tritt Strahlbildung ein, wobei entweder die Unterbrechung am ganzen Umfang stattfindet, so daß ab dieser Stelle die Strömung nur mehr innerhalb freier Grenzen erfolgt, oder die Unterbrechung findet nur an der Sohle, aber nicht seitlich statt, so daß ab der Änderungsstelle zwei freie und zwei feste Grenzen vorhanden sind. Solche Strömungen können als Überfallsströmungen mit und ohne Seitenführung bezeichnet werden (Überfälle ohne und mit Seitenkontraktion). Ist die Unterbrechung derart ausgebildet, daß die Abflußöffnung durchweg begrenzt ist, so daß eine Trennung der freien Oberfläche in zwei Teile, und zwar in die freie Oberfläche im Zuströmungsraum und in die freie Oberfläche des Abflußstrahles, eintritt, so hat man es mit einer Durchflußströmung zu tun, ist der Zu- und Abflußraum seitlich durch lotrechte Wände begrenzt, bis an welche auch die Abflußöffnung reicht, so sind drei freie Grenzen vorhanden: diejenige im Zuflußraum und die zwei voneinander getrennten Flächen im Abflußraum.

Freie Oberflächen können entsprechend dem Beispiel auf S. 7 auch durch Wirbelbildungen entstehen, die im Gebiet einer Strömung mit freier Oberfläche zu Störungen Anlaß geben, ebenso wie das Mitreißen von Luft an der freien Grenze bei großer Strömungsgeschwindigkeit.

1. Allgemeine theoretische Grundlagen.

Bei Strömungen, für welche infolge der Rauhigkeit der Kanalwände die Widerstandshöhe relativ groß und daher in der Rechnung nicht zu vernachlässigen ist, wie z. B. bei den Stauproblemen der praktischen Hydraulik, ist eine exakte Bestimmung der Form der freien Oberfläche nicht durchführbar, hingegen sind Lösungen mit Hilfe der Bernoullischen Mittelwertsformel zu erhalten. Es wird auf die bezüglichen Formeln in den Lehrbüchern der Hydraulik verwiesen.

Die erste Lösung des Problems auf hydrodynamischer Grundlage hat Helmholtz in der klassischen Abhandlung über „Diskontinuierliche Flüssigkeitsbewegung" veröffentlicht. (Siehe B. 27 von Ostwald: „Klassiker der exakten Wissenschaften".) In Kirchhoffs „Vorlesungen über Mechanik" und „Gesammelte Abhandlungen", Seite 146, sind weitere Lösungen unter dem Titel „Theorie freier Flüssigkeitsstrahlen" zu finden; hierbei wurde durchweg der Einfluß der Schwerkraft nicht berücksichtigt.

In neuerer Zeit erschienen in der Zeitschrift für angewandte Mechanik: im Heft 1 des 1. Bandes 1921 ein Bericht über Lösungen des Problems „Flüssigkeitsoberfläche unter Einfluß der Schwere" von A. R. Richardson (Philos. Mag. 40, 1920) und im Heft 1 des 5. Bandes (1925) die Dissertation von August Lauk, Pforzheim: „Der Überfall über ein Wehr" mit eingehenden Literaturangaben.

Die mathematische Behandlung des Problems gelingt bei Annahme von rein zweidimensionaler Potentialströmung, und kann zu Resultaten führen, die mit realen Erscheinungen in naher Übereinstimmung stehen: man erhält sozusagen Grenzresultate. Es gilt hierbei

im ganzen Strömungsgebiet die Bernoullische Gleichung in der
Form:

$$z + \frac{p}{\gamma} + \frac{v^2}{2\,g} = K = \text{konstant}, \quad \ldots \ldots \ldots \text{I}$$

in der freien Oberfläche wird $p = p_a =$ der atmosphärischen Pressung
und folgt hieraus:

$$z + \frac{v^2}{2\,g} = K = \text{konstant} \quad \ldots \ldots \ldots \text{II}$$

Die mathematische Behandlung wird ferner noch besonders vereinfacht, wenn man den Einfluß der Schwerkraft vernachlässigt, also
in obigen Gleichungen $z = 0$ setzt.

Die Voraussetzung rein zweidimensionaler Strömungen ermöglicht
die Verwendung der konformen Netze zur Darstellung der Strömungsbilder; die parallelen Strömungsebenen müssen bei Berücksichtigung
der Schwerkraft als Vertikalebenen angenommen werden.

Das Strömungsnetz einer der Parallelebenen genügt zur Darstellung der Strömung; nimmt man in derselben vorläufig eine beliebige wagrechte Gerade als Abszissenachse und die Richtung der
Ordinatenachse parallel zur Schwererichtung an, bezeichnet mit h_e
eine als Bezugseinheit genommene Länge und mit $v_e = \sqrt{2\,g\,h_e}$ eine
dementsprechende Bezugseinheit für die Geschwindigkeiten, ferner
mit $x,\ y$ die geodätischen, mit $\mathfrak{x} = \dfrac{x}{h_e}$, $\mathfrak{y} = \dfrac{y}{h_e}$ die relativen Koordinaten eines Punktes, mit $v,\ v_x,\ v_y$ die wirklichen mit

$$\mathfrak{v} = \frac{v}{v_e}, \qquad \mathfrak{v}_x = \frac{v_x}{v_e}, \qquad \mathfrak{v}_y = \frac{v_y}{v_e}$$

die relativen Werte der Geschwindigkeiten und deren Komponenten
im Punkte $x,\ y$ und nimmt für die Darstellung der Strömung eine
$\mathfrak{z}$-Ebene mit dem komplexen Argument $\mathfrak{z} = \mathfrak{x} + i\,\mathfrak{y}$ als Koordinatenargument an, so wird durch das Netz $\chi = \varphi + i\,\psi =$ Funktion
$(\mathfrak{x} + i\,\mathfrak{y})$ die Strömung im $\mathfrak{z}$-Feld dargestellt; bei lotrechter Lage des
$\mathfrak{z}$-Feldes kann dasselbe als „geodätisches Feld" bezeichnet werden.

Mit

$$\mathfrak{v}_x = \frac{\partial \varphi}{\partial \mathfrak{x}}, \qquad \mathfrak{v}_y = \frac{\partial \varphi}{\partial \mathfrak{y}}$$

erhält man nach den Erörterungen auf Seite 193 durch

$$\zeta = \frac{\partial \varphi}{\partial \mathfrak{x}} - i\,\frac{\partial \varphi}{\partial \mathfrak{y}} = \xi - i\,\eta = \Re\,e^{-i\,\alpha} = \frac{d\chi}{d\mathfrak{z}}$$

ein komplexes Argument, das als Koordinatenargument in einem
ζ-Feld dienen kann, so daß das χ-Netz des $\mathfrak{z}$-Feldes durch Netzübertragung im ζ-Feld konform abgebildet werden kann.

Das polare Netz des ζ-Feldes ist bestimmt durch

$$W = U + iV = \lg \zeta = \lg \Re - i\,\alpha.$$

Da nun $\Re = \mathfrak{v} =$ dem relativen Geschwindigkeitswert und $\alpha =$ dem Neigungswinkel von $\mathfrak{v}$ gegen die X-Achse ist, so sind durch $U =$ konstant die Linien gleicher Geschwindigkeitswerte und durch $V =$ konstant die Linien gleicher Geschwindigkeitsneigungen dargestellt; im polaren Netz des ζ-Feldes sind $U =$ konstant Kreise und $V =$ konstant Radien; die Abbildung des W-Netzes im $\mathfrak{z}$-Feld gibt eine Darstellung der Verteilung der Geschwindigkeit der Größe und Richtung nach im Strömungsnetz und kann daher logischerweise als **Geschwindigkeitsnetz** bezeichnet werden; beide Netze zusammen charakterisieren insbesondere im $\mathfrak{z}$-Feld, aber auch im ζ-Feld die Strömung.

I. Freie Oberfläche schwerer Flüssigkeiten.
(Abb. 58.)

Es sei z_0 die geodätische Höhe der freien Oberfläche am Beginn der Strömung, v_0 die dort vorhandene Geschwindigkeit; verlegt man

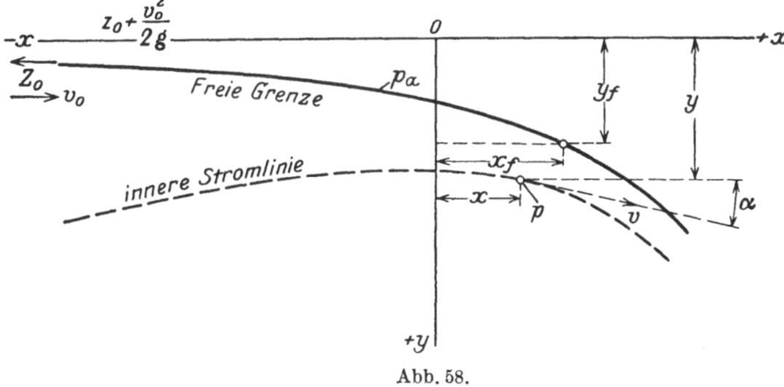

Abb. 58.

die Achse XX auf die geodätische Höhe $z_0 + \dfrac{v_0^2}{2g}$, so wird y $= z_0 + \dfrac{v_0^2}{2g} - z \ldots$ der Ordinatenwert für irgendeinen Punkt innerhalb des Stromgebietes; mit der Bezeichnung $h_p = \dfrac{p - p_a}{\gamma}$ ergibt die Gleichung I allgemein den Ausdruck

$$\frac{v^2}{2g} - y + h_p = 0$$

und bei Benützung von

$$\frac{v_e^2}{2g} = h_e, \qquad \frac{v}{v_e} = \mathfrak{v}, \qquad \frac{y}{h_e} = \mathfrak{y}, \qquad \frac{h_p}{h_e} = \mathfrak{p}$$

ergibt sich hieraus:

$$\mathfrak{v}^2 - \mathfrak{y} + \mathfrak{p} = 0 \ . \ . \ . \ . \ . \ . \ . \ . \ . \ . \ \text{III}$$

In der freien Grenze wird $\mathfrak{p} = 0$ und wenn man die Werte von $\mathfrak{v}$, $\mathfrak{y}$ und dem Neigungswinkel α der freien Grenze mit dem Index f kennzeichnet, so erhält man für dieselbe die Gleichung:

$$\mathfrak{v}_f{}^2 = \mathfrak{y}_f, \ . \ . \ . \ . \ . \ . \ . \ . \ . \ . \ \text{IV}$$

für die schwerelose Flüssigkeit gilt die Gleichung:

$$\mathfrak{v}_f{}^2 = \text{konstant}.$$

Ist ds die Länge des Bahnelementes in irgendeinem Punkt des Stromgebietes und wird $d\dfrac{s}{h_e} = d\sigma$ eingeführt, so folgt allgemein für alle Strombahnen

$$\mathfrak{v} = \frac{d\varphi}{d\sigma} = \frac{d\varphi}{d\mathfrak{y}} \cdot \sin\alpha,$$

hiermit für die freie Grenze:

$$\frac{d\varphi}{d\mathfrak{y}_f}\sin\alpha_f = \mathfrak{v}_f = \mathfrak{y}_f{}^{\frac{1}{2}} \ . \ . \ . \ . \ . \ . \ . \ . \ \text{V}$$

und hieraus:

$$\sin\alpha_f = \mathfrak{y}_f{}^{\frac{1}{2}}\frac{d\mathfrak{y}}{d\varphi}, \ . \ . \ . \ . \ . \ . \ . \ . \ . \ \text{VI\,a}$$

$$\sin\alpha_f = 2\,\mathfrak{v}_f{}^2\frac{d\mathfrak{v}_f}{d\varphi} = 2\,\mathfrak{R}_f{}^2\frac{d\mathfrak{R}_f}{d\varphi} \ . \ . \ . \ . \ . \ \text{VI\,b}$$

als Differentialgleichung für die Bestimmung der Koordinaten der freien Grenzen im geodätischen ($\mathfrak{z}$-)Feld (Gleichung VI a) und im ζ-Feld (Gleichung VI b).

Aus Gleichung VI a folgt durch Integration

$$\mathfrak{y}_f = [\textstyle\int \frac{3}{2}\sin\alpha_f\,d\varphi + C]^{\frac{2}{3}} = \mathfrak{R}_f{}^2$$

mit C als Integrationskonstanten und hieraus

$$d\mathfrak{y}_f = [\textstyle\int \frac{3}{2}\sin\alpha_f\,d\varphi + C]^{-\frac{1}{3}}\sin\alpha_f\,d\varphi\,;$$

da $d\mathfrak{x}_f = d\mathfrak{y}_f\,\mathrm{ctg}\,\alpha_f$ ist, so erhält man

$$d\mathfrak{x}_f = [\textstyle\int \frac{3}{2}\sin\alpha_f\,d\varphi + C]^{-\frac{1}{3}}\cos\alpha_f\,d\varphi$$

und hieraus mit $d\mathfrak{z}_f = d\mathfrak{x}_f + i\,d\mathfrak{y}_f$

$$d\mathfrak{z}_f = [\textstyle\int \frac{3}{2}\sin\alpha_f\,d\varphi + C]^{-\frac{1}{3}}(\cos\alpha_f + i\sin\alpha_f)\,d\varphi\,. \ . \ . \ \text{VII\,f}$$

In dieser Gleichung ist die rechte Seite ein komplexer Funktionsausdruck in φ, wenn für $\sin\alpha_f$ ein reeller Funktionsausdruck $f(\varphi)$

bekannt ist; es folgt hieraus die allgemeine Differentialgleichung für $\mathfrak{z}$, wenn man auf der rechten Seite überall φ durch das komplexe Argument $\chi = \varphi + i\,\psi$ ersetzt; man erhält:

$$d\mathfrak{z} = \left[\int \tfrac{3}{2} f(\chi)\,d\chi + C\right]^{-\frac{1}{3}} \left[\sqrt{1 - [f(\chi)]^2} + i\,f(\chi)\right] d\chi, \quad . \quad \text{VII}$$

da mit

$$\zeta = \xi - i\,\eta = \Re\,e^{-i\alpha} = \frac{d\chi}{d\mathfrak{z}}$$

das komplexe Argument des ζ-Feldes eingeführt ist, so folgt aus VII:

$$\zeta = \left[\int \tfrac{3}{2} f(\chi)\,d\chi + C\right]^{+\frac{1}{3}} \left[\sqrt{1 - [f(\chi)]^2} - i\,f(\chi)\right] \quad . \; . \quad \text{VIII}$$

oder wegen $\cos\alpha - i\sin\alpha = e^{-i\alpha}$

$$\zeta = \left[\int \tfrac{3}{2} f(\chi)\,d\chi + C\right]^{+\frac{1}{3}} e^{-i\,\arcsin f(\chi)};$$

durch Logarithmieren erhält man

$$\lg\zeta = W = U + i\,V = \lg R - i\,\alpha$$

$$= \lg\left[\int \tfrac{3}{2} f(\chi)\,d\chi + C\right]^{+\frac{1}{3}} - i\,\arcsin f(\chi) \quad . \; . \; . \; . \quad \text{IX}$$

als Gleichung für das komplexe Argument des Geschwindigkeitsfeldes.

Die Umwandlung von Gleichung VIIf in Gleichung VII bedingt die Annahme $\psi_f = 0$ für den Stromlinienwert der freien Grenze.

Setzt man

$$\left[\int \tfrac{3}{2} f(\chi)\,d\chi + C\right]^{\frac{1}{3}} = F(\chi),$$

so wird

$$f(\chi) = \frac{2}{3}\,\frac{d(F(\chi))^3}{d\chi},$$

und die Gleichungen VII, VIII und IX erhalten folgende Formen

$$d\mathfrak{z} = \left[F(\chi)\right]^{-1} \cdot e^{+i\,\arcsin \frac{2}{3}\frac{d[F(\chi)]^3}{d\chi}}, \quad . \; . \; . \; . \; . \; . \quad \text{VII}$$

$$\zeta = F(\chi) \cdot e^{-i\,\arcsin \frac{2}{3}\frac{d[F(\chi)]^3}{d\chi}}, \quad . \; . \; . \; . \; . \; . \; . \quad \text{VIII}$$

$$W = \lg F(\chi) - i\,\arcsin \frac{2}{3}\,\frac{d(F(\chi))^3}{d\chi} \quad . \; . \; . \; . \; . \; . \quad \text{IX}$$

Die Gleichung VIII entspricht der von A. R. Richardson (Phil. Mag. 40, 1920, § 97—100) benützten und in der Zeitschrift für angewandte Mathematik und Mechanik, Bd. 1, Heft 1, Seite 69 mit 1) numerierten Gleichung mit entsprechender Änderung der Bezeichnungen.

II. Freie Oberfläche schwereloser Flüssigkeiten.

In der Gleichung I kommt der Einfluß der Schwerkraft durch das Glied z zum Ausdruck; mit $z = 0$ wird daher die Gleichung dahin spezialisiert, daß die Strömung eine solche sei, bei der die Schwerkraft keinen Einfluß hat, also entweder für rein zweidimensionale Strömungen in wagrechten Ebenen oder für Strömungen im allgemeinen unter der abstrakten Annahme von schwerelosen Flüssigkeiten.

In beiden Fällen ist entsprechend Gleichung II

$$\frac{v_f{}^2}{2\,g} = K - \frac{p_a}{\gamma} = \text{konstant}$$

$v_f = \text{konstant zu setzen.}$

Die Gleichung IV ergibt

$$\mathfrak{v}_f = \text{konstant} = 1, \quad \dots\dots\dots \quad \text{IV a}$$

Es wird ferner

$$\frac{d\varphi}{d\mathfrak{y}_f}\sin\alpha_f = \mathfrak{y}_f = 1, \quad \dots\dots\dots \quad \text{V b}$$

und hieraus folgen wie früher

$$d\mathfrak{y}_f = \sin\alpha_f\,d\varphi,$$
$$d\varphi_f = \cos\alpha_f\,d\varphi,$$
$$d\mathfrak{z}_f = (\cos\alpha_f + i\sin\alpha_f)\,d\varphi = e^{i\alpha_f}\,d\varphi,$$

mit $\sin\alpha_f = f(\varphi)$ wird $d\mathfrak{z}_f = e^{i\arcsin f(\varphi)}\,d\varphi$ und allgemein

$$d\mathfrak{z} = e^{i\arcsin f(\chi)}\,d\chi \quad \dots\dots\dots \quad \text{VII b}$$

Die Beziehung $\zeta = \dfrac{d\chi}{d\mathfrak{z}}$ gibt

$$\zeta = e^{-i\arcsin f(\chi)}, \quad \dots\dots\dots \quad \text{VIII b}$$
$$\lg\zeta = W = -\,i\arcsin f(\chi) \quad \dots\dots \quad \text{IX b}$$

Die Gleichungen VII, VIIb; VIII, VIIIb; IX, IXb vermitteln die Bestimmung von Strömungsnetzen im geodätischen Feld, in den Geschwindigkeitsfeldern ζ und W.

In beiden Fällen wird die Bestimmung von Strömungen mit freier Oberfläche erfolgen können, wenn auf irgendeine Weise die Funktion $f(\chi)$ resp. $f(\varphi)$ derart ermittelt werden kann, daß den Bedingungen des Problems hinsichtlich der Stromführung und der Ausbildung der freien Oberfläche entsprochen wird.

Zu den allgemeinen Problemen gehört noch die Bestimmung der Durchflußmenge.

Da reine Potentialströmung vorausgesetzt ist, werden in der Gleichung $v = G\dfrac{A}{\nu}\lambda$ (Seite 84) $\lambda = 1$, $\nu = 1$ und somit $v = G \cdot A$, der elementare Wasserdurchfluß zwischen zwei benachbarten Stromflächen ist bei der konstanten Breite b des Stromgebietes

$$dq = v \cdot ds_\psi \cdot b.$$

Setzt man nun

$$G = v_e = \sqrt{2\,g\,h_e} \quad \text{und} \quad ds_\psi = d\frac{s_\psi}{h_e}, \quad ds_\varphi = d\frac{s_\varphi}{h_e},$$

worin s_ψ und s_φ die metrischen Längen der Elemente der ψ- resp. φ-Linien sind, so wird

$$\frac{v}{v_e} = A = \frac{d\varphi}{ds_\varphi}.$$

Da nun bei rein zweidimensionaler Strömung

$$A = \frac{d\varphi}{ds_\varphi} = B = \frac{d\psi}{ds_\psi}$$

ist, so folgt

$$dq = v_e \frac{d\psi}{ds_\psi} \cdot h_e \cdot ds_\psi \cdot b = \sqrt{2\,g\,h_e}\, h_e \cdot b\, d\psi$$

und mithin

$$q = (\psi_\pi - \psi_\iota)\, b\, h_e \sqrt{2\,g\,h_e} \ \ldots \ldots \ldots \ldots \text{X}'$$

als Durchflußmenge zwischen den zwei Stromflächen ψ_π und ψ_τ; sind demnach $\psi_{f\pi}$ und $\psi_{f\tau}$ die Konstanten der freien Grenzen eines Strahls, so ist

$$q = (\psi_\pi - \psi_{f\iota})\, b \cdot h_e \sqrt{2\,g\,h_e} \ \ldots \ldots \ldots \ldots \text{X}_\text{s}$$

die sekundliche Abflußmenge im Strahl.

Für Überfälle bedeutet hiernach $\psi_{f\pi} - \psi_{f\iota} = m$ den Überfallskoeffizienten.

2. Methoden zur Bestimmung der Funktion $f(\chi)$.

a) Direkte Annahmen. Es gelingt leicht, zu einer Annahme über den Verlauf der Neigung einer freien Grenze die entsprechende Funktionsform zu finden; es ist dann aber erst zu untersuchen, ob die hiermit gefundene Strömungsform realen Strömungen entsprechen kann. Hierüber sollen folgende Beispiele orientieren:

1. Beispiel: Die einfache Annahme

$$\sin \alpha_f = f(\varphi) = C_f = \text{konstant}$$

bedeutet den immerhin denkbaren Fall, daß beim Fehlen von Widerständen die freie Grenze im $\mathfrak{z}$-Feld eine gerade Linie von konstanter
Neigung sei; es wird nach Gleichung VII_f mit $\int f(\varphi)\,d\varphi = C_f \cdot \varphi$

$$d\mathfrak{z}_f = \left(\tfrac{3}{2} C_f \varphi + C\right)^{-\frac{1}{3}} e^{i\alpha_f}\,d\varphi$$

und somit

$$\mathfrak{z}_f = e^{i\alpha_f} \int \left(\tfrac{3}{2} C_f \varphi + C\right)^{-\frac{1}{3}} d\varphi + K$$

und allgemein

$$\mathfrak{z} = e^{i\alpha_f} \int \left(\tfrac{3}{2} C_f \chi + C\right)^{-\frac{1}{3}} d\chi + K$$

die Zuordnung $\chi = 0$, $\mathfrak{z} = 0$ erfordert $C = 0$, $K = 0$; man erhält

$$\mathfrak{z} = \left(\tfrac{3}{2} C_f\right)^{-\frac{1}{3}} e^{i\alpha_f} \cdot \tfrac{3}{2} \chi^{\frac{2}{3}}$$

und umformt

$$\chi = \tfrac{2}{3} \sqrt{C_f}\,\left(\mathfrak{z} \cdot e^{-i\alpha_f}\right).$$

Benützt man das polare Argument $\mathfrak{z} = r\,e^{i\vartheta}$, so folgt:

$$\chi = \varphi + i\psi = \tfrac{2}{3} \sqrt{C_f}\, r^{\frac{3}{2}} e^{i\frac{3}{2}(\vartheta - \alpha_f)}$$

$$= \tfrac{2}{3} \sqrt{C_f}\, r^{\frac{3}{2}} \cos \tfrac{3}{2}(\vartheta - \alpha_f) + i\,\tfrac{2}{3} \sqrt{C_f} \cdot r^{\frac{3}{2}} \sin \tfrac{3}{2}(\vartheta - \alpha_f)$$

und erhält man hieraus

$$\varphi = \tfrac{2}{3} \sqrt{C_f}\, r^{\frac{3}{2}} \cos \tfrac{3}{2}(\vartheta - \alpha_f), \qquad \psi = \tfrac{2}{3} \sqrt{C_f}\, r^{\frac{3}{2}} \sin \tfrac{3}{2}(\vartheta - \alpha_f),$$

man erkennt, daß $\psi = 0$ wird für

$$\tfrac{3}{2}(\vartheta - \alpha_f) = 0 \qquad\qquad \pi \qquad\qquad 2\,\pi$$

oder

$$\vartheta = \alpha_f \qquad\qquad \alpha_f + \tfrac{2}{3}\pi \qquad\qquad \alpha_f + \tfrac{4}{3}\alpha$$

und daß $\varphi = 0$ wird für

$$\tfrac{3}{2}(\vartheta - \alpha_f) = \frac{\pi}{2} \qquad\qquad 3\,\frac{\pi}{2} \qquad\qquad 5\,\frac{\pi}{2} \qquad \text{oder}$$

$$\vartheta = \alpha_f + \frac{\pi}{3} \qquad \alpha_f + \frac{3\,\pi}{3} \qquad \alpha_f + \frac{5\,\pi}{3}.$$

Die Analyse der letzten Gleichungen ergibt somit, daß das Strömungsnetz im geodätischen Feld aus den Linien dreiblättriger Hyperbeln Abb. 50 S. 179 gebildet wird.

Aus Gleichung VIII folgt

$$\zeta = \Re\, e^{-i\alpha} = \left(\tfrac{3}{2} C_f\right)^{\frac{1}{3}} \chi^{\frac{1}{3}} e^{-i\alpha_f},$$

hierin sind R und α bereits die Polarkoordinaten im ζ-Feld; die

Gleichung gibt umformt:

$$\chi = \left(\frac{2}{3\,C_f}\right)\Re^3\,e^{i\,3\,(\alpha_f - \alpha)}$$

und $\quad \varphi = \frac{2}{3\,C_f}\,\Re^3\cos 3\,(\alpha_f - \alpha), \qquad \psi = \frac{2}{3\,C_f}\,\Re^3\sin 3\,(\alpha_f - \alpha)$

es wird $\psi = 0$ für

$$3\,(\alpha_f - \alpha) = 0 \qquad\qquad \pi \qquad\qquad 2\,\pi \qquad\qquad 3\,\pi \quad \text{oder}$$

$$\alpha = \alpha_f \qquad\qquad \alpha_f - \frac{\pi}{3} \qquad\qquad \alpha_f - \frac{2\,\pi}{3} \qquad\qquad \alpha_f - \frac{3\,\pi}{3},$$

es wird $\varphi = 0$ für

$$3\,(\alpha_f - \alpha) = \frac{\pi}{2} \qquad\qquad \frac{3\,\pi}{2} \qquad\qquad \frac{5\,\pi}{2} \qquad\qquad \frac{7\,\pi}{2} \quad \text{oder}$$

$$\alpha = \alpha_f - \frac{\pi}{6} \qquad\qquad \alpha_f - \frac{3\,\pi}{6} \qquad\qquad \alpha_f - \frac{5\,\pi}{6} \qquad\qquad \alpha_f - \frac{7\,\pi}{6};$$

hieraus folgt, daß das Strömungsnetz im ζ-Feld aus Linien der sechsblättrigen Hyperbel Abb. 49 Seite 178 besteht. In der freien Grenze wird wegen $\alpha = \alpha_f$

$$\varphi = \frac{2}{3\,C_f}\,\Re^3,$$

im zweiten Ast der Stromlinie mit $\psi = 0$ wird wegen $\alpha = \alpha_f - \dfrac{\pi}{3}$

$$\varphi = \frac{2}{3\,C_f}\,\Re^3\cos 3\,\frac{\pi}{3} = -\frac{2}{3\,C_f}\,\Re^3,$$

für $\mathfrak{v} = \infty$, also $\Re = \infty$, ergibt sich in der freien Grenze $\varphi = +\infty$; in der zweiten geraden Begrenzung des Strömungsgebietes $\varphi = -\infty$; im Punkte $\mathfrak{z} = 0$ werden $\varphi = 0$ und $R = \mathfrak{v} = 0$.

Die Abb. 59 gibt das Strömungsnetz für dasjenige Gebiet im $\mathfrak{z}$-Feld, in welchem wagrechte Zuströmung unter ge-

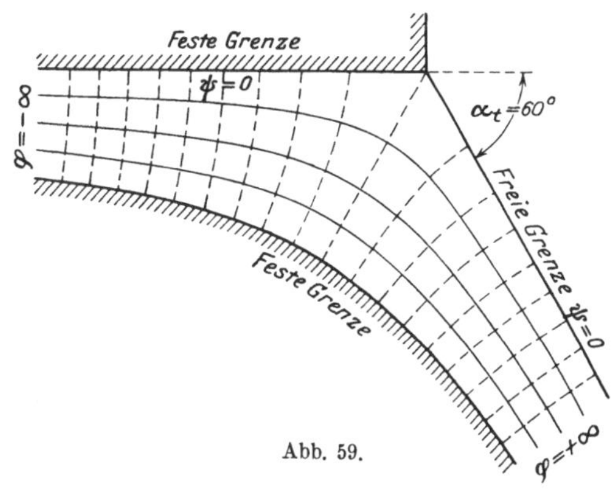

Abb. 59.

radliniger materieller Begrenzung und Abströmung unter $\alpha_f = 60°$ Neigung stattfindet; eine zweite materielle Begrenzung kann durch eine andere Stromlinie $\psi = $ konstant gebildet sein.

Die gefundene Strömung erfolgt unter dem Einfluß der Schwere; aus den Gleichungen VIIb und VIIIb ist leicht zu erkennen, daß dieselbe Annahme im Falle schwereloser Flüssigkeit einfach auf Parallelströmung führt.

Die gemachte Annahme bezieht sich auf die Neigung der freien Grenze gegen die X-Achse. Man kann auch eine Annahme betreffend die Veränderung von $\mathfrak{v}_f$ resp. $\mathfrak{R}_f$ machen, also $\mathfrak{v}_f =$ einer Funktion von φ setzen und dann mit Hilfe von Gleichung VIb den Funktionsausdruck $f(\varphi)$ von $\sin\alpha_f$ bestimmen; die Annahme veränderlicher Geschwindigkeit in der freien Grenze ist aber nur für schwere Flüssigkeit zu gebrauchen, bei schwereloser Flüssigkeit ist $\mathfrak{v} =$ konstant.

2. Beispiel. In der früher erwähnten Mitteilung in der Zeitschrift für angewandte Mathematik und Mechanik wird das von Richardson u. a. berechnete Beispiel einer Kanalströmung mit dem allgemeinen Ansatz $\mathfrak{v} = (C + \mathfrak{Tg}\,\varepsilon\,\chi)$ vorgeführt; aus demselben und der Gleichung VIb folgen mit $\psi = 0$ die Gleichungen für $F(\varphi)$ und $f(\varphi)$

$$\mathfrak{v}_f = C + \mathfrak{Tg}\,\varepsilon\,\varphi = \mathfrak{R}_f = F(\varphi), \quad \ldots\ldots\ldots \text{ a}$$

$$\mathfrak{y}_f = (C + \mathfrak{Tg}\,\varepsilon\,\varphi)^2, \quad \ldots\ldots\ldots\ldots \text{ b}$$

$$\sin\alpha_f = 2\,(C + \mathfrak{Tg}\,\varepsilon\,\varphi)^2\,\frac{\varepsilon}{\mathfrak{Cof}^2\,\varepsilon\,\varphi} = f(\varphi) \quad \ldots\ldots \text{ c}$$

Da $\mathfrak{v}_f = R_f$ ist, so sind durch die Gleichungen a und c die Polarkoordinaten R_f und α_f der freien Grenze im Feld bestimmt; man erhält im besonderen für

$$\varphi = -\infty \qquad 0 \qquad +\infty$$

aus Gleichung a:

$$\mathfrak{v}_f = (C - 1) \qquad C \qquad (C + 1)$$

aus Gleichung b:

$$\mathfrak{y}_f = (C - 1)^2 \qquad C^2 \qquad (C + 1)^2$$

aus Gleichung c:

$$\sin\alpha_f = 0 \qquad 2\,C^2\,\varepsilon \qquad 0.$$

Hieraus ist zu erkennen, daß die freie Grenze im Anlauf und Ablauf wagrecht in der Mitte geneigt verläuft; die Größe der Neigung ist durch die Werte von ε und C bestimmt, es muß jedoch $2\,C^2\,\varepsilon \lessgtr 1$ sein.

Die Differenz der Endordinatenwerte ergibt sich mit

$$\varDelta\mathfrak{y} = (C + 1)^2 - (C - 1)^2 = 4\,C.$$

Aus den Gleichungen a und c folgt

$$\zeta f = \mathfrak{R}_f\,e^{-i\,\alpha_f} = (C + \mathfrak{Tg}\,\varepsilon\,\varphi)\,e^{-i\,\arcsin\varepsilon\,\frac{(C + \mathfrak{Tg}\,\varepsilon\,\varphi)^2}{\mathfrak{Cof}^2\,\varepsilon\,\varphi}}$$

und daher allgemein

$$\zeta = \frac{d\chi}{dy} = (C + \mathfrak{Tg}\,\varepsilon\,\chi)\cdot e^{\,-\,i\,\arcsin\varepsilon\,\frac{(C\,+\,\mathfrak{Tg}\,\varepsilon\,\varphi)^2}{\mathfrak{Cof}^2\,\varepsilon\,\varphi}}\,;$$

hieraus ergibt sich

$$d_{\mathfrak{z}} = (C + \mathfrak{Tg}\,\varepsilon\,\chi)^{-1}\,e^{\,+\,i\,\arcsin\varepsilon\,\frac{(C\,+\,\mathfrak{Tg}\,\varepsilon\,\chi)^2}{\mathfrak{Cof}^2\,\varepsilon\,\chi}}\,d\chi$$

als Differentialgleichung zwischen $\mathfrak{z}$ und χ, deren Integration auf die allgemeine Koordinatengleichung des Strömungsnetzes im $\mathfrak{z}$-Feld führt.

Die Gleichungen a, b und c liefern aber auch die Grundlagen zur graphischen Bestimmung der Strömungsnetze im ζ- und im $\mathfrak{z}$-Feld; benützt man in denselben für die Berechnung von $\mathfrak{R}_f$ und α_f resp. $\mathfrak{y}_f$ und α_f Werte von φ mit gleichen Wertdifferenzen $\varDelta\varphi$, so erhält man die Grenzlinien mit solcher Punkteinteilung, daß auf Grund derselben die χ-Netze mit Hilfe der im Abschnitt III_3, Seite 66 beschriebenen Methode der Netzzeichnung mittels krummliniger Quadrate konstruiert werden können.

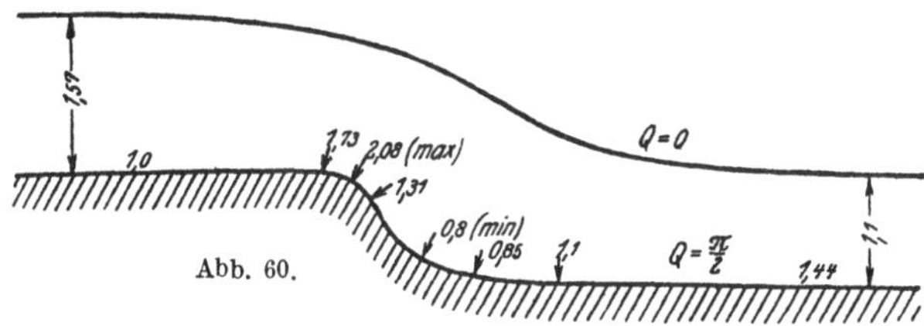

Abb. 60.

Die beistehende Abb. 60 ist dem angeführten Bericht in der Zeitschrift für angewandte Mathematik und Mechanik entnommen.

Geht man von der **allgemeinen Annahme** aus, daß $\sin\alpha_f$ eine Funktion von φ und $\mathfrak{R}_f$ bzw. $\mathfrak{R}_f{}^3$ sei, so ergibt sich folgende Überlegung zur Bestimmung dienlicher Hilfsfunktionen:

Die Gleichung VIb kann auf die Form einer totalen linearen Differentialgleichung gebracht werden, man erhält wegen

$$\mathfrak{R}_f{}^2\,d\mathfrak{R}_f = \tfrac{1}{3}\,d\,(\mathfrak{R}_f)^3$$

$$\sin\alpha_f\,d\varphi = -\tfrac{2}{3}\,d(\mathfrak{R}_f{}^3) = 0 = d\varsigma$$

und kann mit einer vorläufig beliebigen Funktion $\varPhi$ von φ als integrierenden Faktor multiplizieren; dies gibt bei vorläufiger Weglassung des Index f

$$\sin\alpha\cdot\varPhi = \frac{\partial\varsigma}{\partial\varphi}\,;\qquad -\frac{2}{3}\,\varPhi = \frac{\partial\varsigma}{\partial(\mathfrak{R}_f)^3}$$

und entsprechend $\dfrac{\partial^2 \varsigma}{\partial\varphi\,\partial(\mathfrak{R}^3)} = \dfrac{\partial^2 \varsigma}{\partial(\mathfrak{R}^3)\,\partial\varphi}$

$$\Phi\,\frac{\partial\sin\alpha}{\partial\mathfrak{R}^3} = -\,\frac{2}{3}\,\frac{d\Phi}{d\varphi}\,;$$

hieraus folgt nach Ordnen und Integrieren allgemein

$$\sin\alpha = -\,\frac{2}{3}\,\frac{d\lg\Phi}{d\varphi}\,\mathfrak{R}^3 + \varrho\,,$$

worin ϱ eine beliebige Funktion von $(\mathfrak{R}^3)$ ist; mit Benützung der Gleichung VIb erhält man:

$$\left(-\,\frac{2}{3}\,\frac{d\lg\Phi}{d\varphi}\,\mathfrak{R}^3 + \varrho\right) = \sin\alpha = -\,\frac{2}{3}\,\frac{d\mathfrak{R}^3}{d\varphi}$$

oder

$$\frac{2}{3}\left(\frac{d\lg\Phi}{d\varphi} + \frac{d\lg\mathfrak{R}^3}{d\varphi}\right) = \frac{\varrho}{\mathfrak{R}^3}\,.$$

Integration nach φ, da ϱ nur eine Funktion von R^3 ist, mit R als Integrationskonstanten ergibt:

$$\lg\frac{\Phi\mathfrak{R}^3}{K} = \frac{3}{2}\,\frac{\varrho}{R^3}\,\varphi$$

oder

$$\Phi\mathfrak{R}^3 = K\,e^{\frac{3}{2}\frac{\varrho}{\mathfrak{R}^3}\cdot\varphi}\,. \quad\ldots\ldots\ldots \ast$$

Aus dieser Form könnten Lösungen gefunden werden durch passende Annahmen der Funktionen Φ und ϱ.

Die einfachste Annahme $\varrho = 0$ gibt:

$$-\,\frac{d\lg\Phi}{d\varphi} = -\,\frac{d\lg(\mathfrak{R}^3)}{d\varphi}$$

oder bei Wiedergebrauch des Index f

$$\mathfrak{R}_f{}^3\cdot\Phi = K = \text{konstant} \quad\ldots\ldots\ldots \text{a}$$

und wieder mit Rücksicht auf Gleichung VIb in der Form

$$\sin\alpha_f = \frac{2}{3}\,\frac{d(\mathfrak{R}_f{}^3)}{d\varphi}\,,$$

$$\sin\alpha_f = -\,\frac{2}{3}\,\Phi^{-2}\,\frac{d\Phi}{d\varphi}\,. \quad\ldots\ldots\ldots \text{b}$$

Man kann nun $\sin\alpha_f$ statt als Funktion von φ, als Funktion von Φ betrachten, also

$$\sin\alpha_f = f(\Phi) \quad\ldots\ldots\ldots\ldots \text{c}$$

einführen; hiermit wird

$$\sin \alpha_f = f\left(\frac{K}{\Re_f^3}\right), \quad \ldots \ldots \ldots \ldots \quad \text{d}$$

die Gleichung der freien Grenze im ζ-Feld; aus b und c folgt:

$$d\varphi = -\tfrac{2}{3}\,\Phi^{-2}\,[f(\Phi)]^{-1}\,d\Phi, \quad \ldots \ldots \ldots \quad \text{e}_\text{f}$$

woraus durch Integration die der Annahme von f entsprechende Beziehung zwischen Φ und φ hervorgeht. Es wird ferner

$$\zeta_f = R_f \cdot e^{-i\alpha f} = \left(\frac{K}{\Phi}\right)^{\frac{1}{3}} \cdot e^{-i\arcsin f(\Phi)}, \quad \ldots \ldots \ldots \quad \text{g}_\text{f}$$

worin Φ als Funktion von φ erscheint; hieraus ist ersichtlich, daß Φ der reelle Teil eines Argumentes

$$H = \Phi + i\,\Psi$$

ist, so daß allgemein

$$\zeta = \left(\frac{K}{H}\right)^{\frac{1}{3}} \cdot e^{-i\arcsin f(H)} \quad \ldots \ldots \ldots \ldots \quad \text{g}$$

gesetzt werden kann, wobei $\chi = \varphi + i\psi$ das Argument von H und

$$d\chi = -\tfrac{2}{3}\,H^{-2}\,[f(H)]^{-1}\,dH \, . \quad \ldots \ldots \ldots \quad \text{e}$$

die Differentialgleichung zwischen χ und H ist.

Die Gleichung g vermittelt die Koordinatenbestimmung des H-Netzes im ξ-Feld, die integrierte Gleichung e die Koordinatenbestimmung des χ-Netzes im H-Feld; das H-Netz ist das gesuchte Hilfsnetz.

Aus

$$d\mathfrak{z}_f = \Re_f^{-1}\,(\cos\alpha_f + i\sin\alpha_f)\,d\varphi$$

folgt bei Rücksichtnahme auf die Beziehungen a, b und c

$$d\mathfrak{z}_f = K^{-\frac{1}{3}}\,\Phi^{+\frac{1}{3}}\left[\sqrt{1 - [f(\Phi)]^2} + i\,f(\Phi)\right]\left[-\tfrac{2}{3}\,\Phi^{-2}\,[f(\Phi)]\right]^{-1}\,d\Phi$$

oder

$$d\mathfrak{z}_f = -\tfrac{2}{3}\,K^{-\frac{1}{3}}\,\Phi^{-\frac{5}{3}}\sqrt{[f(\Phi)]^{-2} - 1}\,d\Phi - i\,\tfrac{2}{3}\,K^{-\frac{1}{3}}\,\Phi^{-\frac{5}{2}}\,d\Phi = A + iB\,.$$

Da beide Funktionsausdrücke A und B in der freien Grenze reell sind, so folgt durch Integration und Trennung

$$\mathfrak{x}_f = -\tfrac{2}{3}\,K^{-\frac{1}{3}}\int \Phi^{-\frac{5}{3}}\sqrt{[f(\Phi)]^{-2} - 1}\,d\Phi + C,$$

$$\mathfrak{y}_f = +K^{-\frac{1}{3}} \cdot \Phi^{-\frac{2}{3}}.$$

Nun ist nach a

$$\Re_f = K^{+\frac{1}{3}}\,\Phi^{-\frac{1}{3}},$$

worin K die noch freie Konstante ist, und weiter

$$\mathfrak{R}_f{}^2 = \mathfrak{v}_f{}^2 = \mathfrak{y}_f,$$

also

$$K^{-\frac{1}{3}}\,\Phi^{-\frac{2}{3}} = \mathfrak{y}_f,$$

woraus sich für K der Wert 1 und die Zuteilung der Integrationskonstanten C zur Gleichung für $\mathfrak{x}_f$ ergibt; die Ermittlung von $\mathfrak{x}_f$ erfordert die Kenntnis von $f(\Phi)$.

Ein erläuterndes Beispiel sei mit der Annahme durchgeführt:

$$H = \frac{e^{K\varkappa} + a}{e^{K\varkappa} + b};$$

da hierbei mit $\psi = 0$ auch $\Psi = 0$ wird, folgen:

$$\Phi = \frac{e^{K\varphi} + a}{e^{K\varphi} + b}, \qquad e^{K\varphi} = \frac{b\,\Phi - a}{1 - \Phi},$$

$$\frac{d\Phi}{d\varphi} = K(b - a)\frac{e^{K\varphi}}{(e^{K\varphi} + b)^2} = \frac{b}{b - a}(1 - \Phi)(b\,\Phi - a).$$

Die Gleichungen b und a geben

$$\sin\alpha_f = -\frac{2}{3}\,\frac{K}{b - a}\,\frac{(1 - \Phi)(b\,\Phi - a)}{\Phi^2}; \qquad R_f = \Phi^{-\frac{1}{3}},$$

mit $K = -\frac{3}{2}$, $b = 1 > a$ erhält man

$$\sin\alpha_f = \frac{1}{1 - a}\,\frac{(1 - \Phi)(\Phi - a)}{\Phi^2}, \qquad R_f = \Phi^{-\frac{1}{3}},$$

$$e^{-\frac{3}{2}\varphi} = \frac{\Phi - a}{1 - \Phi};$$

es wird für

$\Phi =$	a	1
$e^{-\frac{3}{2}\varphi} =$	0	$+\infty$
$\varphi =$	$+\infty$	$-\infty$
$\sin\alpha_f =$	0	0
$\mathfrak{v}_f = R_f =$	$a^{-\frac{1}{3}}$	$1,$

d. h. es beginnt die Strömung an der freien Grenze im Unendlichen ($\varphi = -\infty$) wagrecht mit der relativen Geschwindigkeit $\mathfrak{v} = 1$ und endet im Unendlichen $\varphi = +\infty$ ebenfalls wagrecht mit der größeren Geschwindigkeit $a^{-\frac{1}{3}}$; die Stromneigung $\sin\alpha_f$ bleibt hierbei immer positiv, es wird $\sin \alpha_f$ ein Maximum mit $\Phi = \dfrac{2\,a}{1+a}$ und erhält den Wert $\max \sin \alpha_f = \dfrac{1-a}{2\,a}$; wird $a = \dfrac{1}{3}$, so wird $\max \sin \alpha_f = 1$, $\alpha_f = \dfrac{\pi}{2}$.

Der Punkt der freien Grenze, in dem $\max \sin \alpha_f$, also die größte Neigung eintritt, ist ein Wendepunkt des Längenprofils; bei $a = \frac{1}{3}$ hat dort das Profil eine lotrechte Tangente.

Aus den Gleichungen für $\sin \alpha_f$ und R_f folgt:

$$\zeta_f = \Phi^{-\frac{1}{8}} \sqrt{1 - \frac{(1-\Phi)^2(\Phi-a)^2}{(1-a)^2\,\Phi^4}} - i\frac{(1-\Phi)(\Phi-a)}{(1-a)\,\Phi^2}$$

und kann man, statt sofort auf die allgemeine Gleichung für ζ und $d\mathfrak{z}$ überzugehen, vorerst bei der freien Grenze bleiben und unter Verwendung des Ausdruckes für $\dfrac{d\Phi}{d\varphi}$ setzen:

$$d\mathfrak{z}_f = \Phi^{-\frac{1}{3}}\left[\sqrt{1 - \frac{(1-\Phi)^2(\Phi-a)^2}{(1-a)^2\,\Phi^4}} + i\frac{(1-\Phi)(\Phi-a)}{(1-a)\,\Phi^2}\right]\cdot$$
$$\cdot\left[-\frac{2}{3}\frac{1-a}{(1-\Phi)(\Phi-a)}\right]d\Phi,$$

hierin ist der Ausdruck unter dem Wurzelzeichen $= 1 - \sin^2\alpha_f$, längs der ganzen Profillinie positiv und mit Ausnahme an den Enden <1; die Wurzel bleibt durchaus reell und man erhält:

$$\mathfrak{x}_f = \int\left(\Phi^{-\frac{1}{3}}\sqrt{1 - \frac{(1-\Phi)^2(\Phi-a)^2}{(1-a)^2\,\Phi^4}}\right)\left(-\frac{2}{3}\frac{(1-a)}{(1-\Phi)(\Phi-a)}\right)d\Phi + C,$$
$$\mathfrak{y}_f = +\,\Phi^{-\frac{2}{3}};$$

der Ausdruck für $\mathfrak{x}_f$ kann umgeformt werden und gibt:

$$\mathfrak{x}_f = -\frac{2}{3}\int\sqrt{\frac{\Phi^{-\frac{2}{3}}(1-a)^2}{(1-\Phi)^2(\Phi-a)^2} - \Phi^{-\frac{10}{3}}}\;d\Phi.$$

Durch Einsetzen der Ausdrücke für Φ und $d\Phi$ wird derselbe ein Funktionsausdruck in φ und kann die Integration unter der Zuordnung $\varphi = 0$, $\mathfrak{x}_f = 0$ graphisch-tabellarisch oder planimetrisch durchgeführt werden.

Das Argument H wird für die Stromlinien $\psi = 0$

$$H = \frac{e^{-3\varphi} + (1+a)\,e^{-\frac{3}{2}\varphi}\cos\frac{3}{2}\psi + a}{e^{-3\varphi} + 2\,e^{-\frac{3}{2}\varphi}\cos\frac{3}{2}\psi + 1} + i\,\frac{(1-a)\,e^{-\frac{3}{2}\varphi}\sin\frac{3}{2}\psi}{e^{-3\varphi} + 2\,e^{-\frac{3}{2}\varphi}\cos\frac{3}{2}\psi + 1}$$

und erhält man, gemäß der Annahme $H = \Phi + i\,\Psi$

$$\Phi = \frac{e^{-3\varphi} + (1+a)\,e^{-\frac{3}{2}\varphi}\cos\frac{3}{2}\psi + a}{e^{-3\varphi} + 2\,e^{-\frac{3}{2}\varphi}\cos\frac{3}{2}\psi + 1}, \quad \dotfill (1$$

$$\Psi = (1-a)\,\frac{e^{-\frac{3}{2}\varphi}\sin\frac{3}{2}\psi}{e^{-3\Phi} + 2\,e^{-\frac{3}{2}\varphi}\cos\frac{3}{2}\psi + 1} \quad \dotfill (2$$

als Koordinatengleichungen des H-Netzes im χ-Netz.

Für das H-Netz im ζ-Feld ergibt sich aus den Formeln für $\sin\alpha$ und R

$$f(H) = \frac{1}{1-a}\,\frac{(1-H)(H-a)}{H^2}, \quad F(H) = H^{-\frac{1}{3}} \quad \dotfill (3$$

und mit diesen Werten

$$\zeta = F(H)\left[\sqrt{1 - [f(H)]^2} - f(H)\right] = \xi + i\,\eta, \quad \dotfill (4$$

hierin ist nun einzusetzen:

$$H = \Phi + i\,\Psi = \sqrt{\Phi^2 + \Phi^2}\left[\frac{\Phi}{\sqrt{\Phi^2 + \Psi^2}} + i\,\frac{\Psi}{\sqrt{\Phi^2 + \Phi}}\right]$$
$$= \sqrt{\Phi^2 + \Psi^2}\,e^{i\,\mathrm{arctg}\frac{\Psi}{\Phi}},$$

so daß aus diesem Gleichungssystem die Koordinaten des H-Netzes und des χ-Netzes im ζ-Feld gerechnet werden können; ebenso erhält man allgemein:

$$d\mathfrak{z} = [F(H)]^{-1}\left[\sqrt{1 - [f(H)]^2} + f(H)\right]d\chi$$

als Differentialgleichung für die Bestimmung der Koordinaten des H-Netzes und dann mittels der Gleichungen a und b diejenigen des χ-Netzes im geodätischen $\mathfrak{z}$-Feld.

Aus den Gleichungen 1 und 2 ist ersichtlich, daß die Werte von Φ und Ψ jedenfalls positiv und kleiner als 1 bleiben, solange $\frac{3}{2}\,\Psi \gtrless \frac{\pi}{2}$ ist; hiermit ist dies auch der Fall für den absoluten Wert von H, und es ist daraus zu schließen, daß für alle Werte von Ψ innerhalb dieser Grenzen direkt reelle Koordinaten ξ und η, resp. $\mathfrak{x}$ und $\mathfrak{y}$ erhalten und hierdurch Stromlinien bestimmt werden, die ähnliche Form haben wie die freie Grenze; es kann dann $\Psi = \frac{\pi}{3}$ als Stromlinie der Sohle angenommen werden, und es ist dann auch

$$m = \Psi_{II} - \Psi_I = \frac{\pi}{3}$$

der Abfluß koeffizient für die Strömung (Abb. 61a).

Die Strömungsform ist im wesentlichen ähnlich derjenigen des von Richardson durchgerechneten Falles (siehe Seite 205).

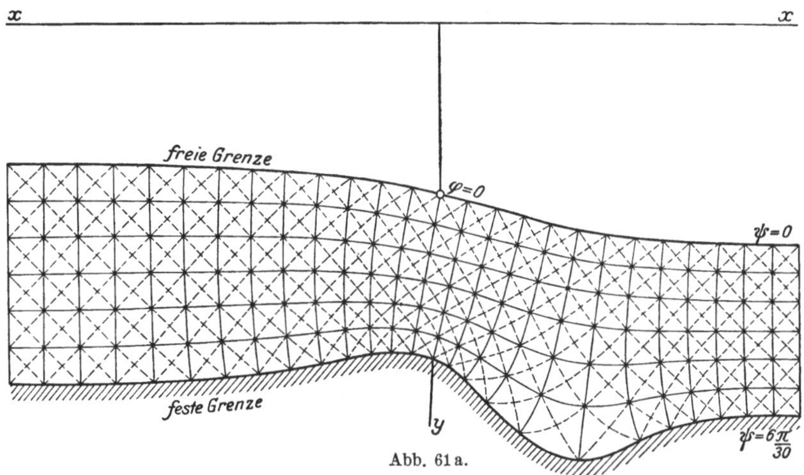

Abb. 61a.

Da die Strömung mit endlicher Geschwindigkeit beginnt und endet und nur eine freie Oberfläche besitzt, gehört dieselbe zu den einfachen Kanalströmungen; andere Annahmen als $H = \mathfrak{A}$ werden andere Strömungsformen ergeben, wie z. B. Abb. 61b.

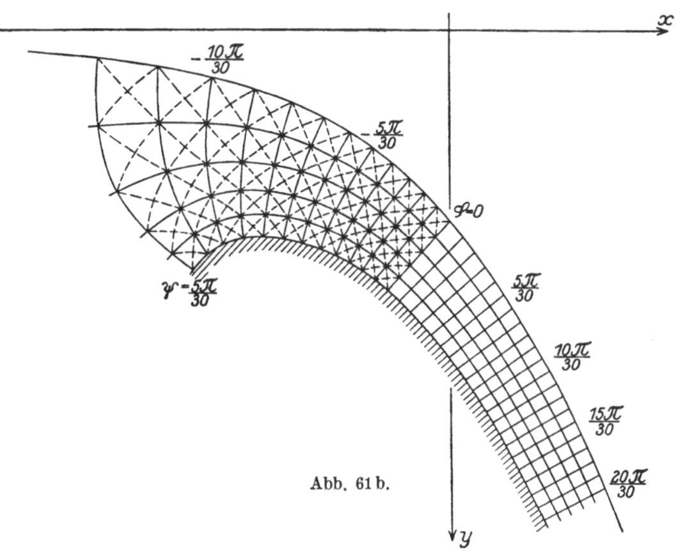

Abb. 61b.

b) Systematische Lösungen mittels Netztransformationen. Im allgemeinen wird das Bild eines einfachen Strömungsnetzes im ζ-Feld durch einen Teil eines deformierten apolonischen Netzes nach beistehender Skizze Abb. 62 darzustellen sein, wobei die beiden zwischen den Punkten A und B liegenden Teile der Randlinie die Bilder der Begrenzung des Strömungsgebietes darstellen. Den Punkten A und B kommen die Äquipotentialwerte $\mp\infty$ zu. Liegen beide Punkte im Endlichen, so entspricht dies einer Strömung mit der Anfangsgeschwindigkeit R_A, α_A und der Endgeschwindigkeit R_B, α_B; liegt A im Koordinatenursprung, so wird $R_A = 0$; es entspricht dies einer Strömung aus der Ruhe. Liegt B im Unendlichen, so entspricht dies einer Strömung mit unendlich großer Endgeschwindigkeit. Ist der eine, der zwischen A und B liegenden Teile der Randlinie das Bild einer freien Grenze, der andere Teil dasjenige einer festen Grenze, so entspricht dies einer einfachen Kanalströmung; ist der eine Randlinienteil ganz, der andere nur teilweise das Bild der

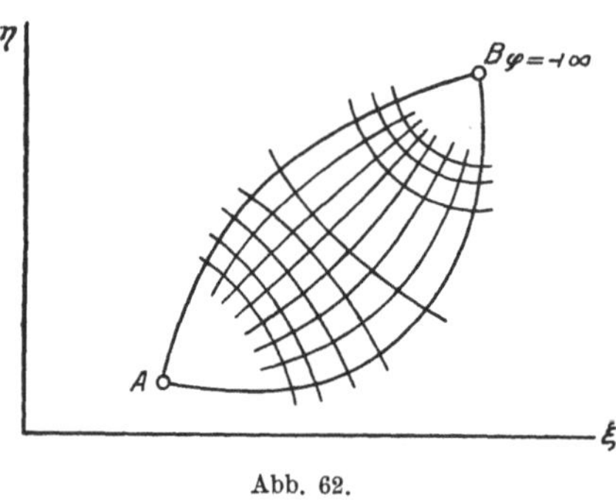

Abb. 62.

freien Grenze, so entspricht dies einer Überfallsströmung; sind beide Randlinienteile nur teilweise Bilder freier Grenzen, so entspricht dies der Strömung im freien Strahl.

Da bei schwereloser Flüssigkeit in der freien Grenze $\mathfrak{v}=$ konstant $=1$ sein muß, so werden die Bilder derselben im ζ-Feld im Kreis vom Radius $R=1$ um den Koordinatenmittelpunkt O liegen; für die schweren Flüssigkeiten besteht diese Einschränkung nicht, hingegen muß im Bilde der freien Grenze im ζ-Feld die Bedingung erfüllt sein, die durch Gleichung VIb formuliert ist.

Auf der Verwendung des Strömungsbildes im ζ-Feld mit Kreisbögen für die freie Grenze beruht die von Kirchhoff begründete Theorie der freien Strahlen schwereloser Flüssigkeiten; es wird dieselbe im folgenden unter sonstigem Hinweis auf die bereits angegebene Literatur zur Orientierung an dem bekannten Beispiel des Ausflusses aus einem Spalt unter Benützung beistehender Abb. 63a erörtert. $a\,b$ sei ein unendlich langer Spalt von konstanter Breite $a\,b$ senkrecht zur Bildebene; aus dem Raum I ströme Flüssigkeit in den Raum II; die Strömung beginne im Raum I mit der Geschwindigkeit 0, in der ganzen Begrenzung des freien Strahles $a\,c\,b$ ist die relative Geschwindigkeit $\mathfrak{v}=1$; Abb. 63b enthält auf der rechten Seite das deformierte apolonische Netz als konforme Abbildung der linken Seite des Strömungs-χ-Netzes in Abb. 63a im ζ-Feld, auf der rechten Seite das polare Netz zentrisch im konfokalen Netz als Transformationsnetz eingezeichnet.

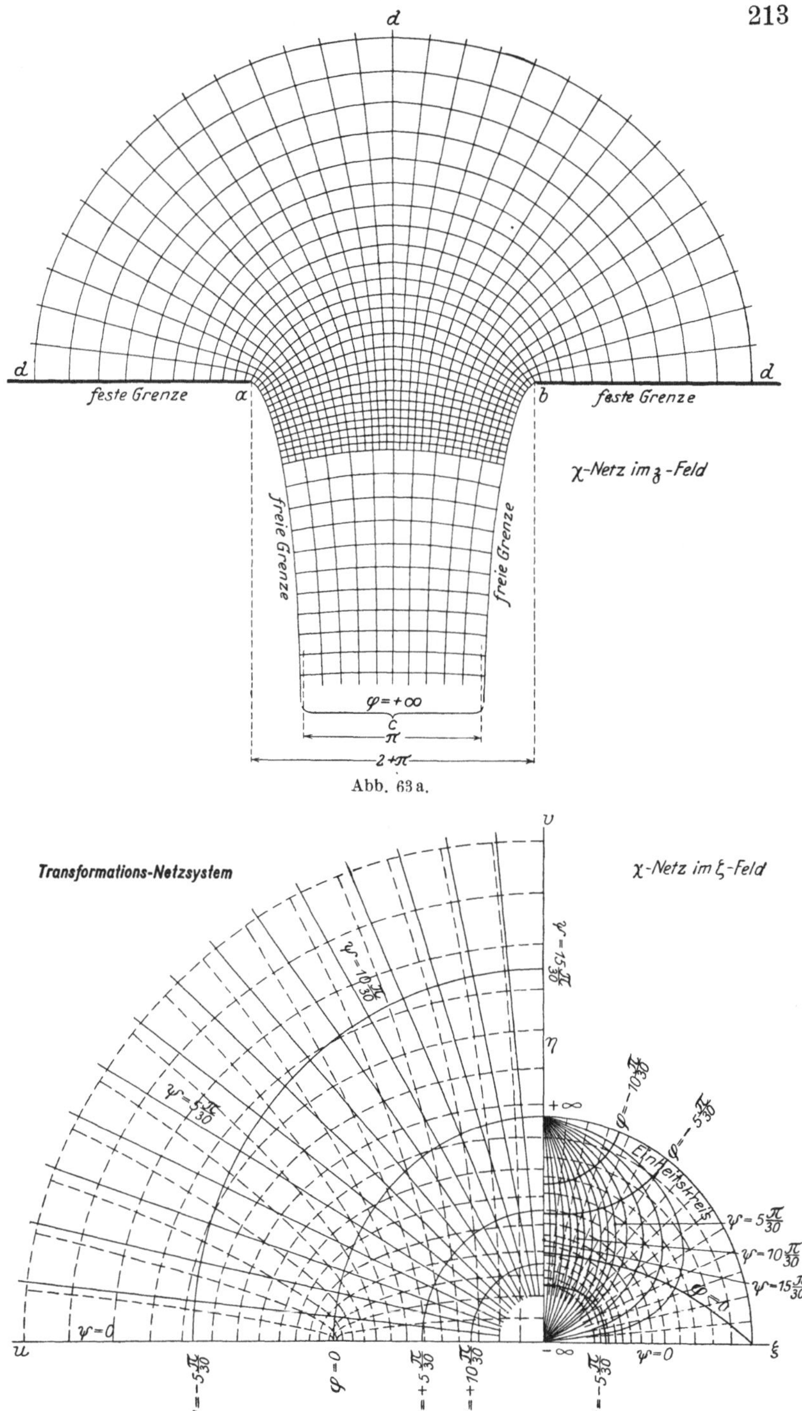

Abb. 63 a.

Abb. 63 b.

Kirchhoff hat für diesen und für andere Fälle die Methode der Sichelabbildung ersonnen; es wird an dieser Stelle die Lösung mit Hilfe einer Netztransformation durchgeführt, die das gleiche Resultat ergibt.

Nach den Erörterungen auf Seite 190 sind die Netzlinien des konfokalen Netzes die konformen Bilder der Linien des polaren Netzes entweder innerhalb oder außerhalb des Einheitskreises des Netzes X; das ins konfokale Netz zentrisch als Quellennetz eingezeichnete polare Netz, Abb. 63b links, erscheint daher im Innern des halben Einheitskreises des Netzes als deformiertes apolonisches Netz, Abb. 63b rechts; das Einzeichnen kann durch Netzübertragung erfolgen. Formell ergibt sich folgende Transformation: $w = u + i v$ sei das Koordinatenargument für das konfokale Netz $Z = \arccos w$. Das zentrisch zu Z liegende Quellennetz ist bestimmt durch die Gleichung $- \chi = \lg w$ oder $w = e^{-\chi}$; hiermit folgt $Z = \arccos e^{-\chi}$; das im ζ-Feld liegende polare Netz ist beschrieben durch $P = \varkappa \lg \zeta$, und es ist wegen der oben bemerkten Konformität der Z- und P-Netze $Z = P$. Man erhält $\varkappa \lg \zeta = \arccos e^{-\chi}$; es ist $\varkappa = + i$ zu setzen, damit im konfokalen Netz die Ellipsen den Kreisen $\lg \Re$, die Hyperbeln den Radien α entsprechen. Da nach der Theorie der Hyperbelfunktionen

$$\arccos x = - i \lg \left(x + i \sqrt{1 - x^2} \right)$$

ist, folgt

$$\lg \zeta = - \lg \left(e^{-\chi} + i \sqrt{1 - e^{-2\chi}} \right) = \lg \left(e^{-\chi} - i \sqrt{1 - e^{-2\chi}} \right),$$

mithin

$$\zeta = e^{-\chi} - i \sqrt{1 - e^{-2\chi}}$$

als Gleichung des deformierten apolonischen Netzes im ζ-Feld.

Wird in obiger Formel $\psi = 0$ gesetzt, so folgt:

$$\zeta = R\, e^{-i\alpha} = \Re \cos \alpha - i \Re \sin \alpha = e^{-\varphi} - i \sqrt{1 - e^{-2\varphi}}\,;$$

solange $e^{-2\varphi} < 1$, werden

$$\Re \cos \alpha = e^{-\varphi}, \qquad \Re \sin \alpha = \sqrt{1 - e^{-2\varphi}}, \qquad \Re = 1,$$

für $\psi = \pi$ folgt

$$e^{-\chi} = - e^{-\varphi}, \qquad e^{-2\chi} = + e^{-2\varphi},$$

$$\Re \cos \alpha = - e^{-2\varphi}, \qquad \Re \sin \alpha = \sqrt{1 - e^{-2\varphi}}, \qquad \Re = 1.$$

Die Linien $\psi = 0$ und $\psi = \pi$ sind hiermit innerhalb $\varphi = 0$ und $\varphi = + \infty$, d. i. solange $e^{-\varphi} < 1$ ist, freie Grenzen, da $\Re = 1$ ist. Für $e^{-2\varphi} > 1$ wird $\zeta = e^{-\varphi} + \sqrt{e^{-2\varphi} - 1}$, hiermit

$$\Re \cos \alpha = e^{-\varphi} + \sqrt{e^{-2\varphi} - 1}\,; \qquad \Re \sin \alpha = 0,$$

d. h. es ist $\alpha = 0$ oder $\alpha = \pi$ und $\Re = 0$. Für $\varphi = \infty$.

Die geraden Linien sind nicht mehr freie, sondern feste Grenzen. Aus der Gleichung $\Re \sin \alpha = \sqrt{1 - e^{-2\varphi}}$ folgen mit $\Re = 1$

$$f(\varphi) = \sin \alpha_f = \sqrt{1 - e^{-2\varphi}}$$
$$f(\chi) = \qquad = \sqrt{1 - e^{-2\chi}},$$

während wegen $R_f = \mathfrak{v}_f = 1$

$$F(\chi) = 1$$

wird; hiermit sind die Funktionsausdrücke f und F bestimmt. Aus der Gleichung für $\zeta = \dfrac{d\chi}{d\mathfrak{z}}$ erhält man

$$d\mathfrak{z} = \frac{d\chi}{\zeta} = (e^{-\chi} + i\sqrt{1 - e^{-2\chi}})\, d\chi$$

und hieraus durch Integration:

$$\mathfrak{z} = - e^{-\chi} - i\sqrt{1 - e^{-2\chi}} + i\,\mathfrak{Ar}\,\mathfrak{Tg}\sqrt{1 - e^{-2\chi}} + C. \quad . \; . \; \text{I}$$

Beachtet man, daß $\sqrt{-1} = \pm i$ und $i\,\mathfrak{Ar}\,\mathfrak{Tg}\, i x = - \operatorname{arctg} x$ gesetzt werden kann, so folgt:

$$\mathfrak{z} = - e^{-\chi} - i\sqrt{1 - e^{-2\chi}} \pm \operatorname{arctg}\sqrt{e^{-2\chi} - 1} + C. \; . \; . \; . \; \text{II}$$

Man erhält für $\psi = 0$, $-\chi = -\varphi$
nach I

$$\mathfrak{x} + i\mathfrak{y} = - e^{-\varphi} - i\left[\sqrt{1 - e^{-2\varphi}} - \mathfrak{Ar}\,\mathfrak{Tg}\sqrt{1 - e^{-2\varphi}}\right] + C,$$

nach II

$$\mathfrak{x} + i\mathfrak{y} = - e^{-\varphi} \mp \sqrt{e^{-2\varphi} - 1} \pm \operatorname{arctg}\sqrt{e^{-2\varphi} - 1} + C,$$

ferner für $\psi = \pi$, $-\chi = -\varphi - i\pi$, $e^{-\chi} = e^{-\varphi}$
nach I

$$\mathfrak{x} + i\mathfrak{y} = + e^{-\varphi} - i\left[\sqrt{1 - e^{-2\varphi}} - \mathfrak{Ar}\,\mathfrak{Tg}\sqrt{1 - e^{-2\varphi}}\right] + C,$$

nach II

$$\mathfrak{x} + i\mathfrak{y} = + e^{-\varphi} \mp \sqrt{e^{-2\varphi} - 1} \pm \operatorname{arctg}\sqrt{e^{-2\varphi} - 1} + C,$$

für $\psi = \dfrac{\pi}{2}$ wird

$$e^{-\chi} = - i\, e^{-\varphi}; \qquad e^{-2\varphi} = - e^{-2\chi};$$

die Differenzen unter dem Wurzelzeichen bleiben positiv für alle Werte von φ, somit wird für $\psi = \dfrac{\pi}{2}$

$$\mathfrak{x} + i\mathfrak{y} = i\left[e^{-\varphi} - \sqrt{1 + e^{-2\varphi}} + \mathfrak{Ar}\,\mathfrak{Tg}\sqrt{1 + e^{-2\varphi}}\right] + C.$$

Man erkennt, daß in den Fällen $\psi = 0$ und $\psi = \pi$ die Formeln nach I für Werte $\varphi > 0$, nach II für $\varphi < 0$ gelten; für $\varphi = 0$ sollen beide Formeln z. B. für $\psi = 0$ denselben Wert geben, man erkennt aber, daß in den Formeln nach II zu $\mp e^{-\varphi}$ noch

$$\mp \sqrt{e^{-2\varphi} - 1} \pm \operatorname{arc tg} \sqrt{e^{-\varphi} - 1}$$

hinzukommt; für $\varphi = 0$ ist allerdings $\sqrt{e^{2\varphi} - 1} = 0$, hingegen kann

$$\operatorname{arc tg} \sqrt{e^{-\varphi} - 1} = \operatorname{arc tg} 0 = 0$$

oder $= \pi$ sein.

Die Formeln nach I geben für $\varphi = +\infty$:

$$\mathfrak{x}_0 = C; \qquad \mathfrak{x}_\pi = C;$$

es wäre hiernach

$$\mathfrak{x}_\pi - \mathfrak{x}_0 = 0; \qquad \mathfrak{y}_0 = \mathfrak{y}_\pi = \operatorname{Ar Tg} 1 - 1 = +\infty,$$

d. h. die Strahldicke würde im positiv Unendlichen $= 0$ und hiermit wegen $\mathfrak{v} = 1$ die Durchflußmenge $= 0$ sein; dieselbe ist aber nach den Erörterungen auf Seite 201

$$\mathfrak{g} = \frac{q}{q_e} = \psi_\pi - \psi_\iota = \pi$$

zu setzen, so daß also

$$\mathfrak{x}_\pi - \mathfrak{x}_\iota = \pi$$

sein muß; dies wird nun erreicht, wenn in den Formeln I für $\psi = \pi$ der Wert $+\pi$ als weitere Konstante hinzugeführt wird; dann ist auch der Widerspruch zwischen den Formeln nach I und II für $= 0$ behoben und man erhält dann als Gleichungen für die freien Grenzen:

für $\psi = 0$:

$$\mathfrak{x}_f = -e^{-\varphi} + C, \qquad\qquad \mathfrak{y}_f = \operatorname{Ar Tg} \sqrt{1 - e^{2\varphi}} - \sqrt{1 - e^{-2\varphi}},$$

für $\psi = \pi$

$$\mathfrak{x}_f = -e^{-\varphi} + \pi + C \qquad \mathfrak{y}_f = \operatorname{Ar Tg} \sqrt{1 - e^{-2\varphi}} - \sqrt{1 - e^{-2\varphi}},$$

für $\varphi = 0$ wird $\qquad\qquad \mathfrak{x}_{f\pi} - \mathfrak{x}_{f0} = \pi + 2 = b_a,$

für $\varphi = +\infty$ wird $\qquad \mathfrak{x}_{f\pi} - \mathfrak{x}_{f0} = \quad \pi \quad = b_e.$

Das Verhältnis der Strahlbreiten wird:

$$\frac{b_e}{b_a} = \frac{\pi}{\pi + 2} = 0{,}61,$$

$\dfrac{b_e}{b_a}$ kann als Kontraktionskoeffizient bezeichnet werden. Dieser theoretisch erhaltene Wert stimmt in der Größenordnung mit Versuchswerten.

Es sei nochmals darauf aufmerksam gemacht, daß die Lösung nicht an die gezeichnete Lage des Spaltes im Feld gebunden ist, da eben die Schwerkraft als einflußlos angenommen ist; ferner daß das konfokale Netz als Hilfsnetz für die Einführung des deformierten apolonischen Netzes in die Halbkreisfläche des ζ-Netzes diente.

Es sei nochmals darauf hingewiesen, daß die Lösung nicht an die gezeichnete Lage des Spaltes im Feld gebunden ist, da eben die Schwerkraft als einflußlos angenommen ist; wenn z. B. die Spaltebene lotrecht liegt, so bleibt das Strömungsnetz im $\mathfrak{z}$-Feld der Form nach gleich, es kommt nur die Strahlachse, d. i. die Symmetrielinie des Netzes in wagrechte Lage; ferner sei bemerkt, daß im ζ-Feld im Inneren des Halbkreises (und auch in dem unbenützten Teil der Halbebene) drei konforme Netze enthalten sind, die alle die den Durchmesser enthaltende Gerade und den darüber stehenden Halbkreis zu Randlinien haben, und denen in der Ebene des konfokalen Hilfsnetzes wieder drei konforme Netze entsprechen, und zwar:

im ζ-Feld:	im konfokalen Feld:
das Grundnetz 10	dem kartesischen Netz,
das polare Netz	dem konfokalen Netz,
das Strömungsnetz	dem Quellnetz.

Es ist anzunehmen, daß durch eine Zuordnung verschiedener konformer Netze, durch welche die in Gleichung VIb ausgedrückte Bedingung erfüllt wird, auch das Strahlproblem für die schweren Flüssigkeiten zu lösen ist; im folgenden wird eine Reihe diesbezüglicher Studien in Anlehnung an die Überfallserscheinung vorgeführt.

III. Der Überfall ohne Seitenkontraktion aus einem unendlich tiefen Kanal.

Aus dem nach links und in die Tiefe unendlich ausgebreiteten Raum I strömt Wasser über die die lotrechte Wand ga oben begrenzende Überfallskante in freiem Überfall in den Raum II, der nach rechts und in die Tiefe ebenfalls unendlich ausgebreitet ist; beide Räume sind seitlich durch lotrechte Wände begrenzt, so daß zweidimensionale Strömung angenommen werden kann. Die freien Grenzen $abcd$ und fed stehen unter atmosphärischem Druck, die Strömung beginnt im Raum I aus der Ruhe und endet im Raum II mit unendlich großer lotrechter Geschwindigkeit; Abb. 64a zeigt das Profil der Strömung im geodätischen $\mathfrak{z}$-Feld, Abb. 64b das konforme Bild im ζ-Feld; zugeordnete Punkte sind in beiden Abbildungen gleich bezeichnet. Der unendlich ferne Randkreisbogen gif im $\mathfrak{z}$-Feld ist im ζ-Feld durch den Koordinatenmittelpunkt O abgebildet; entsprechend dem Ausdruck für das Argument $\zeta = \Re e^{-i\alpha}$ ist im ζ-Feld der Vektor $\Re = \mathfrak{y}$ in absolut gleichem, aber gegen die XX-Achse umgekehrt liegenden Winkel α geneigt, als im $\mathfrak{z}$-Feld gegen die $\mathfrak{x}\mathfrak{x}$-Achse.

Im $\mathfrak{z}$-Feld seien die Tiefe des Punktes a unter dem Horizont $\mathfrak{x}\mathfrak{x}$, d. i. $\mathfrak{y}_a = 1$ und hiermit die dortige Geschwindigkeit $\mathfrak{y}_0 = 1$ gesetzt;

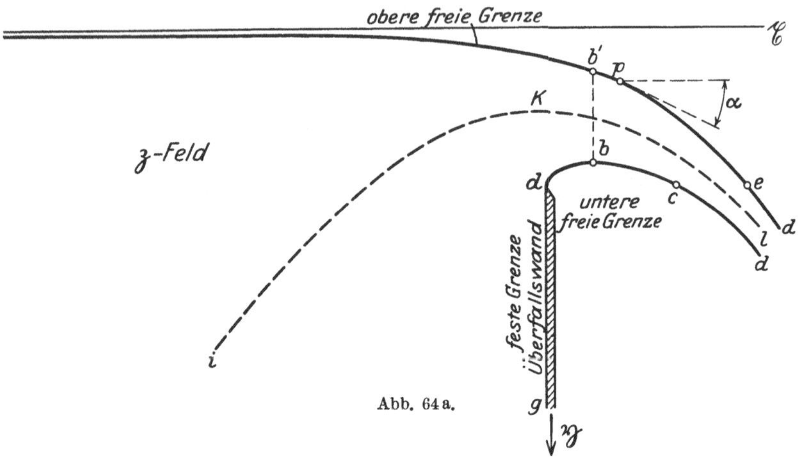

Abb. 64a.

es ist daher im ζ-Feld die Länge des Geschwindigkeitsvektors $O\,a = 1$ anzunehmen, diejenige des Vektors $O\,b$ wird $= \varepsilon < 1$ sein, dann wieder anwachsen bis $O\,d = \infty$. Im Bild $O\,d$ der oberen Grenze ist im Punkt O die Länge des Vektors $= 0$ und wächst bis d, ebenfalls bis ∞.

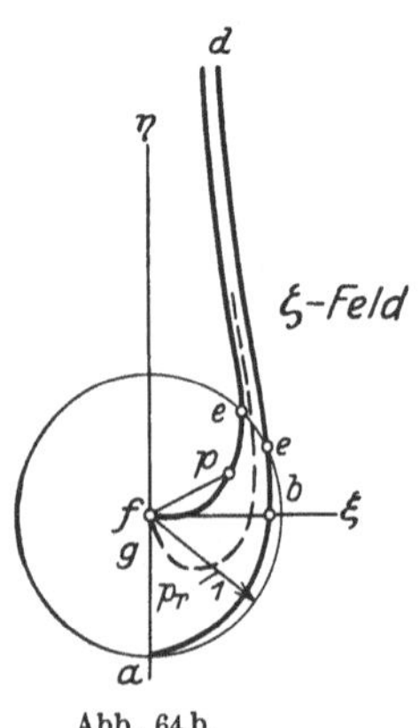

Abb. 64b.

Der ganze Linienzug a, b, c, d, e, f ist das Bild der zwei freien Grenzen und ist das Analogon des durch Kreisbogen mit dem Radius 1 dargestellten Bildes der freien Grenze in den Problemen der schwerelosen Flüssigkeiten; während aber dort im ζ-Feld die freien Grenzen immer unabhängig von Lage und Form der festen Grenzen durch solche Kreisbögen dargestellt werden, ist dies hier nicht der Fall und es tritt als erste Aufgabe die Bestimmung der Form des Bildes der freien Grenzen im ζ-Feld in den Vordergrund, wobei als Haupteigenschaften zu berücksichtigen sind:

1. Die freien Grenzen sind Teile der Randstromlinien des das Strömungsnetz darstellenden konformen Netzes.

2. Auf denselben gilt die Gleichung VIb, d. i. $\sin \alpha_f = 2 \Re_f^2 \dfrac{d\Re_f}{d\varphi}$, während beim Problem der schwerelosen Flüssigkeiten einfach $\Re_f = $ konstant $= 1$ ist.

Darstellung des Hilfsnetzes.

In diesem Sinn wird im folgenden zuerst auch ein der Abb. 64b
Seite 218 im wesentlichen entsprechendes Bild eines Grundnetzes,
namentlich mit Berücksichtigung der Gestalt der freien Grenzen, und
dann das ergänzende Netz unter Berücksichtigung der Gleichung VIb
bestimmt.

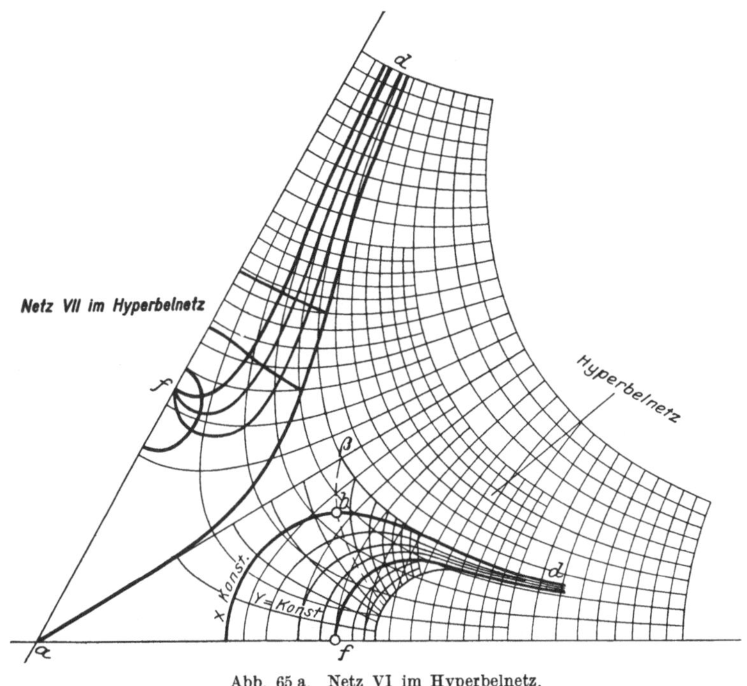

Abb. 65 a. Netz VI im Hyperbelnetz.

Geführt durch das Strömungsbild im ζ-Feld des ersten Beispieles
(Seite 201) wurde versucht, durch Abbildung eines Netzes, dessen
Linien im kartesischen Netz asymptotisch parallel zu den Achsen
verlaufen, in einem Blatt der sechsblättrigen Hyperbel eine Figur
mit geeigneten Randlinien zu erhalten; es wurde zuerst das Netz VII
(Quelle im Parallelstrom Seite 181) benutzt, indem der Staupunkt
des Netzes VII in den Mittelpunkt des Hyperbelnetzes verlegt wurde,
ergab sich eine Netzfigur nach beistehender Abb. 65a. Im Inneren
der Randfigur ist das deformierte apolonische Netz zu erkennen;
die an die X-Achse tangential anschließende Stromlinie könnte als
zweite Randlinie gelten; die nähere Prüfung erwies aber die Untaug-
lichkeit dieses Netzes für den vorliegenden Zweck; hingegen erschien
folgende Netzkonstruktion bereits geeigneter:

1. Bildet man in einem Blatt der sechsblättrigen Hyperbel eine Hälfte des doppeltsymmetrischen Streifennetzes Abb. 65 b durch einfache Netzübertragung derart ab, daß die Symmetrielinien beider Netze zusammenfallen und die Endgerade der Streifennetzhälfte in die Randgeraden des Hyperbelblattes zu liegen kommen, so erhält man wieder ein symmetrisches Netz, dessen die Symmetrielinie schneidenden Netzlinien auf jeder Seite der Symmetrielinie die Form der gesuchten Randlinien im ζ-Feld haben, mit Ausnahme der Randlinie, die den Geraden des Streifennetzes entspricht und

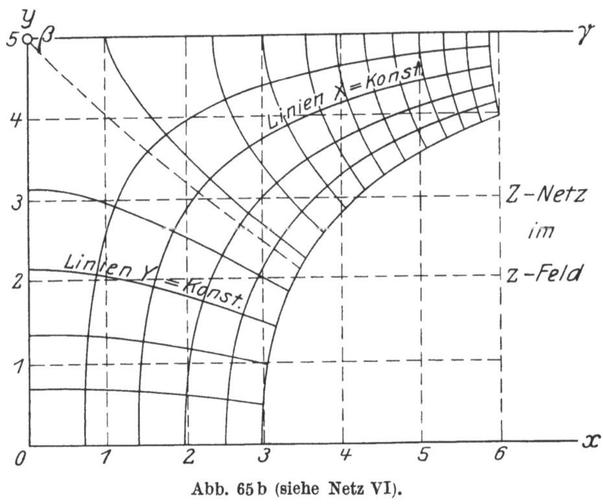

Abb. 65 b (siehe Netz VI).

in der Achse und in jeder Hälfte einen Verzweigungspunkt besitzt. Jede der stetigen Netzlinien schneidet die Symmetrieachse im rechten Winkel, und jede derselben besitzt zwei symmetrisch gelegene Scheitelpunkte, die dadurch bestimmt sind, daß ihre Tangenten parallel zur Symmetrieachse liegen müssen. Verbindet man die beiden Scheitelpunkte bb einer solchen, vorläufig beliebig ausgewählten Netzlinie X_a durch eine Gerade, so ist durch den Schnittpunkt f der letzteren mit der Symmetrielinie eine zweite Netzlinie X_f eindeutig bestimmt, und es ist erkenntlich, daß innerhalb einer Hälfte der Abbildung die Linie X_a im Wesen die Gestalt der Linie abd, die Linie X_f diejenige von fd hat. Die Linie X_a zweigt im Punkt a rechtwinklig von der Mittellinie ab, besitzt einen Scheitel in b mit Tangente parallel zur Mittellinie und nähert sich derselben asymptotisch. Die Linie X_f zweigt von der Mittellinie in dem Punkt rechtwinklig ab, in dem sich b auf ihr projiziert, und nähert sich nach ähnlichem Verlauf wie χ_a ebenfalls asymptotisch der Mittellinie; im Abzweigepunkt von X_f kann die Quelle, im unendlich fernen Treffpunkt von X_a und X_f die Senke des deformierten apolonischen Netzes liegen.

Die Gleichungen dieser Netzlinien ergeben sich, wenn man, vorbehaltlich Überführung in die richtige Lage, die Symmetrielinie als Abszissenachse, den Verzweigungspunkt des Hyperbelnetzes als Koordinatenmittelpunkt eines polaren Netzes $Z = r\,e^{i\vartheta}$ festlegt, wie folgt:

Gleichung des Hyperbelnetzes

$$z' = z^3 \quad\ldots\ldots\ldots\ldots\ldots\ldots \text{a}$$

Gleichung des Streifennetzes Z im Hyperbelnetz

$$Z = \operatorname{Sin} z' \quad\ldots\ldots\ldots\ldots\ldots \text{b}$$

Hieraus Gleichung des Streifennetzes bezogen auf das Koordinatennetz z

$$Z = \operatorname{Sin} z^3 \quad\ldots\ldots\ldots\ldots\ldots \text{c}$$

Das Netz $Z = X + iY$ enthält somit die Netzlinien X_a und X_r; die übliche Trennung gibt

$$\left.\begin{aligned}
X &= (\operatorname{Sin}(r^3 \cos 3\vartheta))(\cos(r^3 \sin 3\vartheta)) \\
Y &= (\operatorname{Cos}(r^3 \cos 3\vartheta))(\sin(r^3 \sin 3\vartheta))
\end{aligned}\right\} \quad\ldots\ldots \text{d}$$

Innerhalb der Linie $X = X_a$ ist $dX = 0$, in deren Scheitelpunkt b ist $d(r \sin \vartheta) = 0$; bezeichnet man mit r_s und ϑ_s die Koordinaten dieses Punktes, so erhält man für deren Bestimmung die beiden Gleichungen

$$\left.\begin{aligned}
(\operatorname{Sin}(r_s{}^3 \cos 3\vartheta_s))(\cos(r_s{}^3 \sin 3\vartheta_s)) &= X_a \\
(\operatorname{tg}(r_s{}^3 \cos 3\vartheta_s))(\operatorname{tg}(r_s{}^3 \sin 3\vartheta_s)) &= \operatorname{ctg} 2\vartheta_s
\end{aligned}\right\} \quad\ldots\ldots \text{e}$$

Diese Koordinaten sind hiermit durch Funktionsausdrücke in X_a bestimmt; ebenso ist dies daher der Fall für den Scheitelabstand von der Symmetrielinie, d. i.

$$y_s = bf = r_s \sin \vartheta_s \quad\ldots\ldots\ldots\ldots\ldots \text{f}$$

und den Abstand des Fußpunktes f vom Koordinatenursprung, d. i.

$$x_s = Of = r_s \cos \vartheta_\varepsilon \quad\ldots\ldots\ldots\ldots \text{g}$$

Die Koordinaten des Punktes f sind hiermit $r = x_s$, $\vartheta = \vartheta_f = 0$. Der Funktionsausdruck für die durch diesen Scheitelpunkt gehende Netzlinie ist

$$X_f = \operatorname{Sin}(r_s \cos \vartheta_s)^3 \quad\ldots\ldots\ldots\ldots \text{h}$$

Für den Abstand des Schnittpunktes a der Linie X_a mit der Symmetrielinie vom Ursprung O hat man wegen $\vartheta_a = 0$ unmittelbar: $r_a = (\operatorname{Ar\,Sin} X_a)^{\frac{1}{3}}$ und hiermit das bereits früher erwähnte Verhältnis $bf : fa$

$$\varepsilon = \frac{y_s}{x_s - r_a} = \frac{r_s \sin \vartheta_s}{r_s \cos \vartheta_s - (\mathfrak{Ar}\,\mathfrak{Sin}\,X_a)^{\frac{1}{3}}};$$

es sind somit auch die Werte von X_f, r_a und ε durch denjenigen von X_a bestimmt.

Die Überführung des Z-Netzes in die richtige Lage im ζ-Netz wird durch folgende Transformation erreicht: Verschiebung des Koordinatenursprunges, von O nach f: $z = x_s + z_f = + \mathfrak{R}\,e^{i\alpha'}$, Verdrehung von z_f um $\frac{\pi}{2}$, so daß $\alpha' = \alpha'' - \frac{\pi}{2}$ wird. Dies gibt: $z_f = - i\,\mathfrak{R}\,e^{i\alpha''}$ und mit $\alpha'' = -\alpha$ schließlich $z_f = - i\,\mathfrak{R}\,e^{-i\alpha} = - i\zeta$; es folgt die totale Transformationsgleichung

$$z = x_s - i\zeta$$

und hiermit die Formel für das Z-Netz im ζ-Feld

$$Z = \mathfrak{Sin}\,(x_s - i\zeta)^3; \ \ldots \ldots \ldots \ \mathbf{k_1}$$

aus der Transformationsformel k erhält man durch Trennung

$$r \cdot \cos \vartheta = x_s - \mathfrak{R} \sin \alpha; \quad r \sin \vartheta = - \mathfrak{R} \cos \alpha;$$

es werden:

$$r = (x_s{}^2 + \mathfrak{R}^2 + 2\,x_s\,\mathfrak{R} \sin \alpha)^{\frac{1}{2}}, \quad \vartheta = \text{arc tg}\left(- \frac{\mathfrak{R} \cos \alpha}{x_s - \mathfrak{R} \sin \alpha}\right) \ . \ . \ 1$$

Diese Ausdrücke in den Gleichungen d für X und Y eingesetzt, geben die Polargleichungen der Linien des Z-Netzes im ζ-Feld; mit der Kenntnis des Funktionswertes für X_a ist somit das ganze Z-Netz im ζ-Feld bestimmt.

Die vorläufig nur aus den geometrischen Eigenschaften der Randlinien X_a und X_f des aus den Gleichungen d bestimmten Z-Netzes vermutete Zweckdienlichkeit desselben kann nun durch einen Vergleich mit den aus den bekannten Versuchen von Bazin errechneten Randlinien geprüft werden.

In beistehender Darstellung sind in der Abb. 66a die vier den Werten $X = 0$, 0,116, 1,0745 und 3,454 entsprechenden und mit den Gleichungen d gerechneten Netzlinien X gezeichnet.

Abb. 66b zeigt die Bilder der freien Grenzen an einem Überfall, allerdings nicht aus einem unendlich aber doch relativ tiefen Raum I, nach den Messungen von Bazin an den Versuchsüberfällen am Kanal von Dijon. Dieselben sind beschrieben in den Annales des Ponts et Chaussées 1888 bis 1898 und in der Monographie: „Expérience nouvelles sur l'écoulement en Déversoir" von H. Bazin, Paris, Ver. Ch. Dunod; in den Tabellen dieser Beschreibung (Seite 120 und 121) sind die Abszissen und Ordinatenlängen der beiden Linien

gh, d. i. die obere freie Grenze und a, b, c, d, d. i. die untere freie Grenze im Verhältnis zur Überfallshöhe h, also $\dfrac{x}{h}$ und $\dfrac{y}{h}$ angegeben, indem sich zeigte, daß bei unveränderter Tiefe der Überfallswand die beiden zusammengehörigen Werte sich nicht ändern. Die Werte $1 - \dfrac{y}{h}$ entsprechen bis auf eine durch die endliche Tiefe des Kanals $(1{,}13^{\mathrm{m}})$ bedingte Korrektur

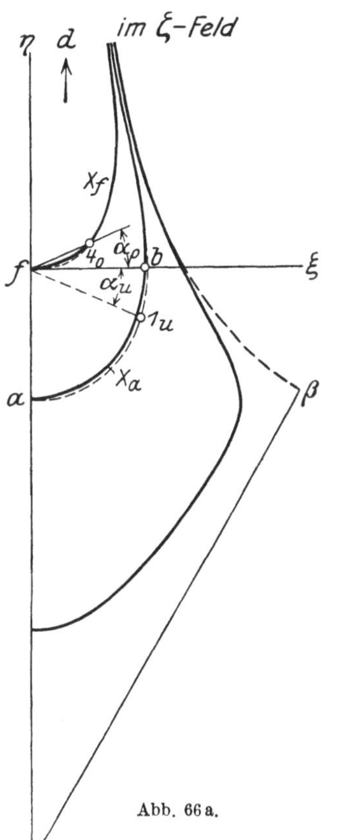

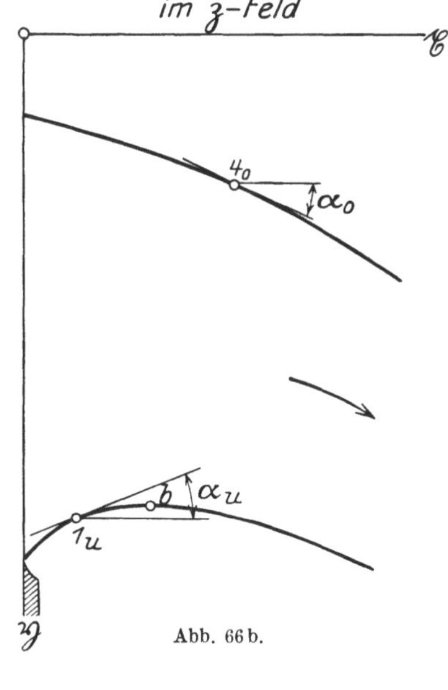

von ca. $1^0/_0$ den Werten der vorgeführten Theorie. Man kann daher zur Orientierung aus den Werten von y die Werte $\mathfrak{R} = \sqrt{1 - y}$ rechnen und mit dem durch die Länge fa gegebenen Einheitsmaßstab auf den zu den Tangenten an die Versuchskurve von f aus parallel gezogenen Vektoren auftragen; man erhält hierdurch neben den in vollen Strichen gezeichneten Linien $X = 1{,}0745 = X_a$ und $X = 3{,}454 = X_f$ die gestrichelt gezeichneten Linien, als Bilder der freien Grenzen im ζ-Feld, die dem Versuch von Bazin entsprechen. Der Vergleich läßt erkennen, daß die Gleichungen d mit ziemlicher Annäherung Randlinien ergeben, die dem Versuch entsprechen, wobei zu beachten ist, daß vor dem Versuchsüberfall nicht ein unendlich tiefer Raum sich befand, wie für die theoretische Untersuchung angenommen ist.

Einführung des Strömungsnetzes in das Hilfsnetz.

Die Linien $X = X_a$ und $X = X_f$ begrenzen einen Streifen, in den nun, analog wie im Beispiel der Spaltströmung Seite 212, ein Quellnetz derart eingelegt werden kann, daß der Punkt $X = X_f$ und $Y = 0$ zum Quellpunkt wird, Abb. 66c; es wird zu dem Zweck vor-

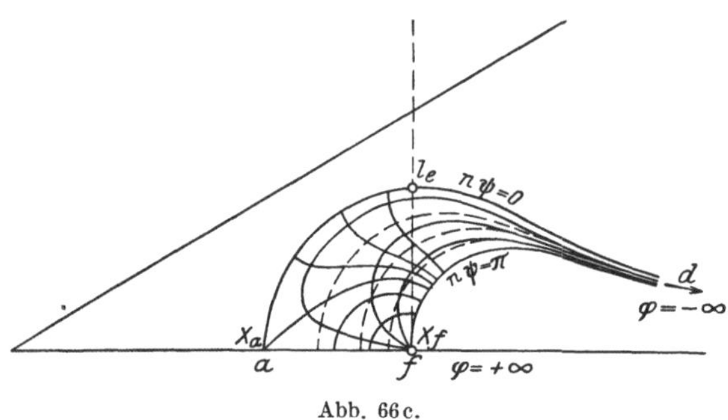

Abb. 66c.

erst das Z-Netz in ein Z_1-Netz übergeführt mittels der Transformationsgleichung:

$$Z_1 = \frac{Z - X_a}{X_f - X_a}\,\pi = \frac{X - X_a}{X_f - X_a}\,\pi + i\,\frac{Y}{X_f - X_a}\,\pi \ \ . \ . \ . \ . \ \mathrm{k_2}$$

hiermit werden:

für $Z = X_a + iY$, $Z_1 = 0 + i\,\dfrac{Y}{X_f - X_a}\,\pi$, $X_{1a} = 0$, $Y_{1a} = \dfrac{Y}{X_f - X_a}\,\pi$,

für $Z = X_f + iY$, $Z_1 = \pi + i\,\dfrac{Y}{X_f - X_a}\,\pi$, $X_{1f} = \pi$, $Y_{1f} = \dfrac{Y}{X_f - X_a}\,\pi$.

Der Streifen Z_1 kann durch ein konfokales Netz in einem kartesischen w-Feld, also durch: $w = \cos Z_1$ abgebildet werden. Die Linien $X_1 =$ konstant sind die Hyperbeln, die Linien $Y_1 =$ konstant sind die Ellipsen als Bilder der X- und Y-Linien des Streifennetzes. Legt man im Brennpunkt des konfokalen Netzes mit den kartesischen Koordinaten

$$w = -1, \quad u = -1, \quad v = 0$$

und den Netzkoordinaten

$$Z_1 = \pi, \quad X_1 = \pi, \quad Y_1 = 0$$

ein n-faches Quellnetz ein, mit n als noch freier Zahl, so entspricht demselben die Gleichung $\chi + ik = -n\lg(w + 1)$ oder $w = e^{-\frac{\chi + ik}{n}} - 1$; denn es wird im Quellpunkt

$$\chi + ik = -n\lg 0 = n\infty; \quad \varphi = +n\infty, \quad \psi = -k,$$

wobei der Wert von k vorläufig auch noch frei ist; aus den beiden Ausdrücken für w erhält man die Gleichung:

$$\cos Z_1 = -1 + e^{-\frac{\chi + ik}{n}}$$

und mit derselben

$$\cos \frac{X - X_a}{X_f - X_a}\, \pi\; \mathfrak{Cof}\; \frac{Y}{X_f - X_a}\, \pi = + e^{-\frac{\varphi}{n}} \cos \frac{\psi - k}{n} - 1$$

$$\sin \frac{X - X_a}{X_f - X_a}\, \pi\; \mathfrak{Sin}\; \frac{Y}{X_f - X_a}\, \pi = + e^{-\frac{\varphi}{n}} \sin \frac{\psi - k}{n}.$$

In den Grenzlinien $X = X_a$ und $X = X_f$ wird $\sin \dfrac{X - X_a}{X_f - X_a}\, \pi = 0$ und $\cos \dfrac{X - X_a}{X_f - X_a}\, \pi = \pm 1$. Ordnet man der Linie X_a den Wert $\dfrac{\psi}{n} = 0$, der Linie X_f den Wert $\dfrac{\psi}{n} = \pi$ zu, so ergibt sich aus der zweiten Gleichung, daß $\dfrac{\psi - k}{n} = 0$ oder $= \pi$ sein kann, und aus der ersten daß behufs Gleichheit der Vorzeichen auf beiden Seiten $k = 0$ sein muß. Im Punkt a der Linie X_a ist $Y = 0$, es muß daher dort $\cos 0 \cdot \mathfrak{Cof}\, 0 = e^{-\frac{\varphi}{n}} - 1$ also $e^{-\frac{\varphi}{n}} = 2$ sein. Aus den Gleichungen e, f und g erhält man:

$$\mathfrak{Sin}\,(x_s - i\zeta)^3 = X_a + \frac{X_f - X_a}{\pi}\, \mathrm{arc}\cos\left(e^{-\frac{\chi}{n}} - 1\right) \quad . \quad . \quad \mathrm{m}$$

als Gleichung für das Quellströmungsnetz im ζ-Feld; in demselben sind nur noch die Konstanten X_a und n unbekannt, da X und x_s mit X_a bestimmt sind.

Hiermit ist die Analogie mit der Darstellung der Spaltströmung hergestellt; da aber bei Aufbau des Netzes die Bedingungsgleichung noch nicht eingeführt, sondern durch den Vergleich mit dem Versuch nur die Möglichkeit der Übereinstimmung aufgewiesen wurde, so ist nun zu untersuchen, ob die Verteilung der Werte in den Randlinien der Bedingungsgleichung entspricht. Setzt man in die Gleichung m, $\zeta = \zeta_f = \mathfrak{R}_f e^{i\alpha_f}$ und $\psi = 0$ oder $= n\pi$ ein, so wird zu untersuchen sein, ob in $\psi = 0$ und $n\pi$ die Bedingungsgleichung $\sin \alpha_f = 2\,\mathfrak{R}_f^2\, \dfrac{d\mathfrak{R}_f}{d\varphi}$ erfüllt ist oder nicht. Im ersten Fall sind dann die Linien X_a und X_f wirklich Bilder freier Grenzen, und die Gleichung m stellt bereits das χ-Netz im ζ-Feld dar; im anderen Fall ist gestützt auf die durch den Vergleich mit dem Versuch gefundenen Annäherung der Lösung zu untersuchen, ob durch eine Ergänzung im Sinne einer Korrektur der

Form des Z_1-Netzes oder des Quellnetzes die Erfüllbarkeit der Bedingungsgleichung herbeigeführt werden kann.

Analytische Untersuchung der Bedingungstüchtigkeit.

Bei Übertragung der Gleichung m auf die freien Grenzen ist folgendes zu beachten:

1. Es wird für

$$\psi = \qquad 0 \qquad\qquad n\pi$$

$$e^{-\frac{\chi}{n}} - 1 = + \left(e^{-\frac{\varphi}{n}} - 1\right); \qquad - \left(e^{-\frac{\varphi}{n}} + 1\right).$$

In der Stromlinie $\psi = n\pi$, d. i. also in der oberen freien Grenze $X = X_f$ wird durchwegs $e^{-\frac{\varphi}{n}} + 1 > 1$, bei $\varphi = +\infty$ wird $e^{-\frac{\varphi}{n}} + 1 = 1$; es ist daher nach der Theorie der Hyperbelfunktionen zu setzen

$$\mathrm{arc\,cos} - \left(e^{-\frac{\varphi}{n}} + 1\right) = - i\,\mathrm{lg}\left[-\left(e^{-\frac{\varphi}{n}} + 1\right) - \sqrt{\left(e^{-\frac{\varphi}{n}} + 1\right)^2 - 1}\right]$$

$$= - i\,\mathrm{lg}\left[\left(e^{-\frac{\varphi}{n}} + 1\right) + \sqrt{\left(e^{-\frac{\varphi}{n}} + 1\right)^2 - 1}\right] + \pi.$$

In der Stromlinie $n\psi = 0$, in der sich die untere freie Grenze und die feste Grenze im Punkt a treffen, dem der Wert $e^{-\frac{\varphi}{n}} = 2$ zukommt, wird in den Punkten der freien Grenze $e^{-\frac{\varphi}{n}} - 1 > +1$; es wird daher dort

$$\mathrm{arc\,cos}\left[e^{-\frac{\varphi}{n}} - 1\right] = - i\,\mathrm{lg}\left[\left(e^{-\frac{\varphi}{n}} - 1\right) - \sqrt{\left(e^{-\frac{\varphi}{n}} - 1\right)^2 - 1}\right];$$

in der festen Grenze ist $e^{-\frac{\varphi}{n}} - 1 < 1$, es bleibt daher $\mathrm{arc\,cos}\left[e^{-\frac{\varphi}{n}} - 1\right]$ reell und unverändert bestehen.

Die rechte Seite von m nimmt folgende Formen an:

$$\text{für } \psi = 0:\ X_a - i\frac{X_f - X_a}{\pi}\,\mathrm{lg}\left[\left(e^{-\frac{\varphi}{n}} - 1\right) - \sqrt{\left(e^{-\frac{\varphi}{n}} - 1\right)^2 - 1}\right],$$

$$\text{für } \psi = \pi:\ X_f - i\frac{X_f - X_a}{\pi}\,\mathrm{lg}\left[\left(e^{-\frac{\varphi}{n}} + 1\right) + \sqrt{\left(e^{-\frac{\varphi}{n}} + 1\right)^2 - 1}\right].$$

2. Überführung in die komplexe Form ergibt auf der linken Seite

$$\mathrm{Sin}\,(x_s - i\zeta)^3 = \mathrm{Sin}\left[(x_s - \eta)^3 - 3\,(x_s - \eta)\,\xi^2\right]\cos\left[3\,(x_s - \eta)^2\,\xi - \xi^3\right] +$$

$$+ i\,\mathrm{Cof}\left[(x_s - \eta)^3 - 3\,(x_s - \eta)\,\xi^2\right]\sin\left[3\,(x_s - \eta)^2\,\xi - \xi^3\right]$$

$$= \mathrm{Sin}\,u \cdot \cos v + i\,\mathrm{Cof}\,u \cdot \sin v,$$

wenn man der Kürze halber

$$u = (x_s - \eta)^3 - 3\,(x_s - \eta)\,\xi^2, \qquad v = 3\,(x_z - \eta)^2\,\xi - \xi^3$$

einführt; durch Trennung und Berücksichtigung der unter 1. gefundenen Formen erhält man

$$\text{für} \quad \psi = \frac{0}{n\,\pi} : \mathfrak{Sin}\, u \cdot \cos v = \frac{X_a}{X_f} \quad \ldots\ldots\ldots\ldots \; \alpha$$

$$\mathfrak{Cos}\, u \cdot \sin v = -\frac{X_f - X_a}{\pi} \lg\left[\left(e^{-\frac{\varphi}{n}} \mp 1\right) 1 \mp \sqrt{\left(e^{-\frac{\varphi}{n}} \mp 1\right)^2 - 1}\,\right], \; \cdot \; \beta$$

in der festen Grenze, die auf $\psi = 0$ liegt, wird

$$\mathfrak{Sin}\, u \cos v = X_a + \frac{X_f - X_a}{\pi} \arccos\left(e^{-\frac{\varphi}{n}} - 1\right) \;\ldots\ldots \; \gamma$$

$$\mathfrak{Cos}\, u \sin v = 0 \quad \ldots\ldots\ldots\ldots\ldots \; \delta$$

In den freien Grenzen sind in den Ausdrücken für u und v die Werte ξ_f und η_f einzusetzen. Die Gleichung δ der festen Grenze wird mit $\xi = 0$ erfüllt; dies gibt für γ

$$\mathfrak{Sin}\, u = \mathfrak{Sin}\,(x_s - \eta)^3 = X_a + \frac{X_f - X_a}{\pi} \arccos\left(e^{-\frac{\varphi}{n}} - 1\right);$$

im Punkt a derselben ist $e^{-\frac{\varphi}{n}} - 1 = +1$ also

$$\arccos\left(e^{-\frac{\varphi}{n}} - 1\right) = 0,$$

mithin wird $\qquad \eta_a = \eta_f = x_s - (\mathfrak{ArSin}\, X_a)^{\frac{1}{3}}.$

3. Die Bedingungsgleichung kann durch Multiplikation mit $\mathfrak{R}_f$ umformt werden; es wird

$$\mathfrak{R}_f \sin \alpha_f = \eta_f = 2\,\mathfrak{R}_f^{\,3} \frac{d\,\mathfrak{R}_f}{d\,\varphi} = \frac{1}{2} \frac{d\,\mathfrak{R}_f^{\,4}}{d\,\varphi} = \frac{1}{2} \frac{d\,(\xi_f^2 + \eta_f^2)^2}{d\,\varphi}$$

oder $\qquad d\varphi = 2\,\dfrac{\xi_f}{\eta_f}(\xi_f^2 + \eta_f^2)\,d\xi_f + 2\,\dfrac{\eta_f}{\eta_f}(\xi_f^2 + \eta_f^2)\,d\eta_f.$

4. **Auflösung der Gleichung** β nach φ gibt nach einigen Umformungen

$$\varphi = -n \lg\left[\pm 1 + \mathfrak{Cos}\left(\frac{\pi}{X_f - X_a}\,\mathfrak{Cos}\, u \cdot \sin v\right)\right]$$

und durch Differentieren

$$d\varphi = -n\,\frac{\dfrac{\pi}{X_f - X_a}\,\mathfrak{Sin}\left(\dfrac{\pi}{X_f - X_a}\,\mathfrak{Cos}\, u \cdot \sin v\right)}{\pm 1 + \mathfrak{Cos}\left(\dfrac{\pi}{X_f - X_a}\,\mathfrak{Cos}\, u \cdot \sin v\right)} \cdot$$

$$\cdot (\mathfrak{Sin}\, u \cdot \sin v\, d u + \mathfrak{Cos}\, u \cdot \cos v\, d v).$$

Aus den Gleichungen für u und v folgen

$$d u = -6\,(x_s - \eta)\,\xi\, d\xi - 3\,[(x_s - \eta)^2 - \xi^2]\, d\eta,$$
$$d v = \quad 3\,[(x_s - \eta)^2 - \xi^2]\, d\xi - 6\,(x_s - \eta)\,\xi\, d\eta.$$

5. Gleichsetzung der Ausdrücke für $d\varphi$ in 3. und 4. Ordnung ergibt eine Differentialgleichung von der Form

$$A_1\, d\xi_f + B_1\, d\eta_f \quad \ldots \ldots \ldots \ldots \quad \gamma_1$$

mit

$$A_1 = n\,\pi\,\eta_f\, \mathfrak{Sin}\left(\frac{\pi}{X_f - X_a}\, \mathfrak{Cof}\, u \sin v\right)\left[(\mathfrak{Sin}\, u \sin v)\, 6\, (x_s - \eta_f)\, \xi_f\right.$$

$$\left. - (\mathfrak{Cof}\, u \cos v)\, 3\, \{(x_s - \eta_f)^2 - \xi_f^{\,2}\}\right]$$

$$- (X_f - X_a)\left[\pm 1 + \mathfrak{Cof}\left(\frac{\pi}{X_f - X_a}\, \mathfrak{Cof}\, u \cos v\right)\right] 2\,\xi_f(\xi_f^{\,2} + \eta_f^{\,2}). \quad \cdot\, \gamma_2$$

$$B_1 = n\,\pi\,\eta_f\, \mathfrak{Sin}\left(\frac{\pi}{X_f - X_a}\, \mathfrak{Cof}\, u \sin v\right)\left[(\mathfrak{Sin}\, u \sin v)\, 3\, \{(x_s - \eta_f)^2 - \xi_f^{\,2}\}\right.$$

$$\left. + (\mathfrak{Cof}\, u \cos v)\, 6\, (x_5 - \eta_f)\, \xi_f\right]$$

$$- (X_f - X_a)\left[\pm 1 + \mathfrak{Cof}\left(\frac{X}{X_f - X_a}\, \mathfrak{Cof}\, u \cos v\right)\right] 2\,\eta_f(\xi_f^{\,2} + \eta_f). \quad \cdot\, \gamma_3$$

6. Die Differentiation der Gleichung α gibt

$$A_2\, d\xi_f + B_2\, d\eta_f \quad \ldots \ldots \ldots \ldots \quad \delta_1$$

mit

$$A_2 = +\left[(\mathfrak{Sin}\, u \sin v)\, 3\, ((x_s - \eta_f)^2 - \xi_f^{\,2})\right.$$

$$\left. + (\mathfrak{Cof}\, u \cos v)\, 6\, (x_s - \eta_f)\, \xi_f\right] \quad \ldots \ldots \ldots \quad \delta_2$$

$$B_2 = -\left[(\mathfrak{Sin}\, u \sin v)\, 6\, (x_s - \eta_f)\, \xi_f\right.$$

$$\left. - (\mathfrak{Cof}\, u \cos v)\, 3\, (x_s - \eta_f)^2 - \xi_f^{\,2}\right] \quad \ldots \ldots \quad \delta_3$$

7. Sollen nun die Gleichungen α und β freien Grenzen entsprechen, so müssen die Gleichungen γ_1 und δ_1 gleichzeitig erfüllt sein, d. h. es muß

$$A_1 B_2 - A_2 B_1 = 0 \ldots \ldots \ldots \ldots \ldots\, 0$$

sein. Aus dem Aufbau der Formeln γ_2, γ_3, δ_2, δ_3 ist aber ohne weiteres zu erkennen, daß dies nicht der Fall ist, und daraus folgt, daß die Gleichung m nicht die vollständige Gleichung für das Überfallsströmungsnetz im ζ-Feld sein kann.

Allgemeine Bestimmung bedingungstüchtiger Funktionsformen.

Aus der Entwicklung der durchgeführten Untersuchung ergibt sich die allgemeine Grundlage für die systematische Lösung des Problems unter folgenden Überlegungen:

1. Durch die Einführung des Quellnetzes in ein Netz $Z_1 = X_1 + i\, Y_1$, derart, daß die Linie $X_1 = 0$ mit der Stromlinie $\psi = 0$ zusammenfällt, erhält man φ als Funktion von Y_1 (Seite 225).

2. Führt man das Z_1-Netz in ein Grundnetz $w = u + iv$ ein, das selbst im ζ-Netz liegt, so ist w eine Funktion von ζ, und u und v sind Funktionen von ξ und η, die durch die Gleichungen

$$\frac{\partial u}{\partial \xi} = -\frac{\partial v}{\partial \eta}, \qquad \frac{\partial u}{\partial \eta} = +\frac{\partial v}{\partial \xi}$$

verbunden sind; es werden die Komponenten von Z_1, d. s. X_1 und Y_1, Funktionen von u und v, die ihrerseits durch die Gleichungen verbunden sind

$$\frac{\partial X_1}{\partial u} = \frac{\partial Y_1}{\partial v}, \qquad \frac{\partial X_1}{\partial v} = -\frac{\partial Y_1}{\partial u}.$$

3. Hiermit werden in 1. $d\varphi = \varphi' \, dY_1$, und entsprechend 2

$$dY_1 = \frac{\partial Y_1}{\partial u} \, du + \frac{\partial Y_1}{\partial v} \, dv$$

$$du = \frac{\partial u}{\partial \xi} \, d\xi + \frac{\partial u}{\partial \eta} \, d\eta$$

$$dv = \frac{\partial v}{\partial \xi} \, d\xi + \frac{\partial v}{\partial \eta} \, d\eta.$$

Man erhält in der Netzlinien $Y_1 = 0$

$$d\varphi = \varphi' \left(\frac{\partial Y_1}{\partial u} \frac{\partial u}{\partial \xi} + \frac{\partial Y_1}{\partial v} \frac{\partial v}{\partial \xi} \right) d\xi + \varphi' \left(\frac{\partial Y_1}{\partial u} \frac{\partial u}{\partial \eta} + \frac{\partial Y_1}{\partial v} \frac{\partial v}{\partial \eta} \right) d\eta$$

$$dX_1 = 0 = \left(\frac{\partial X_1}{\partial u} \frac{\partial u}{\partial \xi} + \frac{\partial X_1}{\partial v} \frac{\partial v}{\partial \xi} \right) d\xi + \left(\frac{\partial X_1}{\partial u} \frac{\partial u}{\partial \eta} + \frac{\partial X_1}{\partial v} \frac{\partial v}{\partial \eta} \right) d\eta$$

$$= \left(\frac{\partial Y_1}{\partial v} \frac{\partial u}{\partial \xi} - \frac{\partial Y_1}{\partial u} \frac{\partial v}{\partial \xi} \right) d\xi + \left(\frac{\partial Y_1}{\partial v} \frac{\partial u}{\partial \eta} - \frac{\partial Y_1}{\partial u} \frac{\partial v}{\partial \eta} \right) d\eta.$$

4. Die Bedingungsgleichung für die freien Grenzen ist wie S. 227:

$$d\varphi = 2 \frac{\xi_f}{\eta_f} (\xi_f^2 + \eta_f^2) \, d\xi_f + \frac{\eta_f}{\eta_f} 2 (\xi_f^2 + \eta_f^2) \, d\eta_f.$$

Liegt die freie Grenze in der Netzlinie $X_1 = 0$, so sind in den Gleichungen unter 3 ebenfalls ξ_f und η_f statt ξ und η zu setzen. Man erhält durch Subtraktion der beiden Gleichungen für $d\varphi$ und Multiplikation mit η_f

$$\left[+\xi_f (\xi_f^2 + \eta_f^2) - \eta_f \varphi' \left(\frac{\partial Y_1}{\partial u} \frac{\partial u}{\partial \xi_f} + \frac{\partial Y_1}{\partial v} \frac{\partial v}{\partial \xi_f} \right) \right] d\xi_f$$

ferner ist:

$$+ \left[\eta_f (\xi_f^2 + \eta_f^2) - \eta_f \varphi' \left(\frac{\partial Y_1}{\partial u} \frac{\partial u}{\partial \eta_f} + \frac{\partial Y_1}{\partial v} \frac{\partial v}{\partial \eta_f} \right) \right] d\eta_f = 0,$$

$$\left(\frac{\partial Y_1}{\partial v} \frac{\partial u}{\partial \xi_f} - \frac{\partial Y_1}{\partial u} \frac{\partial v}{\partial \xi_f} \right) d\xi_f + \left(\frac{\partial Y_1}{\partial v} \frac{\partial u}{\partial \eta_f} - \frac{\partial Y_1}{\partial u} \frac{\partial v}{\partial \eta_f} \right) d\eta_f = 0$$

oder kürzer

$$A_1\, d\xi_f + B_1\, d\eta_f = 0, \qquad A_2\, d\xi_f + B_2\, d\eta_f = 0,$$

woraus die Gleichung folgt (Seite 228)

$$A_1 B_2 - A_2 B_1 = 0. \quad \ldots \ldots \ldots \ldots \; 0$$

Es werden:

$$A_1 B_2 = 2\,\xi_f(\xi_f{}^2 + \eta_f{}^2)\left(\frac{\partial Y_1}{\partial v}\frac{\partial u}{\partial \eta_f} - \frac{\partial Y_1}{\partial u}\frac{\partial v}{\partial \eta_f}\right)$$

$$- \eta_f\,\varphi'\left(\frac{\partial Y_1}{\partial u}\frac{\partial u}{\partial \xi_f} + \frac{\partial Y_1}{\partial v}\frac{\partial v}{\partial \xi_f}\right)\left(\frac{\partial Y_1}{\partial v}\frac{\partial u}{\partial \eta_f} - \frac{\partial Y_1}{\partial u}\frac{\partial v}{\partial \eta_f}\right) \;\ldots\; 1$$

$$A_2 B_1 = 2\,\eta_f(\xi_f{}^2 + \eta_f{}^2)\left(\frac{\partial Y_1}{\partial v}\frac{\partial u}{\partial \xi_f} - \frac{\partial Y_1}{\partial u}\frac{\partial v}{\partial \xi_f}\right)$$

$$- \eta_f\,\varphi'\left(\frac{\partial Y_1}{\partial u}\frac{\partial u}{\partial \eta_f} + \frac{\partial Y_1}{\partial v}\frac{\partial v}{\partial \eta_f}\right)\left(\frac{\partial Y_1}{\partial v}\frac{\partial u}{\partial \xi_f} - \frac{\partial Y_1}{\partial u}\frac{\partial v}{\partial \xi_f}\right). \;\ldots\; 2$$

5. Unter Berücksichtigung von $\dfrac{\partial u}{\partial \xi_f} = -\dfrac{\partial v}{\partial \eta_f}, \quad \dfrac{\partial u}{\partial \eta_f} = +\dfrac{\partial v}{\partial \xi_f}$

folgt aus 0, 1, 2 die Differentialgleichung

$$\varphi'\,\eta_f\left(\frac{\partial Y_1}{\partial \xi_f}\right)^2 - 2(\xi_f{}^2 + \eta_f{}^2)\xi_f\frac{\partial Y_1}{\partial \xi_f} + \varphi'\,\eta_f\left(\frac{\partial Y_1}{\partial \eta_f}\right)^e - 2(\xi_f{}^2 + \eta_f{}^2)\eta_f\frac{\partial Y_1}{\partial \eta_f} = 0.\; \mathrm{I}_k$$

Umformung auf die polaren Koordinaten

$$\Re_f = \sqrt{\xi_f{}^2 + \eta_f{}^2}, \qquad \alpha = \operatorname{arc\,tg}\left(-\frac{\eta_f}{\xi}\right)$$

mittels der Ausdrücke

$$\frac{\partial \Re_f}{\partial \xi_f} = \frac{\xi_f}{\sqrt{\xi_f{}^2 + \eta_f{}^2}} = \cos\alpha_f, \qquad \frac{\partial \Re_f}{\partial \eta_f} = \sin\alpha_f,$$

$$\frac{\partial \alpha_f}{\partial \xi_f} = +\frac{\sin\alpha_f}{\Re_f}, \qquad\qquad \frac{\partial \alpha_f}{\partial \eta_f} = -\frac{\cos\alpha_f}{\Re_f},$$

$$\frac{\partial Y_1}{\partial \xi_f} = \frac{\partial Y_1}{\partial \Re_f}\cos\alpha_f + \frac{\partial Y_1}{\partial \alpha_f}\frac{\sin\alpha_f}{\Re_f}, \qquad \frac{\partial Y_1}{\partial \eta_f} = \frac{\partial Y_1}{\partial \Re_f}\sin\alpha_f - \frac{\partial Y_1}{\partial \alpha_f}\cdot\frac{\cos\alpha_f}{\Re_.},$$

$$\left(\frac{\partial Y_1}{\partial \xi_f}\right)^2 + \left(\frac{\partial Y_1}{\partial \eta_f}\right)^2 = \left(\frac{\partial Y_1}{\partial \Re_f}\right)^2 + \left(\frac{\partial Y_1}{\Re_f\,\partial \alpha_f}\right)^2,$$

$$\xi_f\frac{\partial Y_1}{\partial \xi_f} + \eta_f\frac{\partial Y_1}{\partial \eta_f} = \Re_f\frac{\partial Y_1}{\partial \Re_f},$$

ergibt mit $\varphi' = \dfrac{d\varphi}{dY_1}$ die Differentialgleichung:

$$2\,\mathfrak{R}_f^{\,2}\left(\frac{\partial Y_1}{\partial \mathfrak{R}_f}\right) = \sin \alpha_f \left[\left(\frac{\partial Y_1}{\partial \mathfrak{R}_f}\right)^2 + \left(\frac{\partial Y_1}{\mathfrak{R}_f\,\partial \alpha_f}\right)^2\right]\varphi' \quad \dots \quad \text{I}_p$$

Da die Gleichungen I_k und I_p sich auf die Linie $X_1 = 0$, also auf die freie Grenze beziehen, so wird in denselben und in der Folge der Index f allgemein für die Kennzeichnung dieser Beziehung, also neben ξ_f, η_f, $\mathfrak{R}_f$, α_f auch die Bezeichnungsweise X_{1f}, Y_{1f}, Z_{1f}, φ_f, ψ_f, χ_f eingeführt; aus demselben Grund wird der nach den Erörterungen unter 1 als als Funktionsausdruck in Y_{1f} zu betrachtende Differentialquotient φ' mit $\mathfrak{Y}_f$ bezeichnet.

Die Gleichung I_k erhält nach entsprechender Ordnung die Form:

$$2\,(\xi_f^{\,2} + \eta_f^{\,2})\left(\xi_f\,\frac{\partial Y_{1f}}{\partial \xi_f} + \eta\,\frac{\partial Y_{1f}}{\partial \eta_f}\right) = \eta_f\left[\left(\frac{\partial Y_{1f}}{\partial \xi_f}\right)^2 + \left(\frac{\partial Y_{1f}}{\partial \eta_f}\right)^2\right]\mathfrak{Y}_f \quad \dots \quad \text{I}_k$$

Für die $X_1 = X_{1f} = 0$ Linie gilt die Gleichung

$$d\,X_{1f} = \frac{\partial X_{1f}}{\partial \xi_f}\cdot d\,\xi_f + \frac{\partial X_{1f}}{\partial \eta_f}\,d\eta_f = 0\,;$$

da allgemein

$$\frac{\partial X_1}{\partial \xi} = -\frac{\partial Y_1}{\partial \eta}\,, \qquad \frac{\partial X_1}{\partial \eta} = +\frac{\partial Y_1}{\partial \xi}$$

ist, so folgt

$$\frac{\partial Y_{1f}}{\partial \eta_f}\cdot d\,\xi_f = \frac{\partial Y_{1f}}{\partial \xi_f}\cdot d\eta_f\,. \quad \dots \dots \dots \quad \text{II}_k$$

6. Diese beiden Gleichungen bilden nun die allgemeine Grundlage für die angestrebte Lösung.

In der letzten Form ist I_k eine partielle Differentialgleichung erster Ordnung aber zweiten Grades zwischen Y_{1f}, ξ_f, η_f deren allgemeines Integral Y_{1f} als eine Funktion von ξ_f und η_f darstellt, in deren Ausdruck eine willkürliche Funktion eintritt, wodurch die Anpassung an gegebene Bedinguugen ermöglicht ist. Methoden für die Integration solcher Gleichungen sind von Lagrange, Jacobi und Cauchy ausgebildet. Siehe „Lehrbuch der Differential- und Integralrechnung" von J. A. Serret, deutsch bearbeitet von Axel Harnack, Ausgabe 1885, § 788 u. f., Leipzig: B. G. Teubner; ferner „Die Differentialgleichungen des Ingenieurs" von Prof. Dr. Wilhelm Hort, §§ 69, 70, 71, Berlin: Julius Springer 1925.

Es sei nun $Y_{1f} = S\,(\xi_f,\,\eta_f)$ der Funktionsausdruck für ein angepaßtes Integral.

Die Gleichungen I_k und I_p kann man einfacher erhalten, wenn man Z_1 direkt auf das ζ-Feld bezieht; zum Vergleich mit den vorhergehenden Untersuchungen wurde die Ableitung über das w-Feld durchgeführt.

Mit $\dfrac{\partial Y_{1f}}{\partial \xi_f} = \dfrac{\partial \varrho}{\partial \xi_f}$ und $\dfrac{\partial Y_1}{\partial \eta_f} = \dfrac{\partial \varrho}{\partial \eta_f}$ wird die Gleichung II_k zur Differentialgleichung für die Netzlinie X_{1f}; deren Integration ergibt einen Funktionsausdruck $X_{1f} = T(\xi_f \eta_f) = 0$, aus dem einerseits $\xi_f = W_\xi(\eta_f)$, andererseits $\eta_f = W_\eta(\xi_f)$ bestimmt werden kann; durch Einsatz in den Integralausdruck für Y_{1f} erhält man

$$Y_{1f} = S\left[W_\xi(\eta_f,\ \mu_f)\right] \qquad \text{und} \qquad Y_{1f} = S\left[\xi_f,\ W_\eta(\xi_f)\right]$$

und hieraus

$$\xi_f = V_\xi(Y_{1f}), \qquad \eta = V_\eta(Y_{1f}).$$

Aus

$$\zeta_f = \xi_f - i\,\eta_f = V_\xi(Y_{1f}) - i\,V_\eta(Y_{1f})$$

folgt, da

$$Z_{1f} = X_{1f} + i\,Y_{1f} = 0 + i\,Y_{1f} \quad \text{ist:} \quad Y_{1f} = -i\,Z_{1f},$$

und weiter bei Ersatz von ζ_f durch ζ und von Z_{1f} durch Z_1 die allgemeine Gleichung für das Z_1-Netz im ζ-Feld

$$\zeta = V_\xi(-i\,Z_1) - i\,V_\eta(-i\,Z_1) \ \ \dots\ \dots\ \dots\ \text{III}$$

Die nach 1 erforderliche Einführung eines Quellnetzes in das Z_1-Netz ist allgemein durch eine Gleichung von der Form

$$Z_1 = \Omega\left(e^{k_1\chi + k_2}\right)$$

beschrieben, worin k_1 eine reelle, k_2 im allgemeinen eine komplexe Konstante bedeuten; hiermit wird

$$\zeta = V_\xi\left[-i\,\Omega\left(e^{k_1\chi + k_2}\right)\right] - i\,V_\eta\left[-i\,\Omega\left(e^{k_1\chi + k_2}\right)\right],$$

$$\zeta = \mathfrak{F}(\chi) = \frac{d\chi}{d\mathfrak{z}}, \ \ \dots\ \dots\ \dots\ \dots\ \dots\ \dots\ \text{IV}$$

und schließlich

$$d\mathfrak{z} = \left[\mathfrak{F}(\chi)\right]^{-1} d\chi \ \dots\ \dots\ \dots\ \dots\ \dots\ \text{V}$$

die Differentialgleichung des Strömungs-χ-Netzes im geodätischen $\mathfrak{z}$-Feld.

Hiermit sind die Theorie und Methodik für die Bestimmung von Strömungsnetzen mit Linien freier Grenzen bei Berücksichtigung des Einflusses der Schwerkraft unter systematischer Verwendung des Hilfsmittels der ebenen konformen Netze dem Wesen nach festgelegt.

Bei Bestimmung des durch Abb. 66c Seite 224 dargestellten Strömungsnetzes im ζ-Feld wurde zuerst durch passende konforme Transformation das Z_1-Netz im ζ-Feld und dessen Gleichung:

$$Z_1 = \frac{Z - X_a}{X_f - X_a}\,\pi = \frac{\mathfrak{Sin}\,(x_s - i\,\zeta)^3 - X_a}{X_f - X_a}\,\pi$$

bestimmt und dann die Einführung des Quellnetzes in den durch die Linien: $X = X_a$ oder $X_1 = 0$ und $X = X_f$ oder $X_1 = \pi$ begrenzten

Streifen derart durchgeführt, daß die Stromlinie $\psi = 0$ von X_f bis X_a als gerade feste Grenze, vom Punkt X_a ab als freie Grenze, die Stromlinie $\psi = n\pi$ in ihrer ganzen Länge als freie Grenze geeignet sein sollten; die entsprechende Einführungsgleichung hat die Form:

$$\cos Z_1 = -1 + e^{-\frac{\chi + ik}{n}} \quad \text{(Seite 225)}$$

Elimination von Z_1 ergibt Gleichung m (Seite 225), die jedoch wegen ihres Aufbaues sich als ungeeignet erwies, die Bedingungsgleichung VI b zu erfüllen.

Man hätte nun durch Einführung eines Quellnetzes entsprechend einer Hälfte des Netzes VIII (Seite 183) mit dem Quellpunkt in X_f und mit der Symmetrielinie in der Netzlinie $X = X_a$ nach entsprechender konformer Transformation ein Strömungsnetz erhalten können, dessen Stromlinie $\psi = 0$ einen dem obigen analogen Verlauf hätte, in dem jedoch eine zweite Stromlinie nicht mit einer Netzlinie, also auch nicht mit $X = X_f$, zur Deckung gebracht werden kann; es ist jedoch natürlich nicht ausgeschlossen, daß die die Netzlinie $X = X_f$ oder $X_1 = \pi$ berührende Stromlinie für eine freie Grenze geeignet sein kann.

7. Die Einführungsgleichung für das Netz VIII ist $Z_1{}^2 = e^{-\frac{\chi + ik}{n}} + a^2$, hierin sind k, n und a noch unbestimmte Konstante; man erhält mit derselben die Gleichung m in einer der früheren ähnlichen, daher ebenfalls ungeeigneten Form und führte dies nun schließlich darauf: zur neuen Einführungsgleichung das entsprechende bedingungstüchtige Z_1-Netz zu suchen, d. h. zur oben entwickelten Theorie und Methode.

Nach Trennung der Einführungsgleichung erhält man für die Netzlinie $X_1 = 0$ mit $k = \pi$, $\psi = 0$ die Gleichungen

$$e^{-\frac{\varphi_f}{n}} = Y_{1f}^2 + a^2 \qquad \text{und} \qquad \mathfrak{Y}_f = \frac{d\varphi_f}{dY_{1f}} = n\,\frac{Y_{1f}}{Y_{1f}^2 + a^2},$$

da im Quellpunkt $\varphi = +\infty$ und $X_1 = a$, $Y_1 = 0$ wird.

Hiermit ergibt sich die Differentialgleichung

$$2\left(\xi_f^2 + \eta_f^2\right)\left(\xi_f\frac{\partial Y_{1f}}{\partial \xi_f} + \eta_f\frac{\partial Z_{1f}}{\partial \eta_f}\right) = \eta_f\left[\left(\frac{\partial Y_{1f}}{\partial \xi_f}\right)^2 + \left(\frac{\partial Y_{1f}}{\partial \eta_f}\right)^2\right] \cdot n\,\frac{Y_{1f}}{Y_{1f}^2 + a^2}\ \mathrm{I}_k$$

als grundlegende Gleichung für die Lösung des Problems; der hierin noch unbestimmte Wert von n wird sich aus der oben angeführten Anschlußbedingung für die zweite freie Grenze ergeben; die im allgemeinen Integral enthaltene willkürliche Funktion wird dem Abfluß über die Überfallskante bzw. der Form der unteren freien Grenze anzupassen sein.

8. In Polarkoordinaten erhält die Gleichung die Form

$$2\,\Re_f^{\,2}\frac{\partial Y_{1f}}{\partial \Re_f} = n \sin\alpha_f \left[\left(\frac{\partial Y_{1f}}{\partial \Re_f}\right)^2 + \left(\frac{\partial Y_{1f}}{\Re_f\,\partial\alpha_f}\right)^2\right] \frac{Y_{1f}}{Y_{1f}^2 + a^2} \quad \dots \quad \text{I}_p$$

Führt man mit der Gleichung

$$Y_{1f}^2 = k_0\,e^{2U} - a^2 \quad \dots\dots\dots\dots \quad \text{a}$$

eine Funktion U von $\Re_f$ und α_f ein, so erhält man die vereinfachte partielle Differentialgleichung

$$2\,\Re_f^{\,2}\frac{\partial U}{\partial \Re_f} = n \sin\alpha_f \left[\left(\frac{\partial U}{\partial \Re_f}\right)^2 + \left(\frac{\partial U}{\Re_f\,\partial\alpha_f}\right)^2\right] \quad \dots\dots \quad \text{b}$$

aus der mit $U = \Re_f^{\,3}\,V + k$ eine neue totale Differentialgleichung zwischen V und α_f entsteht, wenn die Funktion V nur mehr α_f als unabhängige Variable enthält und k eine willkürliche Konstante ist; es wird, passend geordnet

$$V^2 - 2\,\frac{V}{3\,n\,\sin\alpha_f} + \tfrac{1}{9}\,p^2 = 0, \quad \dots\dots\dots\dots \quad \text{c}$$

wenn man $p = \dfrac{dV}{d\alpha_f}$ einführt; nun folgt

$$V = \frac{1}{3\,n\,\sin\alpha_f}\left(1 \pm \sqrt{1 - n\,\sin^2\alpha_f\,p^2}\right) \quad \dots\dots\dots \quad \text{c}'$$

und durch Differentiieren nach α_f eine allerdings reichlich komplizierte totale Differentialgleichung zwischen p und α_f, die jedoch $\dfrac{dp}{d\alpha_f}$ nur in der ersten Potenz enthält, also nicht nur erster Ordnung, sondern auch ersten Grades, also der Aufstellung eines Ausdruckes für das vollständige Integral von p zugänglich ist; man erhält:

$$p = \frac{dV}{d\alpha_f} = \lambda\,(\alpha_f,\,C) \quad \dots\dots\dots\dots \quad \text{d}$$

mit C als Integrationskonstante und hiermit

$$V = \int \lambda\,(\alpha_f,\,C)\,d\alpha_f + C_1 \quad \dots\dots\dots\dots \quad \text{e}$$

als Integral der Gleichung c, worin aber im Ausdruck für U wegen der Verbindung mit $\Re_f^{\,3}$ der Wert von $C_1 = 0$ zu setzen ist; hiermit wird

$$U = \Re_f^{\,3}\int \lambda\,(\alpha_f,\,C)\,d\alpha_f + k \quad \dots\dots\dots\dots \quad \text{f}$$

ein vollständiges Integral von b, da dasselbe die zwei willkürlichen Konstanten k und C enthält, aus dem man nach der Theorie der partiellen Differentialgleichungen erster Ordnung das allgemeine Integral erhält, wenn man k als willkürliche Funktion von C, also

einführt, aus
$$k = \mu\,(C) \quad \dots\dots\dots\dots\dots \quad \text{g}$$

$$\frac{\partial U}{\partial C} = \frac{\partial}{\partial C}\left[\Re_f{}^3 \int (\lambda(\alpha_f, C)\, d\alpha_f)\right] + \frac{d\mu(C)}{dC} = 0$$

C als Funktion von $\Re_f$ und α_f, also: $C = \nu(\Re_f, \alpha_f)$ bestimmt und den so erhaltenen Ausdruck in f einsetzt; dies gibt

$$U = \Re_f{}^3 \int \lambda[\alpha_f, \nu(\Re_f, \alpha_f)]\, d\alpha_f + \mu(\nu(\Re_f, \alpha_f)) \;\; \ldots \ldots \; \mathrm{h}$$

als das **allgemeine** Integral der Gleichung b, in dem μ als willkürliche Funktion enthalten ist.

Mit diesem Ausdruck für U gibt Gleichung a das angepaßte Integral

$$Y_{1f} = S(\Re_f, \alpha_f)$$

in Polarkoordinaten, das nun in sinngemäßer Verwendung der auf Seite 232 in kartesischen Koordinaten durchgeführten Ableitungen zu den gesuchten Gleichungen für das Strömungsnetz im ζ-Feld und im $\mathfrak{z}$-Feld führt.

Die aus den Gleichungen c und c′ durch Differentiieren entstehende totale Differentialgleichung hat die Form

$$\frac{dp}{d\alpha_f} = \frac{1}{n \sin \alpha_f}\left[3 - \frac{\cos \alpha_f}{n\, p \sin^2 \alpha_f} + 3\right)(1 \pm \sqrt{1 - n^2 \sin^2 \alpha_f\, p^2})] \;\ldots\; \mathrm{C}''_\alpha$$

führt man $\qquad \sin \alpha_f = \sigma, \quad$ also $\quad \cos \alpha_f = \sqrt{1 - \sigma^2},$

$$\cos \alpha_f\, d\alpha_f = d\sigma, \qquad d\alpha_f = \frac{d\sigma}{\sqrt{1 - \sigma^2}}$$

ein, so wird

$$\frac{dp}{d\sigma} = \frac{1}{n\, \sigma \sqrt{1 - \sigma^2}}\left[3 - \left(\frac{\sqrt{1 - \sigma^2}}{n\, p\, \sigma^2} + 3\right)(1 \pm \sqrt{1 - n^2 \sigma^2 p^2})\right] \cdot \;\ldots\; \mathrm{C}''_\sigma$$

In beiden Formen ist die Gleichung C'' derart kompliziert, daß die Bestimmung des Integralausdruckes besondere mathematische Studien nötig macht, um denselben in verwendbare Form zu bringen, mit demselben die Integration e und dann die Bestimmung der Funktion μ durchführen zu können; es ist vorauszusehen, daß dies nur bei Verwendung besonderer Näherungsmethoden möglich sein wird, wobei jedenfalls die probeweise Benützung ausgezeichneter Netze dienlich sein kann; z. B. Eintragung des Netzes VIII in das durch Abb. 65a S. 219 dargestellte Netz VI.

9. Für die Bestimmung der Funktionsform von μ und der Werte der noch freien Konstanten k_0, a, n liegen folgende vier Bedingungen vor:

1. Die Funktionsform von μ muß diejenige von Y_{1f} geeignet machen mittels der auf Polarkoordinaten bezogenen Gleichung II_p die Gleichung für die Linie X_{1f} und dann allgemein für das Z_1-Netz derart zu ergeben, daß die Netzlinien einen Verlauf analog denen der Abb. 64b und 66a und entsprechend der Beschreibung auf S. 218 erhalten.

2. Der Wert von $\Re_f$ im Punkt a muß gleich 1, dementsprechend muß die Gleichung für $X_{1f} = 0$ mit $\Re_f = 1$, $\alpha_f = +\dfrac{\pi}{2}$ erfüllt sein.

3. Die Stromlinie ψ_{II} der oberen freien Grenze muß im Quellpunkt den Vektor $\alpha_f = 0$ berühren und muß

4. in derselben die Bedingungsgleichung VIb erfüllt werden; für die untere freie Grenze ist diese Bedingung bereits bei Ableitung der Gleichung für $X_{1f} = 0$ eingeführt.

Schlußfolgerung.

10. Die durchgeführte Untersuchung zeigt, daß eine theoretische Bestimmung von Strömungsformen mit freien Oberflächen mit Hilfe der Theorie der konformen Netze wohl ausführbar erscheint, daß dieselbe aber bei dem komplizierten Aufbau der durch die Theorie geforderten Gleichungen nicht so einfach ist wie im Falle der schwerelosen Flüssigkeit und jedenfalls den Gebrauch von Näherungsverfahren erfordert.

Die mathematischen Schwierigkeiten, welche sich namentlich bei Verwendung für konkrete Probleme der Anpassung der willkürlichen Funktionen an Grenzbedingungen entgegenstellen, erfordern spezielle mathematische Studien, die noch nicht in den Rahmen der vorgelegten Ausführungen aufgenommen werden können. Dieselben bringen daher noch nicht definitive Lösungen des Problems, sondern nur einführende Vorbereitungen hierzu.

G. Stationäre Strömungen um einen ruhenden Körper.

Es sind zwei Hauptfälle zu unterscheiden:

1. Der Körper ist in einen Strom hineingestellt, und letzterer ist gezwungen, an dem Körper vorbeizufließen.

2. Der Körper wird vom Strom nur zirkulatorisch umflossen.

Durch Kombination beider Strömungsarten entstehen Strömungen mit besonderen Eigenschaften.

Die Bestimmung und Untersuchung solcher Strömungen kann für ebene, rein zweidimensionale Strömungen ebenfalls unter Verwendung des Hilfsmittels der konformen Netze durchgeführt werden.

Es kommen zwei Arten von Körperbegrenzungen in Betracht: Formen, deren Grenzflächen aus Diskontinuitätsflächen gebildet sind und Formen mit beliebigen Grenzflächen.

Das Netz X ist ein Beispiel des ersten Falles, es entspricht der Strömung um einen Kreiszylinder, denn die Diskontinuitätsfläche zwischen der Strömung einer Doppelquelle und einer geradlinigen Strömung ist eine Kreiszylinderfläche.

Die den Zylinderkreis umgebenden Kreise des polaren Netzes sind die Stromlinien der Zirkulationsströmung um den Zylinder. Netz XII stellt die Kombination beider Strömungen dar, von der aus, wie schon erwähnt, die Tragflächentheorien der Aerodynamik entwickelt wurden.

Diskontinuitätsflächen entstehen bei Verdrängung eines Flüssigkeitsstromes durch einen andern; deren Darstellung ergibt sich durch Netzüberlagerung entsprechend den Beispielen VII und X; Überlagerung von I und VIII ergibt eine Diskontinuitätsfläche mit ellipsenähnlichem Profil.

Die mathematische Formulierung erfolgt durch Addition der Funktionen der Einzelströmnngen; hierbei ist zu beachten, daß solche Überlagerungen Diskontinuitätsflächen ergeben, bei welchen zwei Stromlinien der Einzelströmungen in einer Linie liegen; es können daher auch Netze mit Kreisen als Stromlinien (Netz VII und VIII) mit dem polaren Netz überlagert werden.

Dementsprechend ist bei der mathematischen Formulierung der Überlagerung der Netze auf diese Bedingung Rücksicht zu nehmen.

I. Strömung um einen beliebig geformten Zylinder.

Es wird stationärer Zustand, Widerstandsfreiheit und der Zylinder in Ruhe vorausgesetzt; somit kann die Strömung um den Zylinder und deren Komponenten als Potentialströmungen angenommen und das Problem kann folgendermaßen formuliert werden: Der Zylinder wird in eine durch ein Strömungsnetz gekennzeichnete Strömung hineingestellt, es soll die hierdurch eintretende Änderung der Strömung bestimmt werden. Abb. 67.

Die Lösung kann durch Einführung einer Hilfsströmung vermittelt werden, von der Eigenschaft, daß die ursprüngliche Strömung — kurz Grundströmung ψ_g benannt — als die Resultierende der Hilfsströmung ψ_h und der gesuchten Strömung — kurz Relativströmung ψ_r benannt — betrachtet wird; man könnte die Hilfsströmung auch als Verdrängungsströmung bezeichnen. Bedeuten ψ_g, ψ_h und ψ_r die Stromfunktionen der genannten Strömungen, so ist deren Zusammenhang durch den Ansatz gekennzeichnet

$$\psi_g = \psi_r + \psi_h, \qquad \ldots \ldots \ldots \ldots \ldots \mathrm{I}$$

da alle drei Strömungen der Laplaceschen Gleichung entsprechen; demzufolge kann vektoriell $\mathfrak{v}_g = \mathfrak{v}_r + \mathfrak{v}_h$ gesetzt werden; die drei Geschwindigkeiten bilden ein Dreieck und haben $\mathfrak{v}_h$ und $\mathfrak{v}_g$ gleich große Komponenten in Richtung normal zu $\mathfrak{v}_r$, also normal zur

Stromlinie ψ_r. In den Punkten der Grenzlinie, die ja auch zum System ψ_r gehört, bestimmen sonach die Normalen zu dieser Linie die Richtung der gemeinschaftlichen Komponente. Bei gegebener Grundströmung ist es nun möglich, in jedem Punkt der Grenzlinie v_g und v_n zu berechnen und hierdurch die Verteilung von v_n auf der Grenzlinie zu bestimmen, wobei es nun zweckdienlich ist, diese Ver-

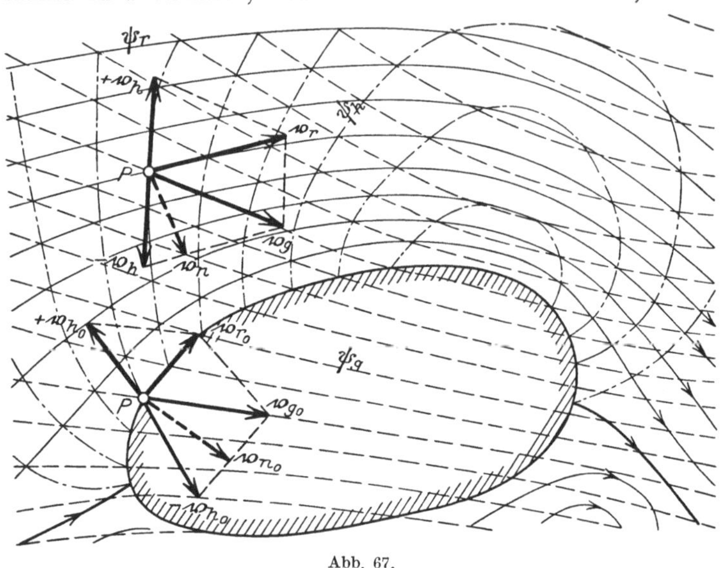

Abb. 67.

teilung so darzustellen, daß v_n als eine Funktion des Argumentes $\sigma = 2\pi\dfrac{s}{S}$ ausgedrückt wird, worin s die Länge der Grenzlinie von einem Punkt ab und S die ganze Länge derselben bedeuten; d. h. es wird dann v_n als eine periodische Funktion von σ erscheinen.

Nun ist in jedem Punkte eines zweidimensionalen Feldes die Geschwindigkeitskomponente nach irgendeiner Richtung n

$$v_n = \frac{\partial\varphi}{\partial n} \quad \text{oder} \quad v_n = \frac{\partial\psi}{\partial m},$$

wenn die Richtung von m senkrecht auf n steht; es wird daher

$$\frac{\partial\psi_h}{\partial s} = v_n, \quad \text{also} \quad \psi_h = \int v_n\,ds = \frac{S}{2\pi}\int v_n\,d\sigma$$

sein, d. h. es ist ψ_h als periodische Funktion von σ analytisch durch eine Fouriersche Reihe von der allgemeinen Form

$$\psi_h = A_0 + \Sigma A_n \cos n\sigma + \Sigma B_n \sin n\sigma \quad\ldots\ldots\quad \text{II}$$

darstellbar.

Es kann, wie im weiteren gezeigt werden wird, um eine geschlossene, stetig verlaufende Kurve immer ein konformes zirkulatorisches Netz $\tau = \varrho + i\,\sigma$ gelegt werden, das die Kurve selbst als Netzlinie $\varrho = \varrho_0$ enthält, und in dem die die Kurve normal durchschneidenden Netzlinien die Werte 0 bis $2\,\pi$ erhalten; dieses Netz überdeckt somit die ganze Ebene außerhalb der Grenzlinie, es kann daher als Koordinatennetz verwendet und auf dasselbe die analytische Darstellung der Strömungen bezogen werden.

Indem nun ganz allgemein der Ausdruck

$$\chi = C_0 + \Sigma\,C_n \cdot e^{-n\tau}, \qquad\qquad \text{III}$$

worin $\chi = \varphi + i\,\psi$ die Strömungsfunktion, $\tau = \varrho + i\,\sigma$ das Argument des zirkulatorischen Koordinatennetzes, C_0 und C_n komplexe Konstanten bedeuten, als Gleichung eines Strömungsnetzes verwendet werden kann, wird ψ_h immer durch eine Reihe

$$\psi_h = a_0 + \Sigma\,a_n\,e^{-n\varrho}\cos n\,\sigma + \Sigma\,b_n\,e^{-n\varrho}\sin n\,\sigma \qquad \text{IV}$$

dargestellt werden können, die für einen bestimmten Wert $\varrho = \varrho_0$ die Produkte $a_n \cdot e^{-n\varrho_0} = \alpha_n$ und $b_n \cdot e^{-\varrho_0} = \beta_n$ als Konstanten enthält, deren Werte aus der früher gewonnenen Darstellung von ψ_h durch die Fouriersche Reihe II mit σ als Argument erhalten werden, wenn ϱ_0 derjenige Wert der Koordinatenschar ϱ ist, der der Grenzlinie zukommt. Es werden: $a_0 = A_0$, $a_n = A_n\,e^{+n\varrho_0}$, $b_n = B_n\,e^{+n\varrho_0}$, und wenn die Wertverteilung der ϱ Koordinaten im zirkulatorischen Koordinatensystem so gewählt wurde, daß $\varrho_0 = 0$ ist, so werden einfach

$$a_n = A_n \qquad b_n = B_n.$$

Für $\varrho = \infty$ werden die Werte von ψ_h und seinen Ableitungen $=$ Null. Die Gleichung IV gibt die Grundlage für die Koordinatenberechnung der Stromlinien $\psi_h = $ konst. im Koordinatennetz τ, und bei Kenntnis der Transformationsgleichung $\mathfrak{z} = f(\tau)$, für die Berechnung der Koordinaten im $\mathfrak{z}$-Feld.

II. Bestimmung des zirkulatorischen Koordinatennetzes.

Das τ Netz liegt im zweifach zusammenhängenden, das Zylinderprofil umgebenden Teil der Ebene und kann dasselbe sowohl als Koordinatennetz, als auch als Strömungsnetz für die Zirkulationsströmung um den Zylinder dienen; die Strömung ist als Potentialströmung rotationslos; bezeichnet $\mathfrak{v}_z$ den Vektor dieser Strömung, so ist hiermit $\operatorname{rot} \mathfrak{v}_z = 2\left(\dfrac{v_z}{R} + \dfrac{d\,v_z}{d\,s_\varrho}\right)\mathfrak{e} = 0$, worin R den Krümmungsradius der Strombahn, ds_ϱ das Längenelement der σ-Linie ($\varrho =$ konst.) im gleichen Punkt der Bahn und $\mathfrak{e}$ den Einheitsvektor des Rotors von v_z bedeutet. Das Potential dieser Strömung ist mehrwertig; es ergibt sich aus dem über den ganzen Umfang einer Stromlinie genommenen Linienintegral

$$c = \oint v_z \, ds_\sigma = \oint d\sigma = 2\,\pi$$

der Wert der Zirkulation oder die zyklische Konstante, d. i. die Zunahme des Potentialwertes nach jedem Zyklus.

Die Beziehung

$$v_z = f(\sigma) \quad . \quad . \quad . \quad . \quad . \quad . \quad . \quad . \quad . \quad \text{V}$$

gibt die Verteilung der Zirkulationsgeschwindigkeit in der Grenzlinie $\varrho = \varrho_0$ bei Annahme einer passenden Verteilungsfunktion f. Durch die Verteilung von v_z ist auch die Verteilung des Potentialwertes an der Grenzlinie bestimmt und kann das τ-Netz wieder nach dem graphischen Verfahren der Aneinanderreihung krummliniger Quadrate gezeichnet werden.

Brauchbare Profilformen mit Zirkulationsnetz erhält man durch konforme Transformationen wie folgt: Im Netz VIII Abb. 52, S. 183, kann eine außerhalb der stark gezogenen Linie liegende strichlierte Linie als Profillinie $\varrho = \varrho_0$ angenommen werden; das außerhalb befindliche Netz ist bereits ihr Zirkulationsnetz. In den Gleichungen auf S. 118 ist X durch ϱ, Y durch σ zu ersetzen, es folgen dann mit $a = 1$ in Polarkoordinaten die Gleichungen

$$\varrho = \lg \sqrt{r^4 + 1 - 2\,r^2 \cos 2\,\vartheta}, \qquad \sigma = \operatorname{arctg} \frac{r^2 \sin 2\,\vartheta}{r^2 \cos 2\,\vartheta - 1};$$

dies gibt mit $r = 0$ den Funktionswert der Schleifenlinie $\varrho = 0$, mit $r = \infty$ werden $\varrho = +\infty$, $\sigma = 2\,\vartheta$, d. h. das τ-Netz wird im Unendlichen zum polaren Zirkulationsnetz: $\tau = 2 \lg z$.

Man erkennt, daß die Linien $\varrho > 0$ in der Nähe von $\varrho = 0$ vier, von einer bestimmten Linie ab aber keine Wendepunkte besitzen; in den Schnittpunkten dieser Linie mit der y-Achse wird $\dfrac{d^2 y}{d x^2} = 0$; es ist nun leicht zu konstatieren, daß für diese Linie $\varrho = \sqrt{2}$ ist und daß dieselbe die y-Achse in der Entfernung $r = 1$, die x-Achse in der Entfernung $r = \sqrt{3}$ schneidet. Setzt man daher $\varrho_0 = \sqrt{2}$, so sind die Profilslinie und die sie umgebenden Zirkulationslinien durchwegs gleichmäßig gekrümmt und gehen letztere im Unendlichen in Kreise über.

Netz VIII ist durch Addition zweier polarer Netze je von der Stärke 1 entstanden, das komplette Netz hat die Stärke 2. Dasselbe ist der

Fall, wenn man zwei oder mehrere polare Netze von einzeln verschiedener zusammen aber totaler Stärke 2 addiert, deren Pole in einem endlichen Bereich liegen. Das resultierende Netz ist durch die Ausdrücke:

$$\tau = \sum \nu_n \lg(z + c_n) \quad \text{und} \quad \zeta = \frac{d\tau}{dz} = \sum \frac{\nu_n}{z + c_n}$$

analytisch beschrieben; hierin bedeuten ν_n die Stärken, c_n die Ortskonstanten, n die Nummern der Pole. Benutzt man das polare Argument $z = r e^{i\vartheta}$ und nimmt r so groß an, daß $\frac{c_n}{r}$ gegen 1 verschwindet, so werden:

$$\varrho = (\sum \nu_n) \lg r, \qquad \sigma = (\sum \nu_n) \vartheta, \qquad v_z = 0\,;$$

da aber nach Annahme $\sum \nu_n = 2$ ist, so erhält man im Unendlichen $\varrho = 2 \lg r$, $\sigma = 2\vartheta$, wie für das Netz VIII. Die geschlossenen Linien werden im Unendlichen Kreise, deren Trajektorien radiale Gerade, wie im polaren Netz; gegen das Innere deformieren sich die geschlossenen Linien bis zu einer mehrteiligen Linie (wie im Netz VIII), außerhalb welcher das Gebiet der brauchbaren Profilsformen nebst Zirkulationsnetz liegt.

Bildet man ein solches Netzgebiet analog Abb. 56a und 56b ab, so erhält man wieder brauchbare Profilsformen mit den zugehörigen Zirkulationsnetzen.

Nimmt man eine Grenzlinie, für die das Zirkulationsnetz bereits bekannt ist [z. B. Kreiszylinder — polares Netz, Ellipse — konfokales Netz; das Netz VIII in der Form $\tau = iZ$ außerhalb der Schleife der Linien $n\,X = $ konst. usw.], so wird natürlich die mathematische Entwicklung einfacher. Im Lehrbuch der Hydrodynamik von Lamb, § 7, S. 98 u. f. konnten die Beispiele der Strömung um einen Kreis oder eine Ellipse einfach durchgeführt werden, namentlich da in beiden Fällen als Grundströmung die geradlinige Parallelströmung mit konstanter Geschwindigkeit U angenommen ist.

Obige Methode ist aus dem Studium dieser Beispiele unter dem durch das Bedürfnis angeregten Bestreben entstanden, dieselben für den Gebrauch mit anderen Grundströmungen zu verallgemeinern.

Ist die Hilfsströmung bestimmt, so kann aus derselben und der Grundströmung nach Gleichung I die Relativströmung analytisch resp. durch Netzüberlagerung graphisch bestimmt werden.

Kombiniert man die Relativströmung mit der durch das Netz gegebenen Zirkulationsströmung entsprechend

$$\psi = \psi_r + \varepsilon \varrho = \psi_r + \psi_z, \quad \ldots \ldots \ldots \text{VI}$$

so erscheint in analoger Weise wie im Netz XII anschließend an die Grenzlinie eine veränderte Lage der Stromlinien gegen die Grenzlinie, der eine Geschwindigkeitsänderung in solchem Sinn entspricht, daß hierdurch eine Pressungsverteilung an der Grenzlinie entsteht, die eine im wesentlichen quer gegen die Stromrichtung gerichtete Totalkraft zur Folge hat, die als dynamischer Auftrieb bezeichnet werden kann, im Gegensatz zum statischen Auftrieb, bei dem der Pressungsunterschied nur von der geodätischen Lage der Punkte der Oberfläche herrührt.

In obiger Gleichung VI ist ψ die resultierende Stromfunktion, ψ_z die Stromfunktion der Zirkulationsströmung, in dem σ den Funktionswert der ϱ-Netzlinien und ε einen Zahlenwert darstellt, der die Dichte der Zirkulationsströmung bestimmt; da

$$v_z = \frac{d\varepsilon\sigma}{ds_\varrho} = \varepsilon\frac{d\sigma}{ds_\varrho} = \varepsilon\,(v_z)$$

ist, so erkennt man, daß, sofern man mit (v_z) die der einfachen Netzlinienverteilung entsprechende Geschwindigkeit bezeichnet, der Wert von ε ein Maß für die Größe des Einflusses der Zirkulation ist.

III. Auftriebsbestimmung.

Die Eigenschaft der Zirkulation, den Auftrieb zu erzeugen, hat Lamb im § 69 seiner Hydrodynamik am Beispiel der Strömung um den Kreiszylinder ermittelt; die moderne, unter dem Einfluß der Bedürfnisse im Flugzeugbau entstandene Entwicklung der Aerodynamik hat zur Ausbildung von Theorien hinsichtlich der Bestimmung von passenden Körperformen und deren Auftriebskräfte geführt, die in gedrängter, aber doch vollkommen übersichtlicher Weise im Heft 39/40 der Sammlung Vieweg unter dem Titel „Die hydrodynamischen Grundlagen des Fluges" von Dr. Richard Grammel, mit reichen Angaben von Literaturquellen zusammengestellt ist. Die mathematischen Entwicklungen sind zum größten Teil mit dem Hilfsmittel der Vektoranalysis und unter Verwendung der Theorie der konformen Abbildungen, jedoch ohne Verwendung der Netze selbst durchgeführt; es liegt außerhalb des Rahmens dieses Buches, diese fertigen Theorien wiederzugeben, es wird daher nur auf die Literatur verwiesen.

Die Verwendung von Netzen ermöglicht nun die Anwendung graphostatischer Methoden zur Auftriebbestimmung, indem bei gezeichnetem Strömungsnetz die Geschwindigkeitsverteilung und unter Verwendung des Bernoullischen Satzes die Pressungsverteilung ermittelt und dann mittels Seil- und Kräftepolygon die Resultierende und hiermit der Auftrieb und dessen Moment mit der dem Ingenieur geläufigen Methode bestimmt werden kann. Zur Kontrolle kann dann immer die Methode der analytischen Komponentenbestimmung verwendet werden.

Nach dem Bernoullischen Satz ist, wenn man vom Einfluß der geodätischen Lage des Körpers und den Widerständen absehen kann,

$\dfrac{v^2}{2g} + \dfrac{p}{\gamma} = k$, worin nun v die totale Strömungsgeschwindigkeit an der Grenzlinie, p die Pressung und k die durch den bekannten Zustand an irgendeinem Punkt des Strömungsgebietes bestimmte Konstante bedeuten; auf der Breite 1 haben die Elementardrücke an dem umflossenen Zylinder Abb. 68 folgende Werte

$$dP_x = + dP \sin \alpha$$
$$= + p\, ds\, \sin \alpha = - p\, dy,$$
$$dP_y = - dP \cos \alpha$$
$$= - p\, ds\, \cos \alpha = + p\, dx;$$

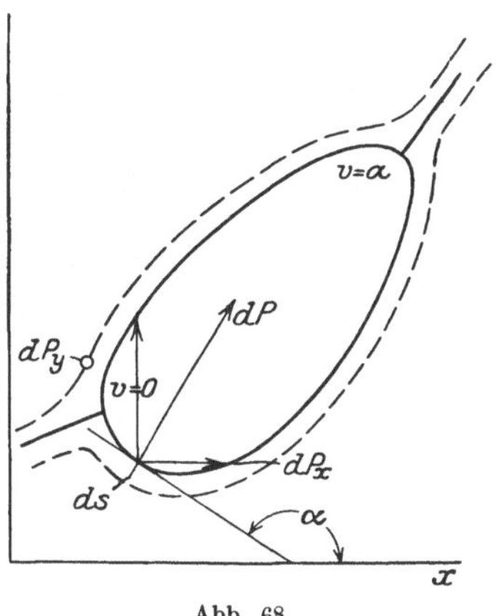

Abb. 68.

mit $p = \gamma k - \dfrac{\gamma}{2g} v^2$ folgt

$$P_x = - \gamma k \oint dy + \frac{\gamma}{2g} \oint v^2\, dy,$$
$$P_y = + \gamma k \oint dx - \frac{\gamma}{2g} \oint v^2\, dx.$$

Die Integration erstreckt sich über den ganzen Umfang der Grenzkurve; es werden hierbei $\oint dy = 0$, $\oint dx = 0$ und somit

$$P_x = + \frac{\gamma}{2g} \oint v^2\, dy, \qquad P_y = - \frac{\gamma}{2g} \oint v^2\, dx. \ \ldots \ \text{VII}$$

Trägt man auf der y-Achse zu jedem y der Grenzlinie die zugehörigen Werte von $\dfrac{\gamma v^2}{2g}$ auf, so entsteht eine geschlossene Kurve, deren Flächeninhalt dem Wert von P_x entspricht. Analog erhält man an der X-Achse eine geschlossene Kurve, deren Fläche dem Wert P_y entspricht.

Eine andere Deutung ergibt sich durch folgende Zerlegung

$$v^2\, dy = v^2\, ds\, \sin \alpha, \qquad P_x = + \frac{\gamma}{2g} \oint (v \sin \alpha)\, v\, ds,$$
$$v^2\, dx = v^2\, ds\, \cos \alpha, \qquad P_y = - \frac{\gamma}{2g} \oint (v \cos \alpha)\, v\, ds.$$

Nimmt man statt den längs der Grenzlinie veränderlichen Wert von $v_y = v \sin \alpha$ einen Mittelwert v_{ym} und ebenso für $v_x = v \cos \alpha$ den Mittelwert v_{xm}, so folgt

$$P_x = + \frac{\gamma}{2\gamma} v_{ym} \oint v\,ds, \qquad P_x = - \frac{\gamma}{2g} v_{xm} \int v\,ds.$$

Die angedeuteten modernen Theorien ergeben für den **Fall** reiner geradliniger Parallelströmung als Grundströmung, also $v_g = \text{konst.}$,

$$v_{ym} = 2 v_{gy} = v_{\infty y}, \qquad v_{xm} = 2 v_{gy} = v_{\infty x},$$

wobei die eingeführte Bezeichnung andeutet, daß die gestörte Grundströmung diese Werte im Unendlichen beibehält; somit erhält man

$$P_x = + \frac{\gamma}{g} v_{y\infty} e, \qquad P_y = - \frac{\gamma}{g} v_{x\infty} e, \quad \ldots \ldots \text{VII}\infty$$

wenn man den Wert der Zirkulation mit e bezeichnet, also $\int v\,ds = e$ setzt.

Für das Moment, das unter dem Einfluß der Pressungen am Körper wirksam wird, erhält man:

$$M = \int (- dP_{x,y}) + \int (+ dP_{y,x}) = \frac{\gamma}{2g} \left[\oint v^2\,y\,dy + \oint v^2\,dx \right] \text{ VIII}$$

als Gleichung für das Moment, dessen Wert, analog wie früher, durch graphische Integration bestimmt werden kann.

Durch ähnliche Zerlegung, wie früher, erhält man für den **Fall** geradliniger Parallelströmung

$$M = - \frac{\gamma}{2g} (m_x v_{x\infty} + m_y v_{y\infty}) \quad \ldots \ldots \text{VIII}\infty$$

mit $m_x = \oint v\,y\,ds$; $m_y = \oint v\,x\,ds$.

Die Gleichungen VII und VIII gelten ganz allgemein für beliebige zweidimensionale Grundströmungen, die Gleichungen VIII und IX nur für gleichförmig parallele Grundströmung; die Aufstellung der letzteren und deren Verwendung für Probleme der Flugtechnik ist durchaus berechtigt, deren Verwendung für Probleme mit anderen Grundströmungen jedenfalls nur näherungsweise.

Die Berechnung nach den Formeln VII∞ und VIII∞ bietet aber bei gezeichneten Stromnetzen keine Schwierigkeiten.

Hiermit ist die allgemeine Theorie der Umströmung eines einzelnen Körpers erledigt.

H. Stationäre Strömung zwischen mehreren ruhenden Körpern.

Für die Hydrotechnik von Wichtigkeit ist die Strömung durch Gitter, das ist die Strömung in, zwischen und aus Räumen, in denen sich in gleichen geraden Abständen oder in gleichen Bogenabständen kongruente Zylinder befinden. Die gerade Anordnung hat praktische Bedeutung für die Theorie der Mehrdecker, die Anordnung in Bogenabständen für die Theorie der Leitapparate von Kreiselrädern und dann auch für diese selbst.

Da wieder Potentialströmung vorausgesetzt wird, so kann man das Strömungsbild im polaren Netz durch konforme Abbildung in Parallelstreifen, also auf die gerade Gitteranordnung zurückführen. Man könnte dann allerdings als Grundströmung eine geradlinige Parallelströmung annehmen, die aber nicht ohne weiteres zu gebrauchen ist, da ja die einzelnen Körper gegenseitig Störungen in der Grundströmung verursachen; man muß trachten, eine Anordnung zu erhalten, in der sich nur ein Körper befindet, hierfür die Strömung um diesen Körper zu bestimmen und dann durch konforme Abbildung die Aneinanderreihung herzustellen.

Nimmt man im polaren Netz eine geschlossene Kurve von solcher Gestalt an, daß dieselbe bei konformer polarer Vervielfältigung entsprechend $z^n = Z$, $r = R^{\frac{1}{n}}$, $\Theta = \dfrac{\vartheta}{n}$ die Form eines Schaufelprofiles erhält, so kann die angenommene Einzelfigur als zweckdienliche Randlinie für die geplante Darstellung dienen; durch $\psi_g = \lg r + m \vartheta = \psi_{gu} + \psi_{gr}$ ist dann eine Grundströmung beschrieben, deren Linien logarithmische Spiralen sind. Bestimmt man das die Randlinie enthaltende zirkulatorische Netz als Koordinatennetz für die Linien der Hilfsströmung, so kann bei angenommenem Wert von m die periodische Wertverteilung von ψ_h längs der Randlinie und dann mittels der eingangs dieses Kapitels beschriebenen Methode die Hilfsströmung durch Rechnung und dann die Relativströmung durch graphische Funktionenaddition bestimmt werden; es ist aber zweckmäßig nicht mit der totalen Grundströmung, sondern mit deren Komponenten ψ_{gr} und ψ_{gu} getrennt zu arbeiten. Man erhält dann die Stromlinien der radialen und der kreisenden Durchflußströmung, die man schließlich zur totalen Durchflußströmung ψ_r vereinigen kann; dieselbe, sowie deren beide Komponenten enthalten die Randlinie als Teile von Stromlinien.

Die zeichnerische Arbeit im polaren Grundnetz ist zwar umständlich und mit Schwierigkeiten verbunden, aber vorläufig nicht zu umgehen. Die Darstellung mit Hilfe des konfokalen Grundnetzes als Konstruktionsnetz durchzuführen, das ja auch in ein Streifennetz transformiert werden kann, wäre bequemer, scheitert aber an der Eigenschaft, daß dieses Streifennetz ein Doppelnetz mit symmetrischer Bildverteilung und daher für die geplante Darstellung unbrauchbar ist.

Dieser Nachteil des konfokalen Netzes hat sich aus einer Untersuchung der Resultate der Promotionsarbeit von Dr. techn. Dorin Pavel, dipl. Masch.-Ing. E. T. H. ergeben. Siehe hierüber die im Verlag von Rascher & Co., A.-G., Zürich, erschienene Broschüre „Ebene Potentialströmungen durch Gitter und Kreiselräder und die gleichbetitelte Klarstellung" in der Schweiz. Bztg. 1925, Bd. 86, S. 235.

Zirkulatorische Netze sind natürlich untereinander auch konform; es erscheint daher nicht ausgeschlossen, als Abbildung der angenommenen Einzelfigur und ihres zirkulatorischen Netzes den Einheitskreis im Netz X und dessen Zirkulationsnetz zu benutzen, die Grundströmung aus dem ersten ins zweite Netz übertragen und an der so erhaltenen einfacheren Figur die Hilfsströmung konstruieren und dieselbe wieder rückwärts und weiter ins Gitter abbilden zu können; ein Versuch hierüber liegt noch nicht vor.

Von Bedeutung für die Strömung durch Leitapparate ist der Einfluß der Zirkulationsströmung deshalb, da von der Stärke derselben die Neigung der Zufluß- und Abflußrichtung zum und vom Leitapparat bei gegebener Grundströmung abhängig ist. Es ist daraus zu schließen, daß bei unrichtiger Führung umgekehrt auch die Größe der Zirkulation beeinflußt wird.

Wenn eine derart gefundene Darstellung auch noch keineswegs der Wirklichkeit entspricht, da ja die Widerstände und namentlich die Turbulenz gar nicht berücksichtigt sind, so kann doch deren Vergleich mit Versuchsresultaten klärend für die Beurteilung des Einflusses dieser Strömungen und damit dem eigentlichen Zwecke hydrodynamischer Untersuchungen, d. i. der Analyse der Strömungsvorgänge dienlich sein.

J. Stationäre Strömung in bewegten Räumen. Stationäre Relativströmung.

1. Geometrie der Strömung.

Strömt Flüssigkeit längs fester Wände eines kanalförmig ausgebildeten Hohlraumes, der selbst gegenüber der Erde eine Bewegung besitzt, so heißt die Ortsveränderung der Flüssigkeit gegenüber dem

Gehäuse des Hohlraumes deren Relativbewegung, diejenige gegenüber der Erde deren Absolutbewegung.

Die Formen beider Bewegungen sind verschieden und stehen durch die Form und Art der Bewegung des Hohlraumes miteinander in einem bestimmbaren Zusammenhang.

Es sind zwei Fälle zu unterscheiden:

1. Die Flüssigkeit bleibt im bewegten Raum eingeschlossen.

2. Die Flüssigkeit durchströmt den bewegten Raum.

1. Fall, Abb. 69.

Entnommen aus der Dissertation von Herrn Dr. Oertli:

Eine kreisrunde zylindrische Schale war an einem um eine lotrechte Achse rotierenden Rad derart befestigt, daß die Zylinderachse parallel zur Drehachse, aber im festen Abstand e gelagert war. Die Schale wurde zum Teil mit Wasser gefüllt, auf den Wasserspiegel wurde Aluminiumpulver gestreut und das Rad in Rotation versetzt; das Pulver ordnete sich nach konzentrischen Kreisen, und es trat die Erscheinung einer Drehung des Wasserinhaltes um die Gefäßachse im entgegengesetzten Sinn der Raddrehung hervor. Nach einiger Zeit verschwanden die Kreise zuerst am Rand, bis im weiteren Vordringen die ganze Fläche einfach das Bild einer mit Pulver bestreuten Ebene bot. Bei Stillstellung des Rades zeigten die wieder entstehenden Kreise zuerst Drehung, aber im entgegengesetzten Drehsinn an, bis schließlich voller Stillstand eintrat. Die sich zuerst einstellende, dann durch die Bewegungswiderstände vom Rand aus vernichtete Drehung ist eine **exakte Relativbewegung**, der eine bestimmte Absolutbewegung entspricht; die zweite Drehung ist nicht eine Relativbewegung, sondern direkt eine Absolutbewegung, da das Rad stillsteht; beide sind Trägheitserscheinungen.

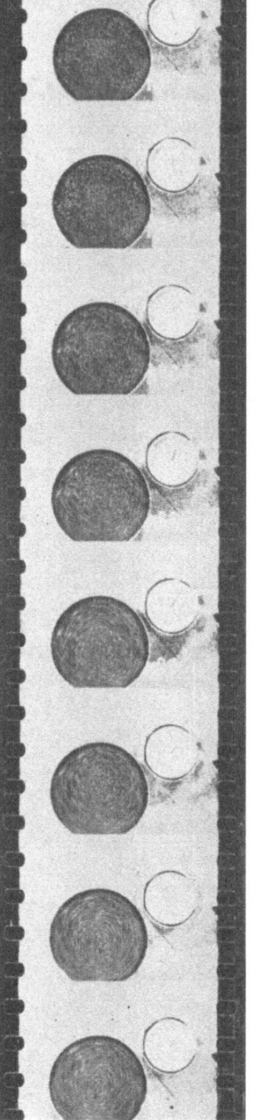

Abb. 69. Ausschnitt aus einer Kinoaufnahme.

Die Erscheinung bleibt im Wesen auch bei andern Profilen des Zylinders gleicher Art, es schmiegt sich die Bewegungsform der Flüssigkeit der Profilsform wenigstens an Stellen stetiger Krümmung der Profilslinie an; wird statt Wasser Öl also eine Flüssigkeit von größerer Viskosität in die Schale gegeben, so treten die geschilderten Erscheinungen nicht auf.

2. Fall.

Derselbe umfaßt die Strömung durch bewegte Kanäle.

Denkt man eine kleine Kugel mit der Flüssigkeit bewegt, so wird die Bahn derselben von einem Beobachter, der seinen Stand-

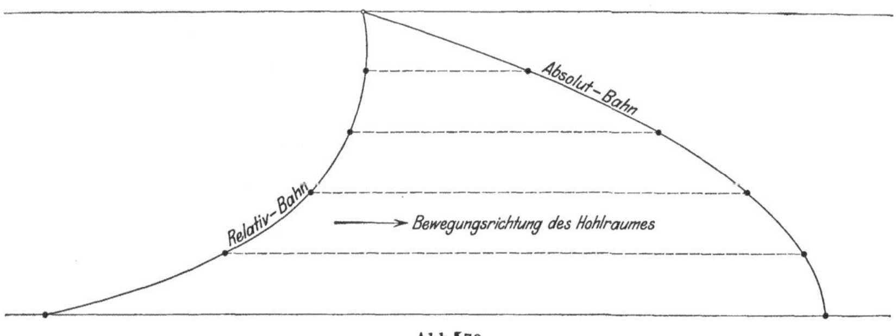

Abb. 70.

punkt am Gehäuse des bewegten Hohlraumes hat und daher mit demselben bewegt wird, in derjenigen Form gesehen, die der Relativbewegung entspricht — Relativbahn —; von einem Standpunkt auf der Erde hingegen in der der Absolutbewegung entsprechenden Form — Absolutbahn — Abb. 70.

Ein bestimmter Zusammenhang der Bahnen macht sich bei dieser Form des Schwimmkörpers nicht direkt bemerkbar.

Denkt man jedoch statt der Kugel zwei

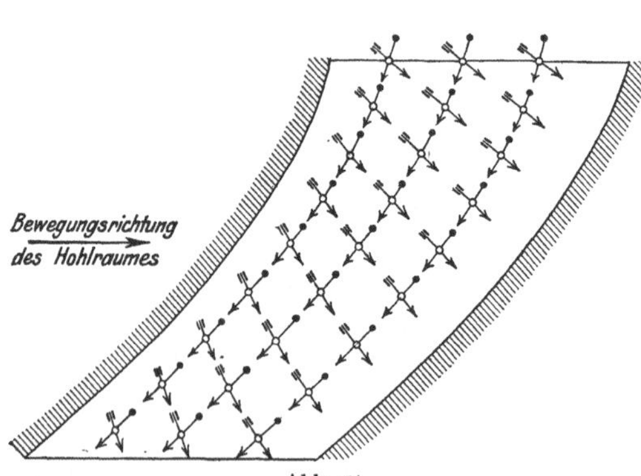

Abb. 71.

durch ein Gelenk miteinander verbundene Stäbchen von der fingierten Eigenschaft, daß sich das eine Stäbchen in Richtung der Relativbewegung, das andere in Richtung der Absolutbewegung einstellt, so wird von beiden Standpunkten aus zu beobachten sein, daß im allgemeinen die gegenseitige Lage der Stäbchen bei ihrer Bewegung mit der

Flüssigkeit sich ändert, und wenn mehrere solcher Schwimmkörper gleichzeitig eingebracht werden, auch an verschiedenen Orten verschieden ist; weiter aber wird zu bemerken sein, daß die Lage des durch die Relativbewegung orientierten Stäbchens sich bei jeder Bewegung des Hohlraumes im wesentlichen an die Richtung der Kanalachse (Mittellinie des Kanals) anschmiegt, während die Lage des durch die Absolutbewegung orientierten Stäbchens sich mit der Bewegung des Hohlraumes ändert.

Ein anderes Experiment ist folgendes: Denkt man eine große Anzahl solcher Schwimmkörper mit der Flüssigkeit bewegt, so kann sich bei geeigneter Aufeinanderfolge derselben durch Momentphotographie ein Netzbild ergeben, in dem die durch die Relativbewegung orientierten Stäbchen sich zu einem Liniensystem vereinigen, das den relativen Strombahnen entspricht, während die andern Stäbchen sich zu einem das erste schneidenden Liniensystem vereinigen, das die Stromlinien darstellt, nach denen im Moment der Aufnahme die Absolutbewegung stattfindet. Abb. 71.

Herr Dr. Oertli hat dieses Gedankenexperiment durch Moment- und Kinoaufnahmen der Strömung im bewegten Kreiselrad verwirk-

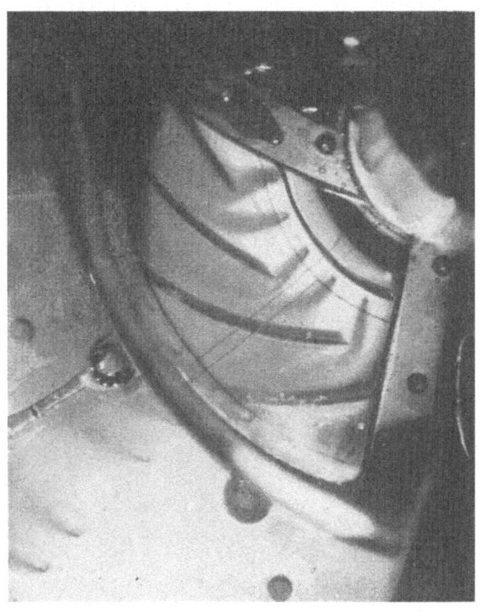

Abb. 72.

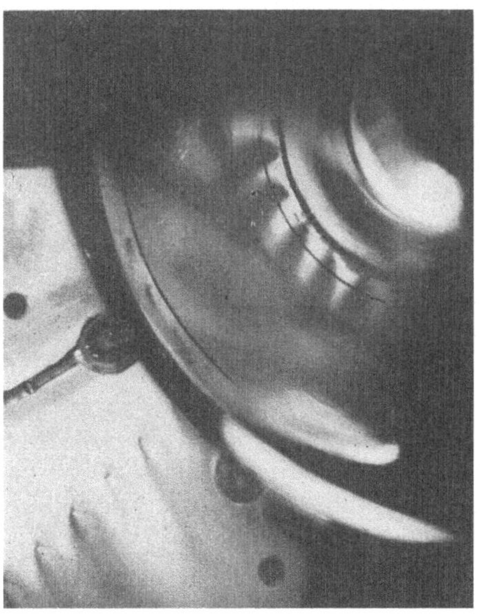

Abb. 73.

licht, wie aus den seiner Dissertation entnommenen Abb. 73 und 74 zu ersehen ist.

In den Kinoaufnahmen Abb. 74a ist die Relativbahn durch die natürlich in aufeinanderfolgenden Lagen abgebildeten Schaufeln, die Absolutbahn durch die dieselben schneidenden Stromlinien zu erkennen.

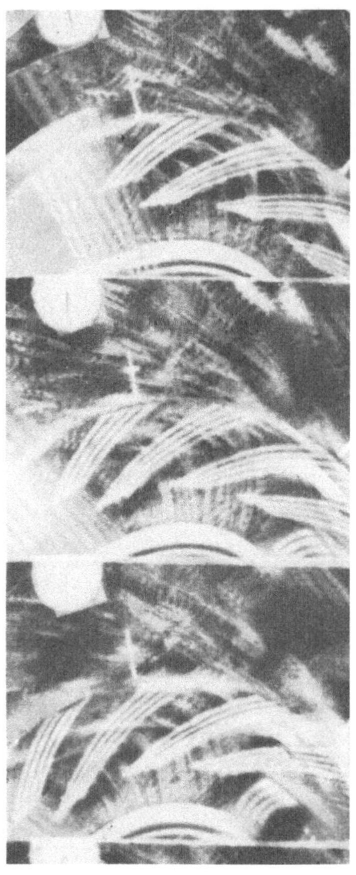

Abb. 74a.

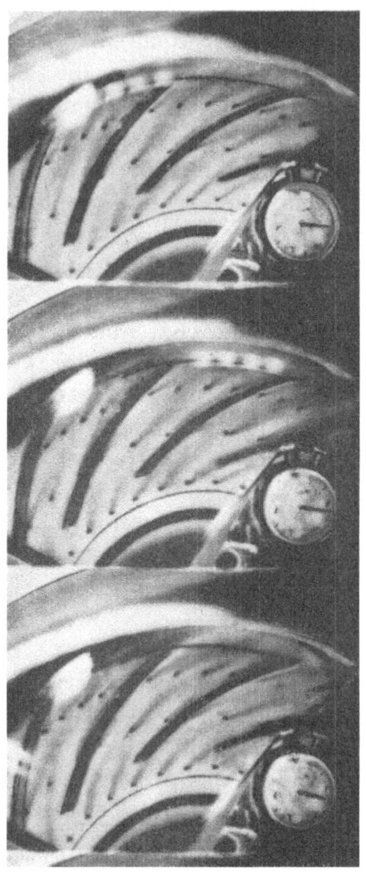

Abb. 74b.

In der Momentaufnahme, Abb. 73, ist die Relativbahn gut, die Absolutbahn schwach erkenntlich. Abb. 72 zeigt die Strömung durch das ruhende, Abb. 74b die Relativströmung im sich drehenden Kreiselrad.

Ist nun die Bewegung sowohl der Flüssigkeit als auch des Hohlraumes derart beschaffen, daß sich dauernd solche kongruente Netze aufnehmen lassen und bleibt hierbei auch die Pressung in jedem

Punkte dauernd dieselbe, so ist die ganze Bewegung stationär; es kann dies natürlich nur eintreten, wenn die Relativbewegung und die Bewegung des Hohlraums stationär sind, bleibt aber immerhin ein Abstraktum, da es nur unter ganz besonderen Bedingungen möglich wäre, die Zuflußverhältnisse zum Kanal dauernd stationär zu erhalten; in den Kanälen der Kreiselräder wird die Bewegung im allgemeinen periodisch stationär.

Bei Verwendung derselben Darstellungsweise wie für die stationäre Bewegung in feststehenden Räumen wird es jedoch zweckdienlich sein, vom Abstraktum der stationären Relativbewegung auszugehen, d. h. stationäre Formen derselben anzunehmen und deren Bestandsmöglichkeit und Grenzen zu untersuchen.

Für die mathematische Darstellung wird ein mit dem beweglichen Hohlraum festverbundenes Koordinatensystem anzunehmen sein; in den auf dasselbe bezogenen Fundamentalgleichungen ist die Zeit als Veränderliche nicht enthalten und es sind alle partiellen Ableitungen nach der Zeit gleich Null; hingegen sind nach dem Satz von Coriolis die Ergänzungskräfte der Relativbewegung einzusetzen.

Bestimmt man jedoch die Bewegung in bezug auf ein mit der Erde festverbundenes Koordinatensystem, so müssen die Fundamentalgleichungen die Zeit enthalten, da die Punkte des feststehenden Raumes ständig mit anderen Punkten des beweglichen Raumes zur Deckung kommen. Die Bewegung ist daher formell gegen den festen Raum nicht stationär.

Es wird genügen, den Fall gleichförmiger Rotation von Kanälen um eine feststehende Achse entsprechend der Anwendung auf Kreiselräder zu behandeln.

Die allgemeinen geometrischen Eigenschaften der Formfunktionen der Relativbewegung sind dieselben wie im Falle des feststehenden Raumes; es sind daher auch alle auf dieselben basierenden geometrischen Methoden für die graphische Darstellung von Relativströmungen verwendbar. Als notwendige Ergänzung ist der Zusammenhang der relativen Strombahnen mit den absoluten Momentanstromlinien zu untersuchen; es wird derselbe zuerst für den 1. Fall bestimmt.

I. Die Relativ- und Absolutbewegung einer reibungsfreien Flüssigkeit in einem rotierenden Kreiszylinder.

Abb. 75 ist der Grundriß der Anordnung, O die Drehachse, o die Zylinderachse; es wird nun entsprechend der Erscheinung beim Versuch S. 247 angenommen, daß die Flüssigkeit relativ gegen die Schale mit einer Winkelgeschwindigkeit um die Zylinderachse rotiert, die der Größe nach gleich, dem Drehsinn nach entgegengesetzt jener der Scheibe ist. Behufs mathematischer Formulierung dieser Erscheinung ist das feststehende Achsensystem $x\,O\,y$ und das um O sich drehende Achsensystem $o\,O\,C$ anzunehmen. Die Relativbahn eines Punktes der Flüssigkeit in der Entfernung a von o sei der Kreis vom Radius a um o; dieser Punkt liege am Radiusvektor r, der zur Zeit t von $O\,o$ den Bogenabstand α, von Ox den Bogenabstand δ habe. Es sind nun:

$w = a\,\omega$ die totale Relativgeschwindigkeit,

$w_r = +\,w\cos\beta$ die radiale Komponente derselben im Punkt p,

$w_u = -\,w\sin\beta$ die tangentiale Komponente derselben im Punkt p.

w_u wird negativ, da bei der vorausgesetzten Drehrichtung der Flüssigkeit $\dfrac{d\,\alpha}{d\,t}$ negativ wird.

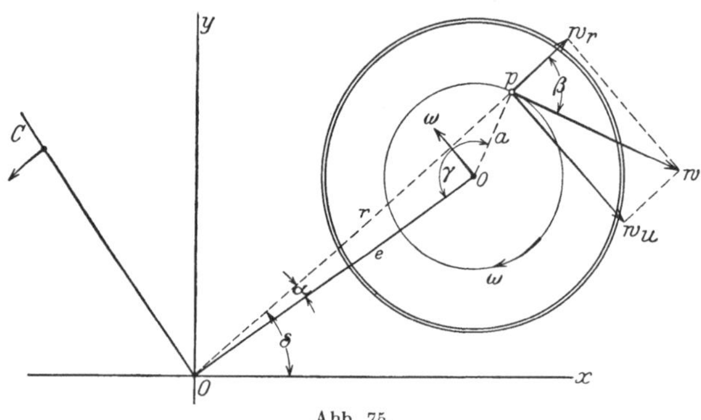

Abb. 75.

Wegen

$$90 + \beta = \gamma + \alpha, \qquad a \sin\gamma = r \sin\alpha, \qquad a \cos(180 - \gamma) = r \cos\alpha - e$$

werden $\qquad w_r = \omega\,e\sin\alpha, \qquad w_u = \omega\,(e\cos\alpha - r),$

der Rotor dieser Geschwindigkeit ist

$$2\,\Omega_r = \frac{1}{r}\left(\frac{\partial w_u\,r}{\partial r} - \frac{\partial w_r}{\partial \alpha}\right)$$

$$= \frac{1}{r}\left[\frac{\partial}{\partial r}(\omega\,e\,r\cos\alpha - \omega\,r^2) - \frac{\partial}{\partial \alpha}(\omega\,e\sin\alpha)\right] = -\,2\,\omega.$$

Entsprechend dem Geschwindigkeitssatz der Relativbewegung sind mit Bezug auf das sich drehende Achsensystem die Komponenten der Absolutgeschwindigkeit

$$v_r = w_r = \omega\,e\sin\alpha. \qquad v_u = w_u + r\,\omega = \omega\,e\cos\alpha,$$

hiermit die totale Absolutgeschwindigkeit

$$v = \sqrt{v_1{}^2 + v_u{}^2} = \omega\, e.$$

Es wird

$$2\,\Omega_a = \frac{1}{r}\left[\frac{\partial}{\partial r}\,(v_u\, r) - \frac{\partial}{\partial \alpha}\, v_r\right] = \frac{1}{r}\left[\omega\, e \cos\alpha - \omega\, e \cos\alpha\right] = 0,$$

d. h. die Absolutbewegung besitzt ein Geschwindigkeitspotential, da $2\,\Omega_a = \operatorname{rot}\mathfrak{v} = 0$ ist.

Bezieht man die Absolutbewegung auf das feststehende Achsensystem, so werden

$$v_x = v_r \cos\delta - v_u \sin\delta = \omega\, e\,(\sin\alpha \cos\delta - \cos\alpha \sin\delta) = \omega\, e \sin(\alpha - \delta),$$

$$v_y = v_r \sin\delta + v_u \cos\delta = \omega\, e\,(\sin\alpha \sin\delta + \cos\alpha \cos\delta) = \omega\, e \cos(\alpha - \delta).$$

Nun ist $\delta = \alpha + \omega\, t$ und somit

$$v_x = \frac{dx}{dt} = + \,\omega\, e \sin\omega\, t, \qquad v_y = \frac{dy}{dt} = + \,\omega\, e \cos\omega\, t,$$

$$x = x_\mu + e \cos\omega\, t, \qquad\qquad y = y_\mu + e \sin\omega\, t,$$

$$(x - x_\mu)^2 + (y - y_\mu)^2 = e^2.$$

Die Absolutbahnen sind also im feststehenden Raum für alle Punkte in der Schale Kreise mit dem Halbmesser e entsprechend einer rotationslosen kreisförmigen Translationsbewegung.

Diese mathematische Untersuchung führt hiermit darauf, daß für die Absolutbewegung ein Potential existiert. Hieraus ergibt sich die wichtige Tatsache, daß die Wirbelhaftigkeit nicht an die Flüssigkeit, sondern an den Raum gebunden ist; die Flüssigkeitsbewegung wird mit der Drehung der Schale gegenüber derselben mit Rotation behaftet; gegenüber dem ruhenden Koordinatensystem hat die Flüssigkeit keine Rotation.

Die obige Untersuchung kann auf eine allgemeinere Grundlage gestellt werden:

Ist ψ die Stromlinienfunktion irgendeiner ebenen zweidimensionalen Strömung, so sind die Geschwindigkeitskomponenten im polaren Koordinatensystem:

$$\mathfrak{w}_r = \frac{\partial \psi}{r\,\partial \vartheta}\,; \qquad \mathfrak{w}_u = \frac{\partial \psi}{\partial r}$$

und der Rotor

$$2\,\Omega = \frac{1}{r}\left(\frac{\partial \mathfrak{w}_u\, r}{\partial r} - \frac{\partial \mathfrak{w}_r}{\partial \vartheta}\right);$$

hieraus folgt:

$$\frac{\partial^2 \psi}{\partial r^2} + \frac{1}{r}\frac{\partial \psi}{\partial r} + \frac{1}{r^2}\frac{\partial^2 \psi}{\partial \vartheta^2} = 2\,\Omega,$$

d. i. die allgemeine Differentialgleichung einer zweidimensionalen Strömung; mit $\Omega = 0$ geht dieselbe in die Gleichung für eine Potentialströmung über.

Bezieht man die Gleichung auf das bewegliche Koordinatensystem $o\,O\,C$, setzt $\Omega = -\omega$ und ψ_r statt ψ ein, so ist:

$$\frac{\partial^2 \psi_r}{\partial r^2} + \frac{1}{r}\frac{\partial \psi_r}{\partial r} + \frac{\partial^2 \psi_r}{r^2 \partial \vartheta^2} = -2\,\omega \quad \dots \dots \dots \text{a}$$

die allgemeine Differentialgleichung für eine **Relativströmung im rotierenden Kreiselrad**. Ein partikuläres Integral ist

$$\psi_p = -\frac{r^2\,\omega}{2},$$

denn es werden:

$$\frac{\partial^2 \psi_p}{\partial r^2} = -\omega, \quad \frac{1}{r}\frac{\partial \psi_p}{\partial r} = -\omega, \quad \frac{\partial^2 \psi_p}{r^2 \partial \vartheta^2} = o,$$

also

$$-\omega - \omega + o = -2\,\omega.$$

Die Differentialgleichung a wird allgemein erfüllt, wenn zu ψ_p noch eine Potentialfunktion ψ_ν addiert wird, da dann die Gleichungen gelten $\psi_r = \psi_p + \psi_\nu$ und

$$\frac{\partial^2 \psi_r}{\partial r^2} + \frac{1}{r}\frac{\partial \psi_r}{\partial r} + \frac{\partial^2 \psi_r}{r^2 \partial \vartheta^2} = \left(\frac{\partial^2 \psi_\nu}{\partial r^2} + \frac{1}{r}\frac{\partial \psi_\nu}{\partial r} + \frac{\partial^2 \psi_\nu}{r^2 \partial \vartheta^2}\right)$$

$$+ \left(\frac{\partial^2 \psi_p}{\partial \nu^2} + \frac{1}{r}\frac{\partial^2 \psi_p}{\partial r} + \frac{\partial^2 \psi_p}{r^2 \partial \vartheta^2}\right) = o - 2\,\omega.$$

Benützt man mit c als konstanter Zahl und e als konstanter Länge den Ansatz:

$$\psi_\nu = \omega\,e\,r\cos\vartheta - c\,r^2\cos 2\vartheta,$$

so folgt

$$\frac{\partial \psi_\nu}{\partial r} = +\,\omega\,e\cos\vartheta - 2\,c\,r\cos 2\vartheta,$$

$$\frac{\partial^2 \psi_\nu}{\partial r^2} = + \qquad\qquad -\,2\,c\cos 2\vartheta,$$

$$\frac{1}{r}\frac{\partial \psi_\nu}{\partial r} = +\,\omega\,\frac{e}{r}\cos\vartheta - 2\,c\cos 2\vartheta,$$

$$\frac{\partial^2 \psi_\nu}{r^2 \partial \vartheta^2} = -\,\omega\,\frac{e}{r}\cos\vartheta + 4\,c\cos 2\vartheta,$$

mithin $\Omega_\nu = 0$; d. h. der obige Ansatz entspricht einer Potentialbewegung; es wird daher:

$$\psi_r = +\,\omega\,e\,r\cos\vartheta - c\,r^2\cos 2\vartheta - \frac{r^2\,\omega}{2};$$

führt man die kartesischen Koordinaten

$$\xi = r \cos \vartheta; \qquad \eta = r \sin \vartheta$$

ein, so erhält man folgende drei Gleichungen

$$\psi_\nu = \omega\, e\, \xi - c\,(\xi^2 - \eta^2),$$

$$\psi_r = \omega\, e\, \xi - \left[\left(\frac{\omega}{2} + c\right)\xi^2 + \left(\frac{\omega}{2} - e\right)\eta^2\right],$$

$$\psi_p = -\frac{\omega}{2}\,(\xi^2 + \eta^2).$$

Hiernach sind die Linien konstanter Funktionswerte ψ_ν gleichseitige Hyperbeln mit dem Mittelpunkt n in der ξ-Achse, in der Entfernung $\xi_n = \dfrac{\omega\, e}{c}$ von 0; die Linien konstanter Werte ψ_r sind Ellipsen mit dem Mittelpunkt m und den Brennpunkten auf der ξ-Achse, ersterer in der Entfernung $\xi_m = \dfrac{\omega\, e}{\omega + 2\, c}$ von 0, letztere in Abständen $\varepsilon = \pm \sqrt{\left(\dfrac{\omega\, e}{\omega + 2\, e}\right)^2 + \dfrac{8\,\psi_n}{\omega^2 - 4\, e^2}}$ vom Mittelpunkt m entfernt; die Linien konstanter Werte ψ_p sind Kreise um 0 mit den Radien: $\sqrt{\dfrac{2\,(-\psi_p)}{\omega}}$.

Hiermit ist die Flüssigkeitsbewegung in einem exzentrisch auf der rotierenden Scheibe liegenden elliptischen Zylinder beschrieben, bezogen auf das sich drehende Achsensystem.

Mit $c = 0$ werden

$$\psi_\nu = \omega\, e\, \xi, \qquad \psi_r = \omega\, e\, \xi - \frac{\omega}{2}\,(\xi^2 + \eta^2).$$

Die Linien konstanter Werte ψ_ν sind Gerade senkrecht zur ξ-Achse in Abständen $\xi = +\dfrac{\psi_\nu}{\omega\, c}$ von O, die Linien konstanter ψ_r-Werte sind Kreise mit dem Mittelpunkt m auf der ξ-Achse im Abstand e von o und mit den Radien $a = \sqrt{e^2 - \dfrac{2\,\psi_r}{\omega}}$; es sind dies hiermit die Ausdrücke für die Bestimmung der Funktionswerte zum geschilderten Versuch. Abb. 76.

Die Differentialgleichung für ψ_r ist, abgesehen davon, daß sie in Polarkoordinaten ausgedrückt ist, von gleicher Art wie diejenige, die zur Bestimmung von Rohr- und Kanalprofilen mittels Funktionenaddition dient. Dieses Hilfsmittel ist daher zu gleichem Zweck im vorliegenden Theorem verwendbar; ebenso gibt die Gleichung $\psi_r = \psi_\nu + \psi_p$ die Führung zur Bestimmung einer der Linienscharen aus den beiden andern im Sinne der Funktionenadditon; der Gebrauch dieses Hilfsmittels ist daher im Wesen dasselbe, wie auf Seite 126 geschildert.

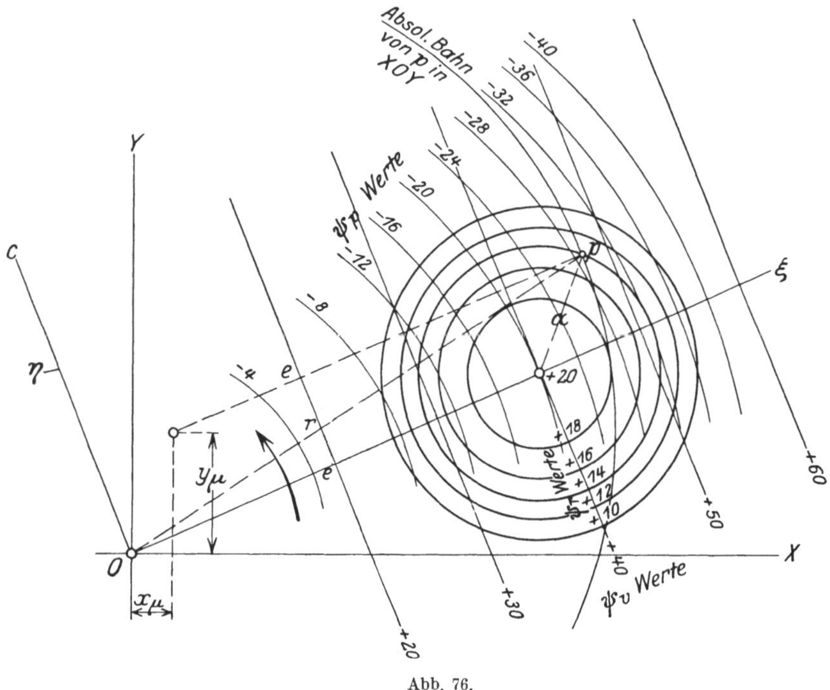

Abb. 76.

II. Die Relativ- und Absolutbewegung einer reibungsfreien, durch rotierende Kanäle strömenden Flüssigkeit.

Da die Differentialgleichungen für ψ_ν und ψ_r nicht an Scharen geschlossener Kurven gebunden sind, so bilden dieselben auch die Grundlagen für die mathematische Bestimmung von Durchflußströmungen entsprechend dem 2. Fall durch rotierende Kanäle, die derart gebaut sind, daß in denselben bei Reibungsfreiheit ebene zweidimensionale Strömungen möglich sind. Dieselbe ist die Grundlage zu der von W. Kucharski erdachten und ausgearbeiteten Methode, die in dessen Publikation: „Strömung einer reibungsfreien Flüssigkeit bei Rotation fester Körper" beschrieben ist (Verlag von Oldenbourg, München und Berlin). Dr. Oertli hat dieselbe als Führung bei seiner Promotionsarbeit verwendet.

2. Kinematik der stationären Relativbewegung.

Zwischen den Komponenten der Relativgeschwindigkeit und der Absolutgeschwindigkeit bestehen folgende Beziehungen:

$$w_z = v_z, \qquad w_r = v_r, \qquad w_u = v_u - r\,\omega$$

und dementsprechend zwischen deren Rotoren:

$$2\,\Omega_{ru} = \frac{\partial w_z}{\partial r} - \frac{\partial w_r}{\partial z} = \frac{\partial v_z}{\partial r} - \frac{\partial v_r}{\partial z} = 2\,\Omega_{au},$$

$$2\,\Omega_{rz} = \frac{\partial w_u}{\partial r} + \frac{w_u}{r} - \frac{\partial w_r}{r\,\partial\vartheta} = \frac{\partial v_u}{\partial r} + \frac{v_u}{r} - \frac{\partial v_u}{r\,\partial\vartheta} - 2\,\omega = 2\,\Omega_{az} - 2\,\omega,$$

$$2\,\Omega_{rr} = \frac{\partial w_u}{\partial z} - \frac{\partial w_z}{r\,\partial\vartheta} = \frac{\partial v_u}{\partial z} - \frac{\partial v_z}{r\,\partial\vartheta} = 2\,\Omega_{ar}.$$

Sind die Werte der absoluten Rotoren $=$ Null, so ist nur der relative Rotor $2\,\Omega r_z = -2\,\omega$ mit der Achsenrichtung z vorhanden, der aber nicht an die Flüssigkeit, sondern an den rotierenden Raum gebunden ist; alle andern Rotoren, wenn solche vorhanden sind, sind mit der Flüssigkeit verbunden und daher für beide Bewegungen gleich; für diese gelten die Helmholtzschen Wirbelsätze. Auch die Kontinuitätsgleichungen:

$$\frac{\partial w_z}{\partial z} + \frac{\partial w_r}{\partial r} + \frac{w_r}{r} + \frac{\partial w_r}{r\,\partial\vartheta} = div\ \mathfrak{w} = 0,$$

$$\frac{\partial v_z}{\partial z} + \frac{\partial v_r}{\partial r} + \frac{v_r}{r} + \frac{\partial v_r}{r\,\partial\vartheta} = div\ \mathfrak{v} = 0,$$

hat das Glied $r\,\omega$ keinen Einfluß. Ist mithin die Kontinuitätsbedingung für die eine Bewegung erfüllt, so ist dies auch für die andere Bewegung der Fall.

3. Dynamik der Relativbewegung bei gleichförmiger Rotation der durchströmten Hohlräume.

Die drei Bewegungsgleichungen I, II, III auf Seite 24 erhalten für Zylinderkoordinaten z, r, ϑ folgende Formen:

$$K_z - \frac{1}{\varrho}\frac{\partial p}{\partial z} = \frac{dv_z}{dt} = \frac{\partial v_z}{\partial t} + v_z\frac{\partial v_z}{\partial z} + v_r\frac{\partial v_r}{\partial r} + v_u\frac{\partial v_u}{r\,\partial\vartheta}, \quad\cdots\cdots\quad \text{I}$$

$$K_r - \frac{1}{\varrho}\frac{\partial p}{\partial r} = \frac{dv_r}{dt} - \frac{v_u^2}{r} = \frac{\partial v_r}{\partial t} + v_z\frac{\partial v_r}{\partial z} + v_r\frac{\partial v_r}{\partial r} + v_u\frac{\partial v_r}{r\,\partial\vartheta} - \frac{v_u^2}{r}, \quad \text{II}$$

$$K_u - \frac{1}{\varrho}\frac{\partial p}{r\,\partial\vartheta} = \frac{dv_u}{dt} + \frac{v_r v_u}{r} = \frac{\partial v_u}{\partial t} + v_z\frac{\partial v_u}{\partial z} + v_r\frac{\partial v_u}{\partial r}$$

$$+ v_u\frac{\partial v_u}{r\,\partial\vartheta} + \frac{v_r v_u}{r} \quad\cdots\cdots\cdots\quad \text{III}$$

Die Glieder $-\dfrac{v_u{}^2}{r}$, $\dfrac{v_r v_u}{r}$ entsprechen den durch die Verwendung der **polaren Koordinaten** r, ϑ in die Gleichungen eintretenden Gliedern der Zentripetal- und Bogenbeschleunigung.

Schreibt man in diesen Gleichungen w_z, w_r, w_u statt v_z, v_r, v_u, setzt $K_r = r\,\omega^2 + 2\,w_u\,\omega$, $K_u = -\,2\,w_r\,\omega$, das sind die Komponenten der Beschleunigungen der Ergänzungskräfte der Relativbewegung, und nimmt der Einfachheit halber $K_z = -\,g$ entsprechend lotrechter Anordnung der z-Achse als Drehachse der Hohlräume an, so erhält man das System der Fundamentalgleichungen der Relativbewegung, bezogen auf das sich zwar mit der konstanten Winkelgeschwindigkeit ω drehenden, aber wegen Einführung der Ergänzungsbeschleunigungen als feststehend zu betrachtende Zylinderkoordinatensystem z, r, ϑ. Umformt man das Gleichungssystem der relativen Bewegung nach dem Schema: I $dz +$ II $dr +$ III $r\,d\vartheta$, so erhält man analog wie auf Seite 27 u. f.

$$-\,g\,dz + \frac{d\,(r\,\omega)^2}{2} + 2\,\omega\,[w_u\,dr - w_r\,r\,d\vartheta] - \frac{1}{\varrho}\,dp$$
$$= \left[\frac{\partial w_z}{\partial t}\,dz + \frac{\partial w_r}{\partial t}\,dr + \frac{\partial w_u}{\partial t}\,r\,d\vartheta\right] + \frac{d\,w^2}{2} - 2\,\mathfrak{H}_r, \;\ldots\; \mathrm{B_r}$$

worin $2\,\mathfrak{H}_r$ ein die Rotoren der Relativbewegung enthaltender Differentialausdruck ist. Mit der Bezeichnung $r\,\omega = u$ kann

$$d\,\frac{(r\,\omega)^2}{2} = grad\,\frac{u^2}{2}$$

gesetzt werden; $dL = w_u\,dr - w_r\,r\,d\vartheta$ ist die Differentialgleichung der Projektion der momentanen Stromlinien auf die r, ϑ-Ebene; denn mit $L = 0$ wird $\dfrac{w_r}{w_u} = \dfrac{dr}{r\,d\vartheta}$; hiermit sind:

$$w_u = \frac{\partial L}{\partial r}; \qquad -\,w_r = \frac{\partial L}{r\,\partial\vartheta};$$

man erhält:

$$2\,\omega\,(w_u\,dr - w_r\,r\,d\vartheta) = [(2\,\omega)\cdot w'] = grad\,2\,\omega\,L.$$

Die ganze Gleichung $\mathrm{B_r}$ erhält in vektorieller Schreibweise die Form:

$$grad\left(z + \frac{p}{\gamma} + \frac{w^2}{2g} - \frac{u^2}{2g} - 2\,\omega\,L\right) + \frac{1}{g}\,\frac{\partial\mathfrak{w}}{\partial t} - \frac{1}{g}\,[\mathfrak{w}\cdot rot\,\mathfrak{w}] = 0. \qquad \mathrm{B_r^{III}}$$

Kann hierin $\dfrac{1}{g}\,[\mathfrak{w}\cdot rot\,\mathfrak{w}] = grad\,\Sigma$ gesetzt werden, so erhält man:

$$grad\left(z + \frac{p}{\gamma} + \frac{w^2}{2g} - \frac{u^2}{2g} - \frac{2\,\omega\,L}{g} - \Sigma\right) + \frac{1}{g}\,\frac{\partial w}{\partial t} = 0. \;\; . \;\; \mathrm{B_r^{IV}}$$

Im stationären Zustand sind dann die Werte von p und w durch Funktionen der Ortskoordinaten bestimmt; d. h. es ist bei solchen Formen, für die eine solche Funktion Σ existiert, widerstandsfreie Strömung möglich.

Die Gleichungen I bis III sind mit $K_z = -g$; $K_r = 0$; $K_u = 0$ die Gleichungen der auf das drehbare Achsensystem bezogenen Absolutbewegung, zusammengefaßt erhalten dieselben die Form:

$$grad\left(z + \frac{p}{\gamma} + \frac{v^2}{2\,g}\right) + \frac{1}{g}\frac{\partial \mathfrak{v}}{\partial t} - \frac{1}{g}\left[\mathfrak{v}\cdot rot\,\mathfrak{v}\right] = 0 \quad \ldots \ \mathrm{B_a}^{\mathrm{III}}$$

oder sofern $\dfrac{1}{g}\left[\mathfrak{v}\cdot rot\,\mathfrak{v}\right] = grad\,\mathfrak{S}$ gesetzt werden kann:

$$grad\left(z + \frac{p}{\gamma} + \frac{v^2}{2\,g} - \mathfrak{S}\right) + \frac{1}{g}\frac{\partial \mathfrak{v}}{\partial t} = 0. \quad \ldots \ \ \mathrm{B_a}^{\mathrm{IV}}$$

Ist die Absolutbewegung eine Potentialbewegung, dann ist für dieselbe $2\,\Omega_a = 0$ und für die zugehörige Relativbewegung $2\,\Omega_r = 2\,\Omega_{rz} = -2\,\omega$; es wird der Betrag von $\left[\mathfrak{w}\cdot rot\,\mathfrak{w}\right] = -2\,w'\,\omega$, da Ω_{rz} parallel zur z-Achse gerichtet ist. w' ist die Projektion von w auf die Ebene r, ϑ. Der Vektor $\left[\mathfrak{w}\cdot rot\,\mathfrak{w}\right]$ liegt parallel zu dieser Ebene und steht senkrecht auf w', seine Komponenten sind in der Richtung R gleich $(-2\,\omega)\cdot(+w_u)$, in der Richtung senkrecht auf r gleich $(-2\,\omega)(-w_r)$, und somit wird $\left[\mathfrak{w}\cdot rot\,\mathfrak{w}\right] = -2\,\omega\,w_u\,dr + 2\,\omega\,w_r\,r\,d\vartheta = -grad\,2\,\omega\,L = grad\,\Sigma$. Die Gleichung $\mathrm{B_r}$ der Relativbewegung wird somit einfach:

$$grad\left(z + \frac{p}{\gamma} + \frac{w^2}{2\,g} - \frac{u^2}{2\,g}\right) + \frac{1}{g}\frac{\partial \mathfrak{w}}{\partial t} = 0$$

und bei stationärem Zustand also $\dfrac{\partial \mathfrak{w}}{\partial t} = 0$,

$$z + \frac{p}{\gamma} + \frac{w^2}{2\,g} - \frac{u^2}{2\,g} = \text{konstant},$$

d. i. die auf die Relativbewegung erweiterte Bernouillische Gleichung ohne Widerstandsglied; sie gilt allgemein für das ganze relative Strömungsgebiet.

Es werden sonach in Hohlräumen, die sich um eine ruhende Achse drehen, Relativ- und zugehörige Absolutströmungen dynamisch möglich, wenn die Formen der Hohlräume, die Ausbildung rotationsloser Absolutströmungen ermöglichen; ist dies nicht der Fall, so werden sich durch Ausbildung von Diskontinuitätsflächen im Innern der Räume zwei Strömungsgebiete absondern; in dem einen findet Strömung durch die Hohlräume mit rotationsloser Absolutströmung, in dem anderen eingeschlossene Bewegung mit in sich geschlossenen relativen Stromlinien statt. Die Ausbildung reiner Diskontinuitätsflächen wird allerdings durch die Bewegungswiderstände verhindert, und vermehrt hierdurch eine der Strömung schon innewohnende Turbulenz; diese Ausbildung wird, wenn der Anlaß hierzu überhaupt vorhanden ist, vom Betrag der Rotation: $2\,\Omega_{rz} = -\,2\,\omega$, also von der Winkelgeschwindigkeit abhängen und sich mit der letzteren ändern.

Diese theoretischen Ergebnisse stehen im Einklang mit den der prüfenden Hydrotechnik schon längst durch Beobachtung bekannten Erscheinungen betreffend die Strömungen in Kreiselrädern der dort auftretenden Ablösungen, die hiernach anderer Natur sind, als die den Grenzschichten entsprechenden Ablösungen; es ist hiernach durch die allgemeinen Gleichungen die theoretische Grundlage für die weitere Verfolgung der bezüglichen, namentlich der dreidimensionalen Probleme gegeben. Die nach dieser Richtung bisher vorliegenden Studien können als erste orientierende Versuche von Lösungen bewertet werden; mit der Annahme der Möglichkeit achsensymmetrischer Ausbildung der Stromlinien und der Abtrennung einzelner Räume durch Einfügung von in gleichen Bogenabständen angebrachten festen Stromflächen — in der Art von Blechschaufeln — mußten für den Eintritt in und den Austritt aus den Kanälen Hypothesen über den Ausgleich der Pressungen an diesen Übergängen eingeführt werden. Die längs von der ausführenden Turbinenpraxis namentlich für den Austritt durchgeführte Ausbildung von Schaufelenden mit sogenannter Parallelführung hat — zwar meist unbewußt — als theoretischen Hintergrund eine derartige Hypothese; die Annahme der Abtrennung von Räumen am Anfang und Ende der Zellen, in denen gleicher Druck herrscht — siehe nebenstehende Abb. 77 —, beruht ebenfalls auf einer solchen Hypothese. Die Erkenntnis der Wirkung der Zirkulation auf den Verlauf der Stromlinien hat den gesuchten Ausgleich in theoretisch einwandfreier Weise gebracht.

Grenzt man im Stromgebiet ein Element $dz\cdot dr\cdot r\,d\vartheta$ ab, so entspricht den Drucken $p\,dr\,dz$ und $\left(p + \dfrac{\partial p\,d\vartheta}{\partial \vartheta}\right)dr\,dz$ auf die kongruenten Querschnitte $dr\cdot dz$ ein elementares Moment von der Größe

$$dM = -\left(\frac{\partial p}{d\vartheta}\cdot d\vartheta \cdot dr\cdot dz\right)\cdot r = -\frac{\partial p}{r\,\partial\vartheta}\cdot r^2\,d\vartheta\,dr\cdot dz.$$

Setzt man aus Gleichung III den Wert von $\dfrac{\partial p}{r\,\partial\vartheta}$ ein, so folgt

$$dM = \varrho\left(\frac{dv_u}{dt} + \frac{v_r\,v_u}{r}\right)r^2\,d\vartheta\,dr\,dz.$$

Setzt man $v_r = \dfrac{dr}{dt}$, so folgt

$$\frac{dv_u}{dt} + \frac{v_r v_u}{r} = \frac{1}{r} \cdot \frac{d(v_u r)}{dt};$$

hieraus
$$dM = \varrho\, d(v_u r) \cdot \frac{r\, d\vartheta}{dt} \cdot dr \cdot dz$$

$$= \varrho\,(v_u\, dr\, dz) \cdot d(v_u r),$$

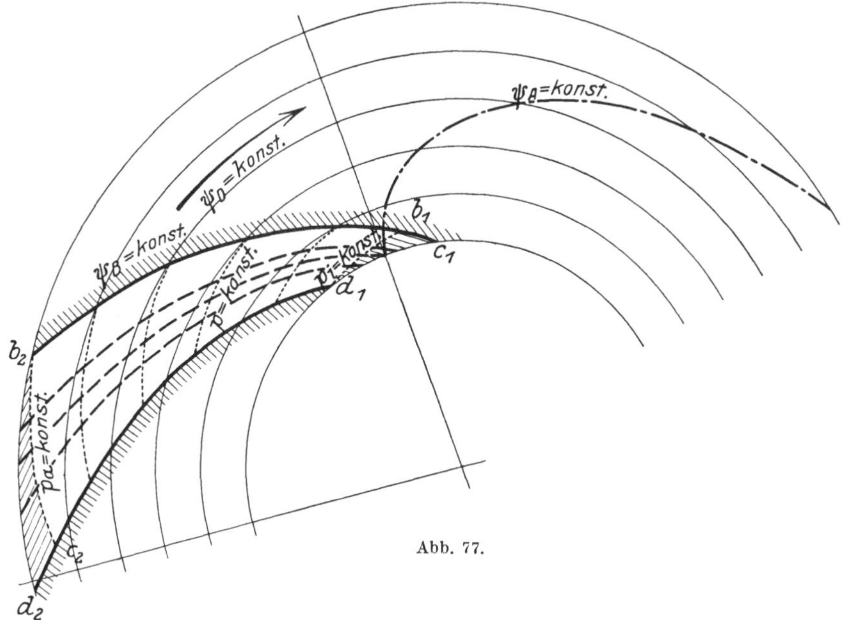

Abb. 77.

$(v_u\, dr\, dz)$ ist aber die durch den Querschnitt $dr\, dz$ in der Zeiteinheit durchströmende Wassermenge dq,

$$dM = \sigma\, dq \cdot d(v_u r),$$
$$M = \varrho \int dq \int d(v_u r),$$

wenn man die innere Integration auf den Stromfaden bezieht, der von der Flüssigkeitsmenge dq durchflossen wird.

Es ist der vollständige Ausdruck für den Eulerschen Momentensatz, den die Mittelwertstheorie in der bekannten Form bringt

$$M = \pm\,\frac{\gamma\, Q}{g}\,(v_{u_1} r_1 - v_{u_2} r_2),$$

wobei das $+$-Zeichen für Kraft abgebende, das $-$-Zeichen für Kraft aufnehmende Kreiselräder gilt.

Die Verwendung dieser allgemeinen Theorien für den besonderen
Fall der Kreiselräder erfordert noch die Bestimmung der Strömungsformen mit Hilfe von Methoden, für die die Funktionentheorie die
Grundlage geben kann; bei dem heutigen Stand der Verwendbarkeit
derselben ist dies vorläufig nur für rein zweidimensionale Strömungen
möglich.

Darstellung der zweidimensionalen Strömung durch rein radiale Kreiselräder.

Nach den Ergebnissen der Betrachtung der Eigenschaften der
Strömungsfunktion ψ_r ist das allgemeine Integral der Differentialgleichung

$$\frac{\partial^2 \psi_r}{\partial r^2} + \frac{1}{r}\frac{\partial \psi_r}{\partial r} + \frac{\partial^2 \psi_r}{r\,\partial \vartheta^2} = -2\,\omega$$

als Funktionensumme dargestellt durch

$$\psi_r = \psi_\nu - r\,\omega^2 = \psi_\nu + \psi_p,$$

worin ψ_ν eine Potentialfunktion ist; die Strömungsfunktion ψ_r muß
die Eigenschaft haben, daß zu deren Linien auch die Grenzen des
Raumes gehören, in dem die Strömung stattfindet. Beim Versuchs-
beispiel gehört der Schalenkreis zu der Schar der Stromlinien

$$\psi_r = \omega\,e\,r \cos\vartheta - \frac{r^2\,\omega}{2}.$$

Im Kreiselrad ist nicht eine geschlossene Schale vorhanden,
sondern die Grenzen sind durch die Schaufelprofile gegeben, die in
gleichmäßiger Aufteilung um die Achse angeordnet sind, wie dies
in den Abb. 72 und 73 ersichtlich ist. Es liegt nun die funktionen-
theoretische Aufgabe vor, eine der angegebenen Bedingung entsprechende Funktion analytisch, oder deren geometrisches Bild auf
anderem Wege zu finden; einen solchen Weg hat Kucharski ge-
wiesen, indem er die von Prandtl für die Behandlung des Torsions-
problems zylindrischer Stäbe stammende Darstellung des Verhaltens
solcher Stäbe unter Hinweis auf die Gleichartigkeit der partiellen
Differentialgleichungen auch für das Strömungsproblem in Vorschlag
gebracht hat; siehe die auf Seite 256 angegebene Literaturquelle;
Abschnitt IV: „Analogie mit der gespannten Membran“ u. f.

Es sind zwei Fälle zu unterscheiden:

1. Die Flüssigkeit ist durch zwei im Abstand der Randbreite
parallele Ebenen senkrecht zur Achse, ferner einerseits durch die
Profillinien der Schaufel und anderseits durch die an die Schaufelenden anliegenden Kreiszylinder gebildet; dann hat man es mit einer

Anzahl kongruenter, in gleichem Winkelabstand um die Achse angeordneter zylindrischer Einzelräume zu tun, in der die Relativbewegung in geschlossenen Linien vor sich geht wie in der kreisförmigen oder elliptischen Schale. Wie schon auf Seite 256 hervorgehoben, ist dann die Darstellung durch analoge Methoden, wie sie bei Bestimmung der Isotachen in zylindrischen Rohren benützt wurden (Seite 126 u. f.) zu erreichen. Dieser Fall ist von Oertli verwirklicht worden, indem er das radiale Versuchskreiselrad mit zylindrischen Mänteln umgab und so eine vollständige Absonderung der einzelnen Räume erreichte; es erschienen dann auch die geschlossenen Stromlinien, doch zeigten sich hierbei sekundäre Wirbelbildungen in den Ecken, die jedenfalls den Einfluß der Wandreibung zur Ursache haben.

2. Die begrenzenden Kreiszylinder liegen an die Schaufelenden nicht an, die einzelnen Zellenräume und die Ringräume sind zylindrischen Begrenzungen sind miteinander in Verbindung.

Die Relativströmung ist als eine durch die Schaufelprofile des feststehend gedachten Rades gestörte Grundströmung zu betrachten, die aus einer durch den Raum in logarithmischen Spiralen und einer im Raum in konzentrischen Kreisen fließenden Strömung zusammengesetzt ist, die Achsen beider Strömungen fallen mit der Radachse zusammen. Die kreisende Strömung entspricht der umgekehrten Drehung des Rades, ihre Stromfunktion ist $\psi_r = -\tfrac{1}{2} r^2 \omega$, die Werte von ψ_r sind im ganzen Raum negativ anzunehmen; die Rotation der Strömung ist $-2\,\omega$; die Durchflußströmung ist rotationslos anzunehmen.

Wenn man nun das Feld mit n Schaufeln behufs Reduktion der Profilszahl polar konform nach Seite 177 auf ein solches mit nur e i n e r Schaufel abbildet, so erhalten im einschaufligen Feld die konzentrischen Kreise der kreisenden Strömung die Radien

$$\mathfrak{r} = r^n = \sqrt[n]{\frac{2}{\omega}(-\psi_r)}.$$

Bestimmt man mittelst der früher geschilderten Methoden die Form der durch das Profil gestörten kreisenden Strömung, so erhält man die sogenannte relative Drehströmung und analog die auch das Profil umgebende Durchflußströmung und ferner die Zirkulationsströmung.

Bildet man nun alle drei Strömungen wieder im Feld mit n Schaufeln ab, so erhält man durch Funktionsaddition die totale Relativströmung ψ_R; bezeichnet man mit $\psi_B = -\psi_r = \tfrac{1}{2} r^2 \omega$ ein der Raddrehung entsprechende ψ_r entgegengesetzte Strömung, so gibt die Addition

$$\psi_A = \psi_R + \psi_B$$

die Absolutströmung durch das Kreiselrad bezogen auf das rotierende Koordinatensystem.

Das auf solche Art gewonnene Strömungsbild kann natürlich nur als abstrakte Darstellung einer in der Wirklichkeit durch Störungen der verschiedensten Art beeinflußten Strömung bewertet werden; die Einflüsse der Zuführung und Abführung des Wassers zum Rad mit der dem ankommenden Wasser bereits innewohnenden und dann durch die Reibungen an den Schaufeln vermehrten Turbulenz u. a. m., können in einer Darstellung der vorliegenden Art, die mit Ausnahme der Relativströmung überall auf Potentialströmungen basiert, nicht in Rechnung gebracht werden; zudem ist die Lösung an das zweidimensionale Strömungsgebiet gebunden. Zu Lösungen im dreidimensionalen Gebiet fehlen zur Zeit noch mathematische und geometrische Methoden von so fruchtbarer Verwendbarkeit wie diejenigen der konformen Abbildungen.

Den Bestrebungen, die Theorie und Berechnung dreidimensionaler Kreiselräder, sofern dieselben, wie üblich, in Rotationshohlräumen eingeschlossen sind, hydrodynamisch auf eine zweidimensionale Strömungstheorie zu basieren, darf man noch skeptisch gegenüberstehen. Wenn dies vielleicht noch bei offenen Propellern, die in der gleichsam unbegrenzten Flüssigkeit arbeiten, einigermaßen mit der Wirklichkeit verträglich ist, so schwerlich bei Turbinen- und Pumpenrädern, deren Strömung unter dem Zwang der äußeren Umhüllung steht; da muß die analysierende Hydrodynamik schon auf den Einfluß solcher Begrenzungen Rücksicht nehmen.

Die Hydrotechnik wird gewiß gerne jede Theorie verwenden, die die derzeit zunehmende Erkenntnis der verwickelten Strömungsvorgänge berücksichtigt. Die Anpassung durch Einführung von Erfahrungswerten, die durch den Versuch an technischen Objekten erhalten werden, wird aber doch immer das praktisch verwendbarste Hilfsmittel bleiben, um die abstrakte Theorie mit der konkreten Wirklichkeit zu verbinden.

IV. Hydrodynamische Versuche.

In dem Bestreben, neben theoretischen auch experimentelle Grundlagen für die Analyse von Strömungsvorgängen zu schaffen, werden im Maschinenlaboratorium der Eidg. Techn. Hochschule in Zürich schon seit längerer Zeit diesbezügliche Versuche durchgeführt. Es wurde hierüber vom Verfasser dieses Buches am 2., 3. und 4. Oktober 1923 anläßlich des vom Schweiz. Ing.- und Arch.-Verein veranstalteten Kurses über technische Fragen aus dem Gebiete der Bau-, Maschinen- und Elektro-Ingenieurwissenschaften in Vorträgen und experimentellen Vorführungen berichtet und in der Schweiz. Bauzeitung, Band 82, 1923, Nr. 25 referiert; solche Versuche liegen auch der Promotionsarbeit von Herrn Dr. Heinrich Oertli: „Untersuchung der Wasserströmung durch ein rotierendes Zellenkreiselrad", Verlag von Rascher & Cie., Zürich, zugrunde und bilden seither die Unterlage für wissenschaftliche Arbeiten im Maschinenlaboratorium auf hydrodynamischen Gebiete, worüber in einem Artikel des Verfassers „Hydrodynamische Zeitkurven" in der Schweiz. Bauzeitung, Band 83, 1924, vorbehaltlich eingehender Schilderung in einer Monographie durch den Experimentator Herrn Dipl.-Masch.-Ing. O. Walter berichtet wurde.

In den Abb. 78, 79 ist die Laminarströmung durch einen Leitapparat dargestellt, und zwar einerseits durch Stromlinien nach Hele Shaw und dann durch Aufnahme von Zeitkurven mittels intermittierender Farbzuführung; die Strömung erfolgt von innen nach außen zwischen einer weißen Bodenplatte und einer geschliffenen Glasplatte mit $^1/_2$ mm Abstand. Die Distanzhaltung der Platten erfolgt durch die aus dünnem Kautschuk ausgeschnittenen Schaufelprofile. Durch Einführung von Farbstoff in das strömende Wasser wird die Strömung sichtbar gemacht. Zu dem Zweck sind in der unteren Platte, in einem Kreis von 8 cm Durchmesser um das Zentrum, 64 Löcher gleichmäßig verteilt angeordnet, durch die mit Kaliumpermanganat gefärbtes Wasser dem aus dem Zentrum kommenden Wasser zuströmt.

Bei Aufnahmen von Zeitkurven erfolgte die Farbstoffzuführung in gleichen Zeitintervallen, indem jedesmal, wenn das konzentrisch mit dem Lochkreis sich erweiternde Farbband an die Schaufeln herankam, die Farbzuführung eingeschaltet und sofort wieder abgeschaltet wurde. So entstanden Farbstreifen, deren äußere Umhüllungen als Zeitkurven zu betrachten sind. Da gleichzeitig mit den Zeitkurven die Stromlinien sichtbar werden, so ist es möglich, an einer Figur mit ausgeglichenen Zeitkurven, wie z. B. Abb. 80,

Abb. 78.

die Abstände zwischen den Zeitkurven längs den Stromlinien zu messen und bei beobachtetem Zeitintervall die Geschwindigkeiten zu rechnen (siehe Abb. 81). Die Methode kann daher zur Ermittelung der Geschwindigkeitsverteilung und zu Aufschlüssen über die Art der Strömung führen. Im vorliegenden Fall sieht man z. B. deutlich den Einfluß der Rauhigkeit der Schaufelwände und die Ausbildung von Wirbelschichten hinter den Schaufelenden.

Sowohl die reine Strömungsdarstellung wie auch die der Zeitkurven läßt für diese Laminarströmungen die Eigenschaft erkennen, daß bei der von innen erfolgten radialen Zuströmung auch die

Abströmung im wesentlichen radial erfolgt. Die geringen Abweichungen vom radialen Abfluß können durch störende Einflüsse im Ablaufraum namentlich durch die deutlich erkennbaren Wirbelschichten hinter den Schaufeln erklärt werden. Die Versuche wurden am bestehenden Apparat fortgesetzt und dabei namentlich angestrebt, den Einfluß einer Zuströmung mit kreisender (tangentialer) Komponente auf die Strömung in den Zellen und im Abfluß kenntlich zu machen. Dies gelang aber bei der dünnen Schicht von 0,5 mm nicht; die im zen-

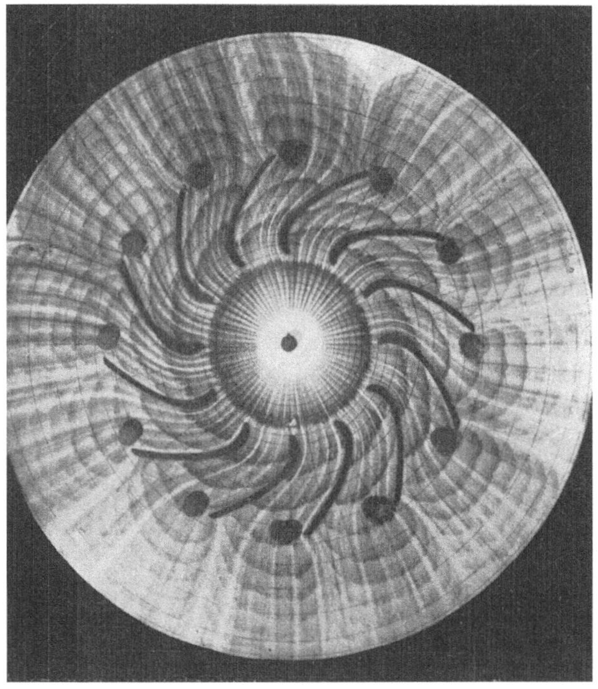

Abb. 79.

tralen Zulauf erzeugte kreisende Komponente wurde kurz nach Eintritt in die Schicht vernichtet, das Strömungsbild wurde nicht wesentlich verändert; hingegen zeigte es sich, daß bei größerer Schichtdicke die kreisende Komponente erhalten blieb, daß aber die hierbei auftretende Turbulenz die gute Ausbildung der Strombahnen störte. Diese Erfahrung wies unmittelbar darauf hin, daß die bei 0,5 mm Schichtdicke die ganze Schicht beeinflussende Wandreibung die kreisende Komponente vernichtet, was dann später durch die photographische Aufnahme von Strömungen an der Grundplatte und in der Mittelebene der Schicht bestätigt wurde. Da orientierende Versuche am bisher benutzten Apparat ein Gelingen der angestrebten Untersuchungen erwarten ließen und es dabei nun zweckdienlich erschien, die Versuche auch zur Klärung der Strömungserscheinungen in der Praxis angepaßten Leitradformen zu erhalten, so wurde ein hierfür bereits vorhandener, größerer Plattenapparat benutzt. Der

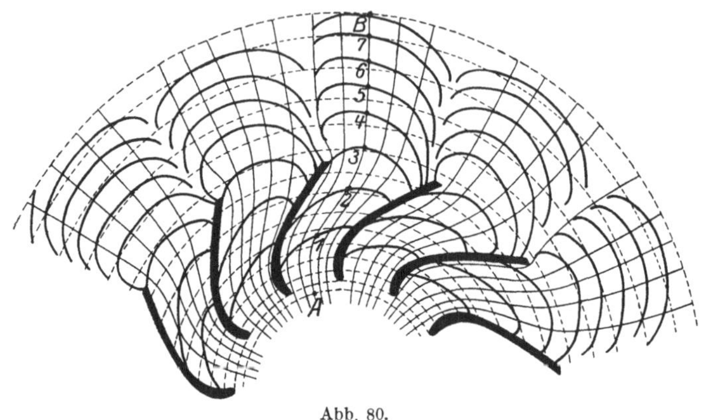

Abb. 80.

Abstand der mit einem polaren konformen Grundnetz versehenen unteren Platte von der oberen Glasplatte wurde auf 30 mm eingestellt, und die Zuströmung von außen angeordnet, wie dies beim

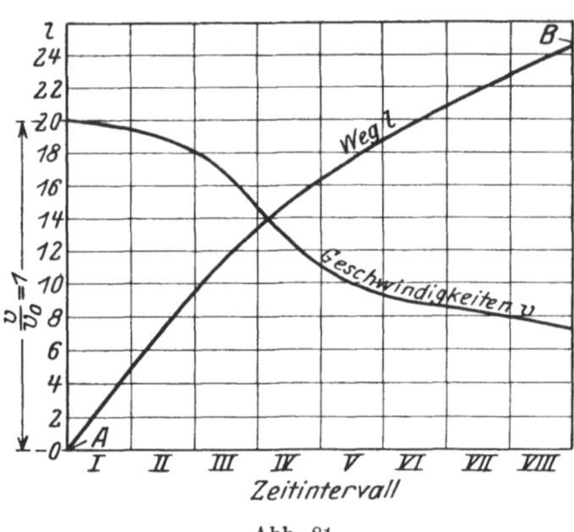

Abb. 81.

Apparat bereits vorgesehen war. Es wurde dabei vorderhand davon abgesehen, die Farbstoffdüsen am ganzen äußeren Umfang des Apparates anzuordnen, da dies unter Beachtung der Gleichmäßigkeit der Verteilung bei den Versuchen am kleinern Apparat nicht nötig erschien. Hierbei wurde, wo möglich, zur Erzeugung der Zeitkurven das Tropfenverfahren verwendet.

Die Abb. 82a und b Seite 270 stellen die mit dem Tropfenverfahren erzeugten Zeitkurven im Strömungsfeld eines Leitapparates mit Blechschaufeln dar. Die Tropfen wurden durch plötzliches Abklemmen des Farbstoffzuflußschlauches erhalten. Die gegenseitige Lage der Tropfen kennzeichnet die Zeitkurven der Strömung. Der Versuch Abb. 82a mit radialer Zuströmung zeigt größere Ablösung als der in Abb. 82b Seite 270 mit schräger Zuströmung; die Blechschaufeln geben Anlaß zu einer Diskontinuität mit einer Grenzfläche, die dem Profil der geformten Schaufeln ähnlich ist. Ein Strömungsbild ohne Ablösung konnte nicht erhalten werden: Je näher man der hierfür geeigneten Neigung der Zuführungsdüsen kam, desto mehr trat heftige Turbulenz im Zuströmungsraum ein, Abb. 82b Seite 270.

Die Abb. 83 und 84 veranschaulichen in analoger Weise den Durchfluß zwischen geformten Schaufeln. In Abb. 85 Seite 272 ist die Kinoaufnahme einer Strömung zwischen geformten Leitschaufeln mit geraden Mittellinien wiedergegeben. Die Aufnahme der Zeitkurven konnte hierbei nicht mehr bei Verwendung des Tropfenverfahrens, erfolgen. Abb. 85 zeigt die Momentaufnahme einer Strömung beiderseits einer geformten Schaufel mit schräger Zuströmung; deutlich tritt die Wirbelbildung am Abflußende der Saugschaufeln hervor, die bekanntlich auch bei den Tragflügeln der Aeroplane eine bedeutende Rolle spielt.

Strömungen mit kleineren Durchflußgeschwindigkeiten konnten am besten in Einzelmomentaufnahmen photographisch fixiert werden. Für größere Geschwindigkeiten mußte die Aufnahme kinematographisch erfolgen. Die mit dem Tropfenverfahren an den Leitapparaten erhaltenen Zeitkurven können ebenfalls sehr gut als Hilfsmittel für die Bestimmungen der Geschwindigkeitsverteilung verwendet werden. Innerhalb zweier Zeitkurven verhalten sich die Längen der Stromlinien wie die mittleren Geschwindigkeiten an denselben, man erhält dadurch die relative Geschwindigkeitsverteilung. Da zwischen den beiden Endstromlinien einer Zelle konstanter Wasserdurchfluß herrscht, so kann man auch ohne Kenntnis des Zeitintervalls die Geschwindigkeitsverteilung für eine angenommene Wassermenge bestimmen.

In der Abb. 86 sind Strömungen im geraden Gitter und im Leitradgitter dargestellt, die von Dr.-Ing. Pavel für seine Dissertation aufgenommen wurden.

Die fünf Abb. 87a, b, c, d, e der Strömung durch eine Klappeneinrichtung bei fünf verschiedenen Geschwindigkeiten, die drei Abb. 88a b, c der Strömung um einen Kreiszylinder, die Abb. 89 der an einem rotierenden Zylinder unter dem Einfluß der Reibung auftretenden Zirkulation, die Abb. 90 der Überfallserscheinung, ferner die Abb. 91a b, 92a b der Ausbildung der Turbulenz im polaren Feld bei radialer bzw. schräger Zuströmung lassen die Herstellbarkeit orientierender Strömungsbilder gut erkennen.

Strömung durch einen Leitapparat mit Blechschaufeln.

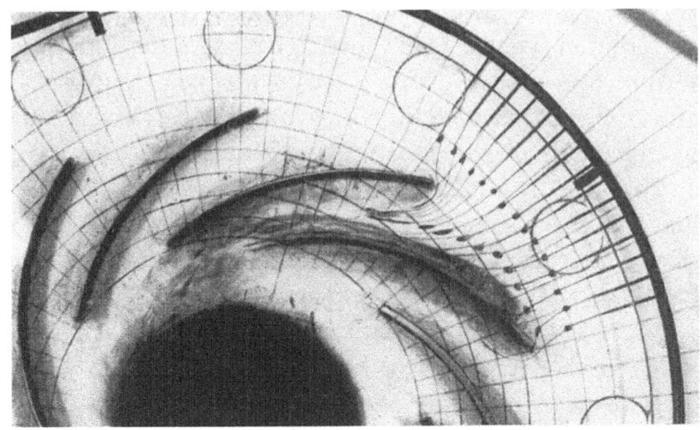

Abb. 82a. Radiale Zuströmung. Aufnahme mit Zeitkurven.

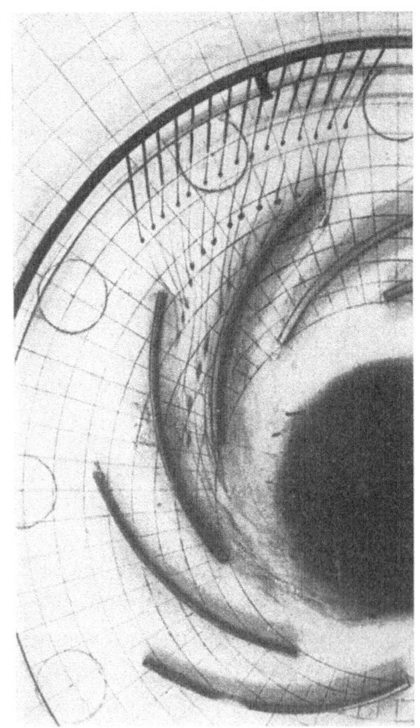

Abb. 82b. Schräge Zuströmung.
Aufnahme mit Zeitkurven.

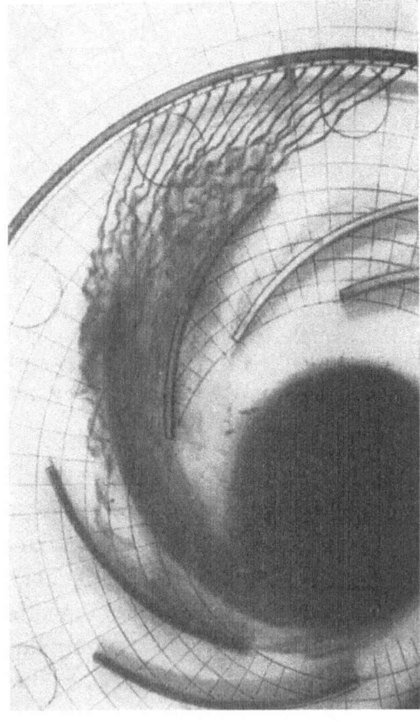

Abb. 82c. Tangentiale Zuströmung.
Momentaufnahme.

Strömung durch einen Leitapparat mit geformten Schaufeln.

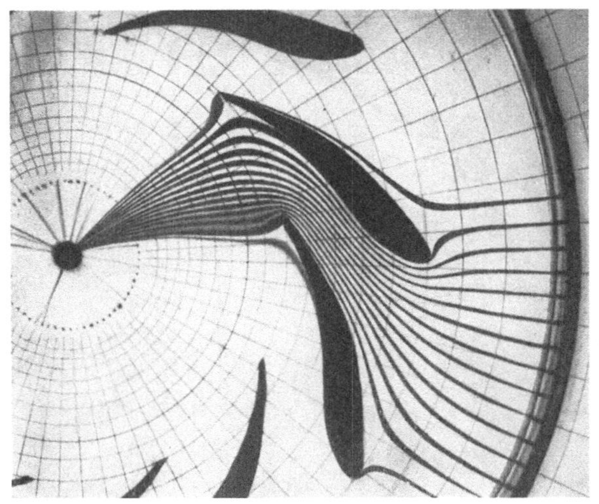

Abb. 83a. Radiale Zuströmung (laminar). Aufnahme nach Hele Shaw.

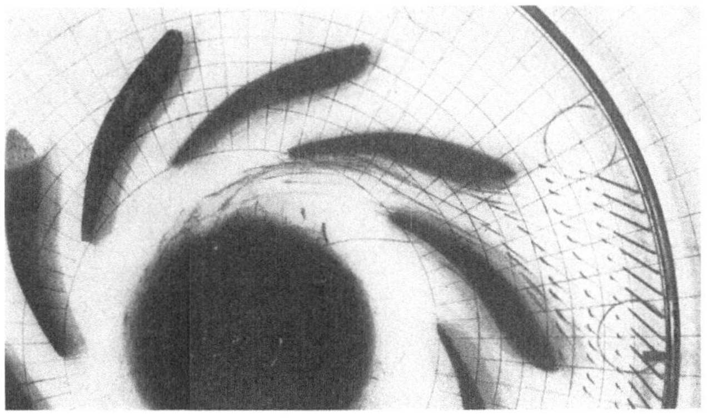

Abb. 83b. Schräge Zuströmung. Aufnahme mit Zeitkurven.

Strömung durch einen Leitapparat mit geformten Schaufeln.

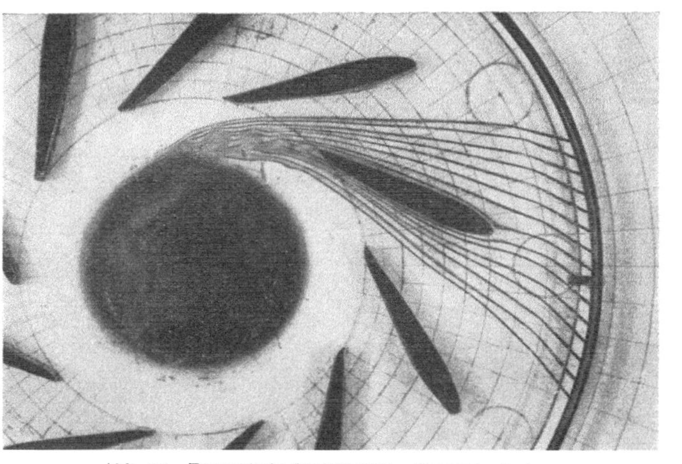

Abb 84. Tangentiale Zuströmung. Momentaufnahme.

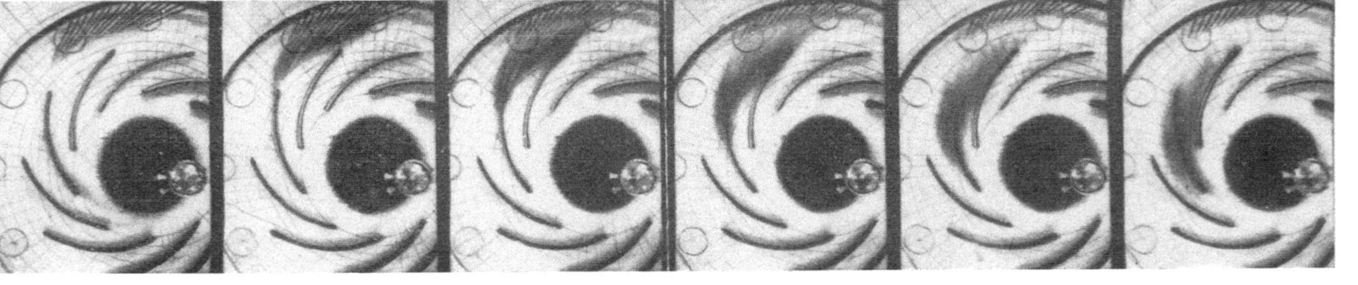

Abb. 85. Schräge Zuströmung. Kinoaufnahmen mit Zeitkurven

Strömung am geraden Gitter.

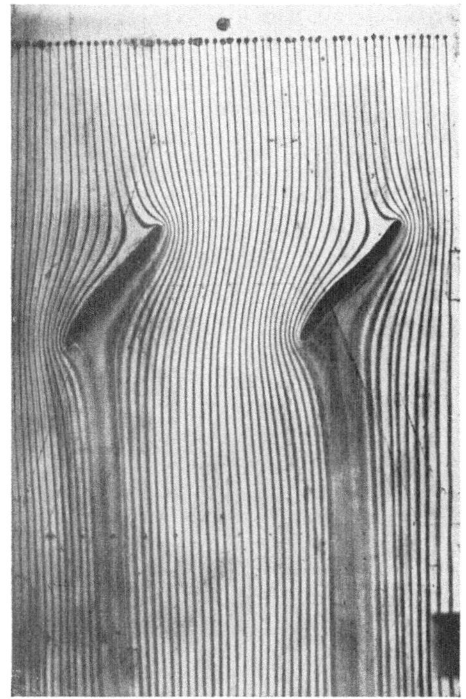

Abb. 86a   Strömung durch das Gitter.

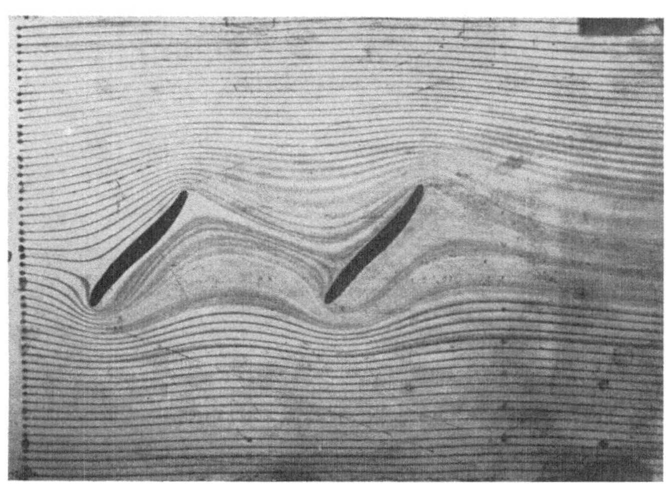

Abb. 86b.   Strömung längs dem Gitter.

Strömung um ein Kreisgitter.

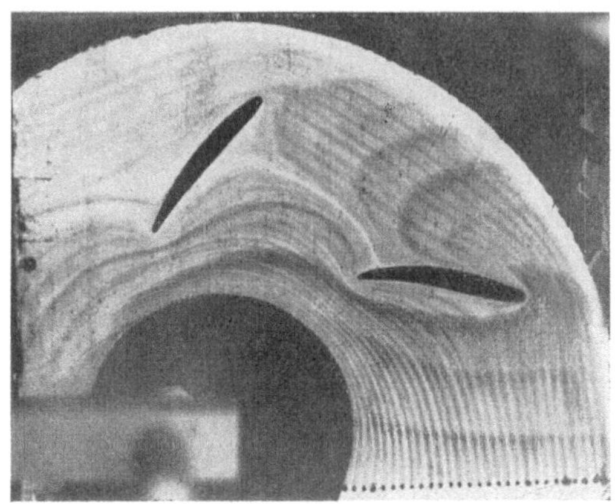

Abb. 86c.　Momentaufnahme.

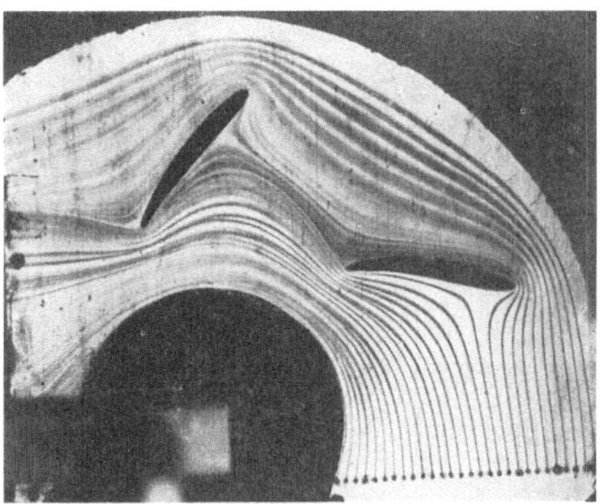

Abb. 86d.　Aufnahme mit Zeitkurven.

Strömung um eine Klappe im Versuchskanal bei freier Oberfläche.

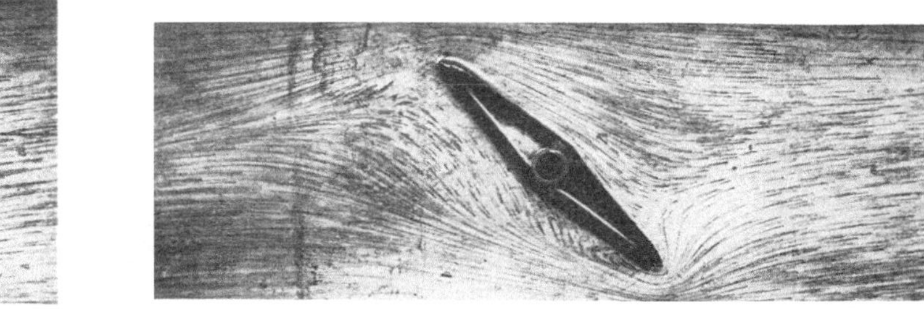

Abb. 87 a. $v = 1,5$ cm/S.

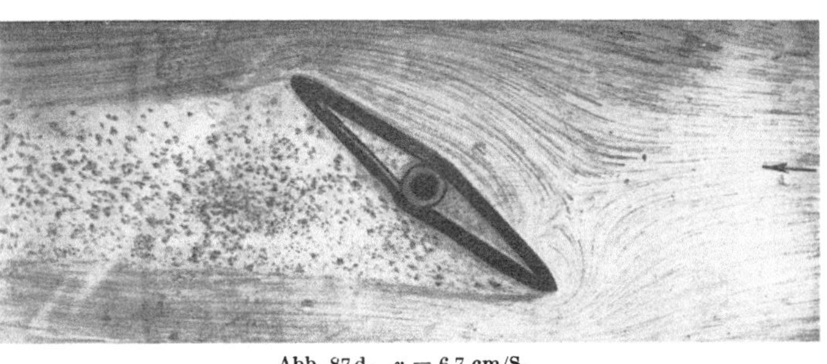

Abb. 87 b. $v = 2,8$ cm/S.

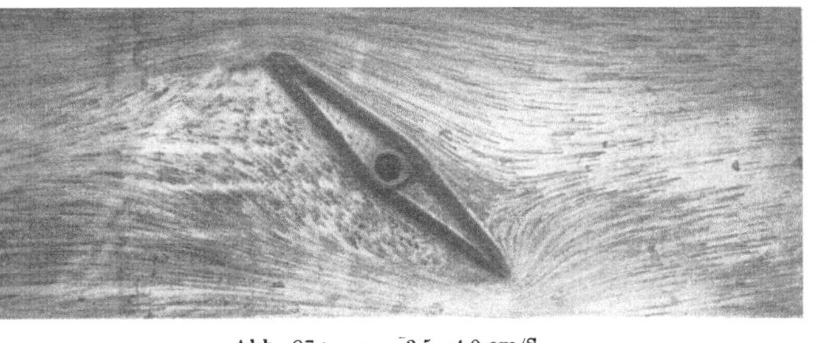

Abb. 87 c. $v = 3,5—4,0$ cm/S.

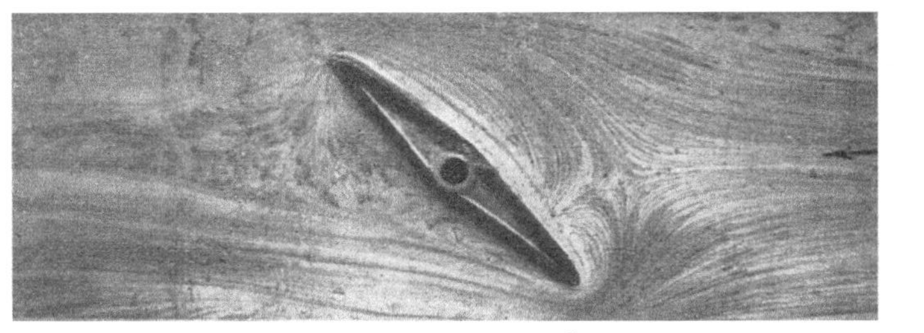

Abb. 87 d. $v = 6,7$ cm/S.

Abb. 87 e. $v = 9,2$ cm/S.

Der Wirbelraum hinter der Klappe wird mit zunehmender Geschwindigkeit größer, verkleinert sich aber wieder bei weiterer Zunahme.

Strömung um einen Zylinder.

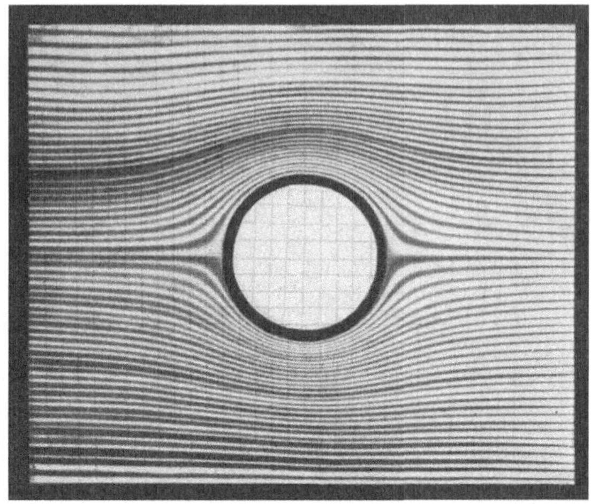

Abb. 88a.　Laminare Strömung.　Aufnahme nach Hele Shaw.

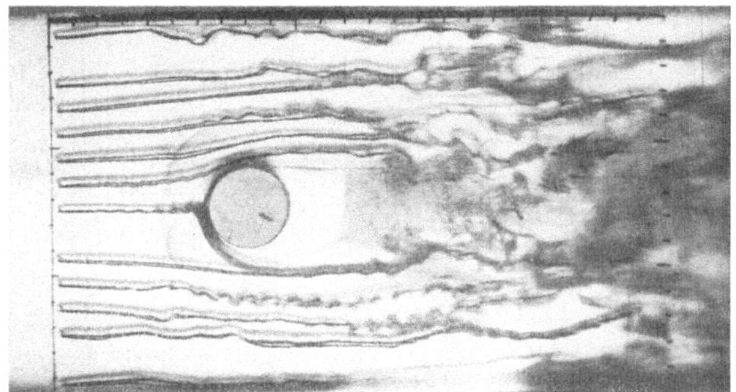

Abb. 88b.　Turbulente Strömung mit Ablösung.

Abb. 88c.　Oberflächenströmung.

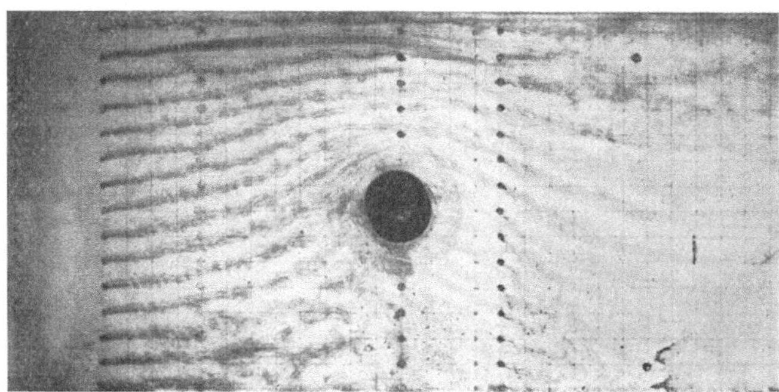

Abb. 89. Strömung um einen Zylinder mit Zirkulation erzeugt durch Drehung des Zylinders. Magnuseffekt.

Abb. 90. Strömung über einen Überfall.

Ausbildung der Turbulenz in Strömungen im polaren Feld.

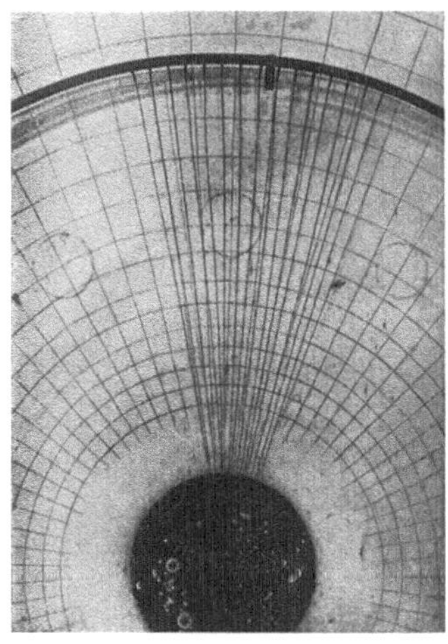

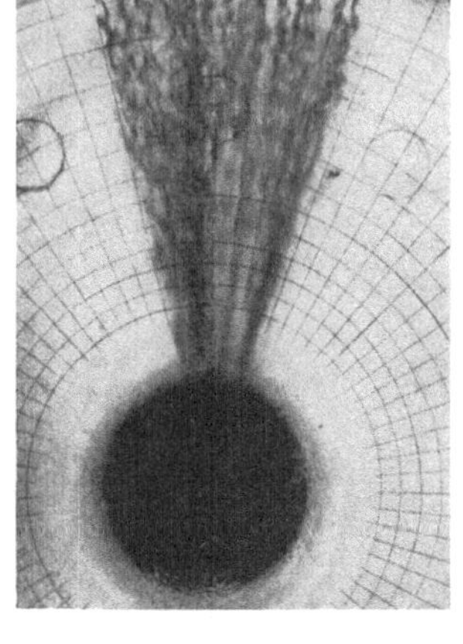

Abb. 91a.　　Radial gerichtete Zuströmung.　　Abb. 91b.

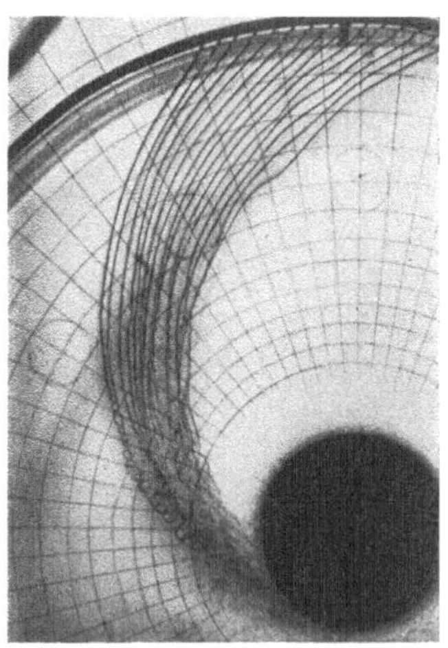

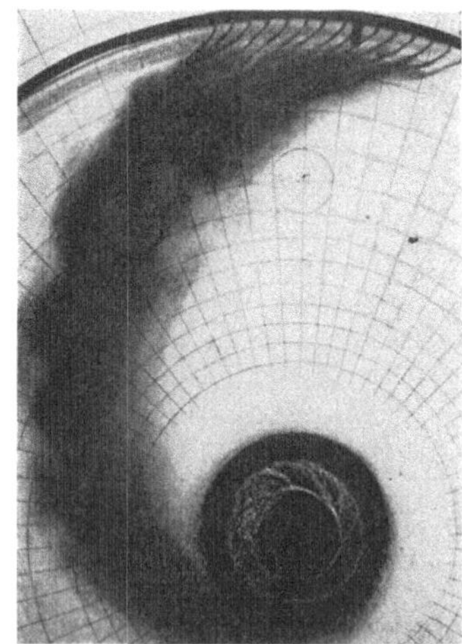

Abb. 92a.　　Schräg gerichtete Zuströmung.　　Abb. 92b.

Die Zuströmung findet am ganzen Umfang von außen nach innen, die Farbzuführung nur an einem Teil des Umfanges statt.

V. Anhang.

I. Theorie der Krümmung ebener orthogonaler Trajektorien.

Sind U und V zwei Funktionen von ξ und η, so werden durch dieselben zwei Scharen orthogonaler ebener Trajektorien dargestellt, wenn zwischen den partiellen Ableitungen der Funktionen und einer vorläufig noch beliebigen Funktion μ von ξ und η die Beziehungen bestehen

$$\mu \frac{\partial U}{\partial \xi} = + \frac{\partial V}{\partial \eta} \quad\dots\dots\dots\dots\text{a}_1$$

$$\mu \frac{\partial U}{\partial \eta} = = \frac{\partial V}{\partial \xi} \quad\dots\dots\dots\dots\text{a}_2$$

da hierbei die Bedingung der Orthogonalität erfüllt ist, indem

$$\left(\frac{\partial U}{\partial \xi} : \frac{\partial U}{\partial \eta} \right) \cdot \left(\frac{\partial V}{\partial \xi} : \frac{\partial V}{\partial \eta} \right) = -1$$

wird.

Durch die partielle Differentiation von a_1 nach ξ, von a_2 nach η ergibt sich

$$\frac{\partial}{\partial \xi} \left(\mu \frac{\partial U}{\partial \xi} \right) = \frac{\partial^2 V}{\partial \eta \partial \xi} = - \frac{\partial}{\partial \eta} \left(\mu \frac{\partial U}{\partial \eta} \right) = \frac{\partial^2 V}{\partial \xi \partial \eta}$$

und hieraus

$$\frac{\partial^2 U}{\partial \xi^2} + \frac{\partial^2 U}{\partial \eta^2} + \frac{1}{\mu} \left(\frac{\partial U}{\partial \xi} \cdot \frac{\partial \mu}{\partial \xi} + \frac{\partial U}{\partial \eta} \cdot \frac{\partial \mu}{\partial \eta} \right) = 0 \quad\dots\dots\text{b}_1$$

und nach Division der Gleichungen a_1 und a_2 durch μ und partielle Differentiation von $\dfrac{\text{a}_1}{\mu}$ nach η, von $\dfrac{\text{a}_2}{\mu}$ nach ξ

$$\frac{\partial^2 V}{\partial \xi^2} + \frac{\partial^2 V}{\partial \eta^2} - \frac{1}{\mu} \left(\frac{\partial V}{\partial \xi} \cdot \frac{\partial \mu}{\partial \xi} + \frac{\partial V}{\partial \eta} \cdot \frac{\partial \mu}{\partial \eta} \right) = 0 \quad\dots\dots\text{b}_2$$

Es sind hiermit ganz allgemein die simultanen Gleichungen a_1 und a_2 oder b_1 und b_2, die partiellen Differentialgleichungen zweier orthogonaler ebener Kurvenscharen.

Durch die Wahl von μ werden diese Kurvenscharen spezialisiert, z. B. mit $\mu =$ konst. nehmen b$_1$ und b$_2$ die Formen

$$\frac{\partial^2 U}{\partial \xi^2} + \frac{\partial^2 U}{\partial \eta^2} = 0, \quad \frac{\partial^2 V}{\partial \xi^2} + \frac{\partial^2 V}{\partial \eta^2} = 0$$

an; d. s. die Gleichungen der ebenen konformen Grundnetze.

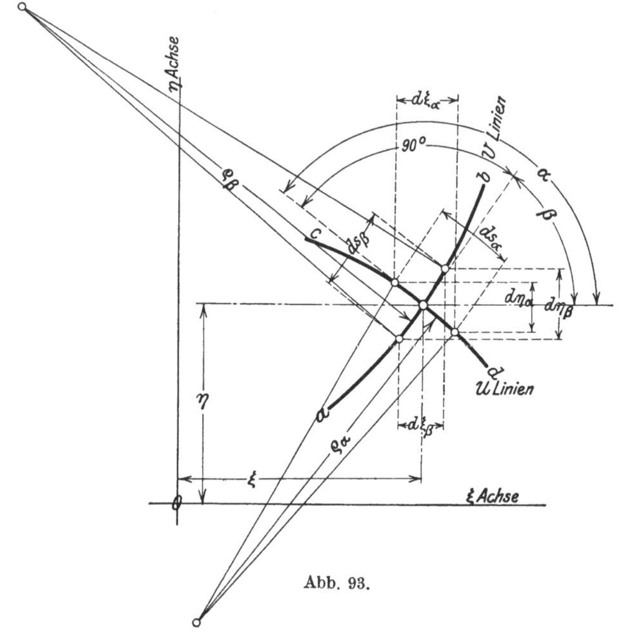

Abb. 93.

Unter Bezugnahme auf umstehende Abb. 93, in der ab eine Linie der V-Schar, cd eine solche der U-Schar sind, seien weiter folgende Bezeichnungen eingeführt:

$$
\begin{array}{llll}
\alpha, & \beta & = \text{Bogen der Tangentenwinkel} & \\
d\xi_\alpha, & d\xi_\beta & = \text{Abszissen} & \\
d\eta_\alpha, & d\eta_\beta & = \text{Ordinaten} & \\
ds_\alpha, & ds_\beta & = \text{Bogen} & \\
\varrho_\alpha, & \varrho_\beta & = \text{Krümmungsradien} &
\end{array}
$$

der beiden Linien cd und ab, die sich im Punkte ξ, η orthogonal schneiden.

$d\eta_\alpha$, $d\eta_\beta =$ Ordinaten, ds_α, $ds_\beta =$ Bogen: Elemente.

Ferner sei eingeführt

$$M^2 = \left(\frac{\partial U}{\partial \xi}\right)^2 + \left(\frac{\partial U}{\partial \eta}\right)^2 = \left[\left(\frac{\partial V}{\partial \eta}\right)^2 + \left(\frac{\partial V}{\partial \xi}\right)^2\right]\frac{1}{\mu^2} = \frac{N^2}{\mu^2}.$$

Da nun

$$\operatorname{tg} \alpha = -\frac{\dfrac{\partial U}{\partial \xi}}{\dfrac{\partial U}{\partial \eta}}, \quad \operatorname{tg} \beta = -\frac{\dfrac{\partial V}{\partial \xi}}{\dfrac{\partial V}{\partial \eta}}$$

sind, ergeben sich die Beziehungen:

$$\sin^2\alpha = \frac{\left(\dfrac{\partial U}{\partial\xi}\right)^2}{M^2}, \qquad \cos^2\alpha = \frac{\left(\dfrac{\partial U}{\partial\eta}\right)^2}{M^2},$$

$$\sin^2\beta = \frac{\left(\dfrac{\partial V}{\partial\xi}\right)^2}{\mu^2\,M^2}, \qquad \cos^2\beta = \frac{\left(\dfrac{\partial V}{\partial\eta}\right)^2}{\mu^2\,M^2}$$

und wegen $\alpha = \dfrac{\pi}{2} + \beta$ die Identitäten

$$\sin\alpha = \cos\beta = \frac{1}{M}\left(\frac{\partial U}{\partial\xi}\right) = \frac{1}{\mu\,M}\left(\frac{\partial V}{\partial\eta}\right) = \frac{d\eta_\alpha}{ds_\alpha} = \frac{d\xi_\beta}{ds_\beta}$$

$$\cos\alpha = -\sin\beta = -\frac{1}{M}\left(\frac{\partial U}{\partial\eta}\right) = +\frac{1}{\mu\,M}\left(\frac{\partial V}{\partial\xi}\right) = +\frac{d\xi_\alpha}{ds_\alpha} = -\frac{d\eta_\beta}{ds_\beta};$$

hiermit werden

$$\frac{dU}{ds_\beta} = \frac{\partial U}{\partial\xi}\cdot\frac{d\xi_\beta}{ds_\beta} + \frac{\partial U}{\partial\eta}\cdot\frac{d\eta_\beta}{ds_\beta} = \frac{1}{M}\left[\left(\frac{\partial U}{\partial\xi}\right)^2 + \left(\frac{\partial U}{\partial\eta}\right)^2\right] = M \quad \ldots \ \mathrm{c_1}$$

$$\frac{dV}{ds_\alpha} = \frac{\partial V}{\partial\xi}\cdot\frac{d\xi_\alpha}{ds_\alpha} + \frac{\partial V}{\partial\eta}\cdot\frac{d\eta_\alpha}{ds_\alpha} = \frac{1}{\mu\,M}\left[\left(\frac{\partial V}{\partial\xi}\right)^2 + \left(\frac{\partial V}{\partial\eta}\right)^2\right] = \mu\,M \quad \ldots \ \mathrm{c_2}$$

und daraus

$$\frac{dU}{ds_\beta} = \frac{1}{\mu}\frac{dV}{ds_\alpha} \quad \ldots \ldots \ldots \ldots \ldots \ \mathrm{d_1}$$

oder

$$\frac{ds_\alpha}{ds_\beta} = \frac{1}{\mu}\frac{dV}{dU}. \quad \ldots \ldots \ldots \ldots \ \mathrm{d_2}$$

Für die Bestimmung der Krümmungsradien dienen folgende Gleichungen

$$\frac{1}{\varrho_\alpha} = \frac{d\alpha}{ds_\alpha}, \qquad \frac{1}{\varrho_\beta} = \frac{d\beta}{ds_\beta};$$

da α und β Funktionen des Ortes, also

$$d\alpha = \frac{\partial\alpha}{\partial\xi}\cdot d\xi + \frac{\partial\alpha}{\partial\eta}\,d\eta$$

$$d\beta = \frac{\partial\beta}{\partial\xi}\cdot d\xi + \frac{\partial\beta}{v\eta}\,d\eta$$

sind, so folgt längs der U-Linie

$$\frac{1}{\varrho_\alpha} = \frac{\partial\alpha}{\partial\xi}\cdot\frac{d\xi_\alpha}{ds_\alpha} + \frac{\partial\alpha}{\partial\eta}\cdot\frac{d\eta_\alpha}{ds_\alpha}$$

$$\frac{1}{\varrho_\beta} = \frac{\partial\beta}{\partial\xi}\cdot\frac{d\xi_\beta}{ds_\beta} + \frac{\partial\beta}{\partial\eta}\cdot\frac{d\eta_\beta}{ds_\beta}$$

und unter Benützung obiger Identitäten

$$\frac{1}{\varrho_\alpha} = +\frac{\partial \alpha}{\partial \xi}\cos\alpha + \frac{\partial \alpha}{\partial \eta}\sin\alpha = +\frac{\partial \sin\alpha}{\partial \xi} - \frac{\partial \cos\alpha}{\partial \eta}$$

$$\frac{1}{\varrho_\beta} = +\frac{\partial \beta}{\partial \xi}\cos\beta + \frac{\partial \beta}{\partial \eta}\sin\beta = +\frac{\partial \sin\beta}{\partial \xi} - \frac{\partial \cos\beta}{\partial \eta}.$$

Die Ausführung der partiellen Differentiationen durch Einsetzen der Werte von $\sin\alpha = \dfrac{1}{M}\cdot\dfrac{\partial U}{\partial \xi}$ usw. ergibt

$$\frac{\partial \sin\alpha}{\partial \xi} = \frac{\partial}{\partial \xi}\left(\frac{1}{M}\cdot\frac{\partial U}{\partial \xi}\right) = +\frac{1}{M^2}\left(M\cdot\frac{\partial^2 U}{\partial \xi^2} - \frac{\partial U}{\partial \xi}\cdot\frac{\partial M}{\partial \xi}\right)$$

$$\frac{\partial \sin\beta}{\partial \xi} = \frac{\partial}{\partial \xi}\left(\frac{1}{M}\cdot\frac{\partial U}{\partial \eta}\right) = +\frac{1}{M^2}\left(M\cdot\frac{\partial^2 U}{\partial \xi\,\partial \eta} - \frac{\partial M}{\partial \xi}\cdot\frac{\partial U}{\partial \eta}\right)$$

$$\frac{\partial \cos\beta}{\partial \eta} = \frac{\partial}{\partial \eta}\left(\frac{1}{M}\cdot\frac{\partial U}{\partial \xi}\right) = +\frac{1}{M^2}\left(M\cdot\frac{\partial^2 U}{\partial \xi\,\partial \eta} - \frac{\partial M}{\partial \eta}\cdot\frac{\partial U}{\partial \xi}\right)$$

$$\frac{\partial \cos\alpha}{\partial \eta} = \frac{\partial}{\partial \eta}\left(\frac{1}{M}\cdot\frac{\partial U}{\partial \eta}\right) = -\frac{1}{M^2}\left(M\cdot\frac{\partial^2 U}{\partial \eta^2} - \frac{\partial M}{\partial \eta}\cdot\frac{\partial U}{\partial \eta}\right)$$

und hiermit

$$\frac{1}{\varrho_\alpha} = \frac{1}{M}\left(\frac{\partial^2 U}{\partial \xi^2} + \frac{\partial^2 U}{\partial \eta^2}\right) - \frac{1}{M^2}\left(\frac{\partial M}{\partial \xi}\cdot\frac{\partial U}{\partial \xi} + \frac{\partial M}{\partial \eta}\cdot\frac{\partial U}{\partial \eta}\right)$$

und mit Rücksicht auf b_1 und die obigen Identitäten

$$\frac{1}{\varrho_\alpha} = -\frac{1}{\mu}\left[\frac{\partial \mu}{\partial \xi}\cdot\frac{\dfrac{\partial U}{\partial \xi}}{M} + \frac{\partial \mu}{\partial \eta}\frac{\dfrac{\partial U}{d\eta}}{M}\right] - \frac{1}{M}\left[\frac{\partial M}{\partial \xi}\cdot\frac{\dfrac{\partial U}{\partial \xi}}{M} + \frac{\partial M}{\partial \eta}\cdot\frac{\dfrac{\partial U}{\partial \eta}}{M}\right]$$

$$= -\frac{1}{\mu}\left(\frac{\partial \mu}{\partial \xi}\cdot\frac{d\xi_\beta}{ds_\beta} + \frac{\partial \mu}{\partial \eta}\frac{d\eta_\beta}{ds_\beta}\right) - \frac{1}{M}\left(\frac{\partial M}{\partial \xi}\cdot\frac{d\xi_\beta}{ds_\beta} + \frac{\partial M}{\partial \eta}\cdot\frac{d\eta_\beta}{ds_\beta}\right)$$

$$\frac{1}{\varrho_\alpha} = -\frac{1}{\mu}\cdot\frac{d\mu}{ds_\beta} - \frac{1}{M}\frac{dM}{ds_\beta} \quad \ldots\ldots\ldots \text{A}$$

$$\frac{1}{\varrho_\beta} = -\frac{1}{M^2}\left(\frac{\partial M}{\partial \xi}\cdot\frac{\partial U}{\partial \eta} - \frac{\partial M}{\partial \eta}\cdot\frac{\partial U}{\partial \xi}\right)$$

$$= -\frac{1}{M}\left(\frac{\partial M}{\partial \xi}\cdot\frac{\dfrac{\partial U}{\partial \eta}}{M} - \frac{\partial M}{\partial \eta}\frac{\dfrac{\partial U}{\partial \xi}}{M}\right)$$

$$= +\frac{1}{M^2}\left(\frac{\partial M}{\partial \xi}\cdot\frac{d\xi_\alpha}{ds_\alpha} + \frac{\partial M}{\partial \eta}\cdot\frac{d\eta_\alpha}{ds_\alpha}\right)$$

$$\frac{1}{\varrho_\beta} = \frac{1}{M}\cdot\frac{dM}{ds_\alpha}. \quad \ldots\ldots\ldots\ldots \text{B}$$

Mit Hilfe der Gleichung XVa läßt sich der Krümmungsradius der Trajektorie zu einer V-Linie bestimmen, wenn längs derselben die Werte von M und μ gegeben sind, mit Hilfe der Gleichung XVb derjenige der Trajektorie zu einer U-Linie, wenn längs derselben die Werte von M gegeben sind.

Durch das dem berechneten Wert eines Krümmungsradius zukommende Vorzeichen ist die Lage des Krümmungsmittelpunktes gekennzeichnet. Im Koordinatensystem ξ, η entspricht einem negativen Wert vom ϱ konvexe, einem positiven Wert konkave Krümmung gegen die ξ-Achse.

Aus der Form der Gleichungen XV

$$\frac{1}{\varrho_\alpha} = -\frac{1}{\left(\mu : \dfrac{d\mu}{ds_\beta}\right)} - \frac{1}{\left(M : \dfrac{dM}{ds_\beta}\right)} = -\frac{1}{m} - \frac{1}{n} \quad \ldots \ldots \text{A}'$$

$$= -\frac{1}{N : \dfrac{\partial N}{\partial s_\beta}}$$

$$\frac{1}{\varrho_\beta} = +\frac{1}{\left(M : \dfrac{dM}{ds_\alpha}\right)} = +\frac{1}{q} \ldots \ldots \ldots \ldots \ldots \text{B}'$$

ergibt sich folgendes Verfahren für die graphische Bestimmung der Werte von m, n und q und damit von ϱ_α und ϱ_β; es sind nämlich

$$m = \mu : \frac{d\mu}{ds_\beta} \qquad n = M : \frac{dM}{ds_\beta}$$

$$q = M : \frac{dM}{ds_\alpha}$$

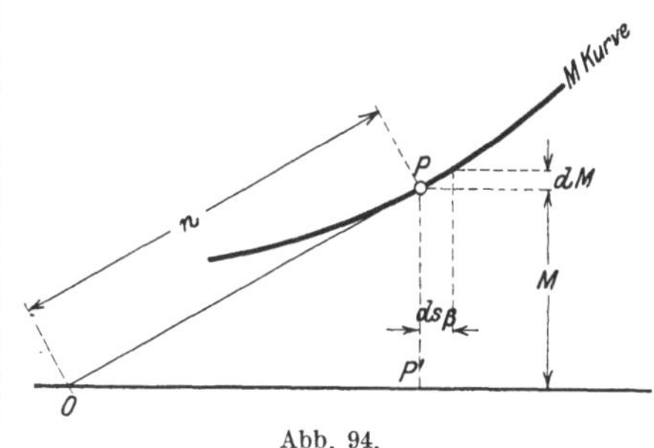

Abb. 94.

Trägt man z. B. (Abb. 94) auf der in eine Gerade gestreckten Linie cd die den einzelnen Punkten derselben entsprechenden Werte von M auf, so erhält man die M-Kurve über cd und aus nebenstehender Abbildung ist ersichtlich, daß die Strecke

$$\overline{P'Q} = M : \frac{dM}{ds_\beta} = \bar{n}$$

ist, der Wert von n wird mit dM positiv oder negativ. Es muß hierbei natürlich für die Ordinaten M der gleiche Maßstab verwendet werden wie für die Abszissen, was deshalb möglich ist, weil auch im Koordinatensystem $\xi\eta$ die Koordinatenwerte nicht als Längenwerte, sondern als Verhältniswerte genommen sind, so daß wieder alle Funktionswerte, die Werte aller Abgeleiteten und deren Funktionen auch reine Zahlen sind.

Die Benützung der Krümmungsradien ist speziell an denjenigen Stellen des Netzes von Vorteil, wo Netzlinien mit starker Krümmung vorkommen.

II. Koordinatentransformation.

Für die Aufstellung der Differentialgleichungen bestimmter Netzformen wird es dienlich sein, vom kartesischen Koordinatensystem, auf das Zylinderkoordinatensystem überzugehen, eventuell, wenn die φ-, ψ-, χ-Flächen selbst dreifach orthogonal sind, die in bezug auf das kartesische Koordinatensystem abgeleiteten Gleichungen auf das System φ, ψ, χ zu transformieren; es werden zu dem Zwecke die nötigen Transformationsformeln aus Riemann-Weber: „Die partiellen Differentialgleichungen der mathematischen Physik" 1. Bd., § 41, S. 95 u. f. mit den dort gebrauchten Bezeichnungen aufgeführt[1]).

Es seien x, y, z die kartesischen, p, q, r die neuen, im allgemeinen krummlinigen, jedoch dreifach orthogonalen Koordinaten, so daß x, y, z je durch eine Funktion von p, q und r darstellbar sind. Mit den Bezeichnungen

$$\frac{\partial x}{\partial p}=a, \qquad \frac{\partial x}{\partial q}=a', \qquad \frac{\partial x}{\partial r}=a''$$

$$\frac{\partial y}{\partial p}=b, \qquad \frac{\partial y}{\partial q}=b', \qquad \frac{\partial y}{\partial r}=b''$$

$$\frac{\partial z}{\partial p}=c, \qquad \frac{\partial z}{\partial q}=c', \qquad \frac{\partial z}{\partial r}=c''$$

und

$$e^2 = a^2 + b^2 + c^2$$

$$e'^2 = a'^2 + b'^2 + c'^2$$

$$e''^2 = a''^2 + b''^2 + c''^2$$

werden

$$\left.\begin{aligned}
\frac{\partial p}{\partial x}=\frac{a}{e^2}, \qquad \frac{\partial p}{\partial y}=\frac{b}{e^2}, \qquad \frac{\partial p}{\partial z}=\frac{c}{e^2} \\[1ex]
\frac{\partial q}{\partial x}=\frac{a'}{e'^2}, \qquad \frac{\partial q}{\partial y}=\frac{b'}{e'^2}, \qquad \frac{\partial q}{\partial z}=\frac{c'}{e'^2} \\[1ex]
\frac{\partial r}{\partial x}=\frac{a''}{e''^2}, \qquad \frac{\partial r}{\partial y}=\frac{b''}{e''^2}, \qquad \frac{\partial r}{\partial z}=\frac{c''}{e''^2}
\end{aligned}\right\} \quad \cdots \cdots \cdots A$$

---

[1]) Siehe hierzu Fußnote auf S. 51.

Ferner, wenn U eine Funktion von x, y, z resp. p, q, r ist

$$\left.\begin{aligned}
\frac{\partial U}{\partial x} &= \frac{\partial U}{\partial p}\cdot\frac{a}{e^2} + \frac{\partial U}{\partial q}\cdot\frac{a'}{e'^2} + \frac{\partial U}{\partial r}\cdot\frac{a''}{e''^2}\\
\frac{\partial U}{\partial y} &= \frac{\partial U}{\partial p}\cdot\frac{b}{e^2} + \frac{\partial U}{\partial q}\cdot\frac{b'}{e'^2} + \frac{\partial U}{\partial r}\cdot\frac{b''}{e''^2}\\
\frac{\partial U}{\partial z} &= \frac{\partial U}{\partial p}\cdot\frac{c}{e^2} + \frac{\partial U}{\partial q}\cdot\frac{c'}{e'} + \frac{\partial U}{\partial r}\cdot\frac{c''}{e''^2}
\end{aligned}\right\} \quad\ldots\ldots\ldots B$$

und

$$\nabla^2 U = \frac{1}{e\,e'\,e''}\left[\frac{\partial}{\partial p}\left(\frac{e'\,e''}{e}\cdot\frac{\partial U}{\partial p}\right) + \frac{\partial}{\partial q}\left(\frac{e''\,e}{e'}\cdot\frac{\partial U}{\partial q}\right) + \frac{\partial}{\partial r}\left(\frac{e\,e'}{e''}\cdot\frac{\partial U}{\partial r}\right)\right] \quad\ldots C$$

Für die Transformation des **kartesischen** auf das **Zylinderkoordinatensystem** bestehen zwischen den Koordinaten folgende Beziehungen, wenn man z. B. die x-Achse als Zylinderachse nimmt:

$$\left.\begin{aligned}
x &= p\\
y &= r\cos q\\
z &= r\sin q
\end{aligned}\right\} \quad\begin{aligned}&r \text{ ist hierbei die radiale,}\\ &q \text{ die (Winkel)-Bogenkoordinate,}\end{aligned}$$

mithin

$$\begin{aligned}
dx &= 1\cdot dp + 0\,dq + 0\,dr\\
dy &= 0\cdot dp - r\sin q\,dq + \cos q\,dr\\
dz &= 0\cdot dp + r\cos q\,dq + \sin q\,dr
\end{aligned}$$

also

$$\begin{aligned}
a &= 1 & a' &= 0 & a'' &= 0\\
b &= 0 & b' &= -r\sin q & b'' &= +\cos q\\
c &= 0 & c' &= +r\cos q & c'' &= +\sin q\\
e^2 &= 1 & e'^2 &= r^2 & e''^2 &= 1
\end{aligned}$$

und hiermit

$$\left.\begin{aligned}
\frac{\partial p}{\partial x} &= 1, & \frac{\partial p}{\partial y} &= 0, & \frac{\partial p}{\partial z} &= 0\\
\frac{\partial q}{\partial x} &= 0, & \frac{\partial q}{\partial y} &= -\frac{\sin q}{r}, & \frac{\partial q}{\partial z} &= +\frac{\cos q}{r}\\
\frac{\partial r}{\partial x} &= 0, & \frac{\partial r}{\partial y} &= +\cos q, & \frac{\partial r}{\partial z} &= +\sin q
\end{aligned}\right\} \quad\ldots\, A_z$$

$$\left.\begin{aligned}
\frac{\partial U}{\partial x} &= \frac{\partial U}{\partial p}\\
\frac{\partial U}{\partial y} &= -\frac{\partial U}{\partial q}\cdot\frac{\sin q}{r} + \frac{\partial U}{\partial r}\cos q\\
\frac{\partial U}{\partial z} &= \frac{\partial U}{\partial q}\cdot\frac{\cos q}{r} + \frac{\partial U}{\partial r}\sin q
\end{aligned}\right\} \quad\ldots\ldots\ldots\, B_z$$

$$\nabla^2 U = \frac{1}{r}\left\{\frac{\partial}{\partial p}\left(r\cdot\frac{\partial U}{\partial p}\right)+\frac{\partial}{\partial q}\left[\frac{1}{r}\left(\frac{\partial U}{\partial q}\right)\right]+\frac{\partial}{\partial r}\left(r\frac{\partial U}{\partial r}\right)\right\}$$

$$=\frac{\partial^2 U}{\partial p^2}+\frac{1}{r^2}\frac{\partial^2 U}{\partial q^2}+\frac{\partial^2 U}{\partial r^2}+\frac{1}{r}\frac{\partial U}{\partial r}\ \ \cdots\cdots\cdots\ \ \mathrm{C}_z$$

III. Grundformeln der Hyperbelfunktionen[1]).

$$\mathfrak{Sin}\,\varphi=\frac{e^\varphi-e^{-\varphi}}{2},\qquad\qquad \mathfrak{Cof}\,\varphi=\frac{e^\varphi+e^{-\varphi}}{2},$$

$$\mathfrak{Tg}\,\varphi=\frac{\mathfrak{Sin}\,\varphi}{\mathfrak{Cof}\,\varphi}=\frac{e^\varphi-e^{-\varphi}}{e^\varphi+e^{-\varphi}},\qquad \mathfrak{Ctg}\,\varphi=\frac{\mathfrak{Cof}\,\varphi}{\mathfrak{Sin}\,\varphi}=\frac{e^\varphi+e^{-\varphi}}{e^\varphi-e^{-\varphi}}.$$

Beziehungen zwischen Kreis- und Hyperbelfunktionen.

$$\sin\varphi=-i\,\mathfrak{Sin}\,i\varphi=\frac{e^{i\varphi}-e^{-i\varphi}}{2\,i},\qquad \cos\varphi=\mathfrak{Cof}\,i\varphi=\frac{e^{i\varphi}+e^{-i\varphi}}{2},$$

$$\mathrm{tg}\,\varphi=-i\,\mathfrak{Tg}\,i\varphi=-i\frac{e^{i\varphi}-e^{-i\varphi}}{e^{i\varphi}+e^{-i\varphi}},\qquad \mathrm{ctg}\,\varphi=i\,\mathfrak{Ctg}\,i\varphi=i\frac{e^{i\varphi}+e^{-i\varphi}}{e^{i\varphi}-e^{-i\varphi}},$$

$$\sin i\varphi=i\,\mathfrak{Sin}\,\varphi=i\frac{e^\varphi-e^{-\varphi}}{2},\qquad \cos i\varphi=\mathfrak{Cof}\,\varphi=\frac{e^\varphi+e^{-\varphi}}{2},$$

$$\mathrm{tg}\,i\varphi=i\,\mathfrak{Tg}\,\varphi=i\frac{e^\varphi-e^{-\varphi}}{e^\varphi+e^{-\varphi}},\qquad \mathrm{ctg}\,i\varphi=-i\,\mathfrak{Ctg}\,\varphi=-i\frac{e^\varphi+e^{-\varphi}}{e^\varphi-e^{-\varphi}},$$

$$\mathrm{arc\,sin}\,\varphi=-i\,\mathfrak{Ar}\,\mathfrak{Sin}\,i\varphi=-i\ln\left[i\varphi+\sqrt{1-\varphi^2}\right],$$

$$\mathrm{arc\,cos}\,\varphi=-i\,\mathfrak{Ar}\,\mathfrak{Cof}\,\varphi=-i\ln\left[\varphi+i\sqrt{1-\varphi^2}\right],$$

$$\mathrm{arc\,tg}\,\varphi=-i\,\mathfrak{Ar}\,\mathfrak{Tg}\,i\varphi=\frac{1}{2\,i}\ln\frac{1+i\varphi}{1-i\varphi},$$

$$\mathrm{arc\,ctg}\,\varphi=i\,\mathfrak{Ar}\,\mathfrak{Ctg}\,i\varphi=\frac{1}{2\,i}\ln\frac{i\varphi-1}{i\varphi+1},$$

$$\mathrm{arc\,sin}\,i\varphi=i\,\mathfrak{Ar}\,\mathfrak{Sin}\,\varphi=i\ln\left[\varphi+\sqrt{1+\varphi^2}\right],$$

$$\mathrm{arc\,cos}\,i\varphi=-i\,\mathfrak{Ar}\,\mathfrak{Cof}\,i\varphi=\frac{1}{2}\pi-i\ln\left[\varphi+\sqrt{1+\varphi^2}\right.,$$

$$\mathrm{arc\,tg}\,i\varphi=i\,\mathfrak{Ar}\,\mathfrak{Tg}\,\varphi=\frac{i}{2}\ln\frac{1+\varphi}{1-\varphi},$$

$$\mathrm{arc\,ctg}\,i\varphi=-i\,\mathfrak{Ar}\,\mathfrak{Ctg}\,\varphi=\frac{i}{2}\ln\frac{\varphi+1}{\varphi-1}.$$

---

[1]) Auszug aus „Hütte" 23. Aufl., S. 64, 65, 66.

IV. Zur Geometrie der konformen Abbildungen von Schaufelrissen auf Rotationsflächen.

Auszug aus dem Artikel des Verfassers in der Schweiz. Bauzg.
Bd. 52, Nr. 7 und 8.

In der Rotationsfläche mit der Meridianlinie mm (Abb. 95) sei p ein Punkt auf dem Parallelkreis mit dem Radius r; derselbe gehöre dem Flächenstück mit den unendlich kleinen Seitenlängen dl, gemessen im Meridian, und $r\,d\varphi$, gemessen im Parallelkreis des Punktes p, an; die Diagonale ds dieses unendlich kleinen Flächenstückes ist bestimmt durch die Gleichung $ds^2 = dl^2 + r^2\,d\varphi^2$.

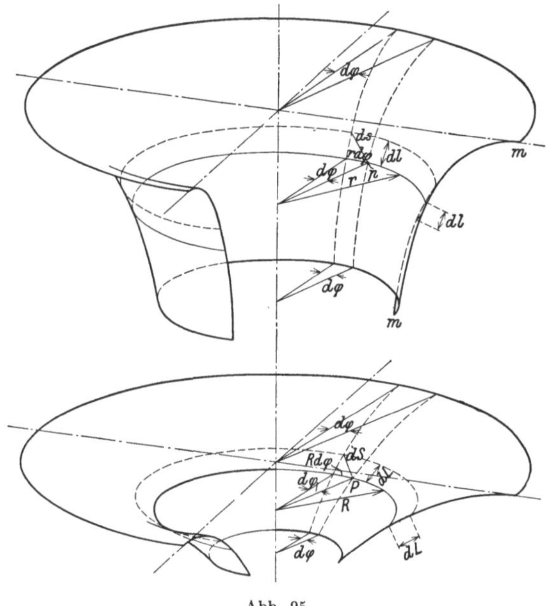

Abb. 95.

Dem Punkt p der Rotationsfläche mm entspreche in der koaxialen Rotationsfläche mit der Meridianlinie MM ein Punkt P, dessen Lage derart angenommen wird, daß derselbe mit dem Punkt p in derselben Meridianebene liegt. Der Radius seines Parallelkreises sei R, die Seiten des dem obigen entsprechenden unendlich kleinen Flächenstückes seien dL und $R\,d\varphi$. Hiermit ergibt sich für die Diagonale die Gleichung $dS^2 = dL^2 + R^2\,d\varphi^2$.

Das Problem der konformen Abbildung verlangt, daß das Verhältnis $\dfrac{ds^2}{dS^2} = m^2$ für alle, von den Punkten p und P innerhalb der Flächen, denen dieselben angehören, aus gezogenen Richtungen denselben Wert hat, also unabhängig ist von dem Winkel, unter dem die Diagonale gegen die Meridianlinie oder den Parallelkreis geneigt ist; ist dies nämlich der Fall, so wird jedem, den Punkt p enthaltenden unendlich kleinen Flächenelement mit beliebig geformter Umgrenzungslinie ein ebenfalls unendlich kleines Flächenelement um den Punkt P mit bestimmter Umgrenzung entsprechen, das dem ersten ähnlich ist.

Bildet man nun

$$\frac{ds^2}{dS^2} = m^2 = \frac{dl^2 + r^2\,d\varphi^2}{dL^2 + R^2\,d\varphi^2} = \frac{r^2}{R^2} \cdot \frac{\left(\dfrac{dl}{r}\right)^2 + d\varphi^2}{\left(\dfrac{dL}{R}\right)^2 + d\varphi^2},$$

so ist ersichtlich, daß dieser Bedingung für die beiden zugeordneten Punkte genügt wird, wenn $\dfrac{dl}{r} = \pm\dfrac{dL}{R}$ gemacht wird, indem dann $\dfrac{ds^2}{dS^2} = m^2 = \dfrac{r^2}{R^2}$, also nur mehr von der Größe der zugeordneten Radien abhängig wird; die Abhängigkeit zwischen r und R ist dann durch die Gleichung $\dfrac{dl}{r} = \pm\dfrac{dL}{R}$ bestimmt, wenn die Gleichungen der beiden Meridianlinien gegeben und betreffend der Größe der Radien zweier gewisser Parallelkreise der beiden Flächen eine bestimmte Annahme getroffen ist, wie dies aus der Entwicklung der folgenden, mit Rücksicht auf die praktische Anwendung noch weiter spezialisierten Fälle zu ersehen ist.

Da die obige Entwicklung keine Bedingung betreffend eine Abhängigkeit der Form der beiden Meridianlinien mm und MM enthält, so ist es auch zulässig und zudem praktisch bequem, eine der Meridianlinien, z. B. MM als Gerade zu wählen, wodurch die betreffende Rotationsfläche im allgemeinen zu einer Kreiskegelfläche wird. Je nach der Größe des Winkels α, unter dem diese Gerade gegen die Achse geneigt ist, erhält man folgende drei Fälle:

1. Fall: $\alpha = 90^0$, die Rotationsfläche MM wird zu einer Ebene EE senkrecht zur Drehachse.
2. Fall: $90^0 > \alpha > 0$, die Rotationsfläche wird eine spezielle Kreiskegelfläche.
3. Fall: $\alpha = 0$, die Gerade hat den konstanten Abstand R_0 von der Achse; die Rotationsfläche wird zu einer Zylinderfläche ZZ.

Die Flächen des zweiten und dritten Falles können in Ebenen ausgebreitet werden, die Bilder der ausgebreiteten Flächen sind naturgemäß den Bildern der Kegel-, bzw. Zylinderfläche in den kleinsten

Teilen kongruent, also auch ähnlich. Es ergibt sich somit, daß in allen drei Fällen ebene konforme Abbildungen der Rotationsfläche mm entstehen, d. h. jeder beliebigen Figur in der Rotationsfläche mm entsprechen in den drei Abbildungen bestimmte, der ersten konforme Figuren, die dann naturgemäß auch untereinander konform sind.

Mit dieser allgemeinen Eigenschaft sind eine Reihe für die Anwendung wertvolle besondere Eigenschaften verbunden; wie z. B.:

1. Den Parallelkreisen der Rotationsfläche mm entsprechen ebenfalls Parallelkreise auf der Ebene des ersten Falles, am Kegel des zweiten Falles, am Zylinder des dritten Falles; in der ausgebreiteten Kegelfläche des zweiten Falles entsprechen denselben wieder Parallelkreise, in der ausgebreiteten Zylinderfläche des dritten Falles gerade Linien.

Den Meridianlinien der Rotationsfläche mm entsprechen in allen drei Fällen gerade Meridianlinien, die zu den Parallelkreisen der Abbildungen senkrecht stehen.

Es ist hierdurch die Aufzeichnung orthogonaler Netze mit einander zugeordneten Netzlinien ermöglicht.

2. Die Bilder von Kurven, die in der Rotationsfläche mm liegen, schneiden in zugeordneten Punkten die entsprechenden Netzlinien unter denselben Winkeln; die Abbildungen werden winkeltreu.

3. Aus den Längen der Abbildungen von Kurvenstücken lassen sich die wahren Längen derselben in der Rotationsfläche mm bestimmen; dasselbe gilt von Flächenstücken, die von solchen Kurven bzw. deren Abbildungen begrenzt sind.

4. Es können in den Abbildungen Kurven und Kurvenscharen konstruiert werden, denen in der Rotationsfläche mm bestimmte Eigenschaften, z. B. die der Äquidistanz, orthogonalen Schnittes usw., zukommen.

5. Man kann die Kurven der Abbildungen als Bahnen bewegter Punkte betrachten und aus den Geschwindigkeiten in der Abbildung diejenigen in der Rotationsfläche bestimmen. Hierüber geben nun folgende Erörterungen Aufschluß:

I. Bestimmung der Elemente der konformen Netze und Aufzeichnung derselben.

a) Zum ersten Fall: $\alpha = 90^0$.

Das konforme Netz besteht aus radialen Geraden, die durch den Schnittpunkt o des Achsenkreuzes XY gehen und deren gegenseitige Lage der gegenseitigen Neigung der Meridianebenen entspricht und aus Parallelkreisen, deren Halbmesser aus der Relation $\dfrac{dL}{R} = \pm \dfrac{dl}{r}$ bestimmt wird. Es wird $L = R$ und mithin ergibt sich

$$\frac{dR}{R} = \pm \frac{dl}{r} \quad \ldots \ldots \ldots \ldots \ \text{Ia}$$

$$R = R_0\, e^{\pm \int_{r_0}^{r} \frac{dl}{r}} \quad \ldots \ldots \ldots \ldots \ \text{IIa}$$

worin r_0 und R_0 die Radien der zugeordneten Parallelkreise und e die Basis der natürlichen Logarithmen bezeichnen.

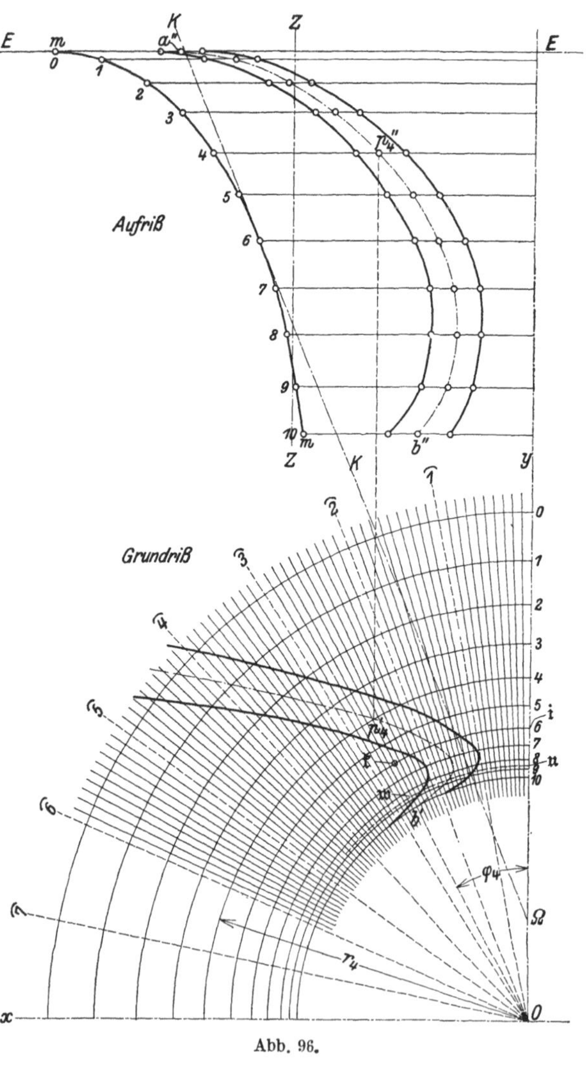

Abb. 96.

Ist die Meridianlinie mm durch die Gleichung $z = F(r)$ bestimmt, wobei z und r die Koordinaten eines rechtwinkligen ebenen Koordinatensystems in einer Meridianebene bedeuten und die Z-Achse mit der Drehachse zusammenfällt, so wird mit $F'(r) = \dfrac{dz}{dr}$

$$dl = dr \cdot \sqrt{1 + [F'(r)]^2},$$

also
$$R = R_0\, e^{\pm \int\limits_{r_0}^{r} \frac{dr}{r} \cdot \sqrt{1 + [F'(r)]^2}}.$$

Das Doppelzeichen $\pm$ deutet auf zwei Lösungen hin, die nach der allgemeinen Theorie der konformen Abbildungen als spiegelbild-

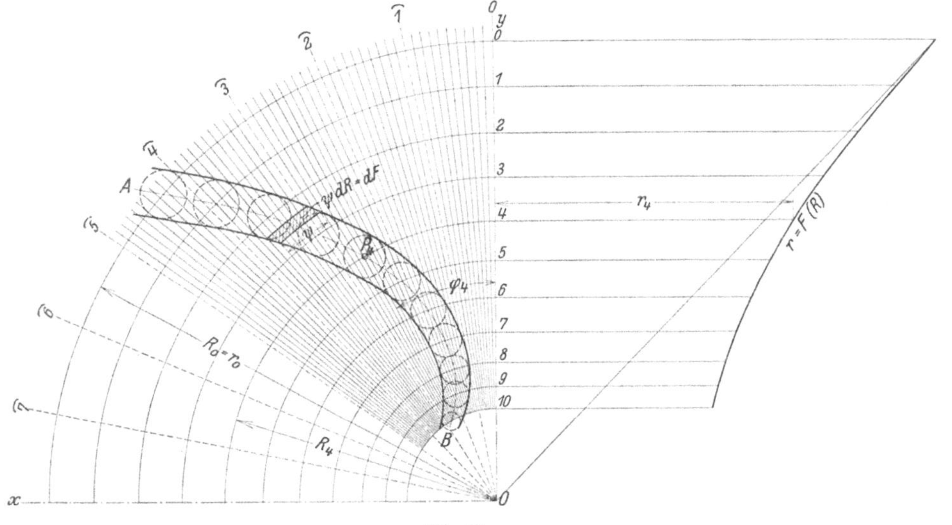

Abb. 97.

ähnlich bezeichnet werden. Die analytische Ausführung der Integration ist, selbst wenn tatsächlich die Funktion F gegeben ist, meist sehr schwierig oder doch wenigstens umständlich. In den praktischen Fällen ist übrigens zumeist nur die Kurve mm selbst gegeben und es ist daher zur Ausführung der Integration im allgemeinen eine graphische oder tabellarische Berechnungsmethode zu empfehlen, die sich darauf gründet, daß der Wert jedes bestimmten Integrals einer Quadratur entspricht. Den Abbildungen 95 und 96 ist eine Berechnungstabelle beigegeben, die nach den Erfahrungen an Übungsbeispielen rasch und mit genügender Genauigkeit zum Ziel führt.

Es wird die Meridianlinie mm (Abb. 96) in eine Anzahl am besten gleicher Teile von der Länge $\varDelta l$ geteilt, so daß, wenn man dieselbe in eine Gerade ausstreckt, auf den Teilpunkten die Längen $\dfrac{1}{r}$ als

Ordinaten nach einem angenommenen Maßstab aufträgt, eine Kurve und damit eine von der gestreckten Meridianlinie, den Endordinaten $\frac{1}{r_0}$ und $\frac{1}{r}$ und der Kurve gebildete Fläche entsteht, deren einzelne Elemente aus Δl und dem mittleren Ordinatenwert zwischen zwei aufeinanderfolgenden Punkten bestimmt werden.

Konforme Abbildung auf der Ebene EE (zu Abb. 97).

I	II	III	IV	V	VI	VII	VIII	IX	X	XI
Pkt.	r	$1/r$	$1/r$ mittel	Δl	Δf	$\int \frac{dl}{r}$	$e^{\int \frac{dl}{r}}$	R/R_0	R	r/R
0	10,00	1,0000	0,1055	Konstant $= 1,00$	0,1055	0,0000	1,000	1,000	10,00	1,000
1	9,00	0,1111	0,1173		0,1173	0,1055	1,111	0,900	9,00	1,000
2	8,10	0,1235	0,1298		0,1298	0,2228	1,250	0,800	8,00	1,013
3	7,34	0,1362	0,1427		0,1427	0,3526	0,423	0,703	7,03	1,045
4	6,70	0,1492	0,1559		0,1559	0,4953	0,670	0,609	6,09	1,100
5	6,15	0,1626	0,1689		0,1689	0,6512	0,918	0,522	5,22	1,179
6	5,71	0,1752	0,1807		0,1807	0,8201	2,270	0,441	4,41	1,295
7	5,37	0,1863	0,1912		0,1912	1,0008	0,720	0,368	3,68	1,460
8	5,10	0,1961	0,1993		0,1993	1,1920	3,295	0,303	3,03	1,684
9	4,94	0,2025	0,2065		0,2065	1,3913	4,020	0,249	2,49	1,984
10	4,75	0,2106				1,5978	4,941	0,202	2,02	2,351

In Kolonne IV der Tabelle sind die Mittelwerte von $\frac{1}{r}$, in Kolonne VI die Einzelwerte der Flächenstreifen Δf, in Kolonne VII die Integralwerte $\int_{r_0}^{r} \frac{dl}{r}$ als Summen der Einzelwerte Δf eingetragen. Die Werte der Kolonne VIII $e^{\int \frac{dl}{r}}$ werden am besten aus den Werten der vorhergehenden Kolonne mit Hilfe der Tafel der natürlichen Logarithmen bestimmt.

Die Kolonne IX gibt $\frac{R}{R_0}$; im Beispiel sind, da der äußerste Punkt der Meridianlinie zum Ausgangspunkt genommen wurde, die entsprechenden Werte aus

$$\frac{R}{R_0} = e^{-\int \frac{dl}{r}} = \frac{1}{e^{+\int \frac{dl}{r}}}$$

berechnet worden; es wird hierbei $\frac{R}{R_0} < 1$; bei Anwendung des $+$-Zeichens würde $\frac{R}{R_0} > 1$, die Abbildung wäre dann zur erhaltenen spiegelbildähnlich. Kolonne X gibt die Werte von R bei der Zuordnung $R_0 = r_0$, Kolonne XI gibt für spätern Gebrauch die Werte von $\dfrac{r}{R}$.

Das aus radialen Geraden und Parallelkreisen bestehende Netz wird für den Gebrauch am besten so angeordnet, daß sein Achsenkreuz XY parallel demjenigen des Grundrisses ist (Abb. 96, 97).

Es ergibt sich hierbei am einfachsten die punktweise Übertragung von Figuren aus der Abbildung in Projektionsdarstellung; um nicht zu viele Parallelkreise zeichnen zu müssen, empfiehlt es sich, auf einem der Schenkel des Achsenkreuzes z. B. OY die Halbmesser $r = F(R)$ durch eine Kurve darzustellen; für die Übertragung größerer Linien und Flächenkomplexe empfiehlt sich die Aufzeichnung gleichmäßig verteilter radialer Netzlinien.

b) Zum zweiten Fall: $90^0 > \alpha > 0$.

Es ist hier zweckmäßig, die entwickelte Kegelfläche zu zeichnen; das Netz besteht wieder aus radialen Linien und Parallelkreisen, die folgendermaßen erhalten werden:

Dem Radius R_0 des Parallelkreises der Kegelfläche ΩK, der einem bestimmten Parallelkreis der Rotationsfläche mm zugeordnet wird, entspricht eine Länge der Erzeugenden bis zum Kegelscheitel von $L_0 = \dfrac{R_0}{\sin \alpha}$; diese Länge gibt den Radius der entwickelten Grundlinie des Kreiskegels; die von Ω aus zu denjenigen Teilpunkten dieses Grundkreises, die dem Schnitt mit den Meridianebenen entsprechen, gezogenen Geraden bilden die radialen Netzlinien; die Halbmesser der Parallelkreise werden wieder aus der Relation $\dfrac{dL}{R} = \pm \dfrac{dl}{r}$ berechnet.

Man hat $L = \dfrac{R}{\sin \alpha}$, also $dL = \dfrac{dR}{\sin \alpha}$ und mithin:

$$\frac{dR}{R} = \pm \sin \alpha \, \frac{dl}{r} \quad \ldots \ldots \ldots \ldots \quad \text{I}_b$$

$$R = R_0 \, e^{\pm \sin \alpha \int_{r_0}^{r} \frac{dl}{r}} \quad \ldots \ldots \ldots \ldots \quad \text{II}_b$$

r_0 und R_0 sind wieder die Radien der zugeordneten Parallelkreise von Rotationsfläche mm und Kegelfläche ΩK, e die Basis der natürlichen Logarithmen. Nun ist aber auch $L = \dfrac{R}{\sin \alpha}$; $L_0 = \dfrac{R_0}{\sin \alpha}$ und

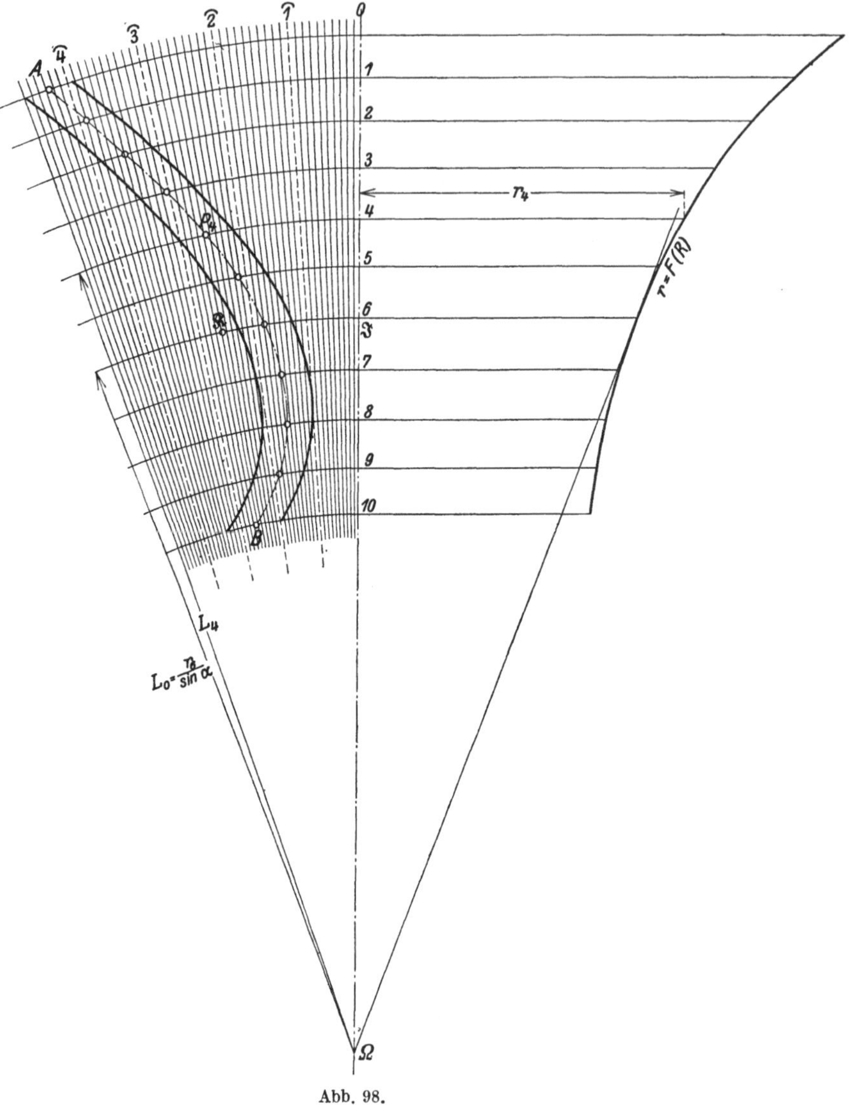

Abb. 98.

mithin folgt für das entwickelte ebene Netz

$$L = L_0\, e^{\pm \sin \alpha \int\limits_{r_0}^{r} \frac{dl}{r}}.$$

Bezüglich der Bestimmung des Integrals gilt dasselbe wie im
frühern Fall; im Beispiel der Abb. 96 und 97 wurde die Kegelfläche
mit Rücksicht auf praktische Anwendungen so gewählt, daß dieselbe

die Rotationsfläche mm im Parallelkreise 6 berührt und wurde $R_0 = r_6$, $L_0 = \dfrac{r_6}{\sin\alpha}$ angenommen.

Konforme Abbildung auf der Kegelfläche ΩK (zu Abb. 98).

I	II	III	IV	V	VI	VII	VIII	IX	X	XI	XII	XIII	XIV
Pkt.	r	$1/r$	$1/r$ mittel	Δl	Δf	$\int \dfrac{dl}{r}$	$\sin\alpha \int$	$e^{\sin\alpha \int}$	L/L_0	L	$L-L_0$	$L\sin\alpha$	$\dfrac{r}{L\sin\alpha}$
0	10,00	0,1000				$+0,8201$	0,3240	1,3825	1,3825	20,05	$+5,55$	7,920	1,263
			0,1055		0,1055								
1	9,00	0,1111				$+0,7146$	0,2823	1,3262	1,3262	19,23	$+4,73$	7,598	1,185
			0,1173		0,1173								
2	8,10	0,1235				$+0,5973$	0,2359	1,2662	1,2662	18,36	$+3,86$	7,253	1,120
			0,1298		0,1298								
3	7,34	0,1362				$+0,4675$	0,1847	1,2025	1,2025	17,44	$+2,94$	6,885	1,066
			0,1427	Konstant: 1,00	0,1427								
4	6,70	0,1492				$+0,3248$	0,1283	1,1362	1,1362	16,46	$+1,96$	6,505	1,033
			0,1559		0,1559								
5	6,15	0,1626				$+0,1689$	0,0668	1,0720	1,0720	15,50	$+1,00$	6,122	1,005
			0,1689		0,1689								
6	5,71	0,1752				0,0000	0,0000	1,0000	1,0000	14,50	0,00	5,710	1,000
			0,1807		0,1807								
7	5,37	0,1863				$-0,1807$	0,0714	1,0740	0,9310	13,50	$-1,00$	5,333	1,007
			0,1912		0,1912								
8	5,10	0,1961				$-0,3719$	0,1468	1,1587	0,8630	12,52	$-1,98$	4,990	1,022
			0,1993		0,1993								
9	4,94	0,2025				$-0,5712$	0,2257	1,2537	0,7980	11,57	$-2,93$	4,570	1,081
			0,2065		0,2065								
10	4,75	0,2106				$-0,7777$	0,3071	1,3587	0,7360	10,67	$-3,83$	4,230	1,123

In Kolonne VII der bezüglichen Berechnungstabelle ist dementsprechend für den Punkt 6 der Integralwert $\int \dfrac{dl}{r} = 0$ angenommen und die Flächen 0 bis 6 positiv, von 6 bis 10 negativ in Rechnung gesetzt worden; daraus ergeben sich die Werte von $\dfrac{L}{L_0}$ wie folgt

$$\frac{L_0}{L} = e^{\sin\alpha \int \frac{dl}{r}}$$

für die Grenzen 0 bis 6 und

$$\frac{L}{L_0} = \frac{1}{e^{\sin\alpha \int \frac{dl}{r}}}$$

für die Grenzen 6 bis 10.

Bezüglich der übrigen Kolonnen, sowie der Netzzeichnung kann auf die Abb. 98 nebst Berechnungstabelle verwiesen werden.

c) Zum dritten Fall: $\alpha = 0$.

Die Zylinder-Erzeugende hat den Abstand R_0 von der Drehachse. Auch hier ist es zweckmäßig, die entwickelte Zylinderfläche zu zeichnen. Das Netz besteht aus zwei Scharen orthogonaler Geraden, von denen diejenigen, die den Meridianlinien der Rotationsfläche entsprechen, in Abständen aufzutragen sind, die den Abschnitten am Kreise vom Radius R_0 entsprechen, die durch die Schnittpunkte der Meridianebenen mit diesem Kreise gebildet sind. Die Abstände der den Parallelkreisen entsprechenden Geraden bestimmen sich wieder aus der Relation $\dfrac{dL}{R} = \pm \dfrac{dl}{r}$; es ist hier R konstant gleich R_0 und mithin

$$\frac{dL}{R_0} = \pm \frac{dl}{r} \quad \ldots \ldots \ldots \ldots \ldots \ldots \quad \mathrm{I}_c$$

$$L = L_0 \pm R_0 \int_{r_0}^{r} \frac{dl}{r} \quad \ldots \ldots \ldots \ldots \ldots \quad \mathrm{II}_c$$

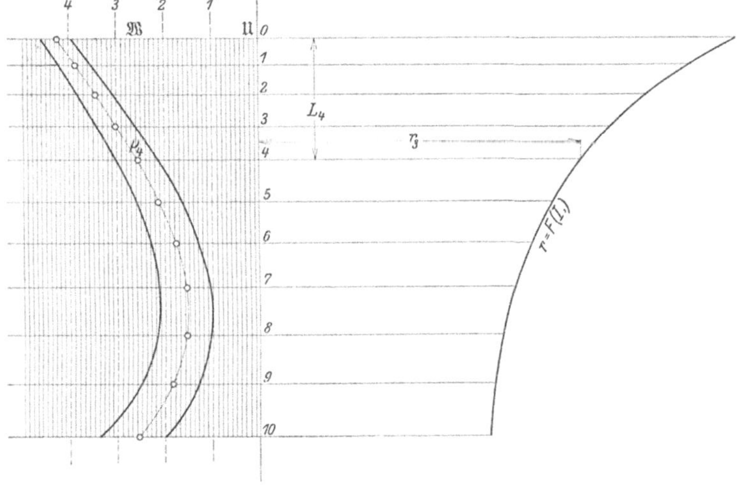

Abb. 99.

Hierbei kann L_0 einen beliebigen Wert, also auch Null annehmen; die Formel vereinfacht sich dann zu

$$L = R_0 \int_{r_0}^{r} \frac{dl}{r}.$$

Die der Abb. 99 beigegebene Berechnungstabelle, sowie die betreffende Abbildung erklären im Verein mit dem Vorhergehenden die Berechnungs- und Darstellungsweise.

II. Übertragung von Kurven.

Es sei eine in der Rotationsfläche mm (Abb. 96) liegende Kurve $\overline{ab}$ in den beiden orthogonalen Projektionen $\overline{a'b'}$ und $\overline{a''b''}$ gegeben; es sind deren konforme Abbildungen zu zeichnen.

Konforme Abbildung auf der Zylinderfläche ZZ (zu Abb. 99).

I	II	III	IV	V	VI	VII	VIII	IX	X
Pkt.	r	$1/r$	$1/r$ mittel	$\varDelta l$	$\varDelta f$	$\int \frac{dl}{r}$	L/R_0	L	r/R^0
0	10,00	0,1000				0,0000	0,000	0,00	2,00
			0,1055		0,1055				
1	9,00	0,1111				0,1055	0,105	0,52	1,80
			0,1173		0,1173				
2	8,10	0,1235				0,2228	0,223	1,11	1,62
			0,1298		0,1298				
3	7,34	0,1362				0,3526	0,353	1,76	1,47
			0,1427		0,1427				
4	6,70	0,1492				0,4953	0,495	2,47	1,34
			0,1559		0,1559				
5	6,15	0,1626		Konstant 1,00	0,1689	0,6512	0,651	3,26	1,23
			0,1689						
6	5,71	0,1752				0,8201	0,820	4,10	1,14
			0,1807		0,1807				
7	5,37	0,1863				1,0008	0,001	5,00	1,07
			0,1912		0,1912				
8	5,10	0,1961				1,1920	1,192	5,96	1,02
			0,1993		0,1993				
9	4,94	0,2025				1,3913	1,391	6,95	0,99
			0,2065		0,2065				
10	4,75	0,2106				1,5978	1,598	7,99	0,95

$$\text{a) Im Falle: } \alpha = 90^0 \text{ (Abb. 97).}$$

Um z. B. den dem Punkt p_4 entsprechenden Punkt der konformen Abbildung zu erhalten, zieht man $OP_4 \| \overline{op_4}$; der Schnittpunkt dieses Strahles mit dem Parallelkreis 4 des konformen Netzes gibt den Punkt P_4 usf.

$$\text{b) Im Falle: } 90^0 > \alpha > 9 \text{ (Abb. 98).}$$

Die Länge des Bogens $\overline{if}$, den der Strahl $\overline{op_4}$ im Grundriß am Kreis mit dem Radius $R_0 = r_6$ abschneidet, wird am Parallelkreis 6 des konformen Netzes vom Anfangsstrahl ΩY aus in $\mathfrak{J}\mathfrak{K}$ aufgetragen, der Scnnitt des Strahles ΩK mit dem Parallelkreis 4 des konformen Netzes gibt den Punkt P_4 usf.

$$\text{c) Im Falle: } a = 0 \text{ (Abb. 99).}$$

Die Länge des Bogens $\overline{uw}$, die der Strahl $\overline{op_4}$ im Grundriß am Kreis mit dem Zylinderradius R_0 abschneidet, wird im konformen Netz vom Anfangsstrahl YY aus in $\overline{\mathfrak{U}\mathfrak{W}}$ abegragen; der Schnittpunkt der Parallele zu YY durch U mit der Geraden 4 des konformen Netzes gibt den Punkt P_4 usf.

III. Die Bestimmung der wahren Länge eines Kurvenstückes $\overline{ab}$ in der Rotationsfläche aus dessen konformen Abbildungen.

$$\text{Für den Fall: } \alpha = 70^0.$$

Aus der Grundgleichung

$$\frac{ds}{dS} = \frac{r}{R} \quad \text{folgt} \quad s = \int_A^B \frac{r}{R}\, dS.$$

Trägt man den zu jedem Punkt der gestreckten Kurve AB gehörigen Wert $\dfrac{r}{R}$ als Ordinate über dieser Linie auf (Abb. 100), so stellt die so erhaltene Fläche obiges Integral dar; die Flächenbestimmung kann durch Planimetrierung erfolgen.

IV. Die Aufzeichnung von Kurven, die der Kurve ab in der Rotationsfläche äquidistant sind.

Es sei e die sehr kleine Entfernung, um die die gesuchte Kurve von der gegebenen Kurve abstehen soll; dieser Entfernung e entspricht in der konformen Abbildung eine Entfernung E, die durch die Gleichung $E = e\dfrac{R}{r}$ bestimmt ist; diese Gleichung wird

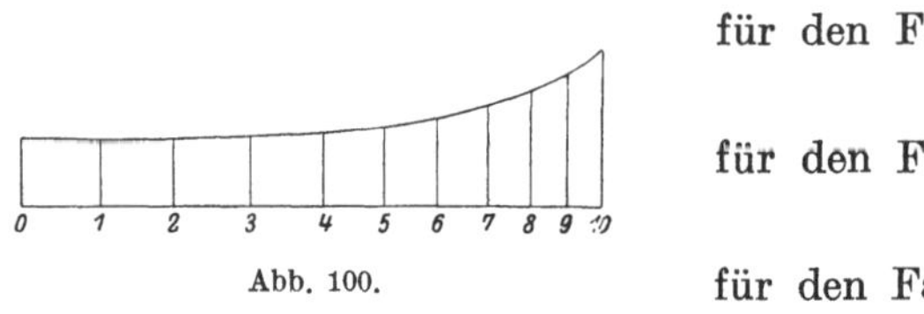

Abb. 100.

$$\text{für den Fall } a: \quad E = e\frac{R}{r}$$

$$\text{für den Fall } b: \quad E = e\frac{L \sin \alpha}{r}$$

$$\text{für den Fall } c: \quad E = e\frac{R_0}{r}.$$

Die konformen Abbildungen der gesuchten Kurven ergeben sich als die Umhüllenden der Kreise (Abb. 97), die um die einzelnen Punkte der Kurve AB mit den entsprechenden Radien E gezeichnet werden; die Übertragung in die orthogonalen Projektionen der Rotationsfläche erfolgt unter Berücksichtigung des unter III behandelten Verfahrens.

V. Die Bestimmung des wahren Inhaltes eines Flächenstückes aus demjenigen der konformen Abbildung.

Die Aufgabe wird für den Fall a im Anschluß an die frühere Aufgabe behandelt: Es ist die wahre Größe des Flächenstreifens ab zu bestimmen.

Es ist im allgemeinen der Inhalt eines in der Rotationsfläche liegenden Flächenelementes gegeben durch $df = r \cdot d\varphi \cdot dl$. Der Inhalt des entsprechenden Flächenelementes in der konformen Abbildung ergibt sich mit $dF = R \cdot d\varphi \cdot dL$, mithin:

$$\frac{df}{dF} = \frac{r\,d\varphi\,dl}{R\,d\varphi \cdot dL} \quad \text{oder mit} \quad \frac{dl}{dL} = \frac{r}{R}$$

$$\frac{df}{dF} = \frac{r^2}{R^2}, \quad \text{also} \quad f = \int_A^B \frac{r^2}{R^2}\,dF.$$

Bezeichnet man mit ψ die im Parallelkreis R der konformen Abbildung gemessene Breite des Flächenstückes, so ist $dF = \psi\, dR$ und es folgt

$$f = \int_A^B \left[\frac{r^2}{R^2}\psi\right] dR.$$

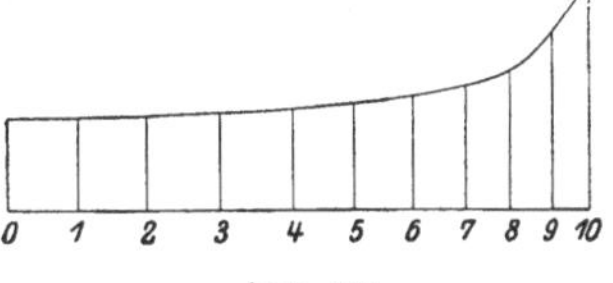

Abb. 101.

Das Integral kann wieder durch Quadratur bestimmt werden, wie aus Abb. 101 ersichtlich ist. Da im Beispiel $2\,e = 1{,}0$ cm als Äquidistanz der beiden neben ab gezeichneten Linien genommen ist, so ergibt sich aus dem nach obigem bestimmten Flächeninhalt von 11,04 qcm des Flächenstreifens ab eine mittlere Länge desselben von 11,04 cm, was mit den früher gefundenen Werten in genügend genauer Übereinstimmung steht.

Auf derselben Grundlage können auch die Formeln für die Flächenbestimmung aus den andern konformen Abbildungen abgeleitet werden; dieselben ergeben sich

für den Fall b mit $$f = \int_A^B \left[\frac{r^2}{L^2 \sin\alpha}\psi\right] dL$$

für den Fall c mit $$f = \int_A^B \left[\frac{r^2}{R_0^{\,2}}\psi\right] dL.$$

VI. Geschwindigkeits- und Bahnbestimmungen.

Betrachtet man $\overline{ab}$ und $\overline{AB}$ als gleichzeitig durchlaufene Bahnkurven, so ergibt sich aus der Grundgleichung $\dfrac{ds}{dS} = \dfrac{r}{R}$ unter Einführung der Geschwindigkeiten $v = \dfrac{ds}{dt}$ und $V = \dfrac{dS}{dt}$ die Beziehung $v : V = r : R$, die die Bestimmung der einen Geschwindigkeit aus der andern vermittelt.

Es sei nun ein Kanal mit rechteckigem Querschnitt um $\overline{ab}$ als Mittellinie derart geformt, daß zwei der Begrenzungsflächen in Rotationsflächen liegen, deren Meridianlinien in kleinen Abständen von mm verlaufen, während die zwei andern Begrenzungsflächen durch Erzeugende gebildet sind, die längs der beiden früher bestimmten Äquidistanzen angeordnet, senkrecht zur Rotationsfläche mm stehen (Abb. 102).

Denkt man den so bestimmten Kanal von Wasser durchströmt, so erhält man, wenn b die Breite des Kanals, gemessen im Streifen

$a\,b$, und δ die Tiefe desselben, gemessen zwischen den beiden Begrenzungsrotationsflächen, und q das sekundlich durchströmende Wasserquantum bedeuten, die Werte der mittleren Geschwindigkeiten durch $v = \dfrac{q}{b\,\delta}$. Bezeichnet ferner B die Breite des Streifens $A\,B$, so ist, wenn b und B genügend klein sind, zu setzen $b : B = r : R$ und daraus folgt:

$$v = \frac{R}{r} \cdot \frac{q}{B \cdot \delta};$$

$$V = \frac{R}{r} \cdot v = \left(\frac{R}{r}\right)^2 \cdot \frac{q}{B\delta};$$

mit der Einführung der Bezeichnungen $\mathfrak{v} = \dfrac{v}{q}$ und $\mathfrak{B} = \dfrac{V}{q}$ erhält man

$$\mathfrak{v} = \frac{R}{r} \cdot \frac{1}{B \cdot \delta};$$

und

$$\mathfrak{B} = \left(\frac{R}{r}\right)^2 \cdot \frac{1}{B\delta},$$

welche Größen im Beispiel auf Abb. 103 wieder tabellarisch berechnet und eingetragen sind.

Dreht sich der Kanal mit einer konstanten Winkelgeschwindigkeit ω um die Drehachse, so kommt jedem Punkt desselben eine Geschwindigkeit $u = r\,\omega$ zu; dieser Bewegung des Kanals entsprechen Bewegungen der konformen Abbildungen, und zwar:

Im Falle a eine Drehbewegung mit derselben Winkelgeschwindigkeit ω, also mit

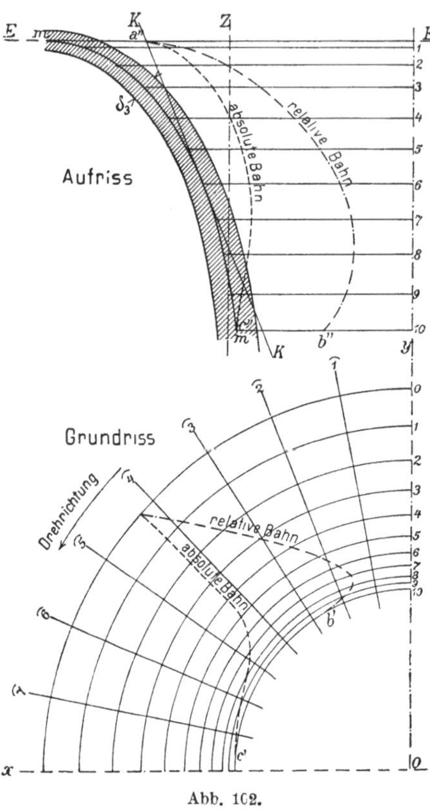

Abb. 102.

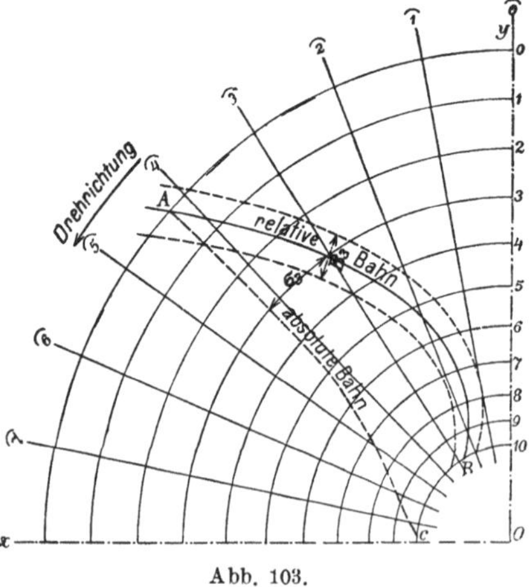

Abb. 103.

$U = R\omega$, d. h. es besteht für zwei zugehörige Punkte der Linien $\overline{ab}$ und $\overline{AB}$, die denselben als Kanalpunkte zukommen, die Relation

$$u : U = r : R = v : V = \mathfrak{v} : \mathfrak{V},$$

woraus zu entnehmen ist, daß man in der Abbildung aus der Bahn $\overline{AB}$ als relativer Bahn bei gegebener Winkelgeschwindigkeit die absolute Bahn bestimmen kann.

Konforme Abbildung auf der Ebene EE (zu Abb. 103).

Punkt	S	$\varDelta S$	B	δ	$B\delta$	r/R	$\mathfrak{v}$	$\mathfrak{V}$	$1/\mathfrak{V}$	$1/\mathfrak{V}$ mittel	$\dfrac{\varDelta S}{V\mathrm{m}}$	T	$\mathfrak{u}$	σ
0	0,00		1,000	0,500	0,500	1,000	2,000	2,000	0,500			0	1,111	0,00
1	1,12	1,12	1,000	0,556	0,556	1,000	1,798	1,798	0,556	0,528	0,591	0,591	1,007	0,59
2	2,34	1,22	0,986	0,629	0,620	1,013	1,592	1,522	0,636	0,596	0,727	1,318	0,895	1,13
3	3,53	1,19	0,955	0,695	0,654	1,045	1,463	1,400	0,714	0,675	0,803	2,121	0,787	1,67
4	4,70	1,17	0,900	0,759	0,682	1,190	1,320	1,189	0,841	0,777	0,909	3,030	0,676	2,10
5	5,69	0,99	0,849	0,814	0,691	1,179	1,227	1,041	0,961	0,901	0,892	3,922	0,584	2,29
6	6,57	0,88	0,772	0,863	0,666	1,295	1,177	0,909	1,100	1,030	0,906	4,828	0,493	2,38
7	7,32	0,75	0,685	0,904	0,619	1,460	1,106	0,758	1,319	1,210	0,908	5,736	0,412	2,36
8	7,97	0,65	0,594	0,940	0,558	1,684	1,065	0,632	1,582	1,491	0,969	6,705	0,337	2,26
9	8,57	0,60	0,504	0,973	0,490	1,984	1,029	0,514	1,925	1,783	1,070	7,785	0,279	2,17
10	9,06	0,49	0,425	1,000	0,425	2,351	1,000	0,425	1,351	2,168	1,062	8,847	0,226	2,00

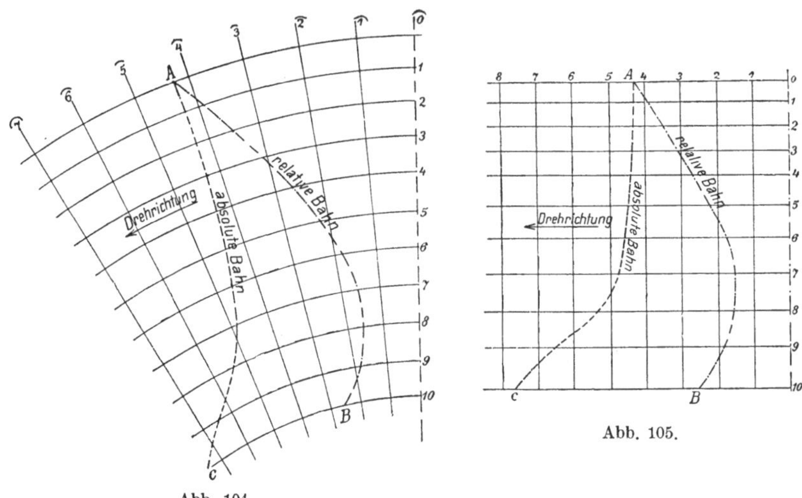

Abb. 104.

Abb. 105.

Im Falle b (Abb. 104) kommt dem konformen Kanalbild in der Kegelfläche ebenfalls eine Drehbewegung mit der Winkelgeschwindigkeit ω zu; in der entwickelten Kegelfläche besitzt daher jeder Punkt eine scheinbare Drehbewegung um den Mittelpunkt der Entwicklung,

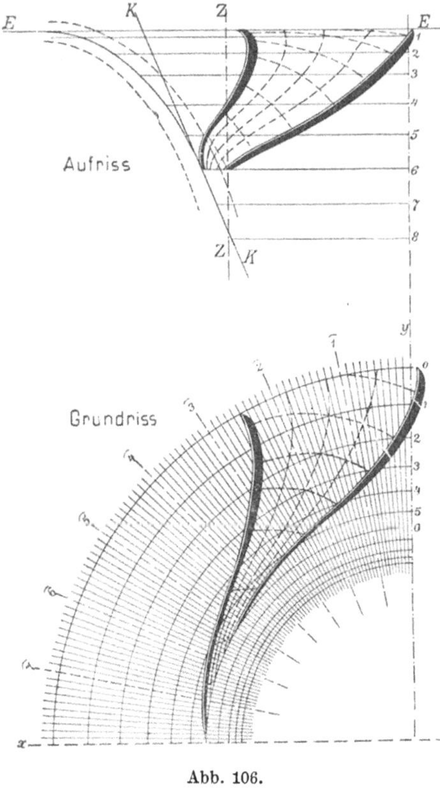

Abb. 106.

deren Größe bestimmt ist durch

$$U = \frac{L}{L_0} \cdot U_0 = \frac{R}{R_0} U_0 = R \cdot \omega,$$

so daß sich wieder ergibt

$$u : U = r : R = v : V = \mathfrak{v} : \mathfrak{B}.$$

Im Falle c (Abb. 105) kommt der Zylinderfläche ebenfalls eine Drehbewegung mit der Winkelgeschwindigkeit ω zu, die für die entwickelte Fläche zu einer Translationsbewegung von der Größe $U = R_0\,\omega$ wird; man erhält damit wieder die Relation

$$u : U = r : R_0 = v : V = \mathfrak{v} : \mathfrak{B}.$$

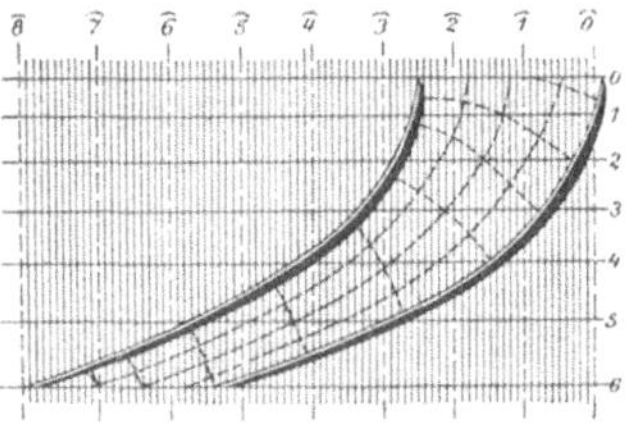

Abb. 107.

Es kann also in allen Fällen in der Abbildung beigegebenen Geschwindigkeiten V und U das Bild der Absolutbahn bestimmt und dann dasselbe in Projektionen übertragen werden.

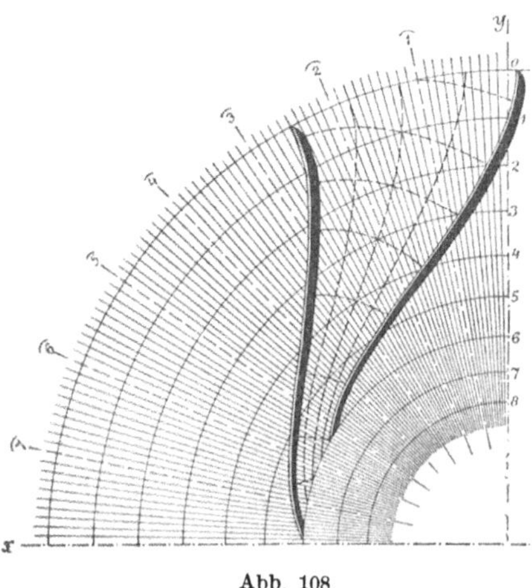

Abb. 108.

Vergleichende Zusammenstellung der konformen Abbildung eines Strömungsnetzes.

Von dem in Abb. 105 im Aufriß und Grundriß dargestellten Strömungsnetz ist:

Abb. 106 die konforme Abbildung in der Ebene EE.

Abb. 107 die in die Ebene ausgebreitete konforme Abbildung auf der Kegelfläche KK.

Abb. 108 die in die Ebene ausgebreitete konforme Abbildung auf der Zylinderfläche ZZ.

Im Beispiel auf Abb. 109 wurde die Berechnungstabelle für die Bestimmung der Absolutbahn in bezug auf den Fall a vollständig

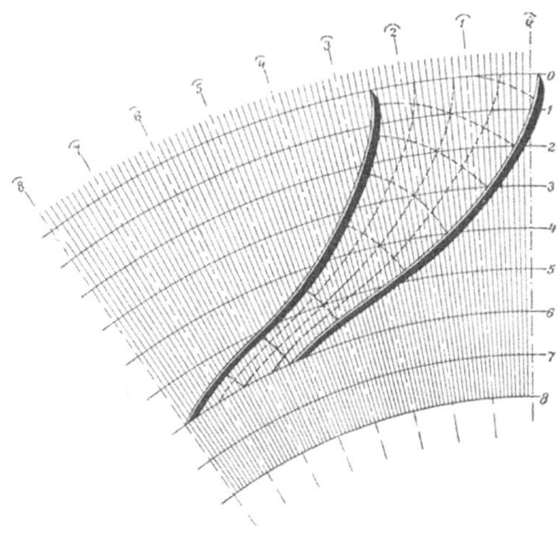

Abb. 109.

durchgeführt. Es wurden statt V und U die proportionalen Größen $\mathfrak{B} = \dfrac{V}{q}$ und $\mathfrak{U} = \dfrac{U}{q}$ und mittels der Formeln

$$T = \int_0^n \frac{dS}{\mathfrak{B}} \quad \text{und} \quad \sigma = \mathfrak{U} \cdot T$$

die Bogenabstände σ der Punkte der absoluten Bahn von denen der relativen Bahn berechnet.

Es bedarf weiter keines Beweises, daß aus den Geschwindigkeitsdreiecken in der Abbildung die Werte der absoluten Geschwindigkeiten für die einzelnen Bahnpunkte bestimmt werden können.

Berichtigungen.

Seite	Zeile	
22	7 v. u.	$\dfrac{\partial \varrho}{\partial t} + \dfrac{\partial \varrho \cdot v_x}{\partial x} + \dfrac{\partial \varrho\, v_y}{\partial y} + \dfrac{\partial \varrho\, v_z}{\partial z} = 0;$
27	3 v. u.	$-K_a$ statt K_a;
51	12 v. o.	$= \cos(MN)$ statt $= \cos(MM)$;
52	2 v. u.	$-\gamma_3\, d\psi$ statt $+\gamma_3\, d\psi$;
	1 v. u.	$+(\alpha_2\,\beta_3 - \alpha_3\,\beta_2)$ statt $+(\alpha_3\,\beta_2 - \alpha_2\,\beta_3 - \alpha_3\,\beta_2)$;
53	2 v. u.	ds_ψ und ds_ψ statt ds_φ und ds_φ;
55	11 v. o.	$-\nu\dfrac{\partial \psi}{\partial x}$ statt $-\nu\dfrac{\partial \varphi}{\partial z}$;
59	2 v. u.	$-\dfrac{\partial \psi}{\partial x}\nu$ statt $-\dfrac{\partial \psi}{\partial z}\nu$;
60	3 v. u.	$\varphi + i\psi =$ statt $x = \varphi + i\psi =$;
63	4 v. u.	$= -\sin y\,\mathfrak{Sin}\,x$ statt $= \sin y\,\mathfrak{Sin}\,x$;
71	3 v. u.	$\dfrac{C_n}{C_0} = \dfrac{1}{4}\ \dfrac{1}{4\cdot 16}\ \dfrac{1}{4\cdot 16\cdot 36}\ \dfrac{1}{4\cdot 16\cdot 36\cdot 64}\ \dfrac{1}{4\cdot 16\cdot 36\cdot 64\cdot 100};$
	1 v. u.	$\dfrac{C_n}{C_1} = \dfrac{1}{9}\ \dfrac{1}{9\cdot 25}\ \dfrac{1}{9\cdot 25\cdot 49}\ \dfrac{1}{9\cdot 25\cdot 49\cdot 81}\ \dfrac{1}{9\cdot 25\cdot 49\cdot 81\cdot 121};$
72	1, 4 v. o.	$\dfrac{r^4}{4\cdot 16}$ statt $\dfrac{r^4}{16}$; $\qquad \dfrac{r^5}{9\cdot 25}$ statt $\dfrac{r^5}{25}$;
	2 v. o.	$\dfrac{r^3}{16}$ statt $\dfrac{r^3}{4}$; $\qquad \dfrac{5\,r^4}{9\cdot 25}$ statt $\dfrac{r^4}{5}$;
	4 v. o.	$\varphi = R\cdot \sin z = [C_0 \ldots$ statt $\varphi = R\sin z\,[C_0;$
	5, 6 v. o.	$[\int r R\, dr]\cos z =$ statt $[\int r \Re\, dr]\cos z =$;
		$\dfrac{r^6}{4\cdot 6\cdot 16}$ statt $\dfrac{r^6}{6\cdot 16}$; $\qquad \dfrac{r^7}{7\cdot 9\cdot 25}$ statt $\dfrac{r^7}{7\cdot 25}$;
	6, 5 v. u.	$\dfrac{r^4}{4\cdot 16}$ statt $\dfrac{r^4}{16}$; $\qquad \dfrac{r^6}{4\cdot 6\cdot 16}$ statt $\dfrac{r^6}{6\cdot 6}$;

Berichtigungen.

Seite	Zeile	
76	19 v. u.	die beiden äußeren statt die beiden ersten;
	18, 15 v. u.	der mittleren statt der letzten;
	21, 19, 16 v. u.	III_{ap}, IV_p', V_p statt III_{az}, IV_z', V_z;
91	3 v. u.	α_1, α_2, α_3 statt a_1, a_2, a_3;
		$A^2 = (k^2 y^2 + 1)\,e^{2kx}$ statt $A = (k y^2 + 1)\,e^{2xk}$;
92 93	5, 3 v. u. 3 v. o.	$\dfrac{kG^2}{2}(t - t_0)^2$ statt $\dfrac{kG^2}{2}(t - t_0)$;
105		Im Abschnitt II überall A^2 statt A;
108	8 v. o.	B_ν statt XXIII;
135	6 v. u.	$+\,\dfrac{\partial^2\,3\,pr}{\partial x^2}$ statt $-\,\dfrac{\partial^2\,3\,pr}{\partial x^2}$;
141	1 v. u.	$\dfrac{h_w}{L} = -\dfrac{2\,\mathfrak{p}_k}{\gamma\,r_a}\dfrac{v_k}{v_m}\displaystyle\int_0^1\left(=\dfrac{k^2}{4}\,2\,x^3\right)dx = \dfrac{\mathfrak{p}_k}{\gamma\,r_a}\dfrac{v_k}{v_m}\cdot\dfrac{k^2}{4}$;
142	2, 8 v. o.	$\dfrac{\mathfrak{p}_k}{r_a}$ statt $\dfrac{\mathfrak{p}_k}{r_a{}^2}$;
	14, 5 v. u.	$\dfrac{1}{k}\cdot\dfrac{\mathfrak{p}_a r_a}{\eta}$ statt $\dfrac{1}{2}\dfrac{\mathfrak{p}_a r_a}{\eta}$; ζ statt ε;
142 143	6 v. o. 7, 8 v. o.	$\mathfrak{A}$, $\mathfrak{B}$, $\mathfrak{C}$, $\mathfrak{A}_a\,\mathfrak{B}_a\,\mathfrak{C}_a$ statt $\eta\,\vartheta\,\lambda\;\;\eta_a\,\vartheta_a\,\lambda_a$;
152	7, 8 v. o.	$+\,\dfrac{1}{r}\dfrac{\partial\psi}{\partial r}\,\nu$ statt $-\,\dfrac{1}{r}\dfrac{\partial\psi}{\partial r}\,\nu$; $-\,\dfrac{1}{r}\dfrac{\partial\psi}{\partial z}\,\nu$ statt $+\,\dfrac{1}{r}\dfrac{\partial\psi}{\partial z}\,\nu$;
154	15, 13 v. u.	$+\,\dfrac{G}{r}\left(\cdots\right.$ statt $-\,\dfrac{G}{r}\left(\cdots\right.$; $+\left(\dfrac{G}{r}\right)^2\left(\cdots\right.$ statt $-\left(\dfrac{G}{r}\right)^2\left(\cdots\right.$;
	9 v. u.	$-\,\dfrac{\partial^2\psi}{\partial z^2} -$ statt $\dfrac{\partial^2\psi}{\partial z^2} -$;
157	1 v. u.	$\partial f_\chi = \dfrac{\nu}{r\,A^2}\,\partial\varphi\cdot\partial\psi$ statt $\partial f_\chi = \dfrac{\nu}{r\,A}\,\partial\varphi\cdot\partial\psi$;
160	7 v. u.	$=\left[-\dfrac{p_\varphi}{\varrho_\varphi}\dfrac{\nu}{A^2} - \dfrac{\partial}{\partial\psi}\left(\dfrac{r}{A}\,p_\varphi\right)+\cdots\right.$ statt $=\left[-\dfrac{p_\varphi}{\varrho_\varphi}\dfrac{\nu}{A^2}\dfrac{\partial}{\partial\psi}\left(\dfrac{r}{A}\,p_\psi\right)\right.$;
	2 v. u.	$+\,\dfrac{\gamma}{g}\dfrac{dv}{dt}\dfrac{\nu}{A^2}$ statt $+\,\dfrac{\gamma}{g}\dfrac{dv}{dt}\dfrac{v}{A^2}$;
161	4 v. o.	$+\,v\,\dfrac{p_\chi}{r}\cdot\nu\,\dfrac{\sin\alpha}{A^2}+\cdots$ statt $+\,v\,\dfrac{p_\chi}{r}\,v\,\dfrac{\sin\alpha}{A^2}+\cdots$;

Berichtigungen.

Seite	Zeile	
161	7 v. o.	$\dfrac{\partial}{\partial\psi}\left(v\,\mathfrak{p}_\chi\,\dfrac{v}{A}\right)=$ statt $\dfrac{\partial}{\partial\psi'}\left(v\,p_\chi\,\dfrac{r}{A}\right)=$;
167	5, 7 v. u.	$+\dfrac{\mathfrak{p}}{\varrho_\chi}\dfrac{v}{A^2}$ statt $\dfrac{\mathfrak{p}}{\varrho_\varrho}\dfrac{v}{A^2}$; $\qquad -\dfrac{p_q}{\varrho_\gamma}\dfrac{v}{A^2}$ statt $-\dfrac{p_\varphi}{\varrho_{\psi'}}\dfrac{v}{A^2}$;
168	3 v. o.	$-\dfrac{p_\psi}{\varrho_q}\dfrac{v}{A^2}$ statt $-\dfrac{p_\psi}{\varrho_{\psi'}}\dfrac{v}{A^2}$;
172	3 v. u.	$=\dfrac{1}{r}e^{-i\vartheta}$ statt $\dfrac{1}{3}e^{-i\vartheta}$;
179	1 v. u.	c_s statt c_d ;
180	1 v. o.	c_d statt c_s ;
185	1 v. o.	für VIII statt für X ;
	8 v. u.	$+i\left(y-\dfrac{y}{x^2+y^2}\right)$ statt $+c\left(y-\dfrac{y}{x^2+y^2}\right)$;
	7 v. u.	$=y\left(1-\dfrac{1}{x^2+y^2}\right)$ statt $y\left(c-\dfrac{1}{x^2+y^2}\right)$;
202	12 v. o.	$\left(\mathfrak{z}\cdot e^{-i\alpha}\mathfrak{f}\right)^{\frac{3}{2}}$ statt $\left(\mathfrak{z}\cdot e^{-i\alpha}\mathfrak{f}\right)$;
244	in Formel VIII	$-dP_x\cdot y,\quad +dP_x\cdot x,\quad +v^2x\,dx,\quad -\dfrac{\gamma}{2g}$ statt $-dP_{x,y},\quad +dP_{y,x},\quad +v^2\,dx,\quad \dfrac{\gamma}{2g}$;
253	5 v. u.	$\mathfrak{w}_r=-\dfrac{\partial\psi}{r\,\partial\vartheta}$ statt $\mathfrak{w}_r=\dfrac{\partial\psi}{r\,\partial\vartheta}$;
78	Abb. 24	ϑ statt q ;
79	„ 25	ϑ statt q, $\quad\Theta$ statt q ;
82	„ 26	Θ statt q.

Von der Bewegung des Wassers und den dabei auftretenden Kräften. Grundlagen zu einer praktischen Hydrodynamik für Bauingenieure. Nach Arbeiten von Staatsrat Dr.-Ing. e. h. **Alexander Koch**, s. Zt. Professor an der Technischen Hochschule zu Darmstadt, herausgegeben von Dr.-Ing. e. h. **Max Carstanjen**. Nebst einer Auswahl von Versuchen Kochs im Wasserbau-Laboratorium der Darmstädter Technischen Hochschule zusammengestellt unter Mitwirkung von Studienrat Dipl.-Ing. L. Hainz. Mit 331 Abbildungen im Text und auf 2 Tafeln sowie einem Bildnis. XII, 228 Seiten. 1926. Gebunden RM 28.50

Maschinen-Untersuchungen. Ein Leitfaden für Unterricht und Praxis. Von Prof. Dr.-Ing. **Anton Staus**.

Erster Band: **Hydraulik in ihren Anwendungen.** Zweite, neubearbeitete Auflage. Mit 131 Textabbildungen und 29 Zahlentafeln. Erscheint im November 1926.

Die hydraulischen Einrichtungen des Maschinen-Laboratoriums der Staatlichen Württembergischen Höheren Maschinenbauschule in Eßlingen a. N. mit einem Anhang: Die Messung kleinster Wassergeschwindigkeiten mit dem hydrometrischen Flügel. Von Prof. Dr.-Ing. **Anton Staus**. Mir 46 Textabbildungen und 10 Zahlentafeln. VI, 58 Seiten. 1925. RM 3.60

Der Genauigkeitsgrad von Flügelmessungen bei Wasserkraftanlagen. Von Prof. Dr.-Ing. **Anton Staus.** Mit 15 Textabbildungen und 4 Zahlentafeln. IV, 36 Seiten. 1926. RM 2.40

Theorie und Konstantenbestimmung des hydrometrischen Flügels. Von Dr.-Ing. **L. A. Ott.** Mit 25 Abbildungen im Text. 49 Seiten. 1925. RM 4.50

Aufgaben aus dem Wasserbau. Angewandte Hydraulik. 40 vollkommen durchgerechnete Beispiele. Von Dr.-Ing. **Otto Streck.** Mit 133 Abbildungen, 35 Tabellen und 11 Tafeln. IX, 362 Seiten. 1924. Gebunden RM 11.40

Lehrbuch der Hydraulik für Ingenieure und Physiker. Zum Gebrauche bei Vorlesungen und zum Selbststudium. Von Prof. Dr.-Ing. **Theodor Pöschl**, Prag. Mit 148 Abbildungen. VI, 192 Seiten. 1924. RM 8.40; gebunden RM 9.30

Zur Bestimmung strömender Flüssigkeitsmengen im offenen Gerinne. Ein neues Verfahren. Von Dipl.-Ing. **Oskar Poebing**, München. Mit 23 Textabbildungen und 1 Tafel. IV, 56 Seiten. 1922. RM 1.65

Die Wasserkräfte, ihr Ausbau und ihre wirtschaftliche Ausnutzung. Ein technisch-wirtschaftliches Lehr- und Handbuch. Von Bauinspektor Dr.-Ing. **Adolf Ludin.** Zwei Bände. Mit 1087 Abbildungen im Text und auf 11 Tafeln. Preisgekrönt von der Akademie des Bauwesens in Berlin. XX, 1404 Seiten. 1913. Unveränderter Neudruck. 1923. Gebunden RM 66.—

Zeichnerische Bestimmung der Spiegelbewegungen in Wasserschlössern von Wasserkraftanlagen mit unter Druck durchflossenem Zulaufgerinne. Von Ingenieur Dr. techn. **Ludwig Mühlhofer,** Innsbruck-Wien. Mit 11 Textabbildungen. V, 75 Seiten. 1924. RM 3.90

Der Durchfluß des Wassers durch Röhren und Gräben, insbesondere durch Werkgräben großer Abmessungen. Von Hofrat Prof. Dr. **Philipp Forchheimer,** korr. Mitglied der Akademie der Wissenschaften in Wien. Mit 20 Textabbildungen. IV, 50 Seiten. 1923. RM 2.—

Energie-Umwandlungen in Flüssigkeiten. Von Prof. **Dónát Bánki,** Maschineningenieur.

Erster Band: **Einleitung in die Konstruktionslehre der Wasserkraftmaschinen, Kompressoren, Dampfturbinen und Aeroplane.** Mit 591 Textabbildungen und 9 Tafeln. VIII, 512 Seiten. 1921. Gebunden RM 20.—

Allgemeine Theorie über die veränderliche Bewegung des Wassers in Leitungen. Von **Lorenzo Alliévi.**

I. Teil: **Rohrleitungen.** Deutsche, erläuterte Ausgabe von **Robert Dubs** und **V. Bataillard.**

II. Teil: **Stollen und Wasserschloß.** Von **Robert Dubs.** Mit 35 Textfiguren. XII, 296 Seiten. 1909. RM 10.—

Strömungsenergie und mechanische Arbeit. Beiträge zur abstrakten Dynamik und ihre Anwendung auf Schiffspropeller, schnellaufende Pumpen und Turbinen, Schiffswiderstand, Schiffssegel, Windturbinen, Trag- und Schlagflügel und Luftwiderstand von Geschossen. Von Oberingenieur **Paul Wagner,** Berlin. Mit 151 Textfiguren. XI, 252 Seiten. 1914. Gebunden RM 10.—

Die Theorie der Wasserturbinen. Ein kurzes Lehrbuch von Prof. **Rudolf Escher †,** Zürich. Dritte, vermehrte und verbesserte Auflage, herausgegeben von Ober-Ing. **Robert Dubs,** Zürich. Mit 364 Textabbildungen und 1 Tafel. XIV, 356 Seiten. 1924. Gebunden RM 13.50

Theorie der Durchströmturbine. Von Ingenieur **Erwin Sonnek.** Mit 24 Textfiguren. VI, 56 Seiten. 1923. RM 2.—

Wasserkraftmaschinen. Eine Einführung in Wesen, Bau und Berechnung von Wasserkraftmaschinen und Wasserkraftanlagen. Von Dipl.-Ing. **L. Quantz,** Stettin. Sechste, erweiterte und verbesserte Auflage. Mit 207 Abbildungen im Text. VI, 164 Seiten. 1926. RM 4.80